Informatik-Fachberichte 123

Herausgegeben von W. Brauer
im Auftrag der Gesellschaft für Informatik (GI)

AF872175

Springer-Verlag

Geschäftsbibliothek - Heidelberg

Titel: Informatik-Fachberichte, Band 123

Aufl.-Aufst.: Neuerscheinung

Drucker: Weihert-Druck, Darmstadt

Buchbinder: Weihert-Druck, Darmstadt

Auflage: 1.000 Bindequote: 1.000

Schutzkarton/Schuber: ./.

Satzart: Schreibsatz

Filme vorhanden: ja

Reproabzüge vorhanden: ./.

Preis: DM 59,-

Fertiggestellt: 8. Juli 1986

Sonderdrucke: ./.

Bemerkungen: ./.

Berichtigungszettel: ./.

Hersteller: H. Bernauer Datum: 14.11.86

Arbeit und Informationstechnik

Fachtagung, veranstaltet vom Fachbereich 8 “Informatik und Gesellschaft” der GI
Karlsruhe, 15. – 17. Juli 1986

Proceedings

Herausgegeben von Klaus Theo Schröder

Springer-Verlag
Berlin Heidelberg New York
London Paris Tokyo

Herausgeber

Klaus Theo Schröder
Fraunhofer-Institut für Systemtechnik und Innovationsforschung
Breslauer Str. 48, 7500 Karlsruhe 1

Allgemeines Programmkomitee

T. Barthel (FORBIT e. V., Hamburg)
E. Becker–Töpfer (Gewerkschaft Handel, Banken und Versicherungen, Düsseldorf)
K. Benz–Overhage (Industriegewerkschaft Metall, Frankfurt)
R. Beuerlein (Hewlett–Packard GmbH Bad Homburg)
H. Brinckmann (Gesamthochschule Kassel)
H.-W. Heibey (Amt des Berliner Datenschutzbeauftragten, Berlin)
W. Hesse (Softlab GmbH, München)
R. Lambrecht (Siemens AG, München)
E. Jessen (Technische Universität München)
H. Martin (Gesamthochschule Kassel)
K. Pasedach (Philips GmbH, Forschungslaboratorium, Hamburg)
R. Reichwald (Hochschule der Bundeswehr, Neubiberg)
K. T. Schröder (Fraunhofer–Institut für Systemtechnik und Innovationsforschung, Karlsruhe)
W. Volpert (Technische Universität Berlin)
H. Winkler (Häussler GmbH, Stuttgart)

CR Subject Classifications (1985): H.4.1, H.3.3, J.6, K.4, K.7.m

ISBN-13: 978-3-540-16775-4 e-ISBN-13: 978-3-642-71380-4
DOI: 10.1007/978-3-642-71380-4

2145/3140-543210

Vorwort

Im Februar 1980 diskutierten Wissenschaftler, Manager, Arbeitnehmervertreter und Betroffene im Rahmen eines Kongresses der Gesellschaft für Informatik e.V. in Kassel die Frage "Fortschritt der Computer - Computer für den Fortschritt?" vor allem unter dem Blickwinkel, welche "Erfahrungen mit der Informationstechnologie in der Arbeitswelt" gemacht worden sind, welche Wirkungen beim Einsatz dieser Technologie entstehen und wie die Betroffenen zu Beteiligten an der Entwicklung (betrieblicher) Informationssysteme werden können.

Wenn im Sommer 1986 das Thema "Arbeit und Informationstechnik" - wenn man so will - erneut zur Debatte gestellt wird, dann soll unter anderem auf Probleme verwiesen werden, die weiterhin ungelöst sind. Gerade weil in letzter Zeit immer wieder Stimmen laut werden, die glauben machen wollen, daß den hochentwickelten Industrienationen die Arbeit ausginge und sich eine qualitativ neue Formation, die "Informationsgesellschaft", ausbreite, erscheinen zwei kurze Anmerkungen notwendig. Zum einen ist daran zu erinnern, daß Arbeit weiterhin als ökonomischer und sozialer Kernbereich einer Gesellschaft anzusehen ist. Wie, unter welchen Bedingungen und mit welchen Zielsetzungen gearbeitet wird, beleuchtet immer noch entscheidend den Zustand einer Gesellschaft. Zum anderen ist zu konstatieren, daß sich die Probleme der Industriegesellschaft in den letzten Jahren gewandelt haben. Die Entwicklung und Einführung <u>telematischer Systeme</u> muß als neuer, wichtiger Schritt technologischer Innovation betrachtet werden. Durch diese Systeme, die sich durch die Integration von Telekommunikation und Informatik auszeichnen, wird - über die Anwendung der Informationstechnik <u>in</u> einzelnen Organisationen hinaus - nun auch der Daten- und Textaustausch etc. <u>zwischen</u> Organisationen zunehmend verstärkt von Informations- und Kommunikationstechniken übernommen und zunehmend automatisiert. <u>Gleichzeitig</u> wird der Informationstechnikeinsatz in der Wirtschaft, der öffentlichen Verwaltung und anderen Organisationen bis in die privaten Haushalte ausgeweitet, verfeinert und effektiviert. Auf diese Weise wird eine <u>Informatisierung der Industriegesellschaft</u> vollzogen. Der Prozeß einer Informatisierung ist aber, wie dieser Tagungsband verdeutlicht, nicht auf hochentwickelte Industriegesellschaften allein begrenzt; auch diejenigen Länder, die gemäß allgemeinem Sprachgebrauch der Dritten Welt zugerechnet werden, sind deutlich involviert.

Kontrovers wurde und wird diese Entwicklung dann diskutiert, wenn die Frage erörtert wird, ob der sich in den Produkt- und Prozeßinnovationen der Informatik äußernde "technische Fortschritt" sozialverträgliche bzw. humane Dimensionen umfaßt, oder genauer, ob er den Menschen und ihrem sozialen Zusammenleben im beruflichen und privaten Alltag Nutzen bringt. Diese Diskussion, die inzwischen nicht nur politische, soziale, ökonomische, rechtliche, ethische etc. Auswirkungen und Konsequenzen, sondern auch die Technik selbst umfaßt, wird so lange von unterschiedlichen Positionen, Sichtweisen und Schlußfolgerungen geprägt sein, wie divergierende Interessen in sie einmünden. Vergleichbares ist bei der Entwicklung von Gestaltungsempfehlungen festzustellen. Deshalb darf es nicht verwundern, daß im vorliegenden Tagungsband kontroverse Positionen vorgestellt werden. Die Diskussion unterschiedlicher Auffassungen ist notwendig, um angemessene Wege zur Bewältigung der Zukunft finden und beschreiten zu können.

Allen Referentinnen und Referenten bzw. Autorinnen und Autoren, die sich bereitgefunden haben, ihre Position auf diesem schwierigen Terrain zu formulieren, gilt deshalb mein besonderer Dank. Sie übernehmen die Hauptlast der wissenschaftlichen Arbeit und tragen dazu bei, daß eine fundierte Debatte auf der Tagung und darüber hinaus ermöglicht wird.

Mit der Zusammenstellung der Beiträge und der Auswahl der Referate haben sich die Mitglieder des allgemeinen Programmkomitees und der drei Programmkomitees für die Sektionen intensiv beschäftigt. Bei allen Kolleginnen und Kollegen möchte ich mich für diese wichtigen Vorbereitungsarbeiten vielmals bedanken.

Ein großer Teil der organisatorischen und administrativen Vorbereitungen der Fachtagung wurde mir von Frau I. Wessoleck abgenommen. Jeder, der einmal eine größere wissenschaftliche Tagung vorbereitet hat, kann die Arbeitserleichterung ermessen. Deshalb möchte ich ihr ganz ausdrücklich für die effiziente Arbeit danken, die sie in den letzten Wochen und Monaten geleistet hat.

Ohne die finanzielle Unterstützung einer ganzen Reihe von Unternehmen wäre die Fachtagung nicht zu realisieren gewesen. Den Spendern danke ich auch im Namen der Gesellschaft für Informatik e.V. und des Fachbereichs 8, Informatik und Gesellschaft, sehr.

Karlsruhe, Ende Mai 1986 Klaus Theo Schröder

I N H A L T S V E R Z E I C H N I S

Seite

HAUPTVORTRÄGE

Kooperation als Weg zu einer verantwortbaren Informationstechnik

Wolfgang Hesse, Softlab GmbH, München

Zusammenfassung:

Die Frage nach der beruflichen Verantwortung wird Beschäftigten in der Informationstechnik heute schon häufig gestellt; ihre Bedeutung wird in absehbarer Zukunft eher noch zunehmen. Da hier sowohl das Verhältnis des Einzelnen zu seiner Arbeit als auch die Zusammenarbeit in Gruppen und größeren Organisationen angesprochen sind, müssen Betriebsräte in DV-Firmen sich mit Verantwortungsfragen auseinandersetzen.

Verantwortung wird nicht ausschließlich von oben nach unten delegiert, sondern jeder trägt für sein Tun (Mit-) Verantwortung. Deshalb sollten Verantwortungsfragen von den Beteiligten gemeinsam aufgegriffen und in einem kooperativen Umfeld gelöst werden. Der Betriebsrat kann dabei eine Mittlerrolle spielen.

In diesem Vortrag wird von der Arbeit eines Betriebsrats in einem Softwarehaus berichtet und es werden einige Ansätze zur Mitwirkung und Mitgestaltung durch den Betriebsrat erläutert. Seine größten Möglichkeiten liegen dabei - zumindest zum gegenwärtigen Zeitpunkt - im kommunikativen Bereich: Er kann informieren, Diskussionen herbeiführen und moderieren und das für eine sachliche und offene Diskussion notwendige Klima schaffen.

1 Einleitung

"Erst wenn es mehr Techniker geben wird, die ihr Gewissen fragen, ob das, was sie tun, zum Gemeinen oder zum Erhabenen, zum Häßlichen oder zum Schönen, zum Bösen oder zum Guten führe, können die Schatten der Vernichtung von uns weichen."

R. Jungk: Die Zukunft hat schon begonnen

Wer heute in der Informationstechnik arbeitet, muß sich zunehmend mit Fragen wie den folgenden auseinandersetzen:

- Seid Ihr DV-Leute (und eure Produkte) nicht die Hauptschuldigen für den Verlust von Arbeitsplätzen ?

- Werden die (verbliebenen) Arbeitsplätze nicht immer unmenschlicher durch Eure Arbeitsergebnisse ? So zwingt ihr uns zum Beispiel, über Bildschirme zu kommunizieren statt im persönlichen Gespräch, und sammelt Daten über unsere Arbeitsleistung durch heimliche oder offene Überwachungsfunktionen.

- Schafft ihr nicht mit der immer weitergehenden Erfassung und Vernetzung großer Datenbestände die Voraussetzungen für den "gläsernen Menschen" und damit für die totale Überwachung des Bürgers durch den Staat ? Ist es nicht das Resultat eurer technischen Errungenschaften, daß den Normalbürger Themen wie Volkszählung, Datenschutz-Gesetzgebung: computer-lesbarer Personalausweis, Schleppnetzfahndung, Sicherheitsgesetze immer mehr beunruhigen müssen ?

- Könnt Ihr es überhaupt verantworten, daß von der Funktionstüchtigkeit Eurer Programme die Gesundheit oder Existenz von Menschen und demnächst vielleicht das Überleben der Menschheit insgesamt abhängen ?

Dieser Vortrag soll keine Antworten auf diese Fragen geben - ich weiß nicht, ob man das überhaupt kann, aber wenn ja, dann bestimmt nicht in 20 Minuten. Die Fragen - von mir bewußt etwas provozierend an den Anfang gestellt - sollen vielmehr aufzeigen, welche Bedeutung die Frage der beruflichen Verantwortung für uns Informatiker heute schon hat und in Zukunft in immer stärkerem Maße haben wird.

Die Geschichte hat uns gelehrt, daß Verantwortung nicht "oben" konzentriert ist und nach "unten" delegiert wird, sondern daß jeder einzelne für das, was er tut, Verantwortung trägt.

Die Verantwortung für die Auswirkungen unserer Arbeit tragen also nicht allein uns übergeordnete Instanzen wie Politiker, Vorstände, Arbeitgeber, Manager oder Lehrstuhlinhaber, sondern wir alle gemeinsam. Daraus folgt, daß wir gemeinsam die möglichen Auswirkungen unserer Arbeit analysieren und gemeinsam Lösungen erarbeiten müssen, die die nützlichen Auswirkungen möglichst groß und die schädlichen Auswirkungen möglichst klein halten. Eine Kooperation aller Beteiligten bei der Lösung dieser Aufgaben ist unverzichtbar.

In diesem Vortrag soll es darum gehen, ob und wenn ja, inwieweit Betriebsräte mitwirken können bei der Beantwortung der oben gestellten Fragen und insbesondere bei der Herstellung eines Klimas, das Vorausssetzung für die geforderte Kooperation ist.

Gemessen am Gesamtgewicht der angesprochenen Probleme und an den gesetzlichen und faktischen Möglichkeiten, die Betriebsräte bei uns heute haben, wird das Ergebnis sicher eher bescheiden ausfallen. Trotzdem meine ich, daß Betriebsräte nicht nur das Recht, sondern wegen der oben angesprochenen gemeinsam zu tragenden Verantwortung sogar die Pflicht haben, sich um Verantwortungsfragen zu kümmern. Sind die Möglichkeiten auch begrenzt, so ist es sicher besser, diese zu nutzen als den Kopf in den Sand zu stecken und das Feld anderen allein zu überlassen. Deshalb möchte ich im folgenden versuchen, aus der Praxis der Betriebsratsarbeit zu berichten, dabei einige Ansatzpunkte zur Mitwirkung und Mitgestaltung aufzuzeigen, die mir erfolgversprechend erscheinen und an diesen Möglichkeiten zur weiteren Arbeit erläutern.

2 Zum Selbstverständnis des Betriebsrat in einem Softwarehaus

Als ich vor gut einem Jahr zum Betriebsrat gewählt wurde und davon im Familien-, Freundes- und Bekanntenkreise erzählte, sah ich mich recht unterschiedlichen Reaktionen gegenüber, die von Zustimmung und Anerkennung bis zu tiefer Skepsis reichten. Einige der skeptischen Reaktionen möchte ich hier wiedergeben, weil sie mir symptomatisch für das (Miß-?) Verständnis von Betriebsratstätigkeit in weiten Teilen der Bevölkerung zu sein scheinen. Ist der Betriebsrat nicht

- ein rotes Tuch für den Arbeitgeber,

- erklärter Gegner der Firmenleitung,

- verlängerter Arm der Gewerkschaften,

- Sammelbecken für destruktive Querulanten,

- Kämpfer auf meist nebensächlichen oder verlorenen Kriegsschauplätzen ?

Es gibt sicher hier und da Betriebsräte, auf die (ob aus eigener Schuld oder aufgrund vorhandener Zwänge) die eine oder andere dieser Beschreibungen zutreffen mag. Meine Betriebsratskollegen und ich können uns jedenfalls mit keiner davon identifizieren.

- Aufgaben des Betriebsrats

Warum haben wir eigentlich die Mühe der Betriebsratsarbeit als nebenamtliche Zusatzbelastung zu unserer von Haus aus schon nicht zu knapp bemessenen Arbeit auf uns genommen ? Und welche spezifischen Beweggründe gibt es für Betriebsratsarbeit gerade in einem DV-Betrieb, speziell in einem Softwarehaus ?

Ausgehend von den gesetzlich festgelegten Aufgaben des Betriebsrats möchte ich hier einige persönliche Beweggründe anführen, von denen ich glaube, daß sie zumindest teilweise auch für meine Betriebsratskollegen zutreffen.

Das Betriebsverfassungsgesetz nennt (in Par. 80) unter anderen die folgenden allgemeinen Aufgaben des Betriebsrats:

.1 darüber zu wachen, daß die zugunsten der Arbeitnehmer geltenden Gesetze, Verordnungen, Unfallverhütungsvorschriften, Tarifverträge und Betriebsvereinbarungen durchgeführt werden;

.2 Maßnahmen, die dem Betrieb und der Belegschaft dienen, beim Arbeitgeber zu beantragen;

.3 Anregungen von Arbeitnehmern ... entgegenzunehmen und, falls sie berechtigt erscheinen, durch Verhandlungen mit dem Arbeitgeber auf eine Erledigung hinzuwirken, ..."

Der Betriebsrat hat damit

- kontrollierende (Abs. 1)
- initiierende (Abs. 2) und
- vermittelnde (Abs. 3)

Aufgaben.

Während Absatz 1 die Kontrollaufgaben des Betriebsrats recht konkret nennt, sind seine konstruktiven Aufgaben in den Absätzen 2 und 3 sehr allgemein gehalten und interpretationsbedürftig.

Ich sehe hier mindestens vier Aspekte:

- Der Betriebsrat hat sich um die einzelnen Mitarbeiter und ihr Verhältnis zueinander, insbesondere um das zwischen Arbeitgebern und Arbeitnehmern, zwischen Vorgesetzten und Untergebenen zu kümmern (persönlicher Aspekt).

- Der Betriebsrat hat nicht nur für die Einhaltung bestehender Vorschriften, Regelungen und Betriebsvereinbarungen, sondern für deren Weiterentwicklung im Sinne der Belegschaft zu sorgen (administrativer bzw. organisatorischer Aspekt).

- Der Betriebsrat hat sich um die fachlich-technische Weiterentwicklung des Betriebs und der einzelnen Mitarbeiter zu kümmern (fachlich-technischer Aspekt).

- Der Betriebsrat hat sich um die gesellschaftlichen Belange der von ihm betreuten Gruppen und um die Auswirkungen der Arbeitsprozesse und der dabei erzeugten Produkte zu kümmern (politischer Aspekt).

- Verantwortung des Betriebsrats

Während die ersten beiden Aspekte relativ unstrittig sind, ist das vermutlich bei den letzten beiden, die mit Verantwortungsfragen am meisten zu tun haben, nicht so ohne weiteres der Fall. Deswegen möchte ich im folgenden gerade auf diese Aspekte näher eingehen.

Ein Betriebsrat in einem DV-Betrieb muß sich gleich in zweifacher Hinsicht mit Fragen wie den eingangs gestellten auseinandersetzen: Erstens treffen die angeführten Argumente - zumindest teilweise - auf die eigenen Arbeitsplätze zu, die von ihm vertretenen Mitarbeiter sind also selbst direkt betroffen. Zweitens üben die von der Firma produzierten Arbeitsergebnisse Einflüsse auf die Umwelt aus, sobald sie zum Einsatz kommen. Die Produzenten tragen - wenn nicht die volle, so doch zumindest Mitverantwortung für ihre Produkte. Daraus können sich Konfliktsituationen für einzelne Beteiligte und möglicherweise sogar Belastungen für das Betriebsklima ergeben.

Weiterhin kann der Einzelne Verantwortung überhaupt nur dann mittragen, wenn er in der Lage ist, die Konsequenzen seiner Arbeit einzuschätzen, d. h. zu erkennen, was für ihn persönlich verantwortbar ist und was nicht.

Für einen Betriebsrat ergeben sich daraus weitere Verpflichtungen:

- Er muß für möglichst viel Kommunikation und Weitergabe von Informationen sorgen, und zwar in beiden Richtungen: die Belegschaft sollte rechtzeitig erfahren, was die Firmenleitung plant, und umgekehrt sollte die Firmenleitung immer sowohl die Wünsche als auch mögliche Bedenken der Belegschaft kennen.

- Er muß das notwendige Klima für die oben geforderte Kooperation und damit die notwendige Voraussetzung für das gemeinsame Erarbeiten von verantwortbaren Lösungen schaffen bzw. sichern.

- Er muß sich um einen Konsens aller Firmenmitglieder in grundsätzlichen Fragen der Firmenpolitik bemühen.

Aus solchen Überlegungen heraus entstand das "Programm" unseres Betriebsrats, das wir an den Anfang unserer Arbeit setzten. Wir wollten uns verstehen als:

- Mittler zwischen Belegschaft und Geschäftsführung,

- "Friedenstruppe" zur frühzeitigen Vermeidung bzw. zum Abbau von "Kriegsschauplätzen",

- Sprachrohr der Belegschaft und Partner der Firmenleitung bei der Entwicklung von Zukunftsperspektiven.

Es ging uns also darum, die eingefahrenen Gleise althergebrachten Freund-Feind-Denkens zu verlassen und ein kooperatives Umfeld zu schaffen, ohne dabei die Interessen der Belegschaft zu opfern oder aus den Augen zu verlieren.

In den folgenden Abschnitten möchte ich darstellen, wie unser Betriebsrat vorging, um den erwähnten Zielen näherzukommen, mit welchen Themen er sich vorrangig beschäftigt hat und welche Konsequenzen aus der bisherigen Tätigkeit für die zukünftige Arbeit zu ziehen sind.

3 Vorgehen des Betriebsrats: Bestandsaufnahme, Umfrage, Dialog

Welche Möglichkeiten gibt es für einen Betriebsrat, in dem oben genannten Sinne tätig zu werden ? In den ersten Monaten unserer Tätigkeit wurde uns schnell klar, daß wir den angestrebten Zielen weniger mit spektakulären Aktionen als mit zwar in der Sache konsequenten, jedoch in der Form eher moderaten und flexiblen kleinen Schritten näherkommen würden.

Einen besonders anschaulichen Vergleich lieferte einer der Betriebsräte: So wie man einen in voller Fahrt befindlichen Ozeandampfer nicht durch Entgegenschwimmen vom Kurs abbringt, sondern höchstens durch das Anbringen eines "Trimmers" am Ruder ganz allmählich in die gewünschte Richtung lenken kann, bringt man eine Unternehmensleitung nicht durch Resolutionen oder Demonstrationen von als unumstößlich erklärten Grundsätzen ab.

Vielmehr gilt es herauszufinden, in welchen Sachfragen offener Spielraum besteht und wo gar gemeinsame oder ähnliche Interessen vorliegen. Die persönliche, vorurteilsfreie, sachliche Behandlung jedes Einzelthemas, losgelöst von (vermeintlichen ?) Gruppeninteressen, ideologischen Hintergründen und daraus resultierenden "Sachzwängen" scheint mir der Schlüssel zu einem Aufweichen erstarrter Fronten und zu einem kooperativen Vorgehen zu sein. Das ist im Verhältnis Betriebsrat - Unternehmensleitung nicht anders als in vielen erstarrten persönlichen Zweierbeziehngen oder in der Politik, wo Parteidisziplin und Fraktionszwang oft über die persönliche sachliche Entscheidung gestellt werden und zu den bekannten Verkrustungerscheinungen führen.

Um Mißverständnissen vorzubeugen: Der Betriebsrat hatte weder vor, sich bei der Unternehmensleitung anzubiedern noch die Interessen der Belegschaft und die selbstgesteckten Ziele zu opfern, sondern es ging ihm um den geeigneten Weg, diese im Rahmen der gegebenen Möglichkeiten und des vorgegebenen Firmen-Umfelds zu verfolgen.

Dieser grundsätzlichen Strategie entsprachen die einzelnen Schritte unseres Vorgehens:

- Bestandsaufnahme:

Ein erster Schritt war die Sichtung und Voreinschätzung der direkt anstehenden und möglichen weiteren Themen und deren Zuordnung zu größeren Themenkomplexen, um auf diese Weise Querbezüge besser erkennen und zügiger, zielgerichteter und effizienter verhandeln zu können. Dieses erste Zwischenziel wurde in einer eintägigen, gut vorbereiteten Klausurtagung erreicht. Das Ergebnis war eine Liste von 20 - 30 Themen, zusammengefaßt zu den Themenkomplexen

o Firmenentwicklung

  (technologisch, künftige Aufgabenstellungen, soziale Aspekte, Firmen-"Image" etc.)

o Berufliche Entwicklung der Mitarbeiter

  (Weiterbildung, berufliche Aussichten, Aufstiegschancen, Mitarbeiterführung..)

o Arbeitszeit und -entgelt

  (Urlaub, Gleitzeit, Teilzeitarbeit, Entlohnungsgrundsätze, Gehaltsfindung, Prämienregelungen ...)

o Firmen-Infrastruktur

(Arbeitsschutz, Arbeitsplatz-Ergonomie, Lärmbelästigung, Kantine, Kaffee, Parkplätze, Mitarbeiter-Information ...)

- Umfrage

Ziel der Bestandsaufnahme war die Sammlung und Aufbereitung möglicher Themen, nicht deren Bewertung oder Belegung mit Prioritäten durch den Betriebsrat. Bei dieser wichtigen Frage wollten wir uns nicht auf unsere subjektive Einschätzung verlassen, sondern das Votum der Belegschaft einholen. Zu diesem Zweck wurde ein ausführlicher Fragebogen mit einem erklärenden Vorspann zu jedem Themenkomplex und ca. 10 - 15 Fragen zu jedem der Themenkomplexe erarbeitet.

Zunächst war man aufgefordert, zu jedem Themenkomplex Ideen über wünschbare grundsätzliche Tendenzen ("Ich würde darauf hinsteuern, daß bis 1990 ...") in eigenen Worten zu formulieren.

Beispiele für die darauf folgenden Einzelfragen waren:

- Aufgabengebiete: Technologie und Forschung (bleiben wir vorn ?)
- Soziale Aspekte: Identifizieren wir uns mit unserer Arbeit ?)
  (Themenkomplex Firmenentwicklung)

- Weiterbildung: mehr, zweckmäßiger, breiter gestreut ?
- Gehaltsstruktur: mehr Transparenz ?
  (Themenkomplex Berufliche Entwicklung)

- mehr bezahlter Urlaub bzw. niedrigere Wochenarbeitszeit ?
- mehr Möglichkeiten zur Teilzeitarbeit ?
  (Themenkomplex Arbeitszeit und -entgelt)

- Arbeitsmittel: Bildschirme, Rechnernetz, Drucker etc.
- Kantine: Preise, Qualität und Raumgestaltung
  (Themenkomplex Firmen-Infrastruktur)

Die Bewertungsskala für die einzelnen Fragen reichte von "0" (= kein Thema für den Betriebsrat) bis "3" (= Hauptthema, auf das sich der Betriebsrat konzentrieren soll). Darüber hinaus wurden die Befragten aufgefordert, die Themenlisten mit eigenen Vorschlägen zu verlängern sowie eigene Anregungen und Wünsche zu äußern.

Der Fragebogen-Rücklauf lag mit ca. 35 % im Rahmen der Erwartungen. Man muß dabei bedenken, daß (nach unserer Einschätzung) ca. ein Drittel der Kollegen an Betriebsratsarbeit grundsätzlich uninteressiert ist und ein weiteres Drittel zwar grundsätzlich zur Mithilfe bereit ist, jedoch die Barriere, mindestens eine Stunde zu opfern und den eher anspruchsvollen Fragebogen durchzuarbeiten, als zu hoch empfand oder die Beantwortung schlichtweg "auf die lange Bank schob".

War also das quantitative Ergebnis der Umfrage eher durchschnittlich, so waren wir von der Qualittät der Rückmeldungen sehr positiv beeindruckt. Wer einmal die Mühe der Beantwortung auf sich genommen hatte, hatte dies sehr sorgfältig getan. So wurden gerade auch die vielfältigen Möglichkeiten, selbst Anregungen und Wünsche zu äußern und Zukunftsperspektiven zu entwickeln, bereitwillig aufgegriffen und intensiv genutzt.

Die Auswertung der Einzelfragen ergab beim Themenkomplex "Firmenentwicklung" zwei, bei den drei anderen Themenkomplexen jeweils einen eindeutigen "Spitzenreiter". Bei den ersten drei Themenkomplexen, die hier allein von Interesse sind, waren das im einzelnen die Themen:

- Technologische Weiterentwicklung
- Identifikation der Mitarbeiter mit den Projekten
- Weiterbildung
- Mehr Urlaub bzw. niedrigere Wochenarbeitszeit

Auf einige der Einzelthemen möchte ich im Abschnitt 4 näher eingehen.

- Dialog

Einen Dialog zwischen Unternehmensleitung und Mitarbeitern herzustellen, sahen wir bei der Zielsetzung, mit der wir angetreten waren, als unsere hervorragende Aufgabe an. Startpunkt für diesen Dialog war eine über zweistündige Diskussion anläßlich einer Betriebsversammlung, bei der zunächst die einzelnen Themen erläutert und die Fragebögen verteilt worden waren. Die Diskussion wurde vom Betriebsrat moderiert und mit einleitenden Referaten vorbereitet. Beide Seiten - Unternehmensleitung und Mitarbeiter - diskutierten miteinander äußerst offen, engagiert, manchmal kontrovers, aber durchgehend fair. Besonders ausführlich wurde der erste Themenkomplex "Firmenentwicklung" diskutiert. Hinterher lobten beide Seiten übereinstimmend die Substanz, Dichte und Offenheit der Diskussion.

Nachdem dieses Anfangsklima geschaffen war, konnte der Dialog auf verschiedenen Ebenen (Unternehmensleitung - Betriebsrat, Betriebsrat - Mitarbeiter, Unternehmensleitung - Mitarbeiter) fortgesetzt werden. Dies geschah im Rahmen weiterer Betriebsversammlungen, turnusmäßiger Sitzungen und persönlicher Einzelgespräche.

4 Aktuelle Themen der Mitgestaltung durch den Betriebsrat

Aus der Fülle möglicher Themen, die für Betriebsräte unserer Branche von Belang sein können, möchte ich vier Themen bzw. Themenkomplexe herausgreifen und an ihnen mögliche Zielsetzungen und Ansatzpunkte für die Betriebsratsarbeit in dem oben vorgeschlagenen Sinne erläutern. Die Themen sind im einzelnen:

- Arbeitszeit-Regelungen
- Berufliche Weiterbildung
- Technologische Weiterentwicklung der Firma und der Branche
- Identifikation der Mitarbeiter mit den Projekten

Für die Auswahl gerade dieser Themen waren die folgenden Gründe maßgebend:

- Sie sind von allgemeiner, nicht firmenspezifischer Bedeutung.

- Sie wurden in der von uns durchgeführten Umfrage als besonders relevant eingestuft.

- Sie decken die oben erwähnten verschiedenen Aspekte von Betriebsratsarbeit recht "flächendeckend" ab.

- Sie können - zumindest teilweise - als Beispiele für "unkonventionelle" Betriebsratsarbeit dienen - sei es, daß das Thema selbst nicht zu den "konventionellen" Themen gehört, sei es, daß es auf vielleicht nicht ganz konventionelle Weise betrachtet und angegangen wird.

- Arbeitszeit-Regelungen

Die Bemessung, Verteilung und organisatorische Regelung der Arbeitszeit ist selbstverständlich ein "klassisches" Betriebsratsthema: Darüber hinaus ist die Frage der besseren und gerechteren Verteilung der Arbeit in einer Zeit hoher Arbeitslosigkeit aber auch ein hochaktuelles allgemein-politisches Thema.

Für unsere Branche kann der glückliche Umstand, daß sie zur Zeit (noch ?) eher unter Arbeitskräftemangel als unter Arbeitslosigkeit leidet, kein Grund sein, dieses Thema auszusparen. Ganz im Gegenteil: unsere Ausnahmestellung gibt uns vielleicht die Chance, dieses Thema unbelasteter und damit emotionsfreier anzugehen als andere, denen das Gespenst der Arbeitslosigkeit sozusagen im Nacken sitzt. Wer weiß, vielleicht können gerade wir am besten als "Vorreiter" tragfähige Modelle und Lösungen entwickeln und ausprobieren, die sich später dann auf andere Branchen übertragen lassen ?

Die von den Gewerkschaften und von vielen Politikern immer wieder gepriesenen Allheilmittel "generelle Arbeitszeitverkürzung" bzw. "Wachstum" scheinen mir allerdings beide gleich ungeeignet zur Lösung der Probleme zu sein. Ungeeignet deswegen, weil sie beide die strukturbedingten Probleme ohne strukturelle Änderungen zu lösen versuchen.

Daß generelle - und damit immer nur in kleinen Schritten vollziehbare Arbeitszeitverkürzungen keine neuen Arbeitsplätze schaffen, hat die Vergangenheit deutlich gezeigt, und die Informationstechnik ist nicht ganz schuldlos daran: Bisher ist noch immer von Unternehmerseite nur gerade soviel Arbeitszeitverkürzung zugestanden worden, wie sich kostenmäßig durch Rationalisierung auffangen ließ, und das wird auch in Zukunft nicht anders sein.

Und "Wachstum" ist - abgesehen von Ausnahmebranchen wie der unseren - in einer Zeit gesättigter und teilweise übersättigter Märkte nicht nur eine realitätsferne, weil am tatsächlichen Bedarf vorbeigehende, sondern oft sogar eine äußerst bedenkliche "Lösung", weil sie unersetzliche Resourcen wie Rohstoffe, Energiequellen und Umwelt in unverantwortlicher Weise verschwendet.

Für das inhärente Problem, daß Maschinen uns immer mehr Arbeit abnehmen und daß damit für eine zunächst noch steigende, später etwa gleichbleibende Zahl von Arbeitskräften immer weniger Arbeit vorhanden ist, gibt es im Prinzip zwei Lösungsansätze: Entweder arbeitet ein Teil der Arbeitskräfte voll und der Rest geht stempeln (dem kommt die heutige Situation recht nahe) oder alle Arbeitstauglichen nehmen am Arbeitsprozeß teil - dann allerdings mit einer im Schnitt signifikant niedrigeren Arbeitszeit.

Ich sage wohlgemerkt: "im Schnitt". Denn da die individuellen Notwendigkeiten, Bedürfnisse und Wünsche der einzelnen Arbeitnehmer recht unterschiedlich sind, sollte man sie nicht pauschal zu kürzerer Arbeit verdonnern, sondern im Idealfall sollte jeder sich die für ihn optimale Arbeitsdauer - innerhalb einer vorgegebenen Bandbreite - frei wählen können.

Bei der Entwicklung und Erprobung solcher flexibler Arbeitszeitmodelle kann nun die Informationstechnik wertvolle Unterstützung liefern und Pionierarbeit leisten: Arbeitszeit- und Lohn-abrechnung sind auch bei differenzierten Individual-Arbeitszeiten für einen Rechner kein Problem. DV-Arbeitsplätze sind in den letzten Jahren so preiswert geworden, daß das Kostenargument gegen eine Vermehrung der Arbeitsplätze kaum eine Rolle mehr spielt. Außerdem lassen sich teure Ressourcen durch die Kopplung von Arbeitsplätzen gemeinsam nutzen und die ständige Anwesenheitspflicht für den einzelnen Mitarbeiter verliert an Bedeutung. Das sind nur ein paar einfache Beispiele für die vielfältigen Möglichkeiten, die sich hier bieten.

In unserer Firma hat man eine seit vielen Jahren bewährte und recht großzügige Gleitzeit-Arbeitsregelung vor wenigen Jahren durch eine Betriebsvereinbarung zur Teilzeitarbeit ergänzt, die sich in der Praxis bestens bewährt hat: Im Rahmen eines gewissen Kontingents können sich Mitarbeiter (beiderlei Geschlechts !) für Teilzeit-Arbeitsverträge über 20, 25, 30 oder 35 Wochenstunden Arbeitszeit entscheiden. Anfängliche Bedenken der Geschäftsführung (die auch der Grund für die Kontingentierung waren), erwiesen sich als unbegründet, so daß damit zu rechnen ist, daß auch diese (für die Praxis sowieso nicht ins Gewicht fallende) Beschränkung aufgehoben werden wird.

Zur Zeit finden intensive Gepräche zwischen Geschäftsführung, Betriebsrat und Mitarbeitern statt, die eine Erhöhung der Zahl der Urlaubstage sowie eine Eingrenzung der Überstundentätigkeit zum Ziel haben. Gerade dieses letztgenannte Thema ist ein gutes Beispiel dafür, daß Geschäftsführung und Betriebsrat keineswegs a priori im Gegensatz zueinander stehen müssen, sondern daß hier vielmehr ein gemeinsames Interesse darin besteht, Dauer-Überbelastungen von Mitarbeitern durch organisatorische Änderungen und vor allem durch die Schaffung neuer Arbeitsplätze abzubauen.

- Berufliche Weiterbildung der Mitarbeiter

Auch bei diesem Thema decken sich grundsätzlich die Interessen von Arbeitgeber und Arbeitnehmern: Für beide ist es in einem sich schnell verändernden Umfeld ein vorrangiges Ziel, daß alle Mitarbeiter der Firma stets auf dem "Stand der Kunst" und darüber hinaus in der Lage sind, die technische Weiterentwicklung selbst aktiv mitzubestimmen. Daher ist eine ständige intensive Weiterbildung für alle Mitarbeiter in beiderseitigem vitalen Interesse.

Die Harmonie endet allerdings spätestens bei der Erkenntnis, daß Weiterbildung etwas kostet. Natürlich ist jedem Unternehmer diejenige Weiterbildung am liebsten, die der Mitarbeiter in seiner Freizeit betreibt und umgekehrt möchte jeder Arbeitnehmer Weiterbildung grundsätzlich als Teil der Arbeitszeit betrachten.

Ein weiterer Diskussionspunkt betrifft die Inhalte der Weiterbildung: Wer legt die Weiterbildungsziele fest, wer bestimmt das Weiterbildungsprogramm, welche Veranstaltungen werden angeboten, welche gelten für wen als Weiterbildung, usw.?

Für den Betriebsrat sind beide Aspekte gleich wichtig. Zunächst unterscheiden wir zwischen Aus- und Weiterbildung: Ausbildung dient den aktuellen oder unmittelbar bevorstehenden Projekterfordernissen und ist von daher unstrittig.

Anders dagegen die Weiterbildung, bei der kein unmittelbarer Zusammenhang zum aktuellen oder demnächst ins Auge gefaßten Projekt zu bestehen braucht. Hier kann falschverstandenes Leistungsdenken, das auf den kurzfristigen Erfolg fixiert ist, mit den längerfristig ausgelegten Zielen der Weiterbildung in Konflikt geraten. Der Betriebsrat muß auf diesen möglichen Konflikt hinweisen und immer wieder daran erinnern, daß gerade von der langfristig ausgelegten Weiterbildung ganz wesentlich die Zukunftssicherung für jeden einzelnen Mitarbeiter und für die Firma insgesamt abhängt.

Auf Firmenebene muß der Betriebsrat darauf drängen, daß Weiterbildung im ausreichenden Maße eingeplant und dann auch im Sinne der Planung durchgeführt wird. Weiterbildungs-Budgets dürfen nicht zum Stopfen aufgerissener Löcher oder zur Wahrnehmung ungeplanter Sonderaufgaben geplündert werden.

Bei der inhaltlichen Gestaltung sollte der Betriebsrat aktiv mitgestalten: Er kann selbst Weiterbildungsziele definieren, bei der Aufstellung des Programms mitwirken und Anregungen für Veranstaltung(sreih)en geben bzw. weitergeben.

Unser Betriebsrat verhandelt zur Zeit mit der Geschäftsführung über eine neue Betriebsvereinbarung zur Weiterbildung. Grundsätzliche Übereinstimmung besteht dabei in den folgenden Punkten:

1 Eine zentrale Aufgabe jedes Vorgesetzten ist die Aus- und Weiterbildung seiner Mitarbeiter. Dafür ist er verantwortlich.

2 Jeder Mitarbeiter hat die Pflicht, sich selbst um seine berufliche und fachliche Weiterentwicklung zu bemühen und sich auf die entsprechende Verantwortung seines Vorgesetzten zu berufen.

3 Aus- und Weiterbildung ist Investition in menschliches Kapital. Weiterbildungskosten sind ein fester Bestandteil der Geschäftsplanung, mit einem jährlich festgelegten Budget.

4 Die Firma stellt jedem Mitarbeiter ausreichende Mittel zur Verfügung, die es ihm erlauben, Weiterbildungsveranstaltungen in eigener Verantwortung zu besuchen.

Hinter diesen Grundsätzen steht die Erkenntnis, daß die Verantwortung für die Aus- und Weiterbildung nicht einseitig nur beim Vorgesetzten oder nur beim Mitarbeiter liegen kann, sondern von beiden gemeinsam ausgeübt werden muß. Auch hier ist somit die Kooperation aller Beteiligten eine unabdingbare Notwendigkeit.

- Technologische Weiterentwicklung

Im engen Zusammenhang mit der soeben angesprochenen beruflichen Weiterentwicklung der einzelnen Mitarbeiter steht die technologische Weiterentwicklung der Firma als Ganzes. Auch hier verleiht die Sonderstellung unserer Branche der Frage besonderes Gewicht.

Als Betriebsratsthema war dieses Thema bis vor kurzem eher "unkonventionell", ehe es durch die geplante Änderung des Betriebsverfassungsgesetzes (bei dem es unter anderem um Mitbestimmungsfragen bei der Einführung neuer Technologien geht) in die allgemeine politische Diskussion gekommen ist.

Dafür, daß das Thema nicht nur für Arbeitgeber, sondern für jeden einzelnen Mitarbeiter relevant ist, möchte ich beispielhaft einige Gründe anführen:

- Jeder Mitarbeiter muß die technischen Entwicklungen mitvollziehen, wenn er "am Ball bleiben" will, er steht also in einem gewissen Zugzwang bzw. Anpassungsdruck und ist damit persönlich betroffen.

- Viele Arbeitsplätze sind direkt von technischen Entwicklungen betroffen, wenn nicht in ihrer Existenz, so durch teilweise gravierende Veränderungen, z. B. durch neue Hard- oder Software, neue Arbeitsabläufe oder eine Kombination davon.

- Einige Mitarbeiter arbeiten selbst aktiv an Technologieprodukten (wie z. B. neuen Kommunikationsnetzen, Personal-Informationssystemen, militärischen Planungs-, Steuerungs- und Entscheidungssystemen) mit und gestalten damit die technische Entwicklung mit.

- Technologieprodukte, die heute entwickelt werden, bestimmen morgen unser Leben und das unserer Mitbürger und Nachkommen. Daraus erwächst eine besondere Verantwortung für jeden, der an solchen Produkten mitarbeitet.

Solange auf diesem Gebiet noch keine wirklichen Mitbestimmungsrechte bestehen, beschränken sich die Mitwirkungsmöglichkeiten des Betriebsrats auf informierende, beratende und vermittelnde Tätigkeiten. Er muß dafür sorgen, daß die Mitarbeiter über laufende Entwicklungen und deren Zielsetzungen ausreichend informiert sind. Er sollte selbst Vorschläge und Anregungen einbringen, z. B. über den Weg der Mitgestaltung des Weiterbildungsprogramms. Er muß die Frage nach den möglichen Auswirkungen geplanter Entwicklungen stellen und auf eine gründliche diesbezügliche Analyse drängen. Mit der Firmenleitung muß er im ständigen Gespräch über die geplanten und anlaufenden Entwicklungen bleiben und Anregungen und Vorschläge einbringen bzw. weitergeben.

- Identifikation der Mitarbeiter mit den Projekten

Das Betriebsklima in einer Forma hängt nicht zuletzt davon ab, wieweit sich die einzelnen Mitarbeiter mit ihrer Arbeit identifizieren. Vom "Jobdenken" bis zum selbstaufopfernden Einsatz an Sonn- und Feiertagen reicht da ein weites Spannungsfeld.

Selbstverständlich hängt die Einstellung des Einzelnen zu seiner Arbeit von vielen Faktoren ab, z. B. von der Arbeitsplatzgestaltung, Arbeitsumgebung, Entlohnung, Kollegenkontakten, Behandlung durch Vorgesetzte, Herausforderung durch die gestellten Aufgaben, persönlichem Freiraum, übertragener Verantwortung, Identifikation mit den Projektzielen aus ethisch-moralischer Sicht etc.

Lassen Sie mich auf die letzten beiden Punkte, die uns zu dem Verantwortungsthema zurückführen etwas näher eingehen:

Der Einzelne kann sich nur dann mit seiner Arbeit identifizieren, wenn er weiß, woran er arbeitet, und wenn er die Ziele der Arbeit innerlich bejaht. Das Erstellen großer DV-Systeme, insbesondere ihres Softwareanteils, fordert auf der anderen Seite eine weitgehende Arbeitsteilung. Das kann leicht dazu führen, daß der Einzelne den Überblick über das Gesamtsystem verliert und daß er routinemäßig Tätigkeiten (wie z. B. Programmieren aufgrund vorgegebener Spezifikationen oder Testen vorgegebener Programme) verrichtet, deren Folgen und Auswirkungen für ihn verborgen bleiben. Hier ist die Gefahr groß, daß die Arbeit zum bloßen "Job" wird.

Eine Möglichkeit, dieser Gefahr zumindest tendenziell etwas entgegenzuwirken, liegt in einer mehr produktorientierten (gegenüber der oben unterstellten tätigkeitsorientierten) Arbeitsteilung. Das heißt: ein Mitarbeit betreut "sein" (Teil-) Produkt über den gesamten Entwicklungszyklus oder mindestens über mehrere Phasen hinweg. Damit übernimmt er Verantwortung für dieses Produkt und "identifiziert" sich letztlich damit.

Zu echten Gewissenskonflikten kann in bestimmten Fällen die ethisch-moralische Auseinandersetzung mit den Projektzielen führen. Ch. Floyd führt dazu aus: Moralisch/politische Grenzen des Computereinsatzes .. sind dort zu ziehen, wo mit Computern versucht wird, was ohne Computer nicht gemacht werden d a r f; wir können uns nicht von der Verantwortung für das, was unsere Programme auslösen, distanzieren: Die Verantwortung für das, was Computer "tun", bleibt bei den Menschen, die sie herstellen, programmieren, ihren Einsatz planen und leiten: das heißt, wir tragen diese Verantwortung mit."

In der Praxis ist es oft schwer, wenn nicht unmöglich, die hier entstehenden Zielkonflikte zu lösen. Dazu ein paar Beispiele:

- Mitarbeiter, die aus Gewissensgründen erklärtermaßen nicht an militärischen Projekten mitarbeiten wollen, haben ein allgemein verwendbares Testprodukt entwickelt. Als Hauptinteressent für das Produkt tritt jedoch ein militärischer Auftraggeber auf. Wird man ihn beliefern und unterstützen ?

- Militärische Systeme enthalten oft Komponenten, die auch in anderen - unmilitärischen - Systemen gebraucht werden. Erfährt der Entwickler von der geplanten Verwendung und wenn ja, was kann er tun ?

- Ein Expertensystem-Werkzeug kann man in gleicherweise für die Entwicklung von medizinischen Diagnosesystemen wie für die Entwicklung von Schlachtenführungssystemen verwenden. Kann man die Verwendung eingrenzen ?

Wie schon beim vorigen Punkt, liegen die Aufgaben und Möglichkeiten des Betriebsrats bei diesem Thema hauptsächlich im kommunikativen Bereich: Er muß Informationen (in beiden Richtungen) weitergeben und für möglichst viel Transparenz über laufende und anstehende Projekte sorgen. Er muß Anlaufstelle für Mitarbeiter mit "Identifikationsproblemen" sein und ggf. berechtigte Bedenken weiterleiten.

Bei der Auswahl von Projekten hat der Betriebsrat kein Mitbestimmungsrecht. Er kann aber die Prioritäten der Belegschaft ermitteln und an die Firmenleitung weitervermitteln. Oft ist schon die bloße Diskussion und "Ent-tabuisierung" eines solchen Themas wertvoll, da sie Wünsche oder auch ablehnende Haltungen ans Tageslicht bringt und damit auch der Firmenleitung bei der Beurteilung eines Projektvorschlages hilft.

5 Zusammenfassung und Ausblick: Die Verantwortung des Informationstechnikers

Lassen Sie mich meinen Vortrag mit einigen Thesen beschließen, die einerseits das Gesagte zusammenfassen und zum anderen in den Kontext der allgemeinen Verantwortungsfrage stellen sollen:

These 1: Wir Informatiker müssen uns schon heute sehr häufig die Frage nach der Verantwortbarkeit unseres Tuns und nach den Auswirkungen der von uns erbrachten Ergebnissse unserer Arbeit stellen lassen. In absehbarer Zukunft wird das eher noch verstärkt der Fall sein.

These 2: Verantwortung wird nicht ausschließlich von oben nach unten delegiert, sondern jeder trägt für sein Tun (Mit-) Verantwortung.

These 3: Ebensowenig wie Naturwissenschaftler und Techniker anderer Fachgebiete können wir Informatiker uns mit dem Hinweis auf die Politiker selbst aus der Verantwortung für unser Tun entlassen. Themen wie z. B. Volkszählung und Datenschutz-Gesetzgebung und SDI-Beteiligung sind so komplex und erfordern so viel technischen Sachverstand, daß sie nur gemeinsam bearbeitet werden können.

These 4: Voraussetzung dafür, Verantwortung bewußt zu übernehmen, ist die ausreichende Information darüber, welchen Zielen unsere Tätigkeiten dienen und in welchem Kontext sie zu welchen Auswirkungen führen können. Das schließt auch eine Betrachtung gesamtgesellschaftlicher Folgen und Zusammenhänge ein.

These 5: Mehrere Personen oder Gruppen können Verantwortung nur dann gemeinsam übernehmen, wenn sie kooperieren und gemeinsam nach verantwortbaren Lösungen suchen.

These 6: Voraussetzung zur Kooperation ist eine stets offene Diskussion und gegenseitige Information aller Beteiligten. Betriebs- und Personalräte können und sollten hier die Funktion eines "Transmissionsriemens" übernehmen, d. h. um Informationen nachsuchen, sie weitergeben, notwendige Diskussionen herbeiführen und das für eine sachliche und offene Diskussion notwendige Klima schaffen.

Das gehört neben den "klassischen" Betriebsratsthemen zu ihren vordringlichen Aufgaben.

Mir ist klar, daß die Beispiele und Anregungen, die ich gegeben habe, höchstens bescheidene Ansätze darstellen, um einer Lösung der eingangs gestellten Fragen näher zu kommen. Manch einer mag angesichts der Bescheidenheit dieser Ansätze resignieren. Ich möchte ihm ein Wort von David Parnas entgegenhalten:

> "Es ist wahr, daß mein Entschluß, keinen Abfall auf die Straße zu werfen, den Unrat nicht aus der Welt schafft. Wenn wir ihn aber loswerden wollen, darf ich ihn nicht umherstreuen. Jeder einzelne zählt."

Literaturhinweise:

FLOYD, Ch.: Wo sind die Grenzen des verantwortbaren Computereinsatzes ? Informatik-Spektrum 8.1, S. 3-6

JUNGK, R.: Die Zukunft hat schon begonnen, Scherz-Verlag 1963

PARNAS, D.L.: Warum ich an SDI nicht mitarbeite: Eine Auffassung beruflicher Verantwortung, zur Veröffentlichung eingereicht

Informationstechnik und Beschäftigung - Rahmenbedingungen und Tendenzen

Werner Dostal
Institut für Arbeitsmarkt- und Berufsforschung
Nürnberg

1. Arbeitsmarktsituation

1.1 Unausgeglichener Arbeitsmarkt

Seit 1974 gibt es in der Bundesrepublik Deutschland keine Vollbeschäftigung mehr. Bei aller Problematik der Definition, bei welcher Schwelle das Vollbeschäftigungsziel nicht mehr erreicht ist, ist man sich doch einig darüber, daß Arbeitslosenquoten über 3 % bereits den Tatbestand der Unterbeschäftigung erfüllen. Mittlerweile hat sich die registrierte Arbeitslosigkeit bei etwa 2,3 Mio. Personen eingependelt. Dies entspricht einer Arbeitslosenquote von etwa 9 %, wenn die Gesamtzahl der Arbeitslosen auf alle abhängig Beschäftigten bezogen wird. Die Quote wird geringer, wenn auch die Selbständigen und Mithelfenden zur Basis hinzugerechnet werden. Dann wird ein Wert von etwa 8 % erreicht.

Zusätzlich zur registrierten Arbeitslosigkeit gibt es noch die verdeckte Arbeitslosigkeit. Sie wird in der Bundesrepublik Deutschland als "stille Reserve" bezeichnet. 1985 wurden 1,23 Mio. Personen in diese Kategorie geschätzt, die durch folgende Aspekte definiert wird: Sie haben keinen Arbeitsplatz, haben sich nicht arbeitslos gemeldet und sind aber trotzdem bereit, bei passenden Arbeitsplatzangeboten Arbeit aufzunehmen.

Eine dritte Gruppe findet sich in den arbeitsmarktpolitischen Maßnahmen. Berufliche Förderungsmaßnahmen, Arbeitsbeschaffungsmaßnahmen und Kurzarbeit verringern die aktuelle Arbeitslosigkeit. Gäbe es diese Maßnahme nicht, wäre die Unterbeschäftigung noch höher (siehe dazu AUTORENGEMEINSCHAFT 1985 a und b).

Insgesamt kann man deshalb davon ausgehen, daß die gegenwärtige Unterbeschäftigung in der Bundesrepublik Deutschland knapp 4 Mio. Personen umfaßt.
Demgegenüber ist die Zahl der registrierten offenen Stellen weiterhin niedrig. Sie liegt zwischen 100-und 150.000. Aber auch hier gibt es eine Dunkelziffer: Immer wieder hört man von unbesetzten Arbeitsplätzen, die aber nicht registriert sind. Aber auch wenn man annimmt, daß es zusätzlich noch einmal genausoviele nichtregistrierte offene Stellen gibt wie gemeldete, dann ist vielleicht mit 300.000 Arbeitsplätzen zu rechnen. Im günstigsten Fall kommen dann auf jede offene Stelle etwa 10 bis 15 Arbeitslose.

1.2 Dynamik des Arbeitsmarktes

Diese auch durch die öffentliche Bekanntgabe der Bestandszahlen im Vordergrund stehende Betrachtung von Beständen wird dem dynamischen Charakter des Arbeitsmarktes nicht gerecht. Der Arbeitsmarkt ist ein System von Angebot und Nachfrage, auf dem insbesondere die Veränderungen wichtig sind: Die Arbeitslosmeldungen, die Meldungen offener Stellen, die Vermittlungen. Das Verhältnis dieser dynamischen Komponenten zueinander ist bei weitem nicht so ungünstig wie der Bestandskomponenten. Im Jahre 1985 gab es knapp 4 Mio. Arbeitslosmeldungen, 1,6 Mio. neue offene Stellen und etwa 1,9 Mio. Arbeitsvermittlungen. Es kann aber durchaus sein, daß hier Mehrfachzählungen enthalten sind und daß viele neue Beschäftigungsverhältnisse relativ kurzfristiger Natur waren.

Ganz grob lassen sich die Erwerbspersonen heute in drei Segmente gliedern:

- Personen mit Dauerarbeitsplätzen, die auf dem Arbeitsmarkt nicht in Erscheinung treten

- Personen, die relativ häufig arbeitslos werden und immer wieder einen Arbeitsplatz finden

- Personen, die nur geringe Chancen haben, einen Arbeitsplatz zu finden.

Im Laufe der letzten Jahre hat sich diese Segmentierung durch gesetzliche und unternehmenspolitische Dauerbeschäftigungsstrategien erhärtet. Besondere Arbeitsmarktporbleme haben deshalb die, die neu ins Erwerbssystem einsteigen oder innerhalb des Erwerbssystems umsteigen wollen. Eine Unterbrechung der Erwerbstätigkeit ist wegen des hohen Einstiegsrisikos nicht anzuraten.

Flexible Arbeitszeiten werden nur in geringem Umfang angeboten, so daß davon auszugehen ist, daß die Arbeitsbesitzer zum Teil mehr Arbeitsvolumen beanspruchen, als sie frei wählen würden und daß deshalb anderen der Zugang zum Arbeitsmarkt erschwert wird.

1.3 Arbeitsmarktsegmentation

Diese globalen Betrachtungen dürfen aber nicht den Blick für Ungleichgewichte zwischen den verschiedenen Arbeitsmarktsegmenten verstellen. Der Arbeitsmarkt ist nach verschiedenen Kriterien geschichtet. In den einzelnen Segmenten zeigen sich Abweichungen von der Globalsituation. So gibt es beispielsweise im Bereich der Computerspezialisten Vollbeschäftigung und minimale Arbeitslosigkeit, bei Lehrern und Sozialwissenschaftlern sehr hohe Arbeitslosenraten. Auch der Branchenbezug oder die regionale Ansiedlung zeigen derartige Segmentierungstendenzen. Die Globalsituation gilt deshalb nicht uneingeschränkt für jedes Individuum. Das Risiko, arbeitslos zu werden, ist sehr ungleich verteilt (siehe dazu SENGENBERGER 1978).

2. Ökonomische Rahmenbedingungen

2.1 Wachstum und Produktivität

Die Veränderung des Bedarfs an Arbeitsvolumen wird im wesentlichen durch Wirtschaftswachstum und Produktivität geprägt. Die Produktivität wird weiterhin unterschieden in die Kapital- und Arbeitsproduktivität. Die Steigerung dieser Produktivität wird vorwiegend durch veränderte Technik erbracht. Wird in Gebäuden, Maschinen und Einrichtungen investiert, dann können die Erwerbstätigen daneben bei gleichem Arbeitseinsatz mehr Output produzieren. Die ökonomische Forschung hat einen technischen Fortschritt" definiert, der zusätzliche Produktivitätssteigerungen ermöglicht, die durch Einübung und preisgünstigere Produktionsmittel entstehen. Die Rate dieses technischen Fortschrittes wird aus den globalen ökonomischen Daten nachträglich ausgerechnet. Dieser "Technische Fortschritt" wird zwar hin und wieder mit bestimmten technischen Elementen in Beziehung gesetzt, aber ein ursächlicher Zusammenhang zwischen einer bestimmten Technik und den jeweiligen Produktivitätssteigerungsraten kann auf diese Weise nicht erklärt werden. Dies auch deshalb, weil das Produktionsvolumen nur zum Teil quantitativ erfaßbar ist (siehe dazu HELMSTÄDTER 1970).

Eine wesentliche Charakterisierung technischer Veränderungen ergibt sich immer wieder aus qualitativen Aspekten. Am Beispiel Informationstechnik wird dies besonders deutlich. Die Erhöhung der Rechengeschwindigkeit und die Zunahme des Speicherplatzes in Bauteilen integrierter Mikroelektronik verändern ökonomische Produktivitätsgrößen nicht. Durch den Preisverfall werden sie weitgehend neutralisiert. Nach ökonomischer Berechnung, die nicht die Qualität sondern quantitative Größen wie Gewicht, Stückzahl und Preis zur Grundlage hat, lassen sich technische Veränderungen kaum erkennen. Mechanische Einrichtungen, die im Bereich der Informationsverarbeitung dasselbe tun wie elektronische Elemente, sind dann eben nicht mehr konkurrenzfähig und verschwinden vom Markt. Die jeweilige Problemlösung mit der Elektronik ist aber von der mechanischen Lösung grundverschieden. Für den Markt zählt dann eigentlich nur die Brauchbarkeit für den jeweiligen Anwendungsfall. Diese Brauchbarkeit kann sich durch weitere Leistungsmerkmale noch erhöhen, die im Zuge der Elektronikeinführung immer wieder auftreten. Damit ändert sich zwar die Qualität, doch die leichte Erbringung komplexer Funktionen zieht gleichzeitig einen Preisverfall nach sich, so daß auch in diesem Bereich schneller technischer Veränderungen der Produktivitätspfad aus ökonomischer Sicht von traditionellen Entwicklungen nur wenig verschieden ist. Die jährliche Steigerung der Produktivität je Erwerbstätigen beläuft sich derzeit in der Größenordnung zwischen 2 und 3 %. Der Produktivitätsanstieg hat langfristig leicht abgenommen, was vor allem mit der Dominanz des Dienstleistungsbereichs in der Beschäftigung zusammenhängt. Dort sind Produktivitätssteigerungen und -messungen noch schwieriger als im produzierenden Gewerbe.

2.2 Wirtschaftswachstum

Bei einer stationären Wirtschaft ohne Wirtschaftswachstum würden die ständigen Produktivitätssteigerungen zu einer ständigen Verringerung des nachgefragten Arbeitsvolumens führen. Ein Ausgleich erfolgt durch das Wirtschaftswachstum, das diesen Produktivitätsanstieg kompensieren oder vielleicht sogar überkompensieren kann. Die Produktivitätssteigerung kann Wachstum ermöglichen bei gegebenem Arbeitsvolumen. Ist die Wachstumsrate höher als die Produktivitätssteigerung, dann kann das Arbeitsvolumen ausgeweitet werden.
Während die Produktivitätsentwicklung langfristig durch entsprechende technische Entwicklungen und Investitionen bestimmt wird, können Wachstumseffekte sehr kurzfristig schwanken. Kurzfristige Arbeitsvolumenveränderungen sind deshalb meist Ausdruck von Wachstumsveränderungen. Dennoch hängen Produktivität und Wachstum sehr eng miteinander zusammen. In Zeiten hoher Wachstumsraten steigt auch die Produktivität stärker an, während in Stagnationsphasen die Produktivität sinkt. Auch dies läßt sich mit technischen Argumenten erklären: Neue Betriebe oder neue Betriebsteile lassen sich weit rationeller aufbauen als eine Veränderung vorhandener Betriebe möglich ist.
Das jeweilige Arbeitsvolumen hängt also vom Verhältnis von Wirtschaftswachstum und Produktivitätssteigerung ab. In Bild 1 ist für die nächsten 15 Jahre eine Alternativrechnung für verschiedene Wachstumspfade angegeben. Dort ist auch die deutliche Steigerung des Erwerbspersonenpotentials erkennbar, das im Zusammenspiel mit geringen Wachstumsmöglichkeiten zu einer sehr hohen Unterbeschäftigung führt.

2.3 Internationale Verflechtung

Ein wesentlicher Druck für die Forcierung technischen Wandels geht immer wieder von der weltwirtschaftlichen Arbeitsteilung aus, innerhalb der die Konkurrenzfähigkeit erhalten bleiben muß. Aus diesem Grunde scheint auch ein Abbremsen technischer Entwicklung nicht realisierbar zu sein, ohne Absatzmärkte und damit Erwerbstätigkeit im Inland zu verlieren. Die Exportfähigkeit ist ein sicheres Indiz für marktgerechte Produkte und für konkurrenzfähiges Know-how. Trotzdem sollten nicht alle wirtschaftlichen Aktivitäten unter diesem Aspekt gesehen werden. Weite Bereiche unserer Wirtschaft sind nicht mit dem Export verknüpft und die Denkweise, nur Produkte, nicht aber Dienstleistungen seien marktfähig, paßt vielleicht zu einer Industriegesellschaft, nicht aber zu einer postindustriellen Gesellschaft. Solange die Leistungsbilanz der Bundesrepublik Deutschland weiterhin große Überschüsse ausweist, sind Aussagen über mangelnde Konkurrenzfähigkeit und über technische Rückständigkeit nicht oder nur selektiv begründbar.

3. Informationstechnik als Mittel zur Innovation und Rationalisierung

3.1 Informationstechnik als Schlüsseltechnik

Eine isolierte Technik gibt es heute kaum noch. Nahezu alle Technik bedarf einer entsprechenden Infrastruktur. Das Auto braucht ein Straßennetz, das Telefon entsprechende Leitungsnetze, Sanitärobjekte Wasser- und Abwasserleitungen. Diese Vernetzung ermöglicht neue Produkte nur dort, wo sie in die vorhandenen Netze hereinpassen. Produktinnovationen können sich also nicht allzu weit von vorhandenen Infrastrukturen entfernen.

Diese Systemgebundenheit führt häufig auch dazu, daß bestimmte Technik nur in begrenzten Bereichen überhaupt sinnvoll und anwendbar ist. Wenn es neue Technik gibt, die in fast allen Bereichen anwendbar ist, spricht man von Schlüsseltechnik oder Schlüsseltechnologie. Diese Schlüsseltechniken sind geprägt durch ein breites Einsatzfeld, durch eine leichte Kombinierbarkeit mit anderer Technik und dadurch, daß neue Wachstumsfelder mit dieser Technik aufgeschlossen werden können. Die Informationstechnik scheint alle Charakteristiken derartiger Schlüsseltechniken zu erfüllen. Sie läßt sich in nahezu allen Bereichen einsetzen, ist mit traditioneller Technik kombinierbar und eröffnet neue Märkte. Es gibt nur wenig Bereiche, in denen die Informationstechnik überhaupt nicht anwendbar wäre. Daraus ergibt sich eine hohe Betroffenheit der Arbeitskräfte, deren Aufgaben zunehmend durch Informationsverarbeitungsprozesse geprägt sind.

3.2 Informationstechnik "pur"

Die Informationstechnik allein, ein integriertes Bauteil oder eine bestückte Leiterplatte, ist so nicht anwendbar. Sie muß verknüpft werden

mit traditioneller Technik, damit sie überhaupt verwendbar ist. Diese Verknüpfung erfolgt durch entsprechende Ein- und Ausgabeelemente, die den traditionellen Gesetzen der Technik unterworfen sind. Weder gibt es dort eine Miniaturisierung, noch kann auf traditionelle Material- und Energiekomponenten verzichtet werden.
Allerdings sind gerade in dem Bereich, in dem bislang Informationsverarbeitung durch mechanische Elemente realisiert wurde, die massivsten technischen Veränderungen vorgekommen. Die Uhr, die Setzmaschine und die Rechenmaschine sind derartige Beispiele. In allen anderen Fällen ist die Informationsverarbeitung nur ein zusätzlicher Effekt zu traditionellen Material- und Energieprozessen. In diesen Fällen lohnt sich der Umstieg auf die Ebene der Elektronik nur dann, wenn die Informationsverarbeitung eine deutlich höhere Komplexität erreicht.

3.3 Informationstechnik in der Anwendung

Es hat sich eingebürgert, die Anwendung der Informationstechnik in drei Bereichen getrennt zu beobachten:
In der Automatisierungstechnik erlaubt die Nutzung von Computern weitere Automatisierung, ohne Flexibilität zu verlieren. CNC-Maschine und Roboter sind anschauliche Beispiele dieser Möglichkeiten. Obwohl die elektronischen Elemente in einer modernen Werkzeugmaschine wertmäßig nur einen geringen Anteil ausmachen, ist die Bedeutung dieser Informationstechnik für die Rentabilität der Maschine und für den an der Maschine tätigen Arbeitnehmer weit höher. Seine Nahtstelle zur Maschine, d.h. das Bedienungspult, wird durch den Computer aufgebaut und bestimmt. Der Computer steht gewissermaßen zwischen der Maschine und dem Bediener. Für den Bediener werden die Aktionen so gestaltet, daß er seine Aufgaben besonders gut erfüllen kann. Wie dann die Maschine im Detail konstruiert ist, wird zunehmend nebensächlich. Erfahrungen mit Großsimulatoren von Flugzeugen oder Autos haben deutlich gezeigt, daß mit heutigen Computern eine entsprechende künstliche Umgebung bereits in weitgehender Perfektion gestaltet werden kann. Daraus ergeben sich Bedienungsnahtstellen, die ein Kompromiß aus den Notwendigkeiten der Maschinenbedienung und aus den Möglichkeiten des Bedieners sind. Arbeitsverrichtungen und Arbeitsumgebung werden dadurch künstlich gestaltet und dabei gleichzeitig bis ins Einzelne analysiert. Damit ergeben sich Ansatzpunkte für weitere Automatisierung.

Die Automatisierung findet dort ihre Grenze, wo auf Unvorhersehbares reagiert werden muß und wo sich ein hoher Aufwand an Automatisierung und Komplexität in steigender Störungsanfälligkeit manifestiert. Die dabei entstehenden Kosten werden mit den Bedienungskosten des Arbeitnehmers gegengerechnet. Auch hier gibt es heute manche Bereiche, in denen Automatisierung nicht wirtschaftlich ist (DOSTAL/KAMP u.a. 1982).

Ein weiterer Effekt der Informationstechnik in sogenannten Mensch-Maschine-Systemen ist die Tatsache, daß es zukünftig nicht mehr auf das Innenleben entsprechender Geräte und Systeme ankommt. Für das Telefongespräch ist es heute schon unerheblich, ob die Vermittlung oder die Sprachübertragung analog oder digital erfolgt. Nicht der Benutzer, sondern nur der Hersteller und der Instandhalter muß die inneren Strukturen kennen.

Die hohe Leistungsfähigkeit der Informationstechnik erlaubt es nun, auf menschliche Verhaltensweisen einzugehen. Während in der frühen Industrialisierung die Arbeitnehmer sich an die Maschinen anpassen mußten, und vor allem die Aufgaben lösen mußten, die maschinell noch nicht bewältigt werden konnten, werden zukünftig die Maschinen an die Menschen angepaßt werden können. Ergebnis wird sein, daß sich die Arbeitsplätze individualisieren. Je nach individueller Leistungsfähigkeit und Präferenzen werden die entsprechenden künstlichen Nahtstellen gestaltet werden - sei es vom Betroffenen selbst oder von einem Organisator.

3.4 Entwicklungstempo

Aussagen über die ständige Beschleunigung technischen Wandels, über Revolutionen und Produktivitätsschübe lassen sich genausowenig bestätigen wie falsifizieren. Da es keine entsprechenden Meßgrößen für derartige Begriffe gibt, bleiben sie nebulös. Die Tendenz, Technik wieder mehr an den Menschen anzupassen, die auch durch arbeitswissenschaftliche Erkenntnisse unterstützt wird, erlaubt nur eine begrenzte Änderungsgeschwindigkeit. Die Komplexität menschlicher Verrichtungen wird ständig unterschätzt. Mit jeder neuen Stufe technischer Entwicklung ist man der Meinung, man sei nun in der Lage, die meisten Funktionen des Menschen zu ersetzen. Die Anwendung zeigt dann aber, daß auch leistungsfähige Technik ihre Grenze dort hat, wo die Systemgrenzen überschritten werden. Diese Grenzen waren vorher aber nicht bekannt, da die Individuen unbewußt derartige Arbeitsleistungen miterbracht hatten. Erst die Begrenztheit technischer Lösungen zeigt dann diese Lücken auf.

4. Beschäftigungswirkungen und Betroffenheit in der Erwerbstätigkeit

4.1 Globalaussagen

Technologie, Ökonomie und Sozialwissenschaften suchen bereits seit Jahrzehnten nach Möglichkeiten, die Beschäftigungseffekte von Technik und die Effekte, die aus der Beschäftigung auf Technik wirken, zu isolieren und zu quantifizieren. Aus dem globalen Denken der Ökonomen resultierend geht man immer wieder den Weg, globale Beschäftigungsentwicklungen anhand bekannter technischer Entwicklungslinien nachträglich zu erklären. Es wird beispielsweise der Beschäftigungsrückgang in der Uhrenindustrie anhand der Arbeitsplatz-Statistik aufgezeigt, gleichzeitig wird die in dieser Zeit wirkende Technik beschrieben und dann wird der Schluß gezogen, daß durch diese Technik diese Zahl von Arbeitsplätzen verlorengegangen sei. Anspruchsvollere Untersuchungen berücksichtigen zusätzlich die Absatzsituation, die Kostenveränderungen und den internationalen Wettbewerb (siehe dazu ISG 1985).

Daraus werden dann Beschäftigungseffekte einzelner technischer Entwicklungen abgeleitet.
Diese Methode ist äußerst fragwürdig. Die globalen Beschäftigungsveränderungen zeigen lediglich den Rahmen, innerhalb dessen die Wirkungen der Technik abgelaufen sind. Ob diese Beschäftigungsveränderungen nun Ausfluß neuer Technik, veränderten Managements, anderer Kostenrelationen bei Werkstoffen und Energie, begünstigender oder störender Wechselkursrelationen oder anderer Effekte sind, läßt sich bei diesen Gegenüberstellungen im Detail nicht nachweisen. Die Ökonomen haben ganz recht, wenn sie alle diese Effekte in eine Restgröße der Produktionsfunktion unterbringen, und nicht weiter differenzieren. Ihr einziger Fehler liegt vielleicht darin, daß sie diese Restgröße "technischer Fortschritt" nennen und damit unterstellen, daß dies an Technik gekoppelt sei. Dies muß zwangsläufig nicht so sein. Gerade Entwicklungen im

Dienstleistungsbereich, in dem Technik häufig nur eine marginale Rolle spielen kann, machen es außerordentlich schwer, diese enge Koppelung von Technik und Beschäftigungsveränderung nachzuvollziehen.

4.2 Betroffenheitsgruppen

Die globale Bilanzierung von Beschäftigten geht an den realen Strukturen in den Betrieben und Verwaltungen vorbei. Dort gibt es sehr unterschiedliche Positionen zum technischen Wandel.

Beispielsweise gibt es Personen, die diese veränderte Technik einführen und ihre Einführung unterstützen. Dies ist meist Aufgabe des Managements. Diese Gruppe wird die Technik so gestalten, daß die eigene Position möglichst gestärkt, aber nie gefährdet werden wird. Dies kann auch dazu führen, daß die Technik nicht in ihrer vollen Leistungscharakteristik genutzt wird.

Zu einer weiteren Gruppe gehören die, die den technischen Wandel gestalten, sie werden als "technische Intelligenz" bezeichnet. Deren Beschäftigung und Position ist durch einen kontinuierlichen Veränderungsprozeß am besten gesichert. Sobald dieser technische Änderungsprozeß ins Stocken gerät, sind auch ihre Arbeitsplätze in Gefahr. Deswegen werden sie Wert darauf legen, den technischen Wandel möglichst kontinuierlich weiterzuführen und immer wieder neue Veränderungsmöglichkeiten zu identifizieren.

Eine weitere Gruppe sind die "Betroffenen", die mit neuer Technik am Arbeitsplatz umgehen. Man stellt ihnen neue Maschinen, neue Geräte hin und sie müssen sehen, wie sie mit diesen Elementen umgehen lernen. Gleichzeitig wird ihnen vorgeschrieben, daß sie mit dieser Technik ihr Leistungsvolumen entsprechend ausweiten müssen. Häufig werden sie unter Druck gesetzt, damit die hohen Investitionen nachträglich gerechtfertigt werden.

Weiterhin sind auch für die neue Technik Reparaturkräfte und Instandhalter notwendig. Diese müssen entsprechende Qualifikationen erhalten und motiviert werden, daß sie die Technik möglichst rund um die Uhr betriebsbereit halten. Hier lassen sich die Arbeitsaufgaben im Detail vorab nicht festlegen und die Arbeitsintensität nur schwer kontrollieren.

Diese verschiedenen Grundpositionen zur neuen Technik führen auch zu unterschiedlichen Betroffenheiten. Dies gilt vor allem qualitativ, in vielen Bereichen aber auch quantitativ. Arbeitsvolumenverschiebungen innerhalb dieser Gruppen sind an der Tagesordnung. Jeder versucht, für seinen Bereich möglichst viel Arbeitsvolumen heranzuziehen. Das Arbeitsvolumen der anderen wird dabei nicht weiter berücksichtigt.

Daraus ergibt sich eine neue Verteilung von Chancen und Risiken im Erwerbsleben, die ganz wesentlich von der Zugehörigkeit zu einer dieser Gruppen abhängen. Ein langfristiger Trend geht aber dahin, daß nur die Personen ihren Arbeitsplatz behalten, deren Arbeit nicht formalisierbar und damit auch schwer automatisierbar ist. In diesen Bereichen sind auch die Rahmenbedingungen der Erwerbsarbeit menschengerecht. Kontrolle wird durch Motivation ersetzt, Arbeitsvorgaben verlieren ihre Detailliertheit, Teamarbeit unter gleichwertigen Partnern nimmt zu.

Quantitative Bilanzierungen sind in diesem Zusammenhang äußerst problematisch. Eine Arbeitsvolumenverschiebung von einer Gruppe zur anderen kann nach außen hin oft nicht erkannt werden. Es gibt zwar häufig einen Personenaustausch als Antwort auf veränderte Anforderungen, doch häufig sind auch die vorhandenen Mitarbeiter flexibel genug, diese veränderten Anforderungen zu erfüllen. Auch eine Veränderung der Einstufung in Tarifgruppen oder Statusgruppen ist mit diesem Wandel nicht immer verbunden (DOSTAL 1983).

5. Erwartete Entwicklung

5.1 Ableitung der Beschäftigung aus der technischen Entwicklung

Prognosen über die Beschäftigung können auf verschiedenen Konzepten beruhen. In den letzten Jahren haben sich technikbasierte Beschäftigungsprognosen einen wichtigen Platz geschaffen. Technische Entwicklungslinien werden verlängert, ihre Wirksamkeit im Arbeitsprozeß wird abgeschätzt, genau wie ihre Bedeutung im Marktvolumen bestimmt wird und daraus ergibt sich dann eine Bilanz der Beschäftigung.

Dabei gehen selbstverständlich sehr viele Grundannahmen über die Zusammenhänge zwischen Technik und Beschäftigung ein, die es in der stringenten Form überhaupt nicht geben kann. Aus diesem Grunde sind auch die meisten derartigen Prognosen in ihrer Beschreibung sehr zurückhaltend, wenn es um den Übergang qualitativ beschriebener technischer Entwicklungslinien auf quantitative Beschäftigungseffekte geht. Diese problematische Stelle wird auch nicht dadurch verbessert, daß den übrigen Prognoseschritte mathematisch anspruchsvolle Modelle unterlagert werden.

Eine weitere Problematik liegt vor allem darin, daß ein bestimmter technischer Stand zugrunde gelegt wird, dessen nächste Entwicklung vielleicht schon bekannt, dessen längerfristige Veränderung aber gar nicht abgeschätzt werden kann. Sonst würden wir ja entweder spätere Innovationen bereits vorab kennen - ein Prozeß, der so kaum möglich ist - oder es wird einfach unterstellt, daß zukünftig keine Innovation mehr erfolgt. Manche Prognosen geben diese Alternativen explizit an (z.B. LEONTIEF/DUCHIN 1986).

Aber auch wenn die technische Entwicklung bekannt wäre, ist es außerordentlich schwierig, in einer Marktwirtschaft die Verbreitung dieser Technik vorab einzuschätzen. Komplexe Marktstrukturen, internationale Verflechtung, eine Aufeinanderfolge von Wachstumsschüben und Wachstumskrisen machen es nahezu unmöglich, die zukünftige Entwicklung vorweg zu nehmen.

5.2 Alternativrechnungen

Wegen der Schwierigkeiten, die Entwicklung zielgenau zu prognostizieren, enthalten die meisten neueren Prognosen entsprechende Alternativrechnungen, die dann gültig werden, wenn die Rahmenbedingungen eine bestimmte Struktur erhalten. Auch bei diesen Alternativen sind selbstverständlich die grundlegenden Prognoseprobleme weiterhin gültig. Nur ergeben sich aus dem breiten Fächer prognostizierter Entwicklungslinien selbstverständlich Hinweise auf die breite Variation möglicher Entwicklung. Die Prognose wird dann - je nach Rahmenbedingungen - in die einzelnen Entwicklungsalternativen hinein projiziert (wie bei PROGNOS 1985).

Trotzdem bleiben auch diese Alternativprojektionen konventionell, da sie immer davon ausgehen, daß die Struktur von Technikanwendung, von Erwerbstätigkeit und von gesellschaftlicher Bewertung weitgehend erhalten bleibt.

5.3 Die Nützlichkeit derartiger Prognosen

Wie die Prophetie, so hat auch die Prognose nicht unbedingt den Sinn, die Zukunft zu beschreiben. Wird eine Gestaltbarkeit zukünftiger Gesellschaften unterstellt - und dies ist eine der wesentlichen Grundhaltungen unserer Gesellschaft - dann soll die Prognose aufzeigen, mit welchen Eingriffen welche Ergebnisse erreicht werden. Damit soll also gezeigt werden, was getan werden muß, um eine gewünschte Zukunft zu gestalten und eine unerwünschte Entwicklung abzustoppen.

Diese Funktion der Prognose wird um so besser erreicht, wenn möglichst viele Alternativprognosen auf der Basis logisch vernünftig strukturierter Modelle erstellt werden können. Hier findet der Computer mit seinen vielen Möglichkeiten, auch komplexe Zusammenhänge durchzurechnen und die Ergebnisse komprimiert auszugeben, seine besondere Bedeutung. Mit dem Werkzeug Computer lassen sich deshalb im vorhinein manche Entwicklungen vielleicht besser erkennen und besser abschätzen. Problematisch erscheint dabei allerdings, daß die verwendeten Methoden nicht immer eingängig und verständlich sind, bei der Datenauswahl häufig subjektiv und nachlässig vorgegangen wird, keine Kontrolle darüber besteht, ob das Modell - da man es von Hand nicht nachrechnen kann - auch wirklich so funktioniert, wie sein Erzeuger es sich vorstellt, und weil es heute noch sehr schwierig ist, gesellschaftliche Werthaltungen, die dann zu einem spezifischen Verhalten führen, vorab abzuschätzen. Auch die mangelnde Verknüpfung derartiger Teilmodelle, seien sie branchenspezifisch, auf Regionen bezogen oder auf einzelne technische Linien konzentriert, machen es schwer, den Sinn und das Ziel derartiger Rechnungen auch Außenstehenden deutlich zu machen. Meist ergeben sich bei Teilmodellen so viele Nahtstellen nach außen, daß das Modell im wesentlichen durch die Annahmen über diese Nahtstellen bestimmt wird und nicht über die Logikstruktur innerhalb des Modells. In dieser Hinsicht sind Weltmodelle am einfachsten zu rechnen, sie bedürfen aber einer derartigen Komprimierung und Verringerung der Komplexität, damit sie mit der heutigen Leistungsfähigkeit von Computern überhaupt genutzt werden können.

6. Aufweichung der Erwerbsarbeit

6.1 Das Spektrum der Freizeitarbeit

Die Betrachtungen über Beschäftigungsveränderungen von Technik sind meist recht konventionell, weil unterstellt wird, daß sich Struktur und Charakter von Erwerbsarbeit grundlegend nicht allzu sehr ändern. Deutliche Anzeichen sprechen aber dafür, daß Erwerbsarbeit überhaupt eine andere Form und einen anderen Stellenwert erhalten wird. Allein die Tatsache, daß immer weniger Zeit im Leben des Menschen für die Erwerbsarbeit eingebracht werden muß, deutet darauf hin, daß immer mehr private Verhaltensweise und Wünsche auch auf die Erwerbsarbeit übertragen werden. Wenn der Freizeitbereich dominant wird, dann kann sich die Arbeitswelt diesem Sog nicht entziehen.

So haben wir in den letzten Jahren und Jahrzehnten Entwicklungen weg von starrem Arbeitsort und starrer Arbeitszeit bereits erlebt. Bild 2 zeigt zunächst Alternativen, die im folgenden noch weiter spezifiziert werden. Diese "grauen" Arbeitsformen werden durch den Einsatz der Informationstechnik in zweierlei Hinsicht gefördert:

- Informationstechnik kann Qualifikationen substituieren und damit bestimmte Aufgaben deprofessionalisieren. Was bislang ein Fachmann hat erledigen müssen, kann zukünftig auch der Laie übernehmen. Über informationstechnische Hilfsmittel erhält er eine stufenweise Einführung in die Aufgabe. Die Werkzeuge und Geräte werden "narrensicher" aufgebaut, so daß Fehlbedienungen weder die Technik zerstören noch dem Bediener gefährlich werden.

- Informationstechnik kann als Kontrolltechnik eingesetzt werden, indem sie den systemkonformen Umgang mit diesen Einrichtungen kontrolliert. Allein die Tatsache, daß es heute funktionierende Geldausgabeautomaten gibt, zeigt, daß diese Entwicklung schon sehr weit fortgeschritten ist.

6.2 Selbstbedienung und Telearbeit

Aus dem breiten Spektrum neuer Arbeitsformen sei hier nur die Selbstbedienung und die Telearbeit ausgewählt.
Selbstbedienung ist schon länger bekannt aus verschiedenen Bereichen, insbesondere aus dem Handel. Heute entwickelt sich die Selbstbedienung bei den Kreditinstituten, aber auch im öffentlichen Dienst werden Dienstleistungsfunktionen häufig durch Selbstbedienung ersetzt. Eine weitere Entwicklung in anderen Bereichen ist zu erwarten. Auch die Heimwerkerei ist eine Form von Selbstbedienung, indem Handwerksleistungen oder auch Produktionsleistungen von den Betroffenen selbst übernommen werden.

Welche besondere Bedeutung hat die Selbstbedienung?
Zunächst führt Selbstbedienung dazu, daß aus dem Arbeitsvolumen Teile ausgelagert werden und dann nicht mehr als Erwerbsarbeit, sondern als privates Hobby angesehen werden. Diese Entwicklung führt zu einer Deprofessionalisierung, d.h. dazu, daß die Arbeitsteiligkeit wieder etwas zurückgeht. Selbstbedienung hat allerdings nur beschränkte Bereiche, in denen sie wirksam werden kann. Sowohl in der Großtechnik als auch in der Mikrotechnik sind Selbstbedienungsaktivitäten aus heutiger Sicht kaum denkbar. Das sind aber auch die Bereiche, in denen ein hoher Automatisierungsgrad schon länger dazu geführt hat, daß es dort nur sehr wenig Arbeitsplätze gibt. Gerade der Bereich mittlerer Technik, Handwerk, Reparatur, Instandhaltung und viele Dienstleistungen sind bislang der Bereich, der die meisten Arbeitsplätze, insbesondere auch für geringer Qualifizierte, anbietet. Wenn gerade in diesem Bereich die Selbstbedienung immer mehr dazu führt, daß der Kunde oder der Antragsteller seine eigene Arbeitsleistung einbringt, dann besteht die Gefahr, daß hier ein erheblicher Arbeitsplatzverlust erfolgt. Insgesamt führt das aber nicht zu einem Rückgang des Leistungsvolumens einer Volkswirtschaft, da der Fleiß und die Mühe der Mitmenschen, sowie der Wohlstand der Einzelnen sich dadurch nicht verringern, sondern erhöhen.

Es ist also sinnvoll, diesen Prozeß mit einer allgemeinen Arbeitszeitverkürzung zu verbinden, damit einerseits Erwerbsarbeit breiter verteilt werden kann, andererseits genügend freie Zeit für die Selbstbedienungsaktivitäten bleibt.

Telearbeit wird derzeit sehr intensiv diskutiert. Es geht darum, daß Arbeitnehmer ihre Arbeitsaufgaben zu Hause lösen. Für Büroarbeit besteht dafür die Möglichkeit, seitdem es leistungsfähige und preisgünstige Telekommunikationseinrichtungen und -geräte gibt, mit denen entsprechende Informationsverbindungen aufgebaut werden können. Die Möglichkeit, zu Hause die Aufgaben zu erledigen, die heute noch im Büro geleistet werden, erscheint verlockend und möglich.

Bei einer genaueren Betrachtung zeigt sich aber, daß sich derartige Arbeitsformen so weit von der in den letzten Jahrzehnten durchgesetzten abhängigen Arbeit in Agglomerationen unterscheiden, daß alle Regelungssysteme, die sich auf abhängige Arbeit bezeihen, in diesem Fall nur schlecht anwendbar sind. Es müßte sich eine völlig neue Gesellschaftsstruktur entstehen, wollte man diese Form der Arbeit in den Mittelpunkt rücken.

Aus den bisherigen Forschungsergebnissen läßt sich für die Telearbeit ganz knapp folgendes zusammenfassen:

- Telearbeit wird zunächst vorwiegend für Höherqualifizierte realisiert werden.
- Die Informationstechnik hat bei der Telearbeit nicht die entscheidende Rolle, vieles geht auch ohne Informationstechnik.
- Eine Mischtätigkeit, einige Tage zu Hause, dann wieder einige Tage zusammen mit Kollegen am vereinbarten Ort wird am ehesten aufgabenadäquat sein.

Die Entwicklungsgeschwindigkeit sowohl von Selbstbedienung als auch von Telearbeit wird sehr stark von der Akzeptanz in der Öffentlichkeit abhängigen. Auch wenn heute im Erwerbssystem Stehende sich derartige Veränderungen ihres Arbeits- und Lebensstils nicht vorstellen können, kann doch über den Generationswechsel sich Charakteristik von Arbeit und Freizeit ganz massiv ändern. Jugendliche sind zukünftig vielleicht nicht mehr bereit, sich in diesen starren Systemen sozialisieren zu lassen. Sie werden auch Alternativen erproben und werden insbesondere die jeweils vorhandene Technik in ihr Kalkül einbeziehen und sie dabei unbefangen nutzen.

6.3 Probleme sozialer Absicherung

Die heutigen Arbeits- und Lebensstrukturen sind vor allem dadurch geprägt, daß nur durch Erwerbsarbeit eine langfristig sichere soziale Absicherung erfolgen kann. Alternativen, beispielsweise über Geld- und Grundvermögen haben in der Vergangenheit aus politischen Gründen ihre Bedeutung verloren. Aus diesem Grunde ist Erwerbsarbeit - insbesondere die abhängige, sozialversicherungspflichtige Beschäftigung - für viele Menschen nicht nur Quelle des Lebensunterhalts und vielleicht sozialer Kontakte, sondern sie ist auch für die langfristige Lebenssicherung notwendig. Auch Personen, die aus finanziellen oder sozialen Gründen nicht unbedingt am Erwerbssystem teilnehmen müßten, weil sie entweder über hohes Vermögen oder über eine soziale Einbindung in ihrem privaten Umfeld verfügen - fühlen sich subjektiv und objektiv zur Erwerbsarbeit gezwungen, da sie darüber ihre soziale Absicherung erhalten.

Wir können davon ausgehen, daß durch diese Mechanismen mehr Beschäftigung nachgefragt wird, als gesellschaftlich notwendig wäre. Eine Abtrennung unseres sozialen Systems von der Erwerbsarbeit könnte hier vielleicht eine Hilfe für diejenigen sein, die in das Beschäftigungssystem hinein wollen und bereits besetzte Arbeitsplätze vorfinden. Wird diese Trennung nicht vollzogen, dann könnte die Gefahr bestehen, daß der Markt die Grauformen der Erwerbsarbeit begünstigt und die überkommenen Arbeitsstrukturen allmählich zum Ausdünnen bringt. Dieser Prozeß könnte an Bedeutung und Geschwindigkeit zunehmen, so daß das heutige soziale System selbst recht schnell ausgehöhlt werden könnte. Aus der Sicht des Arbeitsmarktes liegen hier die wesentlichsten Herausforderungen, die in nächster Zeit gelöst werden müssen, will man nicht tatenlos zusehen, daß die vorhandenen Systeme zerbrechen.

7. Zusammenfassung

Die Diskussion um die Beschäftigung und um den Einfluß der Informationstechnik auf die Beschäftigung zeigt eine Vielzahl offener Probleme. Methodisch und empirisch gibt es nur sehr wenig Möglichkeiten, die Zusammenhänge zu erkennen und aus dieser Erkenntnis heraus gezielt zu steuern und zu beeinflussen. Die Instabilität des Systems zeigt sich gerade heute besonders deutlich, wo hohe Arbeitslosigkeit die Machtverhältnisse in der Gesellschaft deutlich verschiebt, in der der nationale Wettbewerb unkritische Technikrealisierung erzwingt und in der Einzelinteressen häufig über Interessen der Gesellschaft dominieren. Entwicklungsrichtung und Entwicklungsgeschwindigkeit des technischen Wandels lassen sich nur sehr schwer abschätzen. Viele Einflußgrößen wirken, während wenig Eingriffsmöglichkeiten bekannt sind.

Die Euphorie der Machbarkeit einer gewünschten Zukunft setzt voraus, daß die Wünsche bekannt und koordiniert werden können. Gerade hier ergeben sich erhebliche Defizite. Wir haben uns daran gewöhnt, uns an die Rahmenbedingungen anzupassen und keine extremen Veränderungen zu erwarten. Informationstechnik bietet aber die Chance, Wünsche besser abzustimmen, Entwicklungen zu simulieren, bevor wir unter ihnen leiden müssen, uns und unsere Umwelt besser zu verstehen. Dies ist eine gute Grundlage für eine Gestaltung unserer Zukunft. Wir können aber nicht damit rechnen, daß diese Gestaltungsaufgaben im Rahmen der Erwerbstätigkeit von der Gesellschaft unterstützt werden, genausowenig können wir erzwingen, daß Erwerbstätigkeit langfristig ihre heutige Position in der Gesellschaft behalten wird. Vielleicht sollte sie es auch garnicht.

Literatur

AUTORENGEMEINSCHAFT 1985a: Zur Arbeitsmarktentwicklung 1984/85: Entwicklungstendenzen und Strukturen. Mitteilungen aus der Arbeitsmarkt- und Berufsforschung, 18. Jg. 1985 (1), S. 1-29

AUTORENGEMEINSCHAFT 1985b: Der Arbeitsmarkt in der Bundesrepublik Deutschland in den Jahren 1985 und 1986. Mitteilungen aus der Arbeitsmarkt- und Berufsfoschung 18. Jg. 1985 (4), S. 409-415

DOSTAL, W. 1983: Bildung und Beschäftigung im technischen Wandel. Bildungsökonomische und arbeitsmarktpolitische Rahmenbedingungen des technischen Wandels am Beispiel der elektronischen Datenverarbeitung und der Mikroelektronik. Beiträge zur Arbeitsmarkt- und Berufsforschung 65 Nürnberg 1983

DOSTAL, W./KAMP, A.-W./LAHNER, M./SEESLE, W.P. 1982: Flexible Fertigungssysteme und Arbeitsplatzstrukturen. Mitteilungen aus der Arbeitsmarkt- und Berufsforschung, 15 Jg. 1982 (2), S. 182-191

HELMSTÄDTER, E. 1970: Die Innovation als Element der wirtschaftlichen Expansion. In: Ifo (Hrsg.): Innovation in der Wirtschaft. München 1970, S. 17-29

ISG 1985: Friedrich, W.; Ronning, G.: Arbeitsmarktwirkungen moderner Technologien. Teil 1 und Teil 2 zusammen 465 S. Bericht für den Bundesminister für Forschung und Technologie, Köln/Konstanz 1985 (unveröffentlicht)

LEONTIEF, W./DUCHIN, F. 1986: The future Impact of Automation on Workers. New York/Oxford 1986, 170 S.

PROGNOS 1985: Rothkirch, C.v.; Weidig, I.: Die Zukunft der Arbeitslandschaft. Zum Arbeitskräftebedarf nach Umfang und Tätigkeiten bis zum Jahre 2000. Textband und Anlagenband, zusammen 457 S. Beiträge zur Arbeitsmarkt- und Berufsforschung 94.1 und 94.2 1985

SENGENBERGER, W. 1978: Der gespaltene Arbeitsmarkt - Probleme der Arbeitsmarktsegmentation. Frankfurt/M. 1978

Bild 1

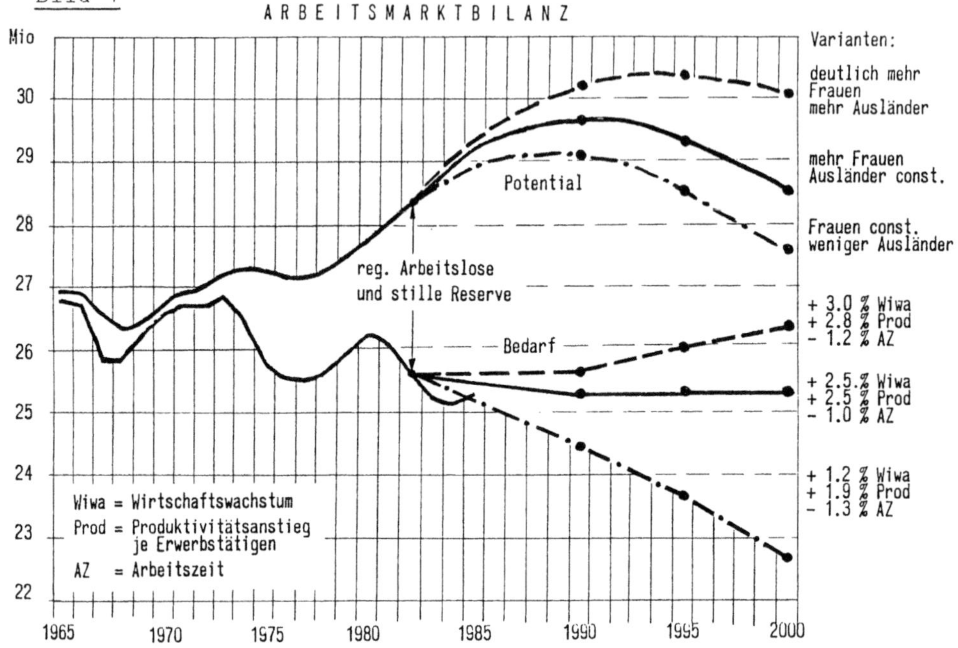
ARBEITSMARKTBILANZ
Mio
30
29
28
27
26
25
24
23
22
1965
1970
1975
1980
1985
1990
1995
2000
Varianten:
deutlich mehr Frauen mehr Ausländer
mehr Frauen Ausländer const.
Frauen const. weniger Ausländer
+ 3.0 % Wiwa
+ 2.8 % Prod
- 1.2 % AZ
+ 2.5 % Wiwa
+ 2.5 % Prod
- 1.0 % AZ
+ 1.2 % Wiwa
+ 1.9 % Prod
- 1.3 % AZ
Potential
reg. Arbeitslose und stille Reserve
Bedarf
Wiwa = Wirtschaftswachstum
Prod = Produktivitätsanstieg je Erwerbstätigen
AZ = Arbeitszeit

Bild 2

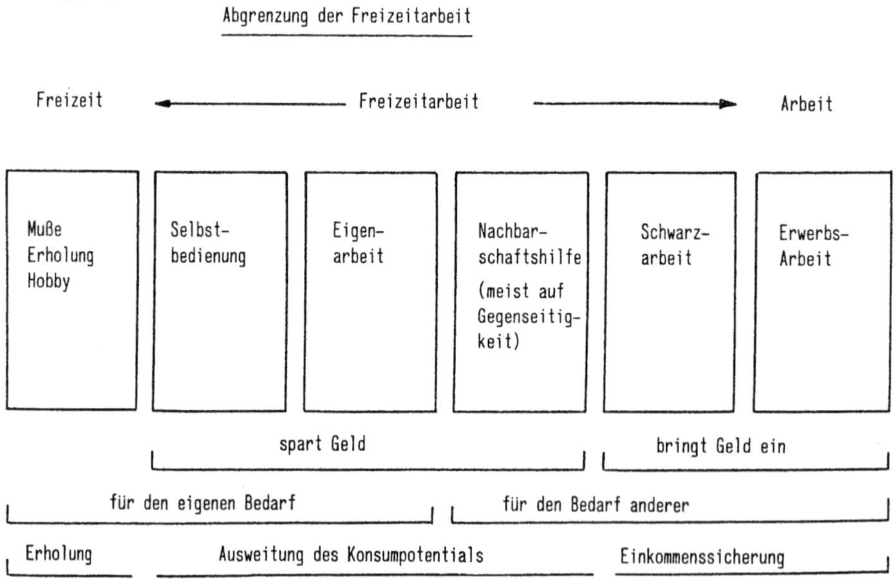
Abgrenzung der Freizeitarbeit
Freizeit
Freizeitarbeit
Arbeit
Muße Erholung Hobby
Selbstbedienung
Eigenarbeit
Nachbarschaftshilfe (meist auf Gegenseitigkeit)
Schwarzarbeit
Erwerbs-Arbeit
spart Geld
bringt Geld ein
für den eigenen Bedarf
für den Bedarf anderer
Erholung
Ausweitung des Konsumpotentials
Einkommenssicherung

INFORMATIK UND NEUBAU EINES BÜROGEBÄUDES

Ein Erfahrungsbericht über den Neubau der Hauptverwaltung der COLONIA Versicherung AG in Köln

Friedrich K. Rauch
COLONIA Versicherungen, Köln

Wer heute entscheidet, ein neues Verwaltungsgebäude zu errichten, steht unter anderem auch der Frage gegenüber, wie die Bürokonzepte der Zukunft die Einsatzfähigkeit der neuen Gebäude beeinflussen werden. Die Szenarien, die diskutiert werden, sehen Möglichkeiten von der ausschließlichen Heimarbeit über "Weg von den Ballungsgebieten" bis hin zu der Aussage "Es wird sich gar nichts ändern" vor. Als die Colonia Versicherungen in 1979 sich für den Bau einer neuen Hauptverwaltung für ca. 1.700 Mitarbeiter entschieden, war das Bild der elektronischen Zukunft noch unklarer als heute. Wir setzten damals zwei Prämissen, die wir auch heute noch als richtig und entscheidend ansehen:

- Wir wollten größtmögliche Flexibilität im baulichen Konzept, um auf die technologischen und organisatorischen Änderungen reagieren zu können.
- Wir wollten nicht voreilig Technik einsetzen, aber alle organisatorischen Maßnahmen durchführen, die im Hinblick auf die Konzepte der zukünftigen Technologien angemessen erschienen.

Im Hinblick auf die zukünftigen Technologien wurden damit die Diskussionen, ob überhaupt gebaut werden sollte, hinfällig. Denn die Definition "flexibel" sollte auch die Möglichkeit, Teile der Gebäude zu vermieten oder zu verkaufen, beinhalten.

Dieser Vortrag wird <u>nicht</u> die Frage des Projektmanagements, der Kosten, der Architektur, der Mitarbeiterakzeptanz etc. abdecken, sondern sich auf die oben zwei beschriebenen Punkte konzentrieren.

1. Wie sieht das bauliche Konzept hinsichtlich Flexibilität auf zukünftige Technologie aus?

Zu allererst haben wir kein Hochhaus sondern einen dezentralen Gebäudekomplex erstellt. In jedem der fünf Heimathäuser arbeiten ca. 300 bis 400 Mitarbeiter. Damit können verhältnismäßig leicht neue organisatorische Einheiten integriert bzw. ausgegliedert werden. Da jedes der fünf Heimathäuser in 3 bis 4 weitgehend autarke Stockwerke untergliedert ist, wurde das Konzept der Dezentralisierung auch hier fortgesetzt. Die Stockwerke sind verhältnismäßig klein (ca. 1.600 qm). Die max. Entfernung von einem Ende zum anderen beläuft sich auf ca. 70 Meter und es arbeiten ca. 100 Mitarbeiter auf einem Stockwerk (Schaubild 1). Die Gruppenräume sind 400 bis 500 qm groß. Wir haben versucht, auch hier das höchste Maß von Flexibilität ohne eine zu große Aufgabe von Individualität zu erreichen. Hier einige Daten:

- In einem Gruppenraum arbeiten max. 31 Mitarbeiter, d.h., wir haben einschließlich Wegezonen 13,6 qm pro Mitarbeiter vorgesehen.
- Die Räume sind nicht klimatisiert. Fenster können geöffnet werden. Eine Be- und Entlüftung kann für jeden Gruppenraum individuell zugeschaltet werden.
- Die max. Entfernung zum Fenster beträgt 6,5 m.
- Alle Versorgungsleitungen, z.B. für Terminals, Telefon, Strom etc., liegen im Doppelboden.

Die baulichen Maßnahmen haben uns ermöglicht - ohne die zukünftige technologische Entwicklung im einzelnen zu kennen - einigermaßen sicher zu sein, daß wir keine Fehlinvestition durchgeführt haben. Die Struktur des Gebäudekomplexes könnte uns immer noch gut dienen, selbst wenn das Büro mit stark computerisierten Arbeitsplätzen ausgestattet wird, oder der Arbeitsplatz zu Hause sein sollte und das Büro zum "Diskussion/Team-Arbeitsplatz" umfunktioniert werden muß. Denn wir wissen bereits heute, daß unsere Büros sowohl stark hierarchisch gegliedert Arbeitseinheiten dienen können wie auch den Spezialisten, die mit minimaler Hierarchie aber großem Kommunikationsaufwand arbeiten müssen.

2. Wie können wir uns organisatorisch auf die Technologien der Zukunft vorbereiten?

Selbst heute werden uns nur langsam die Umrisse der Bürokommunikation deutlich. Als wir vor einigen Jahren anfingen zu bauen, war alles noch viel undeutlicher. Wir haben einige wichtige Entscheidungen getroffen, sie auch weitgehend durchgehalten und sind gut dabei gefahren.

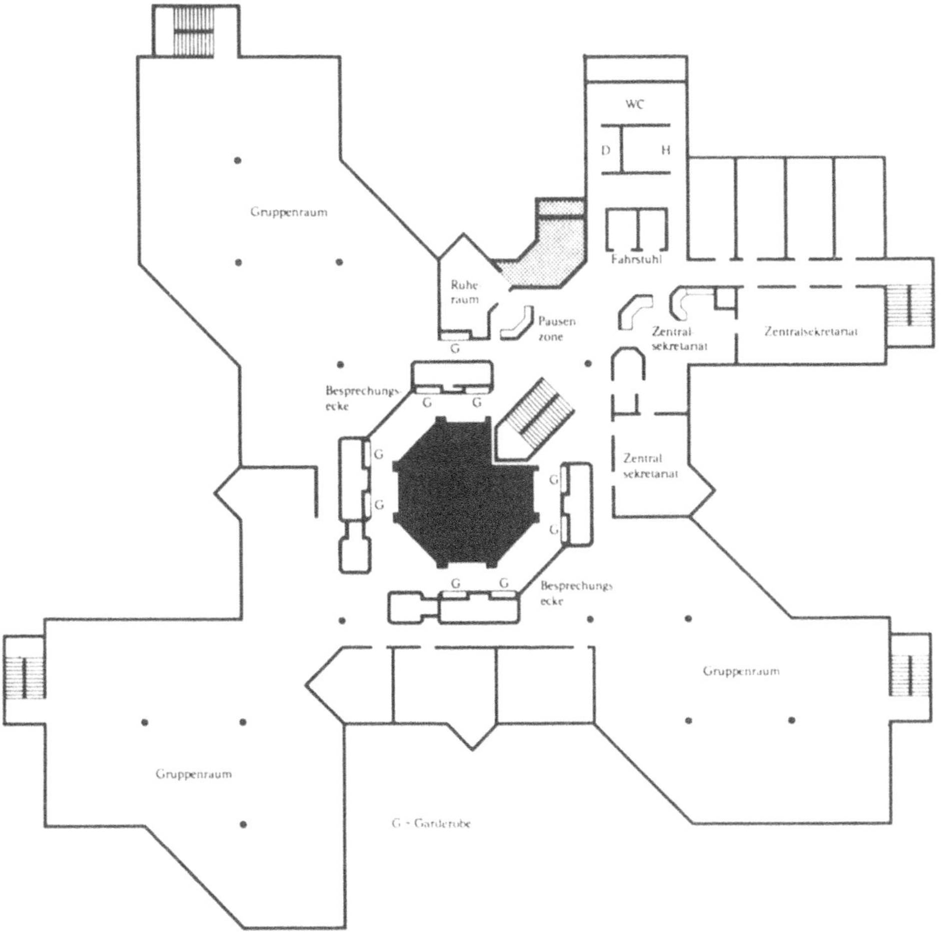

Schaubild 1: Grundriss eines Stockwerkes

Wir wollten von Anfang an keine Technik einsetzen, nur weil sie modern war, sondern nur dann, wenn sie unmittelbaren Nutzen brachte. So z.B. haben wir keine LANs installiert, da wir keine konkreten Einsatzgebiete für diese Technologie hatten. Wir haben frühzeitig - unterstützt von der Siemens AG - untersucht, mit welchen technischen Hilfsmitteln der Bürokommunikation man mittelfristig rechnen sollte, um Arbeitsabläufe in Unternehmen zu verbessern. Ein Ergebnis dieser Untersuchung wird in Schaubild 2 dargestellt.

Wir haben alle Dienstleistungen auf die technischen und sozialen Komponenten der Zukunft ausgerichtet. Zum Beispiel haben wir wegen der Bildplatte unser Registraturwesen zentralisiert. Ebenso gibt es auf jedem Stockwerk eine zentrale Servicestelle für Schreibarbeiten, Sekretariats- und Bürodienste (Zentralsekretariat), unabhängig von der Zuordnung zu Personen (Schaubild 2).

Durch die bis auf 1986 befristete Anmietung der Telefonanlage haben wir sichergestellt, daß wir uns mittelfristig nicht den Weg in die digitale ISDN-Welt verbauen. Heute laufen über die Schnittstelle Telefon/CPU die Zugangskontrolle, die Telefonabrechnung, die Aktenanforderung. Von Anfang an haben wir die Zentralsekretariate mit Textverarbeitungsanlagen ausgestattet, deren Schnittstelle zur CPU, z. B. für Adressverarbeitung, wir gerade testen.

Wichtig war für uns, zusätzliche technische Leistungen über die Zentralsekretariate unseren Mitarbeitern zur Verfügung zu stellen. Aus diesem Grund haben wir das Colonia Personal Computing Konzept auf die Zentralsekretariate ausgedehnt. Service-Leistungen wie Schulungswesen, Telefonbuch, Reservierung Besprechungsräume etc. liefen dort bereits sechs Monate nach dem Einzug.

Für Praktiker mag es interessant sein, zu sehen, wie Führungskräfte vor Einzug in das neue Gebäude die Notwendigkeiten für EDV-Unterstützung in ihrem persönlichen Bereich einschätzten (Schaubild 3).

Wir glauben, daß wir mit diesen organisatorischen Maßnahmen für die Zukunft der Hochleistungsnetze und büroorientierten Computer gewappnet sind. Die Technik kann eingeführt werden, wenn sie ausgereift vorhanden und wirtschaftlich einsatzfähig wird, ohne daß wir interne Dienstleistungsfunktionen grundsätzlich umorganisieren müssen, oder gar herausfinden müssen, daß unser neues Verwaltungsgebäude nicht mehr den Anforderungen gerecht wird.

Zentralsekretariat

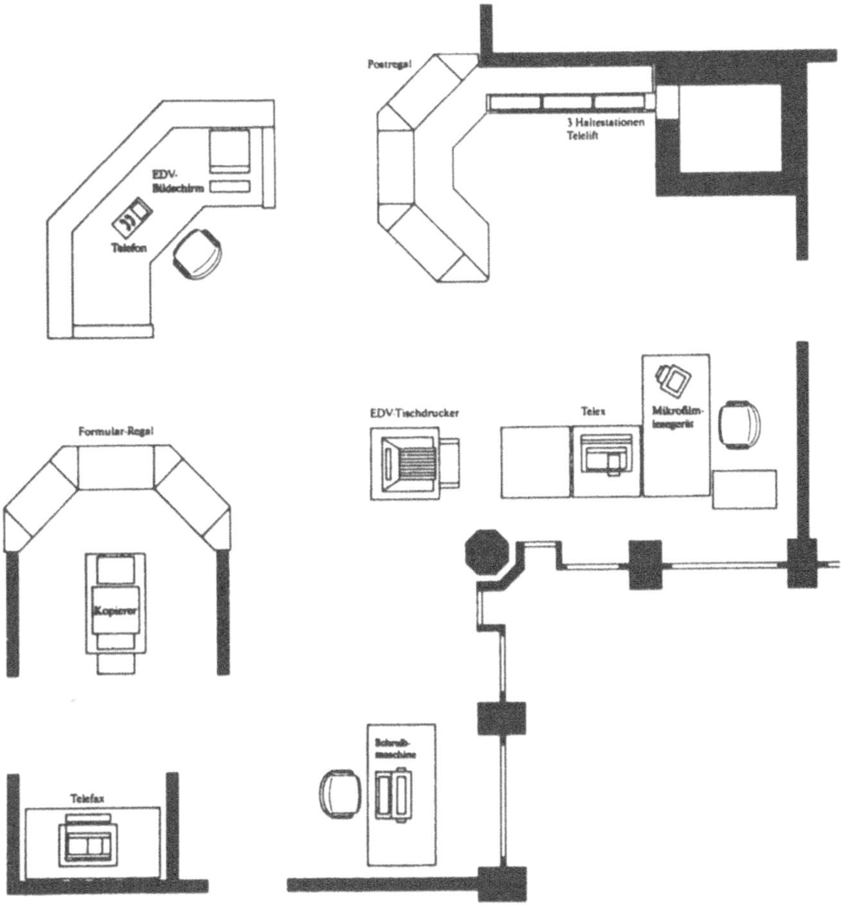

Schaubild 2: Grundriss Zentralsekretariat

Wie sehen Führungskräfte die Notwendigkeit der EDV-Unterstützung für ihre Verwaltungsaufgaben

Aufgabe	Priorität	Aufgabe	Priorität
Automatisierung von vertraulichen Schreibarbeiten	niedrig	Seminarpläne	niedrig
Archivkarten führen	hoch	Handbücher entwickeln, speichern, abrufen	hoch
Besprechungsraum – Belegung	niedrig	Materialbestellung	niedrig
Terminkalender	mittel	Anwesenheitslisten	mittel
Wiedervorlagen	mittel	Reiseplanung	niedrig
Statistikprogramme	niedrig	Reisekostenabrechnung	niedrig
Grafikprogramme	niedrig	Telefonbuch	niedrig
Rundschreibenkatalog	hoch		
Geburtstage	niedrig		

Schaubild 3: EDV-Unterstützung der Führungskräfte

COMPUTEREINSATZ IN DER PRODUKTION: TECHNIK FÜR DEN MENSCHEN?

Peter Brödner
Kernforschungszentrum Karlsruhe GmbH
Projektträgerschaft Fertigungstechnik
Postfach 36 40, 7500 Karlsruhe 1

1 Einführung: Meilensteine auf dem Weg zur rechnergestützten Produktion

Der Weg zur rechnergestützten Produktion ist durch mehrere Entwicklungsetappen gekennzeichnet. Nicht technologische Sachzwänge, sondern die sozio-ökonomischen Perspektiven auf verbesserte Kontrolle des Eigensinns der lebendigen Arbeit, auf höhere Produktivität bei geringeren Kosten haben sie geprägt. Im ersten Schritt wurde die lebendige Arbeit nach den Vorstellungen von Smith und Babbage horizontal geteilt, die damit auch die Grundlage für den allmählichen Einsatz von Maschinen schufen. Im zweiten Schritt trennten Taylors Grundsätze die Planung der Arbeit von ihrer Ausführung (vertikale Arbeitsteilung).

In der Folge haben sich zwei deutlich voneinander geschiedene Produktionsprozesse herausgebildet, die höchst unterschiedliche Formen von Produktionstechnik und Arbeitsorganisation aufweisen. Während in der meist auftragsgebundenen Einzel- und Kleinserienfertigung nach dem Verrichtungsprinzip gearbeitet wird, demzufolge gleiche Fertigungsverfahren räumlich und organisatorisch zusammengefaßt sind (Werkstattfertigung) und weitgehend uiniverselle Maschinen eingesetzt werden, ist die kundenanonyme Massenfertigung nach dem Fließprinzip mit verketteten Spezialmaschinen (Fließfertigung, Ford) organisiert.

In der Vergangenheit ließen es die Märkte für Massenprodukte zu, die Fließfertigung der immer wiederkehrenden gleichen Produkte in breitem Umfang starr zu automatisieren (z.B. in Form von Transferstraßen). Dagegen hat sich die sehr kostenintensive

Werkstattfertigung lange Zeit gegen Automatisierung gesperrt, da die außerordentlich große Teile- und Produktvielfalt hohe Flexibilität verlangt. Neue Marktanforderungen nach größerer Produktvielfalt der Massenprodukte haben auf der einen Seite Entwicklungen angestoßen, die Massenfertigung flexibler zu gestalten wie auf der anderen Seite die kostentreibende und zeitaufwendige Flexibilität der Kleinserienfertigung Anstrengungen zu deren flexibler Automatisierung herausforderte. Diese haben die Rechnertechnologie mit hervorgebracht, die universell einsatzfähige, per Programm auf spezielle Funktionen einrichtbare Mittel bereitstellt, sowohl die zuvor schon starr automatisierte Massenfertigung zu flexibilisieren als auch die Einzelfertigung flexibel zu automatisieren. So weisen die zunächst auseinanderlaufenden Entwicklungsstränge zunehmend wieder Gemeinsamkeiten auf.

Gleichwohl bleiben fundamentale Unterschiede bestehen. Während die Produkte der Massenfertigung - und sei sie noch so flexibel gestaltet oder gar an Bestellungen gebunden - stets vollständig definiert sind und ihre Fertigung durchgängig geplant ist, bevor das erste Stück gefertigt wird, werden sie in der auftragsgebundenen Fertigung erst in deren Verlauf im einzelnen festgelegt. Diese ist daher auch nur begrenzt vorweg planbar.

2 Der Weltmarkt im Umbruch: Ist die Massenproduktion am Ende?

2.1 Verdrängungswettbewerb: Stagnation statt Expansion

Der letzte Schritt, der Übergang zur rechnergestützten Produktion, verdient es, genauer betrachtet zu werden. Eine automatisierte Fließfertigung ließ sich nur für ein über längere Zeit im wesentlichen gleich bleibendes Produkt mit ganz wenigen Varianten realisieren. Ihre ausgefeilten, auf das Produkt spezialisierten Funktionen verursachten immense Fixkosten, die nur verteilt auf große Stückzahlen tragbar waren, und ihre genauestens auf eine bestimmte Mengenleistung abgestimmten Kapazitäten ließen sie bei rückläufigen Verkäufen marktwidrig mit erhöhten Preisen reagieren. Mithin hatte sie expandierende Märkte zur unabdingbaren Voraussetzung, auf denen die Anbieter die Bedingungen setzen konnten. Doch neuerdings befinden sich die Weltmärkte für Massengüter im Umbruch. Statt Expansion ist vielfach Stagnation zu verzeichnen, statt Konkurrenz um Anteile am wachsenden Markt herrscht zunehmend Verdrängungswettbewerb und an die Stelle der marktbeherrschenden Macht der Anbieter tritt der zunehmende Einfluß der Kunden, auf deren differenziertere Wünsche sich die Anbieter mehr und mehr einlassen müssen. Das schlägt sich darin nieder, daß häufiger neue Produkte mit mehr Varianten entwickelt werden müssen, deren Funktionalität und Qualität zudem steigenden Anforderungen unterliegen (Benz-Overhage u.a. 1982, Piore & Sabel 1985, Warnecke 1985).

Damit geraten die Marktanforderungen und die Produktionsbedingungen in Widerspruch zueinander. Die dem nicht mehr gewachsene starre Produktion muß von Grund auf umgestaltet, durch den Einsatz frei programmierbarer Fertigungseinrichtungen mit erheblich mehr Flexibilität ausgestattet werden, ohne an Produktivität und Kontrolle einzubüßen und ohne die Kosten ausufern zu lassen. Wurden früher beispielsweise im Automobilbau bei einem Modellwechsel 70 % der alten Fertigungseinrichtungen verschrottet, sollen sie heute zu 80 % weiterverwendet werden und zwar für eine Vielzahl von Varianten.

Auch die Investitionsgüterindustrie, deren auftragsgebundene Kleinserienfertigung immer schon hohe Flexibilität aufwies, bleibt von diesen Stagnationstendenzen nicht verschont. Hier schlagen sich die neuen Marktanforderungen vor allem darin nieder, komplexere Produkte in viel kürzerer Zeit mit gesichertem Liefertermin herzustellen. Dies soll durch flexible Automatisierung von Teilen des Produktionsprozesses erreicht werden.

Im folgenden wird allein die Massenproduktion am Beispiel des Automobilbaus als der volkswirtschaftlich bedeutensten Branche dieses Typs betrachtet. Die auftragsgebundene Produktion (Investitionsgüter) habe ich an anderer Stelle ausführlich abgehandelt (Brödner 1985).

2.2 Rechnereinsatz: Strategische Waffe im Kampf um den Kunden

Um diesen Herausforderungen zu begegnen, erweist sich der Einsatz von Computern und frei programmierbaren Fertigungseinrichtungen in allen wichtigen Funktionsbereichen der Produktion als universelles, durch Programme und Datenstrukturen auf seine jeweils besondere Aufgabe zuschneidbares Rationalisierungsinstrument. Am Beispiel der Automobilindustrie läßt sich dies verdeutlichen.

Zunächst gilt es, den Fertigungsprozeß selbst im Hinblick auf unterschiedliche Mengen, Varianten und Modellwechsel flexibel automatisiert zu gestalten. Im Bereich der Teilefertigung gelingt dies mittels flexibler Transferstraßen und flexibler Fertigungssysteme, die aus verketteten, numerisch gesteuerten Bearbeitungseinheiten aufgebaut sind und insgesamt von einem Rechner gesteuert werden. Im Bereich der Montage finden programmierbare Handhabungsgeräte und rechnergesteuerte Regallager Verwendung. Damit sind die Vorausetzungen geschaffen, eine Modellvariante unabhängig von ihrem Vorgänger oder Nachfolger auf denselben nun aber per Programm umstellbaren Fertigungseinrichtungen zu fertigen und die individuell benötigten Teile passend und zeitgerecht bereitzustellen.

Freilich würden in einer solchen Fertigung Durchlaufzeiten einzelner Teile und deren Bestände ins Uferlose wachsen, gelänge es nicht, den angesichts des riesigen Produktionsvolumens über ausgedehnte Werksbereiche, landesweit gestreute Werke und Zulieferfirmen verteilten Gesamtprozeß zu steuern. Zu diesem Zweck wird für die Produktionsplanung und -steuerung eine Rechnerhierarchie eingerichtet (vgl. Abb. 1), mit deren Hilfe die Aufgaben,

- o das mittel- und kurzfristige Produktionsprogramm festzulegen,
- o daraus den Bedarf an Fremdmaterial, Teilen und Baugruppen abzuleiten,
- o den Aufbau der Karosserie, die Fertigung der Aggregate und die Endmontage zu steuern,

bewältigt werden. Diese synchron ablaufenden Funktionen erlauben es, trotz großer Variantenvielfalt mit möglichst kleinen Beständen auszukommen ("just-in-time" Produktion, Niefer 1979).

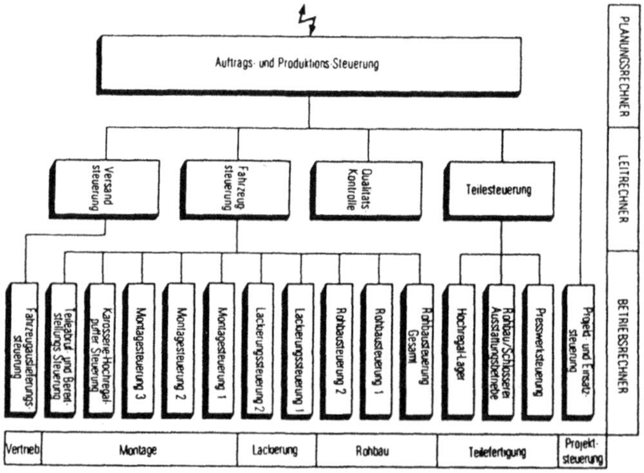

Abb. 1: Rechnerhierarchie zur Produktionsplanung und -steuerung (Niefer 1979)

Auf der Produktseite lassen Modelldiversifikation und Variantenvielfalt den Prozeß der Entwicklung, Konstruktion und Fertigungsplanung immer kostenträchtiger und zeitraubender werden. Um trotz gestiegener Qualitätsanforderungen Entwicklungszeiten verkürzen und Kosten sparen zu können, werden schon seit längerem einer algorithmischen Beschreibung leicht zugängliche Teilfunktionen der Fahrzeugentwicklung wie die rechnerinterne Darstellung der Automobilaußenhaut, das Erstellen von Zeichnungen, Stücklisten und NC-Programmen rechnergestützt vollzogen. Der Haupteffekt der Rationalisierung tritt aber erst ein, wenn es gelingt, ein durchgängiges CADCAM-System vom Styling über die Konstruktion, Fertigungsplanung, Betriebsmittel- und Werkzeugkonstruktion bis zum Zulieferer zu realisieren, in dem einmal erzeugte Daten in einem gemeinsamen Datenbestand verwaltet und mittels maschinellen Datenaustauschs an die verschiedenen Stellen zur Bearbeitung weitergegeben werden können. Derartige Verbundsysteme werden allenthalben mit Macht vorangetrieben, Teillösungen existieren bereits (vgl. Abb. 2). Bis vollständige Systeme realisiert werden können, bedarf es noch großer Entwicklungsanstrengungen (Hartwich 1983).

Während in der Automobilindustrie die Integration aller Programme zur Darstellung und Verarbeitung der Außenhautgeometrie zu einer durchgängigen Verarbeitungskette schon relativ weit gediehen ist, ist sie bei der Konstruktion und Fertigung der Aggregate noch bei weitem nicht soweit fortgeschritten. Zwar gibt es auch hier einzelne avancierte Fälle integrierter Verarbeitungsketten (z.B. bei der Kolbenherstellung, Franz 1985), insgesamt sind sie jedoch höchst unterschiedlich entwickelt und im großen und ganzen zurückgeblieben. Diese Unterschiede sind vor allem darauf zurückzuführen, daß es hier (im Unterschied zur Außenhaut) nicht genügt, Geometrien nur darzustellen und weiterzuverarbeiten, vielmehr müssen sie im Verbund mit funktional zugehörigen Teilen dimensioniert werden. Die dazu erforderliche Konstruktionslogik festzulegen sowie die benötigten Normen, Berechnungs- und Simulationsprogramme mit den beim Entwurf benutzten geometrischen Modellierern zu verknüpfen, bereitet große Schwierigkeiten und ist bislang nur teilweise gelungen (z.B. bei der Simulation von Fahrgestellen).

Schließlich ist es Aufgabe eines integrierten rechnergestützten Qualitätssicherungssystems, auf der Grundlage von Prüfplänen im Werksverbund laufend Qualitätsdaten zu erfassen und auf systematische Fehler hin auszuwerten sowie an Aggregaten rechnergesteuerte Funktionsprüfungen vorzunehmen (Niefer 1979).

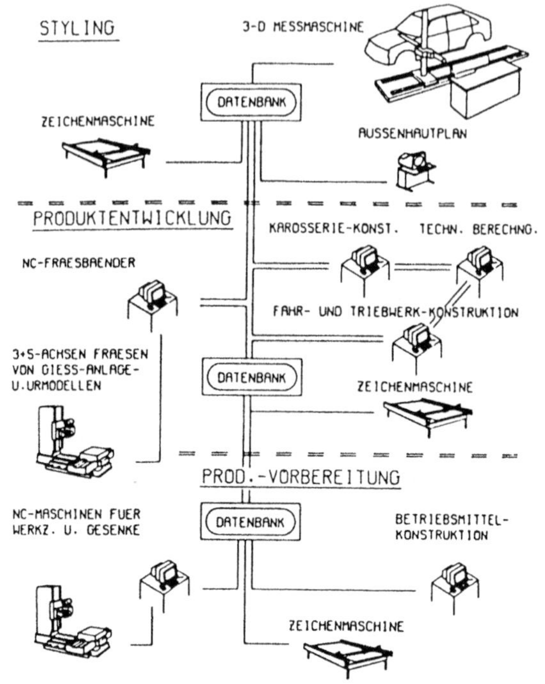

Abb. 2: CADCAM-System für die Fahrzeugaußenhaut (Roth 1984)

2.3 Rechnereinsatz und Arbeitsstrukturen: Die Fabrik am Scheideweg

Dieser nur in seinen wesentlichen Zügen grob skizzierte Einsatz von Computern ist nicht ohne tiefgreifende Folgen für die lebendige Arbeit und die Strukturen ihres Einsatzes geblieben. Zunächst kann in vielen Bereichen der Produktion beobachtet werden, wie sie auf technisch oder wirtschaftlich (noch?) nicht automatisierbare Restfunktionen verdrängt wird. Beispiele dafür sind etwa Einlegearbeiten an flexibel automatisierten Fertigungsstraßen oder reine Dateneingabetätigkeiten an Bildschirmarbeitsplätzen im technischen Büro. Zugleich unterliegen die früheren Arbeitsstrukturen einer Polarisierung der Qualifikationen, die freilich instationärer Natur ist, da sie bei hinreichender Ausprägung ihrerseits nach Rationalisierung der an den Polen gehäuften Arbeit drängt, die besonders kostspielig ist und neue Abhängigkeiten schafft. Derart polare Qualifikationsprofile mit hohen Anforderungen für wenige und eher geringer gewordenen Anforderungen für viele bilden sich beispielsweise an roboterisierten Rohbaustraßen, wo die qualifiziert angelernte Tätigkeit der Schweißer stark zurückgeht, einfache Einlege- und Überwachungsaufgaben zunehmen und an relativ wenige Anlagenführer und Qualitätsüberwacher erhöhte Qualifikationsansprüche gestellt sind. Vergleichbares ist auch im technischen Büro zu beobachten, wo sich mit der Einführung von CADCAM-Systemen die frühere Arbeit von Detailkonstrukteuren und Fertigungsplanern in die operative Bedienung von Arbeitsstationen verwandelt, während am oberen Pol für Betrieb und Pflege dieser Systeme eine hohe Qualifikation gefordert ist (Benz-Overhage u.a. 1982, Roth 1984).

Voraussetzung für die neuen Arbeitsstrukturen - deren ökonomischer und arbeitspolitischer Sinn Babbage zufolge ja gerade darin liegt, Personalkosten zu sparen und vom Eigensinn der lebendigen Arbeit unabhängiger zu werden - ist, daß das zuvor genutzte Erfahrungswissen objektiviert und in den formalisierten Arbeitsabläufen, Programmen und Datenstrukturen der Rechnersysteme vergegenständlicht wird. Wegen grundsätzlich bestehender Schranken der Modellbildung (die an anderer Stelle ausführlich begründet wurden, Brödner 1985) kann dies freilich nur bedingt gelingen, wie etwa die außerordentlichen Schwierigkeiten bei der algorithmischen Beschreibung von Prozessen der Blechumformung, des Gießens, Schmiedens und der Kunststoffteilefertigung anzeigen (Hartwich 1983). Gleichwohl geht dort, wo diese Objektivierung gelingt, mit dem Einsatz von CADCAM-Systemen bei deren Benutzern eine stärkere Determinierung der Arbeit durch vorgegebene Prozeduren einher und die abstrakte Interaktion mit dem Formalismus des Systems führt keineswegs zur Befreiung von, sondern zur Einordnung in neue Routine (Benz-Overhage u.a. 1982, Roth 1984). Ganz ähnlich wie zuvor die Facharbeiter beim Übergang zur Fließfertigung erleben nun auch die Konstrukteure und Planer, daß ihre Arbeit vorgedacht und geplant wird. Ihr für so unentbehrlich gehaltenes Wissen tritt ihnen nun verkörpert im Computersystem als fremde Macht gegenüber.

All diese empirischen Befunde zusammengenommen, wird deutlich erkennbar, daß sich der alte Grundwiderspruch der Massenfertigung, der Widerspruch zwischen Markt- und Produktionsökonomie, in einen neuen verwandelt hat. Zwar konnten die früheren starren Produktionsstrukturen zugunsten flexibler Reaktion auf veränderliche Marktanforderungen gelöst werden, dafür ist nun aber die neue flexible Produktionstechnik gepaart mit vertieft arbeitsteiligen, Handlungsspielräume einschränkenden, gewissermaßen zwischen den Lücken der Technologie eingeklemmten Arbeitsstrukturen.

Darin werden produktive und kreative Potenzen der lebendigen Arbeit in großem Umfang gefangen und an der Entfaltung gehindert. Ein Produktivitäts- und Kostenvergleich zwischen amerikanischen und japanischen Automobilwerken mag das Ausmaß dieser Fesselung von Produktivkräften verdeutlichen. Unter Berücksichtigung unterschiedlicher Fertigungstiefe weisen die japanischen Firmen wesentlich höhere Produktivität und geringere Stückkosten (bis 2000 $ bei einem Mittelklassewagen) auf. Zum Erstaunen der nach Japan gepilgerten amerikanischen Manager können diese Differenzen keineswegs auf die eingesetzte Produktionstechnik zurückgeführt werden (die dort die gleiche ist wie in USA) und sie können auch nur zum geringeren Teil durch das niedrigere Lohnniveau bei der japanischen Zulieferindustrie und die längere Jahresarbeitszeit erklärt werden. Vielmehr ist von entscheidendem Einfluß, daß japanische Firmen aufgrund geringerer Arbeitsteilung zwischen Produktion, Instandhaltung und Qualitätssicherung, mithin aufgrund erweiterter Aufgabenzuschnitte und Qualifikationen sowie größerer Arbeitseinsatzflexibilität einen deutlich geringeren Personalbestand bei gleicher Mengenleistung benötigen. Möglich ist dies auf Basis eines anders gearteten Systems industrieller Beziehungen, das gleichwohl Leistungs- und Kontrollansprüche des Managements durchzusetzen vermag (Dohse u.a. 1984).

Dieser Vergleich verdeutlicht zweierlei: erstens, wie dringend der neue Widerspruch zwischen flexibler Produktionstechnik und arbeitsteilig erstarrten Arbeitsstrukturen der Überwindung bedarf, und zweitens, daß andere arbeitsorganisatorische und arbeitspolitische Lösungen möglich sind. Für die Zukunft zeichnen sich alternative Produktionskonzepte ab, die nun in idealtypischer Gegenüberstellung betrachtet werden.

3 "Fabrik ohne Menschen": Die Verdrängung lebendiger Arbeit und die Folgen

In den Augen derjenigen, die im Menschen eher eine Quelle von Störungen und Ursache von Kosten denn eine produktive Kraft sehen, erscheint es nur umso folgerichtiger, ihn forciert aus dem Produktionsprozeß zu verdrängen, gewissermaßen technologisch durchzustarten. Dieses technikzentrierte Produktionskonzept setzt darauf, die lebendige Arbeit weiter Schritt für Schritt ersetzen zu können, ungehindert durch grundsätzliche Hemmnisse, vorübergehend begrenzt nur durch die Schranken des jeweils technisch und ökonomisch Machbaren. Es vertraut darauf, daß um soviel weitere Funktionen geistiger Arbeit für den Einsatz von Computern zugänglich werden, je mehr objektiviertes Wissen bereits in vorangegangenen Systemen verkörpert ist und je weiter formalisierte oder der Funktionsweise von Maschinen unterworfene Arbeitsabläufe um sich gegriffen haben.

Doch geht es nicht nur darum, die bereits vorhandenen Inseln rechnergestützter Rationalisierung durch Landgewinnung zu erweitern, die dann nach wie vor die wiederholte Eingabe derselben, oft sehr komplexen Datenstrukturen in die inkompatiblen Rechnersysteme der verschiedenen betrieblichen Funktionsbereiche erfordern. Diese fehlerintensive und kostenträchtige Praxis, die zudem die Kontrolle des Gesamtprozesses gefährdet, verlangt nach Integration der Computersysteme. So wird denn überall daran gearbeitet, ein umfassendes System rechnerintegrierter Produktion (CIM) zu schaffen.

Dabei handelt es sich um ein technisch-organisatorisches Produktionskonzept und nicht allein um die Anwendung bestimmter technischer Einrichtungen. Seine Realisierung hängt von der Produkt-, Organisations- und Qualifikationsstruktur ab und sieht daher in jedem Einzelfall verschieden aus. Gleichwohl lassen sich auf der technischen Seite zumindest drei wichtige, zu standardisierende Grundkomponenten angeben:

- o eine gemeinsame Datenbasis, auf die alle funktionalen Programme zugreifen können, da die meisten Daten in mehreren Funktionsbereichen benutzt werden;

- o ein Datenübertragungsnetz, das Subsysteme verbindet, da ein CIM-System weit verzweigt sein wird;

- o vereinbarte Datenschnittstellen, da die Bedürfnisse und Interessen von Anwendern wie von Herstellern es erfordern, daß Subsysteme verschiedenen Ursprungs miteinander verbunden werden können.

Es ist gewiß kein Zufall, sondern entspricht der Stärke des Problemdrucks, daß der Welt größter Stückgutproduzent GM die Initiative ergriffen hat, im Verbund mit größeren Computerherstellern ein standardisiertes Gesamtsystem der Datenübertragung und Datenformate (MAP, Manufacturing Automation Protocol) auf der Grundlage des international vereinbarten 7-Schichtenmodells für Open System Interconnection (OSI) zu entwickeln. In der Bundesrepublik Deutschland haben vorab schon die im Verband Deutscher Automobilhersteller zusammengeschlossenen Firmen (einschließlich Zulieferern) die sogenannte Flächenschnittstelle (VDA-FS) vereinbart, mit der nicht analytisch beschreibbare, räumlich gekrümmte Flächen in systemneutraler Form dargestellt werden können. Sie versetzt die Automobilhersteller in die Lage, die Geometrie der Außenhaut eines Autos zwischen Abteilungen, Werken und Zulieferern mit Rechnersystemen unterschiedlicher Provenienz auf elektronischerm Wege auszutauschen.

Integration ist jedoch nicht die einzige Aufgabe, die die CIM-Strategie zu lösen hat. Im Hinblick auf das Erscheinen der fünften Computergeneration wird allenthalben daran gearbeitet, sogenannte wissensbasierte Systeme und Expertensysteme für den Einsatz in allen Schlüsselbereichen der Produktion vorzubereiten. Dahinter stehen im wesentlichen zwei Triebkräfte: zum einen Befürchtungen des Managements, daß konventionelle Programme die Anforderungen komplexer und sich wandelnder Situationen nicht bewältigen können, zumal ein Großteil der menschlichen Arbeitskraft - abgesehen von einigen hochgradigen Experten - auf geistig anspruchslose Funktionen reduziert wurde; zum anderen der Wunsch, das teure und eigensinnige menschliche Expertenwissen zur eigenen Verfügung zu haben. Wenn diese Entwicklung auch von großen Hoffnungen getragen wird, die von den Propagandisten einer "künstlichen Intelligenz" geschürt werden, bleibt es eher fraglich, ob sie jemals erreichen wird, was sie verspricht (vgl. dazu Brödner 1985).

Am Ende dieser weitreichenden Entwicklung ergibt sich ein integriertes Computersystem und sein notwendiges Gegenstück, eine zerstückelte Arbeitsstruktur. Ein Großteil des Produktionswissens wird dann in dem Computersystem verkörpert sein, während die Qualifikationen der verbliebenen lebendigen Arbeit schwinden, weil sie nicht weiter genutzt werden.

Das technikzentrierte Produktionskonzept, das der "Fabrik ohne Menschen" zugrunde liegt, gerät damit erneut in sehr ernste, ungelöste Probleme. Im Zuge der Verdrängung der lebendigen Arbeit vertieft sich erstens die Teilung der Arbeit weiter. Auf diesem Wege zerfällt die verbliebene Arbeit, die zunehmend nur noch in den Automatisierungslücken angesiedelt ist, in inhaltlich zusammenhanglose, separierte Resttätigkeiten, die nur noch über die Datenflüsse des integrierten Computersystems vermittelt sind. Die Funktionsfähigkeit des ganzen Produktionsprozesses setzt freilich eine ausgeklügelte, komplexer werdende Leitungshierarchie zur Planung, Koordination und Überwachung der Teilprozesse voraus. Der dafür zu treibende Aufwand wie die Rigidität von Strukturen und Abläufen (angezeigt durch komplexe Entscheidungsprozesse, aufwendige Freigabemechanismen, Änderungs- und Datenpflegedienste) wirken angesichts der geforderten Flexibilität zunehmend kontraproduktiv.

Zweitens sind in derartigen Arbeitsstrukturen Bedingungen angelegt, die der Entfaltung von Kreativität hinderlich sind. Die stark reglementierten Arbeitsabläufe und der formalisierte Umgang mit dem Computersystem nach dessen innerer Logik läßt die kreativen Potenzen, die Fähigkeit, neue Lösungen für bestimmte Aufgaben zu finden, mit Unerwartetem sinnvoll umgehen zu können, verkümmern, zumal die lebendige Arbeit dabei der aktiven Auseinandersetzung mit den zugrundeliegenden Problemen enthoben ist. Am Ende ginge gerade jene Innovationsfähigkeit verloren, die für die Wettbewerbsfähigkeit von ausschlaggebender Bedeutung ist.

Drittens macht es die Verdrängung lebendiger Arbeit erforderlich, die ersetzten Tätigkeiten durch Datenstrukturen und Algorithmen oder auch in Wissensbasen zu modellieren. Jede noch so kleine Änderung am Produkt oder Produktionsprozeß muß zunächst umständlich im Computersystem abgebildet werden. Und je höher die geforderte Flexibilität ist, desto häufiger müssen Daten, Programme oder Wissensbasen geändert werden. Erschwerend kommt hinzu, daß diese Änderungen an umso umfangreicheren und komplexeren Programmen vorgenommen werden müssen, je weiter die lebendige Arbeit verdrängt wurde, deren Tätigkeit sie ersetzen. Die so enorm kapitalintensive Software wird zunehmend unzuverlässiger, undurchschauberer und ist letztlich nicht mehr wartbar. Ausgezogen, sich durch den Einsatz von Computersystemen des unzuverlässigen

Menschen zu entledigen, findet sich das Management nun in die Herstellung von Programmen verstrickt, die auf qualifizierten Sachverstand angewiesen ist und gleichwohl weder korrekte noch zuverlässige Programme zu garantieren vermag. So schafft sich das Management in seinem Drang, den Eigensinn lebendiger Arbeit als Quelle undurchsichtiger Handlungen versiegen zu machen, ironischerweise mit der Software (und besonders mit den Expertensystemen) einen Sumpf fehlerhafter, nicht mehr durchschaubarer Produktionsmittel - und die Wasser steigen.

4 "Der Mensch muß bleiben": Hat die Requalifizierung der Arbeit eine Chance?

Diese Schwierigkeiten lassen sich nur auf der Grundlage eines alternativen Produktionskonzeptes überwinden, das die gegensätzlichen Eigenschaften von Mensch und Computer produktiv zu vereinigen trachtet. Anstatt die Möglichkeiten der Technik und die Grenzen des Menschen zu suchen, ist es notwendig, eine Funktionsteilung und Form der Interaktion zwischen Mensch und Maschine zu finden, die ihren jeweiligen Stärken und Schwächen gerecht wird. Diese lassen sich allein aus einem adäquaten Menschenbild gewinnen.

Darin wird der Mensch als denkendes und handelndes Subjekt begriffen. Er handelt bewußt und zielgerichtet mit relativer Autonomie in der Welt, die ihn umgibt und die mit ihm geworden ist. Dank seines bedürftigen, mit entwickelter Sensibilität und Motorik ausgestatteten Körpers nimmt er in der Situation, in der er sich stets befindet, jede Bewegung dieser Welt als Ganze wahr und nicht als Elemente, die erst durch Regeln zusammengefügt werden müßten. Daher versteht er es, selbst unter Ungewißheit oder in unstrukturierten Situationen zielgerichtet zu handeln. Seine Handlungen vollziehen sich nach einem hierarchisch aufgebauten, sequentiell durchlaufenen Schema von Plänen und Aktionen. Auf der höchsten Ebene, auf der sich das Denken als Probehandeln vollzieht, wird die Handlungsstrategie festegelegt und das Gesamtschema der Handlung generiert, während die unterste Ebene die sensumotorische Regulation umfaßt. Da sich die Persönlichkeit in diesen Beziehungen des Lebens bildet und die Arbeit daran einen wesentlichen Anteil hat, haben die Arbeitsbedingungen einen starken Einfluß auf die Persönlichkeitsentwicklung eines Arbeiters. Vor allem der Arbeitsinhalt, die geforderten Qualifikationen und die sozialen Beziehungen in der Arbeit können seine Persönlichkeit entfalten oder verkümmern lassen (Ulich u.a.. 1980, Volpert 1984).

In engem Bezug zu diesem hier nur grob skizzierten Menschenbild wurde ein hierarchisches System von Kriterien menschengerechter Arbeitsgestaltung geschaffen, wie es in

Abb. 3 dargestellt ist (Hacker 1978). Um die gegensätzlichen Eigenschaften von Mensch und Maschine produktiv zu vereinigen, müssen einige daraus abgeleitete Grundprinzipien beachtet werden. In der Arbeitssituation muß ein breiter Handlungsspielraum erhalten bleiben, der dem Menschen Initiative, Bewertung und Entscheidungen überläßt und Planungs- und Exekutivaufgaben umfaßt. In einer derartigen Situation kann der Computer als Werkzeug benutzt werden, dessen Funktionen und Verhalten allerdings vollständig transparent sein müssen. Die Reaktionen des Computers müssen sich selbst erklären und an die aktuelle Situation angepaßt sein. Bei der Interaktion zwischen Mensch und Computer ist es äußerst wichtig, daß der Zusammenhang zwischen Absichten und Aktionen des Menschen und den produzierten Wirkungen erkennbar bleibt. Dementsprechend ist eine angemessene, anwenderfreundliche Gestaltung der technischen Einrichtung notwendig, die mindestens folgende Eigenschaften aufweisen soll:

- o transparent und selbsterklärend (indem Arbeitsgegenstände möglichst direkt verändert werden)

- o anpassungsfähig an verschiedene Erfahrungsstufen des Anwenders (indem flexible Dialog-Vorgänge angeboten werden)

- o zuverlässig (dem Prinzip folgend "Sehen, was man bewirkt hat").

Bewertungsebene	Kriterien (Beispiele)
Persönlichkeits-förderlichkeit	o Handlungsspielraum (Arbeitsaufgaben, Entscheidungen, Kommunikation mit Kollegen) o Qualifizierung
Zumutbarkeit	o physische o psychische } Belastungen
Schädigungsfreiheit	o Höchstbelastungswerte o Arbeitssicherheit
Ausführbarkeit	o ergonomische Normen o Wahrnehmungsgrenzen

Abb. 3: Kriterien menschengerechter Arbeitsgestaltung

Auch nach diesen Gesichtspunkten entwickelte und für den sachverständigen Gebrauch durch die Fachleute in der Fertigung und im technischen Büro bestimmte Computersysteme lassen sich zu einem CIM-Verbund verknüpfen, indem die standardisierten technischen Einrichtungen zur gemeinsamen Datenverwaltung und Datenübertragung genutzt werden. Von einem nach dem technikzentrierten Produktionskonzept entwickelten CIM-System unterscheidet es sich jedoch ganz wesentlich dadurch, daß die Funktionsteilung zwischen Mensch und Computer entsprechend seiner neuen Rolle ihm Planung und Entscheidung überläßt statt ihn als Operateur der Logik des Systems zu unterwerfen, daß es menschliche Fähigkeiten als aktuelles und umfassendes Informationssystem mit zugeschnittenen Rechen- und Simulationsleistungen ergänzt statt sie durch objektivierte Verfahren zu ersetzen, daß es den Fachleuten erlaubt, sich eigene Hilfsmittel zu schaffen, statt den Formalismen des Systems Genüge zu tun, kurzum, daß es der lebendigen Arbeit als informationsverarbeitendes Werkzeug dient. Ansätze, dieses menschzentrierte Produktionskonzept zu verwirklichen, lassen sich in den nachstehenden Beispielen erkennen. Sie sind in der Fertigung schon wesentlich weiter gediehen als im technischen Büro.

Biespiel Saab (Karosseriefabrik Trollhättan, vgl. Ulich 1983):

Bis Anfang der 70er Jahre war die Produktion in der üblichen Form extrem arbeitsteilig strukturiert. Das Werk litt infolgedessen unter außerordentlich hohen Fluktations- und Fehlzeitenraten und hatte erhebliche Schwierigkeiten, neue Mitarbeiter zu rekrutieren. Erste, noch eher konventionall zu nennende Versuche mit der Einführung teilautonomer Arbeitsgruppen, bei denen die technische Struktur der Fertigung im wesentlichen unangetastet blieb, machten deutlich, daß nur tiefgreifende Strukturveränderungen durchschlagenden Erfolg versprachen.

Durch diese Erkenntnis geleitet, wurde in einem zweiten Anlauf ab 1975 damit begonnen, die Fließbänder (Linearstruktur) aufzulösen zugunsten eines Systems von parallelen, gepufferten Arbeitsstationen (Parallelstruktur) mit einem wesentlich größeren Arbeitsinhalt von 45 bis 60 Minuten gegenüber vorher 3 Minuten. An einer Arbeitsstation arbeiten gewöhnlich zwei Personen, die Arbeiter von normalerweise 3 Arbeitsstationen bilden eine Gruppe. Auf diese Weise gelingt es, Mengenteilung anstelle von Arbeitsteilung zu praktizieren.

Die Arbeitsaufgabe der Gruppe umfaßt neben der direkten Fertigung das Einrichten, Instandhalten und Reinigen der Anlagen, die Prüfung und den Transport der Zwischenprodukte und das Anlernen neuer Mitarbeiter. Eines der Gruppenmitglieder übernimmt im wöchentlichen Wechsel die Rolle der Kontaktperson, die dispositive und verwaltende Aufgaben im Verkehr nach außen übernimmt. Entsprechend haben sich die Aufgaben der Meister beträchtlich verschoben. Waren sie vorher ganz überwiegend damit beschäftigt, für ausreichende Mengenleistung zu sorgen, kümmern sie sich jetzt hauptsächlich um die Weiterentwicklung der Mitarbeiter und der technischen Einrichtungen.

Die Kosten-Nutzen-Analyse zeigt, daß die erwarteten Effekte im wesentlichen eingetreten sind: die Produktivität erhöhte sich deutlich, die Fluktation verringerte sich, trotz höherer Qualität sanken die Kosten, sie zu sichern. Aufgrund der daraus resultierenden Kosteneinsparungen amortisierte sich die erforderliche Investition schon nach 2,6 Jahren. Der Erfolg veranlaßte das Werk, noch einen wesentlichen Schritt weiter zu gehen. In dem Maße, in dem wiederverwendbare Fertigungseinrichtungen (z.B. Industrieroboter) im Karosseriebau eingesetzt werden, wird auch deren Umrüstung (z.B. Programmierung) beim Modellwechsel der Arbeitsgruppe übertragen.

Beispiel Flexibles Fertigungssystem (Zahnradfabrik Friedrichshafen, Köhler & Schultz- Wild1983):

Das flexible Fertigungssystem umfaßt sämtliche Maschinen, Einrichtungen und Programme, die zur vollständigen Weichbearbeitung einer Teilefamilie von über 350 verschiedenen rotationssymmetrischen Teilen (Zahnräder, Muffenträger, Kupplungsteile) in Losgrößen zwischen 50 und 500 Stück benötigt werden. Der modulare Aufbau erlaubt es, die Fertigungszellen auch autonom zu betreiben und das FFS schrittweise zu verwirklichen. Jede der 14 Fertigungszellen enthält eine Werkzeugmaschine, ein Handhabungsgerät und eine Positioniereinheit für die Werkstückmagazine mit einer gemeinsamen Steuerung, gegebenenfalls Meß- und Überwachungseinrichtungen. Die Bedienfelder wurden möglichst einheitlich gestaltet, Arbeits- und Bedienraum strikt getrennt. Die Werkstückmagazine lagern in einem zentralen Speicher mit wahlfreiem Zugriff und werden mit einem Portalhandhabungsgerät transportiert. Das Gesamtsystem wird durch einen Prozeßrechner (PDP 11/45) mit Programmen für die NC-Programmverwaltung (DNC), die Zustandsüberwachung und -diagnose, die Steuerung des Materialflusses und die Mensch-Rechner-Interaktion gesteuert.

Die Arbeitsstruktrur sieht im Unterschied zu anderen flexiblen Fertigungssystemen vor, daß alle im System arbeitenden Werker alle anfallenden Tätigkeiten (mit Ausnahme einiger Aufgaben des Anlagenführers) nach dem Rotationsprinzip ausführen (vgl. die alternative Struktur in der Abb. 4). Sie wurden hierfür durch Vermittlung von Kenntnissen über die verschiedenen Fertigungs- und Meßverfahren sowie über die Steuerungen ausgebildet. Die Unterrichtsbausteine lassen je nach Eingangsqualifikation (Angelernte, Metallfacharbeiter) verschiedene Lernwege zu. Auf der Grundlage arbeits- und sozialwissenschaftlicher Analyse wurden zwischen Geschäftsleitung und Betriebsrat verschiedene Arbeitsstrukturen erörtert und bewertet sowie die Qualifizierungsmaßnahmen vereinbart. Bei der Entscheidung für eine Arbeitsstruktur, nach der sich alle Werker gegenseitig abwechseln und ersetzen können, war die Erkenntnis maßgeblich, daß sich eine hohe Verfügbarkeit des FFS nur mit einer einheitlich hoch qualifizierten Mannschaft erreichen läßt. Neben den hohen Kapitalkosten nehmen sich die Zusatzkosten für eine höhere Qualifikation der Werker eher bescheiden aus. Für sie ergibt sich ein beträchtlich erweiterter Handlungsspielraum. Die Produktivität wurde gegenüber konventioneller Fertigung um 66 % gesteigert.

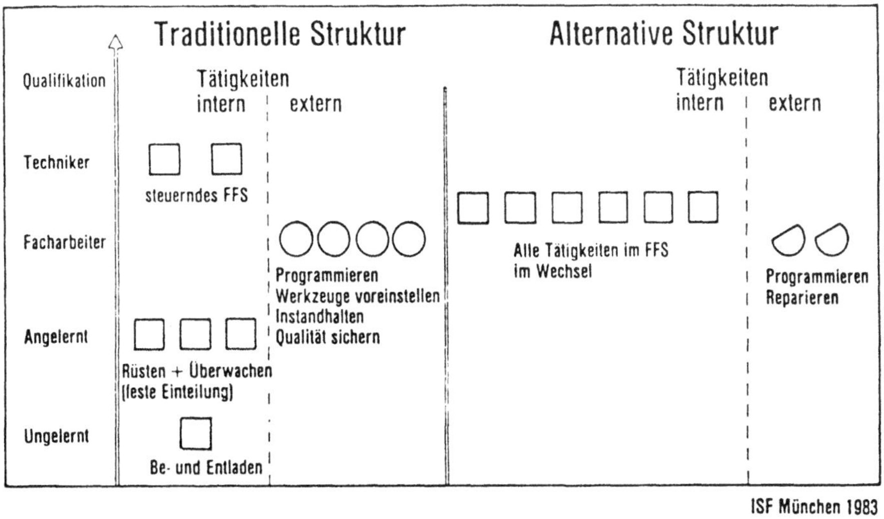

Abb. 4: Alternative Arbeitsstrukturen in flexiblen Fertigungssystemen

Beispiel Konstruktion:

In einem Automobilunternehmen weist auch die Konstruktion üblicherweise eine tief arbeitsteilig gegliederte Struktur auf. Einerseits gliedert sie sich nach den Hauptkomponenten des Fahrzeugs (und die Teilstrukturen wiederum nach deren Baugruppen), andererseits ist sie nach den Konstruktionsphasen (Konzeptfindung, Vorentwicklung, Serienentwicklung, Serienbetreuung) aufgeteilt. Da nimmt es kaum wunder, daß die administrative Bewältigung der formalisierten Information und Abstimmung immer mehr Zeit in Anspruch nimmt und den konstruktiven Aufgaben kaum noch Raum läßt, daß Koordination, Planung und Kontrolle von Projekten immer aufwendiger werden, daß der einzelne Konstrukteur die Übersicht und Motivation verliert und daß schließlich das Konstruktionsergebnis Schaden nimmt.

In einer solchen Lage unternimmt derzeit ein Automobilhersteller den Versuch, durch Einrichtung von Arbeitsgruppen in der Konstruktion Abilfe zu schaffen. Die Arbeitsgruppen werden nach dem Gesichtspunkt gebildet, daß sie eine bestimmte Baugruppe (z.B. das Getriebe oder die Armaturenkonsole) durchgängig über alle Konstruktionsphasen von der Konzeptfindung bis zur Serienbetreuung gestalten und bearbeiten. Zeitweilig können der Gruppe auch Konstrukteure aus benachbarten Bereichen assoziiert werden. Neben der wirksamen Verringerung des Abstimmungsaufwandes wird von dieser alternativen Arbeitsstruktur vor allem erwartet, daß das Innovationspotential der Gruppe wesentlich größer als das der einzelnen Konstrukteure zusammengenommen ist und daß schon frühzeitig bessere Konzepte gefunden werden, indem konstruktive Erfahrungen darin eingebracht werden. Für die Konstrukteure erweitert sich der Handlungsspielraum beträchtlich und sie gewinnen einen tieferen Einblick in den Gesamtzusammenhang ihrer Arbeit.

Sieht man von der Gestaltung und Weiterverarbeitung der Außenhaut, die ihre besonderen Eigenheiten aufweisen, einmal ab, dann verfügen die derzeit eingesetzten CADCAM-Systeme, die auf die Objektivierung konstruktiver Aufgaben und die partikularisierte Arbeit von Spezialisten ausgerichtet sind (z.B. Variantenerstellung, Zeichnungserstellung, Berechnung, NC-Programmierung), mit Ausnahme des Austauschs geometrischer Modelle kaum über Möglichkeiten, verschiedene rechnergestützte Funktionen wie geometrisches Modellieren, Berechnen oder Simulieren miteinander zu verknüpfen. Sie sind daher wenig geeignet, derart ganzheitliche Arbeitsvollzüge in der Konstruktion im Dialog zu unterstützen. Obgleich für die mechanische Konstruktion in jüngster Zeit Systeme entwickelt werden, die dieses Handicap zu überwinden trachten, darf hierin ein wesentlicher Grund vermutet werden, warum im technischen Büro Experimente dieser Art nur höchst vereinzelt zu beobachten sind. Das Management verläßt sich noch ganz auf die mit CAD erzielbare Zeitverkürzung bei der Einzelarbeit und mittels des Datenaustauschs bewirkte Rationalisierung.

Anders stellt sich die Lage in der Fertigung dar. Hier wird weltweit im Automobilbau nach neuen Produktionskonzepten gesucht und speziell in der Bundesrepublik Deutschland weisen die Ansätze in eine ähnliche Richtung wie in Schweden, wenn auch bei weitem nicht mit gleich großer Reichweite (Kern & Schumann, 1984).

5 Fazit: Die bessere Wahl

Zieht man die Probleme in Betracht, in die der technikzentrierte Entwicklungspfad zu geraten droht, zeigt sich der menschzentrierte Pfad deutlich überlegen, sowohl in ökonomischer als auch in menschlicher Hinsicht, erst recht unter anhaltenden Schlechtwetterbedingungen auf den Weltmärkten. Das zugrundeliegende Produktionskonzept vermag die Reibungsverluste und den exzessiven Aufwand für Koordination, Planung und Kontrolle der arbeitsteiligen Massenproduktion beträchtlich zu reduzieren, damit die Produktivität zu steigern und die Entwicklungszeiten für Produkte selbst bei höherer Qualität zu senken (alles Faktoren, die die relative Stärke am Markt steigern). Vor allem wird weniger kapitalintensive Software benötigt, da bestehende Qualifikationen erhalten bleiben und nicht durch teure und unzuverlässige Programme ersetzt werden. Die Arbeitsbedingungen erlauben breite Handlungsspielräume, die Entfaltung von Qualifikationen und erhalten auf diese Weise die Innovationsfähigkeit. Nach diesem Produktionskonzept wird die lebendige Arbeit zwar quantitativ stärker abnehmen, jedoch qualitativ umso mehr an Bedeutung gewinnen.

Es gibt jedoch auch starke Kräfte der Beharrung, die diesen Ansatz an einer schnellen Verbreitung hindern. Sie ergeben sich aus der Hardware eines Betriebs, der Software, dem sozialen System und der vorherrschenden Ideologie. Während die Hardware die geringste Trägheit zu besitzen scheint und die Software schon auf grundlegende Veränderungen angewiesen ist, werden vom Sozialsystem und der Ideologie die höchsten Schranken aufgebaut. Da der Übergang zu einem anderen Organisationsansatz soziale Positionen und Beziehungen tiefgreifend beeinflußt, kann er nur auf der Basis einer politisch ausgehandelten und vereinbarten Strategie durchgeführt werden. Eine wichtige Voraussetzung dafür ist, daß zuvor jenes zwanghafte Denken überwunden wird, demzufolge keine anderen Produktionsverbesserungen in Betracht gezogen werden können als das Ersetzen menschlicher Fähigkeiten durch maschinelle Artefakte.

Literaturverzeichnis

Benz-Overhage, K., Brumlop, E., von Freyberg, Th. und Papadimitriou, Z.: Neue Technologien und alternative Arbeitsgestaltung, Frankfurt/New York 1982

Brödner, P.: Fabrik 2000. Alternative Entwicklungspfade in die Zukunft der Fabrik, Berlin 1985

Buhmann, H., Lucy, H. und Weber, R. (Hg.): Geisterfahrt ins Leere. Roboter und Rationalisierung in der Automobilindustrie, Hamburg 1984

Dohse, K., Jürgens, U.. und Malsch, Th.: Vom "Fordismus" zum "Toyotismus"? Die Japan-Diskussion in der Automobilindustrie, Wissenschaftszentrum Berlin, IIVG/pre 84-212

Franz, D.: Konstruktion und Fertigung wachsen zusammen, IBM-Nachrichten 6/85, S. 37-42

Hacker, W.: Allgemeine Arbeits- und Ingenieurpsychologie, Bern/Stuttgart/Wien 1978

Hartwich, G.: Bedeutung der CAD/CAM-Technologie für die Automobilproduktion, Produktionstechnisches Kolloquium Berlin, PTK'83, München 1983

Kern, H. und Schumann, M.: Das Ende der Arbeitsteilung? Rationalisierung in der industriellen Produktion, München 1984

Köhler, C. and Schultz-Wild, R.: Flexible Manufacturing Systems - Manpower Problems and Policies, in Proceedings of World Congress on the Human Aspects of Automation, Ann Arbor, 1983

Niefer, W.: Fortschritte der rechnergestützten Produktionssteuerung und Qualitätssicherung, ZwF 74 (1979)8, S. 380-384

Piore, M.J. und Sabel, Ch.F.:: Das Ende der Massenproduktion. Studie über die Requalifizierung der Arbeit und die Rückkehr der Ökonomie in die Gesellschaft, Berlin 1985

Roth, S.: CAD/CAM - von der Rationalisierung geistiger Arbeit zur "Geisterfabrik", in: Buhmann u.a. (Hg.): Geisterfahrt ins Leere, Hamburg 1984

Ulich, E., Frei, F. und Baitsch, C.: Zum Begriff der persönlichkeitsförderlichen Arbeitsgestaltung, Z.Arb.wiss. 34 (1980), S. 210-213

Ulich, E.: Alternative Arbeitsstrukturen - dargestellot am Beispiel der Automobilindustrie, Psychologie und Praxis - Z.Arb.- und Org.psychologie 27 (1983), S. 70-78

Volpert, W.: Maschinen-Handlungen und Handlungs-Modelle - ein Plädoyer gegen die Normierung des Handelns, Gestalt Theory 6 (1984), S. 70-100

Warnecke, H.-J.: Taylor und die Fertigungstechnik von morgen, Fertigungstechnisches Kolloquium Stuttgart, FTK'85, 1985

NEUE NETZE - NEUE ABHÄNGIGKEITEN

Infrastruktur als Rahmenbedingung für Organisation von Arbeit

Hans Brinckmann
Gesamthochschule Kassel
Forschungsgruppe Verwaltungsautomation

I. Die begrenzte Nützlichkeit des Infrastrukturbegriffs

Von einer neuen Infrastruktur zu reden, fällt allen leicht: einmal, weil Gemeinsamkeiten zwischen Netzen und Diensten der Telekommunikation mit Verkehrsnetzen, mit Energieversorgungseinrichtungen und schließlich auch mit Einrichtungen der sogenannten sozialen Infrastruktur ins Auge springen, zum anderen aber auch, weil der Infrastrukturbegriff wenig feste Konturen hat (JOCHIMSEN/GUSTAFSSON 1977). Es ist daher wissenschaftlich ungefährlich, von einer informationellen Infrastruktur zu sprechen.

Die Hoffnung aber, durch die Verwendung dieses Begriffs zugleich einen Weg zu gesichertem Wissen, zumindest zu verläßlichen und übertragbaren Forschungsergebnissen in den vermeintlich vergleichbaren Bereichen gewiesen zu bekommen, erweist sich schnell als trügerisch. Der Infrastrukturdebatte gemeinsam ist die Annahme, daß es einen Bereich von Anlagen, Institutionen, Regeln u.ä. gibt, deren Vorhaltung erforderlich oder zumindest nützlich ist, um ein bestimmtes Niveau gesellschaftlichen Produzierens und Konsumierens zu erreichen und aufrechtzuerhalten: Transportsysteme, Bildungseinrichtungen, Ver- und Entsorgung mit Energie und Wasser, Krankenhäuser, Abfallbeseitigungsanlagen usw. - auf all das meint eine moderne Gesellschaft heute so wenig verzichten zu können wie auf ein Kommunikationssystem, das dem Stand der Technik nicht zu weit hinterherläuft. Aber welchen Beitrag welcher Stand des Ausbaus einer konkreten Infrastruktur zur sozialen und ökonomischen Entwicklung unserer Gesellschaft hier und jetzt liefert, dazu kann die Infrastrukturdebatte nur sehr vage Aussagen liefern.

Wir haben uns heute damit zu befassen, wie der Zusammenhang zwischen dem Ausbau einer spezifischen Infrastruktur, nämlich unseres Kommunikationssystems, und dem, was das Thema dieser Tagung "Arbeit" nennt, beschaffen ist. Ob wir nun den Ausbau der informationellen Infrastruktur in dieser oder jener Ausprägung vorantreiben oder ob wir ihren Fortgang eher kritisch betrachten und hemmen wollen, immer legen wir wie selbstverständlich und weitgehend unbestritten einen engen Zusammenhang zwischen dem Ausbau dieser Infrastruktur und Veränderungen von Arbeit unserem Handeln und Argumentieren zugrunde. Aber, so fragte Borchardt zu Beginn der für die Infrastrukturdebatte in der Bundesrepublik wichtigen Tagung des Vereins für Socialpolitik: "Steht nicht die Plausibilität unserer gemeinsamen Überzeugung in auffälligem Gegensatz zu der Tatsache, daß es in der Wissenschaft bislang an einer umfassenden Übereinstimmung darüber fehlt, was eigentlich die Bedeutung der Infrastruktur für die sozialökonomische Entwicklung ist?" (BORCHARDT 1971).

Diese Übereinstimmung ist bis heute weder für die Infrastruktur, schon gar nicht für die informationelle Infrastruktur erreicht.

Ich kann daher hier nur versuchen, die einzelnen Bereiche, in denen man einen Zusammenhang von Entwicklung der informationellen Infrastruktur und Arbeit vermutet, vorzustellen, und Hinweise zur Diskussion geben. Wo es angesichts meines begrenzten Einblicks in tatsächliche Entwicklungen und laufende Forschungen möglich ist, will ich diese Zusammenhänge an Beispielen verdeutlichen.

Zunächst aber sollten wir uns darüber verständigen, was wir unter informationeller Infrastruktur verstehen wollen. Dieser Begriff hat insofern einen harten Kern, als er mit Sicherheit die investiven, materiellen Komponenten erfaßt, also die Vermittlungs- und Übertragungseinrichtungen, die insbesondere von der Deutschen Bundespost, aber auch von Privaten errichtet und/oder betrieben werden. Bereits bei den Diensten, also den Leistungen, die Netze unter bestimmten Voraussetzungen zur Verfügung stellen, überschreitet man die materielle Seite; denn zur Infrastruktur sind neben materiellen auch institutionelle und personelle Komponenten zu zählen, weil nur unter Berücksichtigung dieser Komponenten die getätigten Investitionen praktisch nutzbar werden.

Ohne auf die Abgrenzungsprobleme im einzelnen einzugehen, weil sie für unsere Fragestellung wenig Bedeutung haben, will ich unter informationeller Infrastruktur nicht nur alle über die Grenzen eines einzelnen Betriebes oder Haushaltes hinausgehenden Netze und Dienste fassen, sondern auch sonstige Einrichtungen und Institutionen, die der Vorhaltung von und dem Zugriff auf Informationen, ihrem Transport, ihrer Verteilung wie auch ihrer Verarbeitung zu dienen bestimmt sind. Gerade der Infrastrukturbegriff verdeutlicht, daß man Steuerungs- und Wirkungsfragen nicht auf die technischen Installationen begrenzen darf; man muß den Bogen weiter spannen und - um nur einiges zu nennen - neue Qualifikationen, einschlägige Lehr- und Forschungseinrichtungen einbeziehen wie auch neue soziale und rechtliche Normen und Verfahrensweisen im Umgang mit Informationen. So wie die Verkehrsinfrastruktur nicht nur aus Straßen, sondern auch aus einem Tankstellen- und Werkstättennetz, aus Fahrschulen und Verkehrspolizei usw. besteht, so ist auch die neue informationelle Infrastruktur ein komplexes Gefüge von einander bedingenden, einander stützenden Komponenten. Allemal kann man darüber streiten, was noch zur Infrastruktur, was nicht mehr dazu zu rechnen wäre, oder anders ausgedrückt, was Infrastruktur und was ihre Auswirkungen sind. Wenn man in Wirkungsketten denkt, so wird man schon innerhalb der so abgegrenzten informationellen Infrastruktur von unabhängigen und abhängigen Variablen reden können: So bewirkt etwa die

Entwicklung und Nutzung neuer Dienste die Entstehung neuer Verfahren zur Datensicherung und zum Schutz personenbezogener Daten, also eine Veränderung der institutionellen Komponenten dieser Infrastruktur.

Den Infrastrukturbegriff trotz seiner Vagheit zu verwenden, ist noch aus einem weiteren Grund sinnvoll: der implizite Hinweis auf die politische Gestaltungsfähigkeit. Denn Infrastruktur geht immer über die individuelle Sphäre hinaus, verlangt - ob für Errichtung, Betrieb oder Nutzung - staatliche Tätigkeit, wobei deren Umfang und Eingriffstiefe ebenso eine politisch zu beantwortende Frage ist wie die Entwicklungsrichtung von Infrastruktur (KUBICEK/ROLF 1985). Um die Diskussion, unter welchen Aspekten die informationelle Infrastruktur Wirkungen auf Arbeit, aber auch Gestaltungsspielräume aufweist, zu strukturieren, scheint es mir nützlich, zwischen Makro- und Mikroaspekten der gesellschaftlichen Organisation von Arbeit zu unterscheiden.

Als Makroaspekte wären Fragen des wirtschaftlichen Wachstums und der Arbeitsmarktentwicklung schlechthin zu betrachten, dann die Produkt- und Branchenentwicklung bei Sachgütern und Dienstleistungen, die Raumwirksamkeit der neuen Infrastruktur und schließlich die Entwicklung von alten und neuen Berufen. Auf der Mikroebene müßten wir untersuchen, wie einzelne Unternehmen sich der neuen Infrastruktur in ihren Rationalisierungsstrategien bemächtigen, welche Wirkungen von diesen Konzepten auf die Arbeit ausgehen. Für Infrastruktur wichtig ist schließlich auch die verfassungs- und ordnungspolitische Dimension: Welchen Anteil hat der Staat, welchen Anteil haben Private an der Errichtung und dem Betrieb der neuen Systeme, wie tief greift die Reglementierung in private Aktivitäten ein und welchen politischen Stellenwert ist man bereit, Entscheidungen über die informationelle Infrastruktur zuzubilligen.

II. Informationelle Infrastruktur als Entwicklungsschub

Ausbau und Modernisierung der informationellen Infrastruktur sollen Wirtschaftswachstum bringen und damit eine der Voraussetzungen für den Abbau von Arbeitslosigkeit schaffen. Denn - so lautet die Grundannahme - nicht nur die Branchen, die die Infrastruktureinrichtungen erstellen und betreiben, sondern auch die, die diese nutzen, erhalten bessere Produktions- und Vertriebsbedingungen, erschließen neue Märkte und gewinnen neue Kunden und bieten dann auch mehr Arbeitsplätze.

Für diese generelle Wachstumsthese Belege zu finden, ist nicht nur im Bereich der informationellen Infrastruktur schwer, sondern auch für andere Infrastrukturen. Zweifellos besteht ein deutlicher Zusammenhang zwischen dem Stand der wirtschaftlichen Entwicklung einer Volkswirtschaft und der Infrastrukturausstattung: dies ist regional wie historisch vergleichend belegbar und gilt auch für die Ausstattung mit Einrichtungen der Telekommunikation (PIERCE 1978; KOMMISSION 1976). Aber die Ökonomen sind sich bis heute nicht darüber einig, "ob Infrastrukturinvestitionen wachstumsfördernd sind, ob hohes Wirtschaftswachstum hohe Investitionen im Infrastrukturbereich verursacht, oder ob dritte, unbekannte Faktoren für den ermittelten Zusammenhang ursächlich sind" (TRUNZER 1980, S. 431). Unklar ist also, ob Infrastrukturausstattung eigentlich die wirtschaftliche Entwicklung zieht oder von ihr geschoben wird. Für die Verkehrssysteme belegt die Wirtschaftsgeschichte eigentlich eher die These des Schiebens, weniger die des Ziehens (BORCHARDT 1971). Auch die bundesdeutsche Entwicklung zeigt anschaulich, daß der Ausbau insbesondere unseres Straßensystems bestenfalls parallel zum Nachkriegswachstum unserer Wirtschaft verlief, nicht als Anstoß vorher vorhanden war, also keineswegs als notwendige Voraussetzung für die wirtschaftliche Entwicklung der 50er und 60er Jahre anzusehen ist. Gleiches kann man vom Bildungssystem oder auch vom System der Energieversorgung sagen.

Für Entwicklungsländer wird intensiv die Frage diskutiert, ob und wann Investitionen gerade in die informationelle Infrastruktur ein geeigneter Anstoß für wirtschaftliche Entwicklung sind oder eher eine Verschwendung knapper Ressourcen darstellen (HAMELINK 1984). Und diese Frage läßt sich natürlich auch angesichts der Investitionspläne der Deutschen Bundespost für die Bundesrepublik aufwerfen: Denn die Mittel, die in den Ausbau der einen Infrastruktur fließen, stehen für andere Zwecke nicht mehr zur Verfügung. Erweist sich also die wachstumsfördernde Annahme als nicht richtig, so sind durch die Ausgabe der Mittel andere Chancen vertan.

Das einzig sichere Ergebnis eines forcierten Ausbaus der informationellen Infrastruktur sind kostenintensive Investitionen. Positive Effekte am Arbeitsmarkt sind begründeterweise nur bei den Branchen zu erwarten, die am Ausbau beteiligt sind; aber schon die Enquete-Kommission des Deutschen Bundestages schätzte die Beschäftigungswirkungen "gesamtwirtschaftlich betrachtet als relativ gering" ein (ZWISCHENBERICHT 1983, S. 101; DEUTSCHES INSTITUT 1982, 1983). Abgesehen davon ist aber zu fragen, ob dies die gesellschaftlich sinnvollste Arbeitsbeschaffungsmaßnahme darstellt.

Über regionale Effekte von Infrastruktur und damit auch von Telekommunikation gibt es inzwischen zahlreiche Arbeiten - die aber wenig handfeste Belege bringen (INFORMATIONSZENTRUM RAUM UND BAU 1984). Sicher scheint man sich in der Regionalpolitik jedenfalls darin zu sein, daß sich die großen Hoffnungen auf regionale Wachstumsimpulse in der Bundesrepublik etwa durch Verkehrsinfrastruktur nicht erfüllt haben: Offenbar gehört für unsere wirtschaftliche Situation die Ausstattung mit Infrastruktur nicht zu den wesentlichen Faktoren für Standortwahl (FREY 1979).

Die Erwartungen also, daß sich räumliche Disparitäten durch Ausbau der Telekommunikation reduzieren lassen, daß Telekommunikation überhaupt Standortentscheidungen beeinflußt, sollten wir sehr niedrig hängen, auch schon deshalb, weil für viele Branchen der Kostenanteil der Telekommunikation an den Gesamtkosten nicht überschätzt werden darf (REESE 1985). Untersuchungen zur räumlichen Wirkung alter Netze und Dienste der Telekommunikation zeigten: Parallel zum Ausbau des Telefonnetzes in den Vereinigten Staaten verlief einerseits die Verstädterung und damit die Entleerung ländlicher Räume, lief andererseits die Zusammenballung kommunikationsintensiver Betriebe in Stadtzentren und die Ausbreitung städtischer Wohngebiete in die Fläche (CHERRY 1978; DE SOLA POOL 1978). Und als ironische Pointe: Erst Telefon und Fernschreiben haben hochverdichtete Bürokomplexe in Wolkenkratzern möglich gemacht, weil die hausinternen Transportsysteme, wie etwa Aufzüge, durch physischen Transport von Informationen oder Kommunikationspartnern völlig überfordert gewesen wären. Und: Trotz Telekommunikation will man auf andere kommunikative Kontakte nicht verzichten, eben weil ein neues Kommunikationsmittel im allgemeinen nicht die alten substituiert (BRINCKMANN 1985).

Angesichts dieser historischen Entwicklung wie auch angesichts der Wirkungen anderer Infrastrukturmaßnahmen bleibt die Frage offen, ob zunächst nicht so gut versorgte Regionen zurückbleiben oder ob der flächendeckende Ausbau der informationellen Infrastruktur die Zentren, die entwickelten Bereiche stärkt, also die Tendenzen der Ausdünnung von Randgebieten unterstützt, die ja auch in der Bundesrepublik zumindest von der Fläche her gesehen weitaus überwiegen.

Die Frage der Verschärfung von räumlichen Disparitäten wird insbesondere am Beispiel der Informationsversorgung diskutiert: Fachinformationen, Nachrichten, Programme für Massenmedien, überall ist mit der Verbesserung der Vernetzung, der internationalen Verbindungen keineswegs mehr Gleichberechtigung beim Austausch erreicht worden. Vielmehr haben sich national wie international die Ungleichgewichte zumindest stabilisiert, gemessen etwa an der Zahl der Nachrichten, die über Entwicklungsländer von Agenturen der Ersten oder der Dritten Welt geliefert werden, gemessen an der Konzentration der Datenbanken und der Mengen des dort vorgehaltenen Wissens auf wenige Gebiete, insbesondere auf die Vereinigten Staaten.

Die Bundesregierung berichtet in ihrem "Fachinformationsprogramm 1985 - 1988" über Stand und Entwicklung der elektronischen Fachinformationsdienste: Deren Umsätze entfallen nach groben Schätzungen im internationalen Vergleich gegenwärtig zu 82 % auf die USA, 11 % auf Europa - dabei 2 % auf die Bundesrepublik -, 7 % auf Japan - der Rest der Welt ist in Prozenten gar nicht mehr ausdrückbar.

Es bestehen gegenwärtig etwa 800 wissenschaftliche und technische sowie ca. 1.000 Wirtschaftsinformationsbanken; von der ersten Gruppe betreibt die USA 426, also mehr als 50 %, und die Bundesrepublik etwa 60; bei der zweiten Gruppe ist der Anteil der USA (mit 719) größer, der der Bundesrepublik (mit 18 = 2 %) niedriger. Die Dritte

Welt ist in diesen Statistiken über die weltweite Verteilung von Informationsbanken so gut wie überhaupt nicht vertreten (DER BUNDESMINISTER FÜR FORSCHUNG UND TECHNOLOGIE 1985).

Sieht man das "Handbuch zur Nutzung von Datenbanken für die technische Entwicklung" durch, das das Land Nordrhein-Westfalen unter dem schönen Titel "Der schnelle Draht" herausgibt, so wird rasch deutlich, daß in der Bundesrepublik weder für Informationsbanken noch für Informationsvermittler eine räumliche Gleichverteilung besteht: die Zentren dominieren auch hier (DER MINISTER FÜR WIRTSCHAFT, MITTELSTAND UND TECHNOLOGIE DES LANDES NORDRHEIN-WESTFALEN 1985). Welch einen politischen Aufwand die Standortwahl für ein doch von natürlichen Vorgegebenheiten völlig unabhängiges Fachinformationssystem in der Praxis bringt, zeigt die mehrjährige Diskussion über den Sitz der JURIS GmbH, also der Gesellschaft zum Betrieb eines juristischen Informationssystems, das schließlich Saarbrücken zugeschlagen wurde.

Sicher macht eine gut ausgebaute informationelle Infrastruktur die Nutzer weitgehend unabhängig von den Standortentscheidungen für Informationsbanken. Die Möglichkeit eines raumübergreifenden Zugriffs kompensiert aber sicherlich nicht die Ungleichzeitigkeit der Entwicklung je eigener Informationsressourcen; eine gute Zugriffsmöglichkeit wird eher den Aufbau eigener Datenbanken so lange verhindern, als die Nachfrage an anderer Stelle unter Qualitäts- und Kostenkriterien besser befriedigbar ist. Ohne staatliche Regulation und Subvention wird sich der marktstärkste Anbieter durchsetzen, und die Verbesserung der informationellen Infrastruktur wird primär Verbesserung seiner Marktchancen sein: die technologische Kluft, der Grund der Abhängigkeit werden eher wachsen als abnehmen (HAMELINK 1984).

Abstrakt gesehen kann also die neue informationelle Infrastruktur räumlich Disparitäten von Arbeits- und Wirtschaftschancen abbauen, einfach weil sich die Wahlfreiheit für Standortentscheidungen erhöht, also ein Faktor weniger zu berücksichtigen ist. Was aber tritt an die Stelle dieses Faktors: Mehr Wahlfreiheit bei der Standortentscheidung heißt mehr Spielraum für eine aktive regionale Strukturpolitik, Erhöhung also des staatlichen Steuerungspotentials (EMPFEHLUNG DES BEIRATES 1986; FISCHER 1984); wird dieses nicht ausgenutzt, so werden sich andere Faktoren, also etwa Marktmacht, um so wirksamer durchsetzen. Bislang machte jedenfalls der ländliche Raum keine Gewinne, wenn Standortbindungen entfielen - ob durch Verkehrsinfrastruktur, durch Flexibilität bei Energie und Rohstoffen, oder nun auch durch Erleichterung von Zugriffen auf Information.

III. Neue Trends der Rationalisierung

Eine leistungsfähige informationelle Infrastruktur gibt zweifellos Unternehmen und Verwaltungen Anstöße für weitere Rationalisierung. Dabei ist für unser Thema schon diese Tatsache allein von größter Bedeutung, wichtiger aber ist vielleicht noch, daß sich neue Trends in der Rationalisierung einstellen, zumindest bisherige Rationalisierungskonzepte erweitert werden. Man muß also auch mit neuartigen Rationalisierungsfolgen rechnen. Sicher erfolgt hier wie auch im Bereich struktureller und regionaler Bedingungen des Arbeitens die Entwicklung nicht schlagartig, vielmehr in allmählichen Übergängen.

Wie auf der Ebene der Standortentscheidungen, so auch auf der Ebene betrieblicher Rationalisierung erweitert die neue Technik unternehmerische Handlungsalternativen. Kommunikationstechnik macht insbesondere die Schnittstelle zwischen dem Innen- und dem Außenbereich der betrieblichen Organisation flexibel. Dies gilt sowohl räumlich wie institutionell. Bereits die Diskussion über Nutzungschancen von Bildschirmtext zeigte die Möglichkeit der Expansion des Banktresens oder des Sachbearbeiterschreibtisches bis in das Wohnzimmer, entweder des Arbeitnehmers oder des Kunden; die Beratungstheken der Reisebüros oder auch der Versicherungsgesellschaften rücken an den Fernsehsessel heran. Überbetriebliche Nutzung der Datenverarbeitung verschiebt Funktionen der Lagerhaltung wie der Konstruktion in den Bereich des Zulieferers, Marketing- und Beratungsstrategien in den Bereich der Vertragshändler, POS-Kassen und überbetriebliche Warenwirtschaftssysteme bringen eigenes Lager, Einkaufsabteilung, Lieferant und Kundenbank zu einer virtuellen Einheit zusammen.

Versuchen wir nun einige dieser Entwicklungen, die zum Teil real sind, zum Teil in Pilotversuchen, zum Teil nur in der Phantasie existieren, etwas genauer auf ihre Folgen für die Arbeit und die Beschäftigten zu betrachten. Dabei scheint mir auf jeden Fall die Tendenz bedeutsam, daß die Unternehmen die rein interne Sicht der Rationalisierung verlassen und die Außenbeziehungen in das Konzept mit einbeziehen. Dies geht zusammen mit dem Übergang von einer an der einzelnen Funktion, am einzelnen Arbeitsplatz orientierten, also punktuellen zu einer systemischen Rationalisierung, wie es Baethge und Oberbeck in der "Zukunft der Angestellten" nennen (BAETHGE/OBERBECK 1986, S. 21 ff.). Im Rahmen dieser Konzepte und auch angesichts des Entwicklungsstandes der Technik wird ganz selbstverständlich die Aufmerksamkeit der Organisatoren auf die kommunikativen Beziehungen gerichtet und diese Rationalisierungskonzepten unterworfen.

Kommunikationsanalysen allenthalben bringen erstaunliche Ergebnisse zutage, insbesondere große Vielfalt und geringe Formalisierung der Außenbeziehungen. So stellt etwa Bierhals bei der Untersuchung des Einkaufs eines Druckereiunternehmens mit etwa 500 Beschäftigten fest: "Auffällig ist, daß praktisch kein Schriftgut nach außen geht.

Die Einkaufsbeziehungen werden ganz überwiegend telefonisch abgewickelt" (BIERHALS 1986, S. 85).

Schwachstellen eines derart unbürokratisch handelnden Unternehmens sind leicht vorstellbar: Übermittlungsfehler, ungesicherte Dokumentation, unvollständige Lieferprüfung, keine Möglichkeit der Weiterverarbeitung oder Mehrfachnutzung von Einkaufsdaten u.ä. Auch das Ziel ist plausibel, daß nämlich "Einkaufsabwicklung mit der Einkaufsanalyse und möglicherweise mit der Lieferkontrolle stärker EDV-gestützt verbunden werden soll, um die Weiterverwertung der Daten rationeller, informativer und aktueller zu gestalten" (BIERHALS 1986).

Bierhals stellt allerdings bei einem Wirtschaftlichkeitsvergleich fest, daß diese unbürokratische, auf fernmündlichen Kontakten beruhende Organisation der externen Beziehungen heute und für absehbare Zeit die kostengünstigste Lösung ist. Erst wenn auch intern - sei es für Textverarbeitung, sei es für die weitere Verwaltung der Einkaufsdaten - ein höherer Grad von Maschinisierung und Formalisierung erreicht ist, sieht die wirtschaftliche Betrachtungsweise anders aus.

Es wird jedenfalls aus dieser Untersuchung wie auch aus anderen Kommunikationsanalysen deutlich (HÖRING u.a. 1983), warum die DBP so große Erwartungen auf ISDN setzt. Die Dienste-Integration setzt genau an der Möglichkeit an, interne und externe Rationalisierung der Kommunikation aufeinander abzustimmen, besser gesagt: externe Kommunikation mit einer Vielzahl von Partnern überhaupt in Rationalisierungsstrategien mit einbeziehen zu können (PATTAY 1986). Dies scheint zunächst eine mehr oder weniger bruchlose Fortsetzung von Rationalisierung interner Arbeitsprozesse, die ja mit der DV schon einen gewaltigen Sprung gemacht hat. Es verbirgt sich aber wohl mehr dahinter.

Mit der Analyse und der technik-gestützten neuartigen Synthese kommunikativer Beziehungen wird eine bislang weitgehend unkontrollierte Struktur betrieblichen Handelns transparent und kontrollierbar. Die Kommunikation wird damit für neue Regeln durchlässig, die die Beschäftigten um autonome Gestaltungsmöglichkeiten bringen; sie wird aber auch verstärkt für Organisations- und Marktstrategien funktionabel.

Ein Beispiel aus der Versicherungsbranche, das unsere Forschungspartner vom Soziologischen Forschungsinstitut Göttingen für unsere Untersuchung der Veränderung von Dienstleistungsqualität im Gefolge von Technik erarbeitet haben, soll die Bandbreite möglicher Organisationsstrategien, also systemischer Rationalisierung des Umfeldes verdeutlichen (SOZIOLOGISCHES FORSCHUNGSINSTITUT 1986). Versicherungen werden in der Bundesrepublik zumeist über einen Außendienst vertrieben, der überwiegend aus Einfirmenvertretern besteht. Diese sind im allgemeinen keine Arbeitnehmer des Versicherungsunternehmens, sondern arbeiten als selbständige Versicherungsvermittler, wenn auch ihre wirtschaftliche Bindung an das Versicherungsunternehmen sehr eng ist. Bei der Durchsicht neuerer Konzepte für die Nutzung von Telekommunikation im Verhältnis zwischen Innen- und Außenbereich findet man im Feld drei strategisch unterschiedliche Ansätze: das Agentur-Informationssystem, das Agentur-Kontrollsystem und das System zur Aufgabenintegration.

Bei dem einen System geht es darum, den Versicherungsvertreter in seiner Außendiensttätigkeit zu unterstützen, ihm mehr Handlungsmöglichkeiten bei der Beratung und bei der Vermittlung von Versicherungsverträgen zu geben. Konsequenterweise werden die Vermittler mit eigener DV-Kapazität ausgestattet, aber auch mit der Möglichkeit, sich aktuelle Daten beispielsweise über einzelne Kunden im zentralen System des Versicherungsunternehmens zu beschaffen.

Das alternative Konzept dient primär der Steuerung der Tätigkeit des Versicherungsvermittlers vom Unternehmen her, "mit dem Berichte über den Vertrieb insgesamt und jede seiner Organisationseinheiten erzeugt werden können. Sie geben Auskunft über Akquisitionsaktionen; in einer folgenden Ausbaustufe sollen darüber hinaus Schadens- und Kundenauswertungen ermöglicht werden" (BALLEER/KAKIES 1985).

Das dritte Konzept dient dazu, die Arbeitsteilung zwischen Außen- und Innendienst bei dem Vollzug einzelner Versicherungsgeschäfte neu zu strukturieren, insbesondere dem Außendienst Aufgaben der Datenerfassung zu übertragen. Mit einem solchen System kann sowohl der Einsatz des ersten wie des zweiten eben geschilderten Systems verknüpft werden.

In dem hier gewählten Beispiel versuchen Versicherungsunternehmen unter Ausnutzung der neuen informationellen Infrastruktur ihr Vermarktungssystem neu zu strukturieren. Bei Industrieunternehmen dürfte das Bestreben, Risiko zu verlagern, das Umfeld möglichst steuerbar und berechenbar zu halten, für Nutzungskonzepte relevant werden: Die neue informationelle Infrastruktur erleichtert es den Großunternehmen, "den 'Hof' abhängiger Satelliten und Trabanten besser in den Griff zu bekommen, was seinerseits eine Voraussetzung für eine Vergrößerung des 'Hofes' darstellt, bei gleichzeitiger Begrenzung des Risikos" (WELTZ 1985, S. 10).

Diese Außenbeziehungen von Industrieunternehmen konzentrieren sich - im Gegensatz zu Versicherungsunternehmen - auf relativ wenige institutionalisierte Partner wie Zulieferer, Händler, Dienstleistungsunternehmen, während direkte Verbindungen zum Kunden selten sind. Die ausgiebige Nutzung informationeller Infrastruktur führt zu intensiveren Verbindungen zu diesen Partnern, aber kaum zu mehr Gleichgewicht in den

Marktbeziehungen. Das Interesse der Großunternehmen läuft - wie Weltz (WELTZ 1986, S. 6) es beschreibt - "überwiegend in Richtung auf eine größere Kontinuität und Stabilisierung der Beziehung, und zwar nicht nur der eigentlichen Lieferbeziehung, sondern auch einer engen Verknüpfung auf anderen Ebenen. Die Großunternehmer wollen den leistungsfähigen, berechenbaren, d.h. langfristig überlebensfähigen Lieferanten, und sie suchen durch Beratung und Investitionshilfen etc., aber auch durch Kontrolle, sicherzustellen, daß sie über solche verfügen. Es findet eine intensive Verquickung, eine symbiotische Beziehung zwischen Großunternehmen und Lieferanten statt, die kaum in das Konzept normaler Marktbeziehungen paßt".

Ergebnis einer solchen Transparenz und Steuerbarkeit von Zulieferern, Dienstleistern und Händlern ist eine größere Bindung des "Hofes" an das Großunternehmen und eben die Verlagerung von konjunkturellem und strukturellem Risiko nach außen. Das bleibt sicher nicht ohne Wirkung auf die ökonomische Situation dieser meist kleinen Unternehmen, damit auch für die dort Beschäftigten, die Sicherheit und die Qualität ihres Arbeitsplatzes. Auf längere Sicht müssen wir als Folge dieser systemischen Rationalisierung des Umfeldes von Großunternehmen eine verstärkte Segmentierung des Arbeitsmarktes befürchten.

Für die Verbraucher liegt in einer solchen Rationalisierung des Umfeldes die Gefahr, daß Teilleistungen nach außen auf die Kunden verlagert werden, die größere Flexibilität von Schnittstellen und damit die Verschiebbarkeit von Funktionen bringt aber nicht nur horizontal, sondern auch vertikal Bewegung in die Abgrenzung von Märkten, Produkten und Professionen. Ich will dies am Beispiel des Architekten - einem anderen Gegenstand unserer Dienstleistungsuntersuchung - erläutern (RETTBERG 1985).

Jede Bauleistung wird von einer Vielzahl von einander ergänzenden Unternehmen erbracht, wobei die Aufteilung von Teilleistungen in ruhigen Zeiten einigermaßen stabil ist, bei strukturellen Krisen oder auch - wie jetzt - bei technologischen Schüben umkämpft wird. Da die Leistungen der einzelnen Beteiligten über das Bauvorhaben nicht nur stofflich, sondern auch informationell miteinander verknüpft sind, wird der, der die informationelle Infrastruktur am besten mit seinen leistungsfähigen Arbeitstechniken verknüpfen kann, in der Lage sein, Leistungsteile in seinen Bereich herüberzuziehen; zumindest kann er deren Arbeitstechniken den seinen unterwerfen. Um es zu konkretisieren: Demnächst werden allgemeine Schnittstellen für den Datenaustausch zwischen Architekt und staatlicher Bauverwaltung festgelegt (STEFFENHAGEN 1985). Will der Architekt diese Schnittstellen nutzen - ohne den berüchtigten Medienbruch -, so muß seine Verarbeitung dem extern festgelegten Anforderungskatalog genügen; sein Honorar reduziert sich zugleich bei der Nutzung dieser Vorgaben. In gleicher Weise kann eine informationelle Schnittstelle zwischen Planer und an der Ausführung des Bauvorhabens beteiligten Unternehmen geschaffen werden. In absehbarer Zeit dürfte die neue informationelle Infrastruktur den Austausch von Papier durch direkte Verknüpfungen des einen mit dem anderen CAD-System ersetzen, wobei der Mächtigere die Standards bestimmt.

Die neue Technik gibt natürlich auch dem Architekten Chancen: Hat er die kostenrelevanten Daten in seinem System, so kann er Funktionen des Finanzberaters wesentlich aktiver übernehmen; wenn er Daten über Technik, Dimensionen und Material eher verfügbar hat als andere, könnte er anstelle von Fachingenieuren Berechnungen aller Art anbieten, etwa Statik, Wärmebedarf, Fakturierung.

Legen wir aber die Schätzungen über die technische Ausstattung in diesem Bereich zugrunde, nach der zwar 95 % der Bauingenieure, aber nur 10 % der Architekten die Informationstechnik nutzen, dann ist eine Verschiebung von Aufgaben zum Architekten hin eher unwahrscheinlich. Nur wenige Großbüros haben hier eine realistische Chance.

Die informationelle Infrastruktur bedroht die Stellung des Architekten in einem anderen Bereich noch wesentlich stärker: Der problemlosere Zugriff auf elektronische Fachinformationssysteme als Ablösung der physischen Informationsübertragung in Form von Zeitschriften, Werbematerial, Katalogen usw. bringt den Architekten um seine herausgehobene Stellung als Vermittler fachlicher Informationen, insbesondere im Produktbereich.

Eine intensive Nutzung von informationeller Infrastruktur wirft damit nicht nur Fragen nach der Qualität der Dienstleistung auf, sondern Fragen nach der Entwicklung einer ganzen Berufsgruppe. Auch für den Klienten ist diese Entwicklung eine zweischneidige Angelegenheit: Die personenbezogene Dienstleistung, die der Architekt im klassischen Sinne erbringt, kann durch die Verlagerung von Funktionen an andere Bereiche verlorengehen, die zwar diese Einzelleistung jeweils besser erbringen, während für die Gesamtqualität des Bauvorhabens die Verantwortlichkeit verschwindet. Für die Beschäftigten in diesem Bereich sind Qualität und Quantität der zu leistenden Arbeit bedroht.

Flexibilisierung der Betriebsgrenzen heißt auch, die räumliche Zusammenfassung von Arbeitsplätzen nach dem Fabrikprinzip in Frage zu stellen: Telearbeit ist ein intensiv diskutierter, in seinen Perspektiven aber bislang schwer abschätzbarer neuer Trend der Rationalisierung. Kein Zweifel kann daran bestehen: Die Ausgliederung aus dem zeitlich-räumlichen Zusammenhang eines Betriebes bringt für die Beschäftigten aus der Sicht des individuellen wie des kollektiven Arbeitsrechts und auch aus der Sicht der Arbeits- und Sozialpolitik Probleme, die bislang ganz unzureichend gelöst sind (FRIEDRICH 1985).

Zwar sprechen für die Aufweichung fabrikmäßiger Disziplinierung individuelle Interessen an freier Gestaltung der Arbeit, die Chance einer intensiveren Verknüpfung von Arbeit mit dem als "Freizeit" bezeichneten sonstigen Leben wie auch geringerer Zeit- und Energieaufwand für Arbeitswege. Doch wenn sich - wie Friedrich resümiert - "bei Telearbeit im Vergleich zur herkömmlichen Büroarbeit ein Anstieg akkordähnlicher und technisch-organisatorischer Überwachung feststellen" läßt (FRIEDRICH 1985, S. 103), dann ist Telearbeit nur der Austausch der einen durch eine andere Abhängigkeit unter Aufgabe mühsam erreichter Schutzpositionen der Arbeitnehmer.

IV. Gesellschaftliche Integration durch Infrastruktur

Diese neuen Trends der Rationalisierung zeigen, daß wir es mit weit mehr zu tun haben, als mit einer Entscheidung zugunsten einer fortgeschrittenen Kommunikationstechnik. Es ist vielmehr eine Entscheidung über die weitere Entwicklung unserer Gesellschaft und über die des Menschenbildes. Der Prozeß der Rationalisierung und Modernisierung erfaßt mit der Kommunikation einen weiteren gesellschaftlichen Sektor und erhält damit einen neuen Schub: nicht nur die betriebliche, sondern die gesellschaftliche Rationalisierung muß das Thema sein.

Max Weber hat Schriftlichkeit und Aktenmäßigkeit, Versachlichung und Disziplin als Merkmale der Bürokratisierung herausgehoben und damit zugleich Merkmale von zweckrationaler Kommunikation bezeichnet (WEBER 1976, S. 126). Diese Merkmale charakterisieren nicht nur staatliche Bürokratien, für die sie zumeist verwendet werden, und die Arbeit in ihnen, sondern ebenso auch private Unternehmen, die je größer desto stärker nach bürokratischen Verfahren organisiert sind. Wenn wir die Richtung der Weiterentwicklung unserer gesellschaftlichen Kommunikation im Rahmen der neuen Infrastruktur angemessen deuten, so liegt diese ganz im Trend der Rationalisierung im Sinne der Gesellschaftstheorie Max Webers: die Rationalisierung der Kommunikation heißt also zugleich Bürokratisierung von Beziehungen - innerhalb wie außerhalb der Arbeit (KUBICEK 1984).

Es ist zwar richtig, daß neue Netze und Dienste neue Kommunikationswege eröffnen, Verbindungen schaffen, wo bislang keine verfügbar waren, Zugriffe zu Wissen ermöglichen, das bislang unzugänglich war: Zeitliche und räumliche Bindungen, denen unser Handeln bislang unterworfen war, werden aufgehoben. Offene Systeme dienen so der Prophezeiung einer neuen Freizügigkeit: jeder kann mit jedem in Verbindung treten.

Doch wir müssen diese Freizügigkeit durch den Aufbau und Betrieb eines realen technischen Systems erkaufen, womit - wie es der Philosoph Gernot Böhme ausdrückt - "dem Einzelnen neben dem Staatsapparat und dem Markt eine neue entfremdete gesamtgesellschaftliche Realität entgegentritt" (BÖHME 1985, S. 171). Der neuen Freizügigkeit kann nur der teilhaftig werden, der sich den Regeln der Infrastruktur unterwirft, der über Endgeräte verfügt und an Verbindungen angeschlossen ist. Zu den durch Erziehung angeeigneten Regeln der Kommunikation, zu dem Erlernen der Schrift treten die Normen und Standards der kommunikationstechnischen Systeme. Trotz der größeren Vielfalt von Verbindungschancen, die die Infrastruktur verspricht, wird Kommunikation durch das Korsett technischer und ökonomischer Vorgaben eingeengt, wird Kommunikation einer neuen und andersartigen Disziplinierung unterworfen.

Damit steht auch eine neue Dimension der Disziplinierung von Arbeit an, um so mehr, je höher der Anteil an technisch vermittelter Kommunikation am Arbeitsprozeß ist; damit steht auch ein neuer Grad von Abstraktheit an Arbeit an, weil die leibliche Anwesenheit wie auch die mit den körperlichen Ausdrucksformen vermittelten Inhalte an Bedeutung verlieren; damit steht schließlich auch ein neuer Grad an Versachlichung des Arbeitenden an, weil eine Verstärkung technisch vermittelter Kommunikation auch eine Verstärkung generalisierter, die Gruppen, Regionen und Kulturen übergreifender Codes zur Entschlüsselung der technisch vermittelten Signale bedarf: Was mit Schrift begonnen, mit Buchdruck weitergeführt wurde, erreicht eine neue Dimension.

Denn wie wir uns immer wieder bewußt machen müssen: Bei der Kommunikation wird keine Bedeutung transportiert - diese ist die Interpretationsleistung des Empfängers der Signale, die er nur aufgrund eines Codes erbringen kann, den er mit dem Sender gemeinsam hat (KÖCK 1984). Je weniger die Kommunikationspartner voneinander als Person und von der jeweiligen Kommunikationssituation wissen, desto genereller und statischer muß der gemeinsame Code beschaffen sein, damit überhaupt gemeinte Bedeutungen richtig wiedergewonnen werden können.

Neben dieser größeren Abstraktheit des Codes und damit einem höheren Aufwand an Vereinbarungen, die vor einer Kommunikation getroffen werden müssen, tritt ein weiteres Paket von Abhängigkeiten: Die Verschärfung des Datenschutzes und der Datensicherung. Denn die neue informationelle Infrastruktur stellt - wie uns an vielen Beispielen immer wieder verdeutlicht wird - neue Schutz- und Kontrollanforderungen, denen sich alle Nutzer und insbesondere die, die Netze und Dienste in Arbeitsverhältnissen zu nutzen haben, unterwerfen müssen (DER BUNDESBEAUFTRAGTE FÜR DEN DATENSCHUTZ 1985). Jede neue kommunikationstechnische Verknüpfung stellt aufs neue die Fragen, wie die transportierten Informationen gegen Mißbrauch, Verfälschung und Verlust gesichert werden können, wie die Kommunikationspartner einander fehlerfrei identifizieren, wie die Berechtigung zu Transaktionen zurechenbar bleibt, um nur einige der Probleme zu nennen.

Ich möchte hier nicht in Einzelheiten einsteigen, sondern nur auf die rechtspolitische Umorientierung des Datenschutzes aufmerksam machen, die notwendige Folge der Kontrolle einer informationellen Infrastruktur im Interesse des einzelnen Nutzers ist. Beim Datenschutzrecht ging es zunächst in erster Linie um den Schutz der Persönlichkeit und um die Sicherung individueller Freiheiten. Diese Werte sieht unser Datenschutzrecht - wie auch der Grundrechtsteil der Verfassung - insbesondere durch den Mißbrauch staatlicher Macht bedroht. Datenschutzrecht hatte und hat bis heute also in erster Linie freiheitssichernde Funktion. Diese Funktion dürfte jedoch überall dort in Frage gestellt werden, wo es bei Datenschutz und Datensicherung nicht mehr um die Bändigung staatlicher oder auch privater Machtausübung geht, sondern um die Kontrolle privaten Handelns. Gerade dies aber wird notwendig, wenn personenbezogene Daten in einer informationellen Infrastruktur zu sichern sind, die vielen Nutzern offensteht.

Nutzer innerhalb wie außerhalb von Arbeitsverhältnissen werden sich einer Fülle von Kontrollen ihrer kommunikativen Aktivitäten zu unterwerfen haben, wenn die Ziele der Sicherung von Kommunikation erreicht werden sollen. Es ist aber geradezu eine Verkehrung von Fronten, daß man einerseits aus Gründen des Datenschutzes gegen einen maschinenlesbaren Personalausweis eintritt, daß man aber andererseits für die Nutzer von kommunikationstechnischen Systemen analoge Sicherungen ihrer Identität und Autorisierung fordert, daß man einerseits zu Recht die Protokollierung von Kommunikationsakten durch Staat oder Arbeitgeber als freiheitsgefährdend einschätzt, daß man andererseits aber zur Sicherung der individuellen Zurechnung von Kommunikation in technischen Systemen weitgehende Protokollierung fordert (DER BUNDESBEAUFTRAGTE FÜR DEN DATENSCHUTZ 1985, S. 106).

Um einer kommunikativen "Freizügigkeit" willen unterwirft sich unsere Gesellschaft also einem Geflecht von neuen Regeln; das Datenschutzrecht muß von seiner liberalen Linie abweichen, je offener der Zugang zu der informationellen Infrastruktur wird; denn die Schutzziele sind dann nur statt mit weniger mit mehr Kontrollen und Eingriffen zu sichern. Das kommunikative Handeln des Einzelnen - im privaten, im betrieblichen wie im öffentlichen Bereich - gerät unter die Herrschaft vermeintlich nur technischer Regeln zur eigenen Sicherung; tatsächlich aber determiniert die Infrastruktur mit den in ihr enthaltenen Entscheidungen die Art und Weise des Kommunizierens, lenkt Wege und Ausdrucksweise, erleichtert die eine, erschwert die andere Kommunikationsform und wirkt damit selektiv, gestaltet Gesellschaft.

V. Verdrängung des Politischen

Wenn es aber so ist, daß die informationelle Infrastruktur unsere Gesellschaft in wichtigen Bereichen neu zu orientieren geeignet ist und von treibenden Kräften auch dazu genutzt werden soll, dann stellt sich die Frage, wer eigentlich in welchen Verfahren nach welchen Prinzipien entscheidet (KIRCHENRAT 1985; KUBICEK/METTLER-MEIBOM 1986). Denn daß uns hier nicht nur die unsichtbare Hand des Marktes neue Produkte, neue Dienstleistungen präsentiert, ist schon an der traditionell recht weitgehenden öffentlichen Trägerschaft von Netzen und Diensten deutlich. Informationelle Infrastruktur beruht weitgehend auf staatlichen Regeln, auf staatlichen Investitionen, auf staatlichem Personal. Den Kern bildet die Fernmeldehoheit, die dem Bund zugeordnet und dem Bundesminister für das Post- und Fernmeldewesen zur Ausübung übertragen ist.

Viele Jahre hat man die Ausübung der Fernmeldehoheit als eher technische Angelegenheit mit gewerberechtlichen Implikationen, aber ohne eigentliche wirtschafts- und gesellschaftspolitische Brisanz eingeschätzt. Dem entsprechen auch die Entscheidungsstrukturen, die in dem Fernmeldeanlagengesetz und dem Postverwaltungsgesetz niedergelegt sind. Obwohl heute auch und gerade die Promotoren einer intensiven Förderung der Telekommunikation die politischen Implikationen deutlich herausheben, hat diese "Politisierung" einer ehemals eher technischen Infrastruktur bis heute nicht dazu geführt, über Verfahren neu nachzudenken.

Es mag juristisch ausreichend begründbar sein, daß die in den 20er Jahren gesetzlich umschriebene und dem Postminister zur Ausübung übertragene Fernmeldehoheit auch neue Netze und Dienste umfaßt, die Aufgabenzuordnung also dynamisch der Techniknutzung folgt (Entscheidungen des Bundesverfassungsgerichtes Band 42, S. 120, 144); der breiteren Legitimation staatlichen Handelns wird dabei aber zu wenig Aufmerksamkeit geschenkt.

Die heutige politische Debatte um die Telekommunikation mit ihrem Schwerpunkt Markt oder Staat greift zu kurz. Sicher ist - wie bei jeder Infrastruktur - auch für die informationelle Infrastruktur die ordnungspolitische Frage, also die nach Zuordnung von Errichtung und Betrieb, von Aufsicht und Regulierung, von großer Bedeutung. Heute finden wir die ganze Spannbreite möglicher Lösungen in den westlichen Industriestaaten realisiert. Nicht einmal darüber, ob staatliche Aufsicht und Regulierung überhaupt alle Zweige der Telekommunikation erfassen soll, herrscht Einigkeit, schon gar nicht darüber, wo die Grenzen zwischen Staat und Markt im einzelnen zu ziehen sind (ARNOLD 1986; MÜLLER 1986).

Auf die Einzelheiten der Abgrenzung des Fernmeldemonopols, auf die Tätigkeit der Deutschen Bundespost in Konkurrenz mit privaten Unternehmen, auf ihre Tätigkeit als Zulassungs- und Genehmigungsbehörde will ich hier nicht eingehen, sondern nur das nach unserer Verfassungsordnung notwendige Minimum an parlamentarischer Legitimation verdeutlichen.

Denn es geht ja, wie ich zu zeigen versuchte, bei der Infrastrukturpolitik im Bereich der Telekommunikation nicht allein darum, wie es in § 2 des Postverwaltungsgesetzes heißt, die Anlagen der Deutschen Bundespost "den Anforderungen des Verkehrs entsprechend weiter zu entwickeln und zu vervollkommnen". Es geht vielmehr um aktive Gestaltung von Wirtschaft und Gesellschaft, um neuartige Risiken einer neuen Technik, die nur durch intensive Eingriffe in die Freiheitssphäre des Bürgers beherrschbar sind.

Nur das Parlament sollte befugt sein, die konfligierenden öffentlichen und privaten Interessen untereinander und gegeneinander abzuwägen und die Grenzen des sozial Verträglichen festzulegen.

Diesen Auftrag an den Gesetzgeber angesichts so bedeutsamer technischer Risiken, wie sie mit der Telekommunikation verknüpft sind, formulierte das Bundesverfassungsgericht (BAND 49, S. 89, 132) mit aller Deutlichkeit: "In einer Situation, in der vernünftige Zweifel möglich sind, ob Gefahren ... eintreten oder nicht eintreten werden, sind die staatlichen Organe, mithin auch der Gesetzgeber, aus ihrer verfassungsrechtlichen Pflicht, dem gemeinen Wohl zu dienen, insbesondere wegen der aus Art. 1 Abs. 1, Satz 2 GG folgenden objektiv-rechtlichen Verpflichtung aller staatlichen Gewalt, die Würde des Menschen zu schützen, gehalten, alle Anstrengungen zu unternehmen, um mögliche Gefahren frühzeitig zu erkennen und ihnen mit den erforderlichen verfassungsmäßigen Mitteln zu begegnen".

Die neue informationelle Infrastruktur unterwirft die kommunikativen Anteile von Arbeit systemischen, organisatorischen und ökonomischen Abhängigkeiten, läßt diese Zwänge über die Sphäre der Arbeit hinaus in die des Bürgers, des Klienten und Kunden hineinwirken und erfaßt so unser aller Alltag. Wenn unsere Gesellschaft schon entschlossen zu sein scheint, in dieser zunehmenden Rationalisierung von Arbeit und Lebensführung überhaupt das Heil zu sehen, sollte dies eine politisch breit legitimierte Entscheidung, nicht aber die bewußtlose Hinnahme eines technischen Sachzwanges sein.

LITERATUR

ARNOLD, F. (1986): Die Entwicklung in USA, Japan und UK: Lehren und Konsequenzen für Europa. In: Online '86. Kongreßband 1. Velbert, S. 1 B-1

BAETHGE, M/OBERBECK, H. (1986): Zukunft der Angestellten. Neue Technologien und berufliche Perspektiven in Büro und Verwaltung. Frankfurt

BALLEER, M./KAKIES, P. (1985): Dies und das aus der elektronischen Versicherungswelt. In: Versicherungswirtschaft 21/1985, S. 1370

BIERHALS, R. (1986): Unternehmungskonzept "Kommunikation". (1): Funktionsbereich Einkauf. In: net 3/1986, S. 84

BÖHME, G. (1985): Anthropologie in pragmatischer Hinsicht. Frankfurt

BORCHARDT, K. (1971): Die Bedeutung der Infrastruktur für die sozialökonomische Entwicklung. In: ARNDT, H./SWATEK, D. (Hg.): Grundfragen der Infrastrukturplanung für wachsende Wirtschaften. Berlin

BRINCKMANN, H. (1985): Der (un)aufhaltsame Aufstieg der Informationstechnik. In: FAULSTICH, P. (Hg.): Informationstechnologie - eine Bildungsfrage für alle. (Weiterbildung, 5). München, S. 25

DER BUNDESBEAUFTRAGTE FÜR DEN DATENSCHUTZ (1985): Siebenter Tätigkeitsbericht. Bonn

DER BUNDESMINISTER FÜR FORSCHUNG UND TECHNOLOGIE (1985) (Hg.): Fachinformationsprogramm 1986-88 der Bundesregierung. Bonn

CHERRY, C. (1978): The Telephone System: Creator of Mobility and Social Change. In: de SOLA POOL, I. (Hg.): The Social Impacts of the Telephone. Cambridge, S. 112

DÄUBLER, W. (1986): Gestaltung neuer Technologien durch Recht? In: Zeitschrift für Rechtspolitik 1986, S. 42

de SOLA POOL, I. u.a. (1978): Foresight and Hindsight: The Case of the Telephone. In: de SOLA POOL, I. (Hg.): The Social Impacts of the Telephone. Cambridge, S. 127

DEUTSCHES INSTITUT für Wirtschaftsforschung (1982): Produktions- und Beschäftigungseffekte von Fernmeldeinvestitionen der Deutschen Bundespost. In: DIW-Wochenbericht 34/1982

DEUTSCHES INSTITUT für Wirtschaftsforschung (1983): Zur Situation des Kabelfernsehens in der Bundesrepublik Deutschland. In: DIW-Wochenbericht 5/1983

EMPFEHLUNG DES BEIRATES für Raumordnung: Räumliche Probleme der Telematik. Vom 07.11.1985. In: Bundesbaublatt 4/1986, S. 216

FISCHER, K. (1984): Telekommunikation, Raumordnung und regionale Strukturpolitik. Köln

FREY, R.L. (1979): Die Infrastruktur als Mittel der Regionalpolitik. Eine wirtschaftstheoretische Untersuchung zur Bedeutung der Infrastrukturförderung von entwicklungsschwachen Regionen in der Schweiz. Stuttgart

FRIEDRICH, J. (1985): Stand, Entwicklungstendenzen und Auswirkungen der Telearbeit. In: HANSEN, H.R (Hg.): GI/OCG/ÖGI-Jahrestagung 1985. West-Berlin, S. 87

HAMELINK, C.J. (1984): Informationstechnologie im Nord-Süd-Konflikt. In: STEINWEG, R./ BECKER, J. (Hg.): Medienmacht im Nord-Süd-Konflikt. Frankfurt, S. 115

HÖRING, K./SPENGLER-RAST, C. (1983): Elektronische Bürokommunikation im praktischen Einsatz. Baden-Baden

INFORMATIONSZENTRUM RAUM UND BAU der Fraunhofer Gesellschaft (1984): Räumliche Auswirkungen neuer Technologien. (IRB-Literaturauslese, Nr. 161). Stuttgart

JOCHIMSEN, R./GUSTAFSSON, K. (1977): Infrastruktur. Grundlage der marktwirtschaftlichen Entwicklung. In: SIMONIS, U.E. (Hg.): Infrastruktur, Theorie und Politik. Köln, S. 39

KIRCHENRAT im Auftrage des Rates der Evangelischen Kirche in Deutschland (1985) (Hg.): Die neuen Informations- und Kommunikationstechniken. Chancen, Gefahren, Aufgaben verantwortlicher Gestaltung. Gütersloh

KÖCK, W. (1984): Menschliche Kommunikation: Theorie und Empirie. In: SCHONER, H./TAUBER, M.J. (Hg.): Psychologie der Computernutzung. München, S. 20

KOMMISSION für den Ausbau des technischen Kommunikationssystems (1976): Telekommunikationsbericht. Anlageband 1: Bedürfnisse und Bedarf für Telekommunikation. Bonn

KUBICEK, H./ROLF, A. (1985): Mikropolis. Mit Computernetzen in die "Informationsgesellschaft". Hamburg

KUBICEK, H. (1984): Technikeinsatz im Dienstleistungs- und Verwaltungsbereich als Schritt zur postindustriellen Gesellschaft. Überwindung oder Verschärfung der Krise? In: STAEHLE, W.H./STOLL, E. (Hg.): Betriebswirtschaftslehre und ökonomische Krise. Wiesbaden, S. 229

KUBICEK, H./METTLER-MEIBOM, B. (1986): Der Vergleich mit den ethischen Normen wird nicht gesucht. Informations- und Kommunikationstechniken zwischen ökonomischem Sachzwangdenken und sozialethischem Gestaltungsanspruch. In: medium 1/1986, S. 27

DER MINISTER FÜR WIRTSCHAFT, MITTELSTAND UND TECHNOLOGIE DES LANDES NORDRHEIN-WESTFALEN (1986) (Hg.): Der schnelle Draht. Handbuch zur Nutzung von Datenbanken für die technische Entwicklung. 3. Auflage. Düsseldorf

MÜLLER, J. (1986): Die Möglichkeiten der Entregulierung im Fernmeldewesen und ihre volkswirtschaftliche Bedeutung. In: Online '86. Kongreßband 1. Velbert, S. 3 D-1

PATTAY, W. v. (1986): Leistungen und Gebühren des ISDN und ihre Auswirkungen auf die nicht-sprachliche Kommunikation. In: Online '86. Kongreßband 1. Velbert, S. 6 D-1

PIERCE, J.R. (1978): The Telephone and Sciety in the Past 100 Years. In: de SOLA POOL, I. (Hg.): The Social Impacts of the Telephone. Cambridge, S. 159

REESE, J. (1985): Die neuen Fernmeldedienste der Post - Was Nordhessen davon hat. Unveröffentlichtes Manuskript. Kassel

RETTBERG, W. (1985): Einsatz von Informations- und Kommunikationstechnik im Dienstleistungsbereich Bau und Planung. (Arbeitspapiere der Forschungsgruppe Verwaltungsautomation, 42). Kassel

SOZIOLOGISCHES FORSCHUNGSINSTITUT (1986): Der Einsatz von IuK-Technik bei Einfirmenvertretern. Unveröffentlichtes Manuskript. Göttingen

STEFFENHAGEN, K. (1985): Vertragliche und organisatorische Grundlagen der ADV-Anwendung bei der Einschaltung freiberuflicher Architekten und Ingenieure durch die staatliche Hochbauverwaltung des Landes Hessen. In: Deutsches Architektenblatt 5/1985, S W 107

TRUNZER, H.F. (1980): Infrastrukturinvestitionen und Wirtschaftswachstum. Bad Honnef

WEBER, M. (1976): Wirtschaft und Gesellschaft. 5. Auflage. Tübingen

WELTZ, F. (1985): Auswirkungen des Einsatzes von Bürotechnologien auf die Außenbeziehungen von Industrieunternehmen. Unveröffentlichtes Manuskript. München

WOLLNER, F. (1986): Raumordnung und Telematik. In: Bundesbaublatt 4/1986, S. 214

ZWISCHENBERICHT der Enquete-Kommission "Neue Informations- und Kommunikationstechnologien" des Deutschen Bundestages. (Bundestags-Drucksache 9/2442). Bonn 1983

ARBEIT, QUALIFIKATION UND INFORMATIONSTECHNIK - AUS DER SICHT DER WIRTSCHAFT

Winfried Schlaffke
Institut der Deutschen Wirtschaft, Köln

1. Die Bedeutung der Schlüsseltechnologien

Lange Zeit schien es so, als würden Zukunftsängste und Pessimismus zu tiefgreifender Resignation oder zu Aggressionen führen, als würde gerade die Jugend sich dem technischen Fortschritt total verweigern. Heute sehen wir, daß die technologische Herausforderung mit Leistungswillen und Verantwortung angenommen wird, daß Chancen ergriffen und Gefahren nach Kräften reduziert werden. Dieser Weg muß weitergegangen werden, denn nur wenn es gelingt, den Anschluß an neueste technische Entwicklungen zu halten, wird ein rohstoffarmes Land wie das unsere die Zukunft der nachwachsenden Generation sichern und die zentralen Probleme der Zeit - von den Arbeitsmarktproblemen bis zum Umweltschutz - lösen können.

Besondere Chancen für die Bewältigung des strukturellen Wandels bieten die Schlüsseltechnologien. Wer ihre Entwicklung verschläft, verspielt die Zukunft.

Schlüsseltechnologie bedeutet heute an erster Stelle Mikroelektronik. Sie ist die entscheidende Basisinnovation für moderne Informations- und Datentechniken und hat die gravierendsten Veränderungen in unserer Gesellschaft ausgelöst; dies wird auch in absehbarer Zukunft der Fall bleiben. Biotechnik, Gentechnologie und Weltraumtechnik werden erst längerfristig zum Zuge kommen, doch unsere Gesellschaft braucht den Optimismus, den Leistungswillen und die Kraft, auch in langfristig wichtige Zukunftstechnologien - wie Luft- und Raumfahrt, Meeres- und Bodenforschung - zu investieren.

Unsere Gesellschaft braucht aber auch den Willen zum Strukturwandel und die Kraft zur Rationalisierung. Arbeitsplätze sind nicht gefährdet, wenn Hoch- und Spitzentechnologien eingesetzt werden, sondern wenn zu lange mit herkömmlichen Verfahrensweisen hergestellte Produkte auf alten Märkten untergebracht werden müssen. Massenprodukte auf der Basis von Standardtechnologien können heute von Schwellenländern bei guter Qualität kostengünstiger angeboten werden als bei uns.

In einer Wettbewerbswirtschaft mit offenen Grenzen und steigenden Einkommensansprüchen ist der Einsatz moderner Technik ebenso unumgänglich wie Rationlisierungsinvestitionen. Nur so kann die zum steigenden Reallohnniveau "passende" Arbeitsproduktivität erzielt werden. Dabei können Arbeitsplätze verloren gehen.

Aber oft ist dies der einzige Weg, die notwendige Produktivität der verbleibenden Arbeitsplätze zu erreichen.

2. Technik und Beschäftigung

In den letzten Jahren wurde die Innovationsfähigkeit der deutschen Wirtschaft häufig unterschätzt. In einigen Bereichen der Informationstechnologie, wie der Nachrichtentechnik, der Medizintechnik oder der Autoelektronik, hat die deutsche Wirtschaft im internationalen Vergleich jedoch eine ausgesprochen gute Position. Bei der Produktion der Chips hingegen produziert sie nur vier Prozent der Weltproduktion, während Japan 20 Prozent und die USA gut 70 Prozent abdecken. Aber auch inerhalb dieses Marktes für Chips muß differenziert werden: im Bereich der Standardware (allgemein verwendbare Speicher- und Mikroprozessoren) liegt die Bundesrepublik Deutschland und auch Europa zurück. Bei speziellen, auf konkrete Anwendungen ausgerichtete Chips hingegen, die zunehmende Märkte finden, konnte die Bundesrepublik ihre Anteile steigern.

Wo gewirtschaftet wird, herrscht Wettbewerb; an Arbeitsrationalisierung ist man auch im Ausland interessiert. Die Erzeugnisse des Maschinenbaus, der Elektrotechnischen Industrie, der Feinmechanik und Optik sowie Büromaschinen und EDV-Anlagen erreichten 1984 einen Exportwert von insgesamt 135 Milliarden DM; innerhalb von 20 Jahren hat sich dieser Teil des Export-Warenkorbs annähernd auf das Sechsfache erhöht. Hinter den Erfolgen verbergen sich nicht zuletzt die Erfahrungen, die im Zuge von eigenen Rationalisierungsvorhaben gesammelt werden konnten. Daß die deutschen Hersteller von "Rationalsierungsgütern" im Außenhandel so gut abgeschnitten haben, hat sich als vorteilhaft für die Beschäftigung erwiesen. Denn hinter dem kräftigen Exportüberschuß bei den "Rationalisierungsgütern" stehen rund eine Million Arbeitsplätze. Es ist gut, daß überall allmählich damit aufgehört wird, moderne Technologien und Rationalisierungsinvestitionen pauschal als Arbeitsplatzvernichter zu verketzern. Es ist schließlich auch bezeichnend, daß keine einzige wissenschaftliche Studie die weltweite Beschäftigungsschwäche einem Zuviel an Technik anlastet. Häufiger wird die Vermutung geäußert, daß die hohe Arbeitslosigkeit eine Folge vorausgegangener Innovationspausen sei.

Zu diesem Ergebnis kommt unter anderem auch die sogenannte Meta-Studie "Arbeitsmarktwirkungen moderner Technologien", die vom Bundesforschungsministerium in Auftrag gegeben wurde. Sie stellt fest,

- daß die gravierendsten Beschäftigungseinbußen der letzten Jahre dort zu beobachten waren, wo strukturelle Effekte technologisch dominierten, d.h., die technische Entwicklung war nicht ausschlaggebend;
- daß 80 Prozent aller eingesparten Arbeitsplätze in eher produktivitätsschwachen und mit internationaler Konkurrenz auf den Arbeitsmärkten konfrontierten Branchen verlorengingen.

Wenn auch noch nicht die Gesamtergebnisse der Meta-Studie vorliegen, so sind dennoch viele Aussagen zum Bereich Mikroelektronik und Arbeitsplätze vorhanden: Diese belegen, daß die tägliche Herausforderung durch die Mikroelektronik in der deutschen Industrie angenommen wurde. Etwa die Hälfte der Unternehmen des verarbeitenden Gewerbes in der Bundesrepublik Deutschland setzt bereits Mikroelektronik in Prozessen und Produkten ein. Damit steht die Bundesrepublik Deutschland in Europa vorn. In Großbritanien sind es nur 47 Prozent, in Frankreich lediglich 38 Prozent. Führend beim Einsatz der Mikroelektronik sind mit 67 Prozent die Unternehmen im Maschinenbau und Elektrotechnik. Diese Branchen können gleichermaßen aufgrund ihres beständigen und auch wiedergewonnenen hohen technologischen Niveaus eine gute Wirtschafts- und Beschäftigungssituation ausweisen.

3. Neue Gestaltungsräume, neue Handlungsmöglichkeiten

Doch den internationalen Konkurrenzkampf und den Wettbewerb der Systeme bestehen zu wollen, ist nur die eine Seite der Betrachtung. Die andere ebenso wichtige Seite wird leider viel zu wenig beachtet:
Gerade die Mikroelektronik bietet die Chance, mehr Entwicklungsmöglichkeiten und Freiräume für die Menschen zu schaffen. Die sich neu auftuenden Gestaltungs- und Spielräume sind faszinierend. Der Mensch kann aufhören, Lückenfüller der Technik in noch nicht vollautomatisierten Teilbereichen zu sein.

- Er kann seine Qualitäten, seine Kreativität und Leistungskraft einsetzen, um mit Hilfe etwa der CAD-Systeme in kürzester Zeit eine Fülle konstruktiver Varianten durchzuspielen und so zu neuen und besseren Produkten gelangen.
- Zwischenmenschliche Kommunikation kann durch das Vorhandensein von Terminals und Computer gefördert werden, wenn der von Routinearbeit entlastete Mitarbeiter mehr Zeit für Kundenbetreuung und -beratung findet.

Wir können uns aber die positiven Entwicklungen nur selber schaffen, wenn wir bei dem Einsatz der Technik die Chancen bewußt wahrnehmen, also gestalten.

Doch technischer Fortschritt ist ohne Irrwege, Risiken, Probleme und auch Leiden nicht zu haben. Wir Menschen sind zwar seit Jahrtausenden geübt, mit Werkzeugen umzugehen, die unsere physischen Kräfte verbessern, doch der Umgang mit "Denkzeugen", die unser Selektions-, Systematisierungs- und Speichervermögen ins Millionenfache steigern können, ist noch so neu, daß die Gewöhnung, Beherrschung und geistig-moralische Bewältigung noch Generationen dauern wird. Aber neue Chancen, wie sie es in dieser Form seit zwei Jahrhunderten nicht mehr gegeben hat, sind vorhanden. Sie müssen ergriffen werden.

Seit der britische Nationalökonom und Moralphilosoph Adam Smith am Beispiel der Stecknadelmanufaktur auf die vielfältigen Vorteile verwies, die Produktionsteilung und Arbeitszerlegung mit sich bringen könnten, ist die Atomisierung der Arbeit bis zu sinnentleerten Tätigkeiten als unaufhaltsam wachsendes Übel der Industriegesellschaft beschrieben worden. Die geistige Verarmung (Dequalifizierung) und die zunehmende Entfremdung würden mit dem Einsatz hochintegrierter computergestützter Fertigungs- und Steuerungssysteme einen nie dagewesenen Höhepunkt erreichen, behaupten viele Kritiker. Schließlich vertrieben nach Vollautomatisierung strebende Techniker die Menschen ganz aus den Fabriken.

Die neue Technik eröffnet Wahlmöglichkeiten für die Arbeitsstrukturierung und die Arbeitsorganisation, die es vorher nicht in dem Maße gab:

Dies wird dadurch möglich, daß in der flexiblen Automation einmal der Hauptanteil der direkt bearbeitenden Tätigkeiten - wie auch zum Teil in der konventionellen Automation - von der Maschine übernommen wird, daß dazu aber auch ein Großteil der direkt steuernden Funktionen nicht permanent vom Menschen erbracht werden muß. Der Mann ist nicht mehr permanent an die Maschinenfunktionen gebunden - er kann sich auf die Überwachung und gegebenenfalls die Korrektur der Systemfunktion konzentrieren.

Zwei Beispiele mögen dies illustrieren:

1. Der Dreher, der die Werkstücke bei konventioneller Technik während des Maschinenlaufes permanent von Hand zustellen mußte, wird von dieser Tätigkeit entlastet. Diese Unabhängigkeit vom Takt der Maschine kann neu genutzt werden, um beispielsweise während des Maschinenlaufs mit Hilfe eines Simulators Programme zu korrigieren oder neue Programme zu schreiben.
2. Der Punktschweißer hatte eine stark repetitive, körperlich hoch belastende Tätigkeit zu erfüllen, die dazu noch recht hohe Aufmerksamkeit erforderte. Nach dem Einsatz von Schweißrobotern ist die Kerntätigkeit des Schweißens für den Mann weggefallen. Ebenso wie bei der CNC-Technik kann die so entstandende Unabhängigkeit von der direkten Bearbeitung dazu genutzt werden, dem Mitarbeiter zusätzliche Aufgaben der Überwachung, der Wartung, der Programmkorrektur etc. zu übertragen.

4. Veränderte Arbeitsbedingungen

Es mag Techniker geben, die in der Mikroelektronik ein geeignetes Instrument sehen, den unzulänglichen Menschen aus den Betrieben zu verbannen, und Experimente mit fast menschenleeren Produktionshallen sind hier und da bereits gemacht worden. Doch für die Unternehmen können solche Versuche kein allgemeingültiges Ziel sein.

Je mehr Kompetenzen etwa auf die Datenverarbeitung verlagert werden, desto größer wird der Steuerungsaufwand. Die Risiken einer immer undurchschaubarer werdenden Steuerungs-EDV und ins Unkalkulierbare steigender Software-Kosten sind groß. Zudem wäre es inhuman und auch ökonomisch töricht, auf die kreativen Fähigkeiten hochqualifizierter Fachkräfte zu verzichten. Unternehmen schlagen daher überwiegend solche Wege ein, die die Möglichkeiten computerunterstützter Fertigung nutzen, um den Fachkräften beispielsweise Raum zu lassen, technische und organisatorische Störungen vor Ort abzufangen. Die Maschine übernimmt die Routine, der Mensch muß sich höheren Aufgaben stellen. In dem Maße, in dem manuelle Tätigkeiten von Maschinensteuerungen, von Handhabungssystemen oder von CAD-Systemen übernommen werden, verschiebt sich die menschliche Tätigkeit zunehmend auf das Planen, das Organisieren der Prozesse, das Überwachen und Warten der Anlagen - Aufgaben also, bei denen eher die Fähigkeit des Menschen zur kreativen Problemlösung gefordert ist als die stumpfsinnige Bedienung der Apparate. Sicherlich werden wir noch geraume Zeit einen Anteil von Mitarbeitern mit simplen Tätigkeiten vorfinden, aber ihre Zahl wird laufend abnehmen.

Noch ein anderer Trend zeichnet sich zunehmend deutlicher ab. Die Arbeitszerlegung weicht zunehmend der Integration und Verzahnung früher getrennter Aufgabenbereiche. Wir beobachten, wie Produktions- und Instandhaltungsabteilungen zusammenwachsen: Die Produktion übernimmt immer mehr Teilaufgaben der Wartung und der Störungsdiagnose, die Instandhaltungsabteilungen werden zunehmend in das direkte Produktionsgeschehen mit eingebunden. Durch die Realisierung von CAD-CAM-Konzepten sind auch Konstruktion, Arbeitsvorbereitung und Fertigung stärker miteinander verzahnt.

Mit der Mikroelektronik und den neuen Informations- und Kommunikationstechnologien eröffnen sich Perspektiven von epochaler Bedeutung, denn die Tendenz der Vergangenheit, menschliche Arbeit immer weiter zu zerlegen, kann nicht nur verlangsamt, sondern in manchen Bereichen sogar umgekehrt werden.

Die Aufgaben und Chancen der Gegenwart heißen: Arbeitsbereicherung, Delegation von Verantwortung, Dezentralisierung, die Zusammenschau von Einzelvorgängen und ihre Vernetzung. Gerade die Mikroelektronik eröffnet die Chance, gewachsene und erstarrte Strukturen von Organisationen und Arbeitsabläufen neu zu gestalten und zu optimieren.

Neue Formen der Arbeitsorganisation werden möglich: Arbeitsabläufe, Arbeitsinhalte und Arbeitszeiten werden flexibler. Die enge Bindung des Menschen an "seinen" Arbeitsplatz, den Takt der Maschine und den Materialfluß wird aufgehoben. Zum ersten Mal in der Geschichte wird der Arbeitsrhythmus von Mensch und

Maschine "entkoppelt". Die Technik paßt sich dem Menschen an. Steigende Arbeitsproduktivität geht nicht zu Lasten des Arbeitnehmers, sie wird von der Maschine erbracht. Flexiblere, individuellere Arbeitszeiten werden möglich. Neue Arbeitsinhalte - Überwachen, Kontrollieren, Steuern - gewinnen an Bedeutung. Die These von einer "Enthumanisierung der Arbeitswelt" trifft nicht zu. Nach einer von dem Sozialwissenschaftler Professor Gerhard Schmidtchen betreuten Infratest-Studie sind zumindest die Beschäftigten in der Metallindustrie zufriedener an Arbeitsplätzen mit Elektronik als an Arbeitsplätzen ohne Elektronik. Interessant ist, daß die oft befürchtete Verschärfung der äußeren Kontrolle ("gläserner Mensch") mit der Einführung der Elektronik zurücktritt. Im Gegenteil: Die Selbständigkeit steigt, die neue Tätigkeit wird von der großen Mehrheit (84 Prozent) als interessant eingestuft. Von den Arbeitnehmern, die bereits mit Elektronik arbeiten, beklagen sich nur halb so viele über Schmutz, Lärm und Hitze wie an den anderen Arbeitsplätzen; über körperlich anstrengende Arbeit sogar nur noch neun Prozent. Auch Befürchtungen, die Mikroelektronik führe zu einer Entwertung bereits erworbener Qualifikationen, konnten in dieser Studie nicht bestätigt werden. Insgesamt hat der technische Fortschritt in der Metallindustrie eindeutig zu einer Verbesserung der Arbeitsbedingungen beigetragen.

5. Forschung und Entwicklung

Während Anfang der 70er Jahre Industrieforschung und technische Innovation, Wirtschaftswachstum und Anwendungsorientiertheit bei weiten Kreisen in unserer Gesellschaft als suspekt galten, hieß es Anfang der 80er Jahre bei vielen Kritikern: Die Bundesrepublik Deutschland habe die technologische Zukunft verschlafen, der Vorsprung Japans und Amerikas sei unaufholbar geworden. Bruce Nussbaums eilig vom SPIEGEL verbreitete These lautete lapidar: "Die Deutschen mögen es noch nicht wissen, aber die gesamte industrielle Basis ihres Landes ist im Zerfall." (DER SPIEGEL, Nr. 43/1983, S. 167) Forschungs-, Patent- und Marketingdefizite würden unserer Republik zum Verhängnis werden, lautete die neue Kategorie von Vorwürfen.

In welche Richtung die kritischen Diskussionen und Vorwürfe auch zielen mögen, sie laufen im wesentlichen an der deutschen Wirtschaft vorbei. Die Kosten der Wirtschaft für Forschung und Entwicklung, für Aus- und Weiterbildung dürften für das Jahr 1984 mit 65 Milliarden DM anzusetzen sein. In den Forschungseinrichtungen der Wirtschaft werden etwa 27 Milliarden DM ausgegeben; das heißt: 70 Prozent des gesamten Forschungs- und Entwicklungsetats der Bundesrepublik Deutschland werden in Unternehmen abgewickelt. Die Patent- und Lizenzbilanz hat in unserem Land einen guten internationalen Stand, sie nimmt bei den europäischen Patent- und Lizenzanmeldungen den zweiten Platz knapp nach den USA ein, auf dem dritten und vierten Platz folgen Japan und Frankreich. Der neueste Faktenbericht zum Bundesbericht Forschung zeigt auf, daß die Elektrotechnikbranche im Jahre 1983 rund 93,5 Milliarden DM zum Bruttosozialprodukt beigetragen hat und gleichzeitig rund 8,8 Milliarden für Forschung und Entwicklung aufgewandt hat. Diese Zahlen sagen aus, daß die informationstechnologische Branche in der Bundesrepublik Deutschland an zweiter Stelle sowohl in ihren Beiträgen zum Bruttosozialprodukt als auch bei den F und E-Aufwendungen nach dem Stahl-, Maschinen-, Fahrzeugbau und der automatischen Datenverarbeitung steht. Für die elektrotechnische Industrie werden insgesamt günstige Entwicklungsaussichten unterstellt. Zurückgeführt wird dies in erster Linie auf die Tatsache, daß diese Branche von den für die Gesamtwirtschaft erwarteten Modernisierungstendenzen profitieren wird. Für den Zeitraum von 1985 bis 1990 wird ein jahresdurchschnittliches Wachstum von 2,9 Prozent (IAB/Prognos) bis drei Prozent (Ifo) als realistisch eingeschätzt. In den 90er Jahren wird sich dieser positive Wachstumstrend fortsetzen.

6. Offene Rechtsfragen als Beispiel gesellschaftspolitischer Problemfelder

Trotz vieler erfreulicher Trends und Prognosen, die sich aber niemals von selbst einstellen, sondern von den Menschen gestaltet werden müssen, mangelt es nicht an Problemen. Zahllose offene Fragen müssen gelöst, viele Handlungsfelder neu abgesteckt werden. Wir haben alle lernen müssen, daß technischer Fortschritt nicht zugleich gesellschaftlicher Fortschritt ist. Als ein Beispiel für viele gesellschaftliche Problemfelder sollen offene Rechtsfragen genannt werden. Die Informationstechnik ermöglicht mehr Kontrolle und Überwachung durch große Datenmengen und -verknüpfungen. Die Abläufe sind für den Laien nicht mehr verständlich und auch nicht durchschaubar. Datenflüsse zwischen den Behörden und innerhalb der Wirtschaft flößen eher Ängste als Zutrauen ein. Die Arbeit der Datenschützer ist zu wenig bekannt und transparent, zudem werden ihre Ziele von den Fachleuten äußerst kontrovers diskutiert.

Die Informationstechnik gibt in der Tat starke Anreize, immer mehr Informationen zu sammeln, und das kann leicht zu Mißbrauch führen. Polizeiliche Rasterfahndungen oder auch Computerkriminalität sind Beispiele dafür, daß der Computer im positiven wie im negativen zur Kommunikation geradezu auffordert. Hier bedarf es der ständigen Weiterentwicklung des Rechts. Die Entwicklungen sind im Gange: Computerkriminalität ist seit 1986 strafrechtlich verfolgbar, die neueste Eingrenzung der Sicherheitsbehörden in ihren Datenverknüpfungsaktivitäten befindet sich zur Zeit noch in der Beratung im Parlament. In Zukunft muß eine enge Kooperation zwischen Technikern und Juristen angestrebt werden. Der Gesetzgeber braucht den Rat der Technik, um die zu erwartenden Entwicklungen einbeziehen und bedenken zu können. Deshalb muß der Techniker alle Karten offen auf den Tisch legen. Aber erst wenn Experten und Spezialisten gelernt haben, gesellschaftliche Aspekte und Auswirkungen einzubeziehen, kann im Rahmen der Verrechtlichung eines Technikbereiches auch ein Rechtsrahmen gesetzt werden, ohne daß Innovationen verhindert werden. Wenn technischer und gesellschaftlicher Fortschritt erreicht werden will, muß auch der Gleichklang des Fortschritts in Recht und Technik angestrebt werden. Hier ist noch ein langer Weg zu bewältigen. Dazu gehört auch eine neue politische Kultur, die in öffentlicher Aufmerksamkeit und Wachsamkeit besteht, damit Technikeuphorie nicht die Grenzen unserer Verfassung überschreitet.

7. Wissens- und Informationstransfer - Die Rolle von Datenbanken

Obwohl manche Kritiker glauben, wir würden in unserer Informationsgesellschaft bereits "maßlos" informiert, bleibt der Wissens- und Informationstransfer ein großes Problem. Der deutsche Informationsmarkt ist durch mangelnde Transparenz, ein geringes Angebot an Markt- und Branchendaten und ein benutzerunfreundliches Datenbankangebot gekennzeichnet. Dies hat in der Vergangenheit dazu geführt, daß deutsche Unternehmen oft ausländische Datenflüsse zu Rate ziehen mußten. Schlimmer noch: Ausländische Investitionen gingen aus Informationsmangel an deutschen Märkten vorbei. Die vom Institut der deutschen Wirtschaft durchgeführten Erhebungen zeigen, daß insbesondere bei der mittelständischen Industrie ein Informationsdefizit an wissenschaftlich-technischer und an Wirtschaftsinformation besteht. Die Mühseligkeit der Beschaffung der richtigen Information wird gerade bei der mittelständischen Industrie beklagt. Diese bevorzugt deshalb bisher eher herkömmliche Medien wie Fachzeitschriften, Messen, Kunden oder Lieferanten, Informationsquellen wie nationale oder auch internationale Online-Datenbanken werden kaum genutzt.

Die Umsetzung der vorhandenen Erkenntnisse kann mit Hilfe moderner Kommunikationstechniken und gut funktionierender Online-Informationsmärkte verbessert werden. Voraussetzung ist

- daß mit Beratung, Schulung, aber auch Eigeninitiative die tiefeingewurzelte Scheu vor Datenbanken und Datenbanksystemen beseitigt wird;
- daß die Benutzerfreundlichkeit der Datenbanken verbessert wird;
- daß Hilfen geboten werden, isolierte Daten zu verknüpfen;
- daß statt der - nach akademischen Dokumentargesichtspunkten aufbereiteten - Literaturdatenbanken praxisnahe und konkrete Informationen über Technologien und Produkte, über Märkte und Branchen angeboten werden.

8. Der Trend zur Weiter- und Höherqualifizierung

Der Einsatz der Mikroelektronik verlangt von den Menschen neue Qualifikationen. Eine zeitgemäße Berufsbildung ist von zentraler Bedeutung, denn die Facharbeiterberufe verändern allmählich ihre Profile: Fehlersuche, Überwachungs-, Wartungs- und Instandhaltungsarbeiten haben an Bedeutung gewonnen, ebenso haben Planungsarbeiten einen wesentlich höheren Stellenwert als früher erhalten. Die stärksten Veränderungen haben sich bisher in den Bereichen Metall- und Elektrotechnik, Chemie und Druck vollzogen. Von der Bearbeitung eines Werkstückes über Beobachtung und Überwachung bis zur selbständigen Programmsteuerung werden zusätzliche Anforderungen an Können, Konzentration und Intellekt gestellt. Gewichtet man den eingetretenen Wandel, dann verändern die neuen Techniken in erster Linie die Arbeitsinhalte der bekannten Berufe; in zweiter Linie erschließen sich neue Tätigkeitsfelder, auf denen beispielsweise Automationsingenieure oder die Reparatur- und Wartungsfachleute für Roboteranlagen arbeiten; erst in dritter Linie entwicklen sich ganz neue Ausbildungsgänge, dazu gehört unter anderem die Vielzahl der Datenverarbeitungsberufe.

Die Mitarbeiter werden aber künftig nicht von einer Berufsausbildung zur anderen hetzen müssen, sie werden jedoch auf breiteren Tätigkeitsfeldern flexibel auf neue Anforderungen reagieren müssen. Dabei wird es nicht ohne neues Lernen abgehen; die stürmische Entwicklung bei Hard- und Software erfordert neue Schulung bei jeder neuen Steuerungsgeneration.

Die neuen Technologien verändern Fertigungs- und Arbeitsverfahren und folglich auch die Anforderungen an die berufliche Bildung. Die Ausbildungsordnungen der Betriebe und die Rahmenlehrpläne der Schulen sind daher so offen zu gestalten, daß Änderungs- und Entwicklungsmöglichkeiten nach den sich wandelnden Gegebenheiten möglich sind. Eine reglementierte, kasuistisch bis ins kleinste Detail ausformulierte, in Fein- und Groblernschritte operationalisierte und justitiable gemachte Ausbildungsordnung ist verfehlt, weil sie unflexibel und daher in Teilen oft schon bei Erscheinen veraltet ist. Die auffälligste Veränderung in der beruflichen Bildung ist der Trend zur Höherqualifizierung. Neben dem manuellen Geschick, das beim Umgehen mit Werkzeugen mit hohem Stellenwert nach wie vor gebraucht wird, müssen künftig zunehmend kognitive Fähigkeiten des Intellekts und der Logik eingebracht werden. Die Fertigkeit des Umgangs mit Hardware, das heißt mit Bauteilen, Werkstoffen und Werkzeugen, muß durch die neuen Fähigkeiten des Umgangs mit Software, das heißt mit Steuerungsprogrammen, ergänzt werden. Der Handwerker wird zunehmend auch zum Kopfwerker, der ebenso sein Handwerkszeug handhaben wie auch vorgefertigte "Denkzeuge" begreifen und einsetzen muß.

9. Verschärfter Wettbewerb zwischen dualem System und Hochschulen

Heute sucht die Wirtschaft - trotz hoher Arbeitslosigkeit - qualifizierte Facharbeiter vor allem in den metallverarbeitenden Berufen. Ob Groß-, Mittel- oder Kleinbetriebe, ihr Bedarf an Monteuren, Maschinenschlossern, Werkzeugmachern, Schweißern, Drehern, Bohrern, Schleifern ist nicht zu decken. Eine Umfrage des VDMA (Landesgruppe Baden-Württemberg) ergab, daß bei 304 Unternehmen allein in der Fertigung und Außenmontage 1 611 Stellen nicht besetzt werden konnten. Rechnet man den Produktionsausfall in Baden-Württemberg nur im Bereich des Maschinenbaus hoch, kommt man auf einen jährlichen Ausfallbetrag von 300 Millionen DM. Diese Qualifikationslücke war vorherzusehen. Doch wer wollte Anfang der 70er Jahre den Beruf des Drehers, Fräsers, Schleifers lernen? Wer wollte in Gießereien arbeiten?

Die Wirtschaft hat eine gute Chance, die Engpässe zu überwinden, wenn sie - solange der Ansturm anhält - weiterhin über Bedarf ausbildet und eine intensive Weiterbildung der Facharbeiter vor allem auf dem Gebiet der Computer und der elektronischen Steuerungssysteme betreibt. Die Bilanz der letzten Jahre ist beeindruckend: Von Jahr zu Jahr wurde ein neuer Ausbildungsrekord aufgestellt, die Brutto-Bildungsausgaben wurden im letzten Jahrzehnt verdreifacht, die Weiterbildungskosten vervierfacht. Fast alle Bewerber (etwa 95 Prozent) haben auch in Zeiten der größten Nachfrage einen Platz gefunden.

Während uns Ende der 80er Jahre aufgrund der geburtenschwachen Jahrgänge wieder verstärkt leerbleibende Ausbildungsplätze Sorge bereiten werden und erneut ein Kampf um die Sicherung des qualifizierten Facharbeiterbedarfs beginnen wird, haben wir auf der anderen Seite einen starken Akademikerüberhang zu erwarten. Wir müssen in den nächsten zehn Jahren mit einer weiteren fünfzigprozentigen Zunahme der Hochschulabsolventen rechnen. Da die öffentliche Hand ihre Tore vor der Akademikerflut schließt, ist die private Wirtschaft als Nothelfer gefragt, wie schon heute Modellversuche zur Integration arbeitsloser Lehrer zeigen.

Gegenwärtig setzen sich die bei den befragten Unternehmen beschäftigten Akademiker aus folgenden Disziplinen zusammen:

Ingenieure	43,6 Prozent
Wirtschaftswissenschaftler	34,6 Prozent
Naturwissenschaftler	11,0 Prozent
Juristen	4,8 Prozent
Sonstige	4,7 Prozent

Es ist damit zu rechnen, daß sich die Zahl der in der Wirtschaft tätigen Hochschulabsolventen von 1983 bis 1993 verdoppeln wird und daß auch Akademiker geisteswissenschaftlicher Fachbereiche bei entsprechender Zusatzqualifizierung Chancen finden werden. Eine fortschreitende Akademisierung wird vor allem im Hard- und Software-Bereich der EDV, in der Meß- und Regeltechnik, in Forschung und Entwicklung, in Vertrieb, Verkauf und Marktforschung, im Finanz- und Rechnungswesen, aber auch im Umweltschutz stattfinden. Dennoch besteht die Sorge, daß künftig die Angebote des Bildungssystems und der Bedarf des Beschäftigungssystems wieder weiter auseinanderklaffen werden, weil wegen des Rückgangs der Schulabgänger um mehr als ein Drittel viele Ausbildungsplätze wieder leer bleiben werden. Doch das duale System muß seine Attraktivität bewahren. Intellektuell befähigte und gut qualifizierte junge Leute werden sich künftig nur dann für eine Ausbildung interessieren und den Facharbeiterbedarf sichern helfen, wenn attraktive Weiterbildungsangebote und reale Aufstiegschancen bestehen.

Der Bedarf der Wirtschaft an Akademikern - vor allem der wirtschafts-, ingenieur- und naturwissenschaftlichen Disziplinen - wird weiter wachsen, aber ein Verdrängungswettbewerb von oben nach unten in der Bildungshierarchie sollte vermieden werden. Der Wettbewerb zwischen den Abgängern des dualen Systems und der Hochschule ist zu fördern. Verschieden begabte junge Menschen müssen auf unterschiedlichen Wegen gute Entwicklungschancen finden. Das kommt dem Bedarf des Beschäftigungssystems entgegen, zudem braucht eine dynamische entwicklungsoffene Gesellschaft diesen Wettbewerb.

10. Betriebliche Weiterbildung - Ein bedeutender Faktor der Unternehmenspolitik

Die Weiterbildung gewinnt auf allen Ebenen des Unternehmens an Bedeutung. Sie spielt sich nicht mehr vornehmlich als Veranstaltung für Führungsträger in schön gelegenen Tagungshotels ab, sondern sie erfaßt zunehmend die Mitarbeiter vor Ort. Reichte früher für den Facharbeiter das in der Ausbildung erworbene und durch Berufserfahrung vertiefte Wissen für das Arbeitsleben aus, so stellt die neue Technik ihn immer wieder vor Probleme, die er mit diesem Wissen nicht bewältigen kann. Das bedeutet aber, daß neben das schon immer praktizierte Einweisen in neue Anlagen, das "Zeigenlassen" zunehmend die Vermittlung von Grundwissen über die jeweilige Technik tritt. Schulische Formen der Wissensvermittlung und das Training on the job ergänzen sich gegenseitig. Der Lernort Betrieb rückt stärker in den Vordergrund. Betriebliche Weiterbildung darf aber auch nicht an dem un- und angelernten Mitarbeiter vorbeigehen. Wenn auch ihr Anteil an allen Beschäftigten zwar kontinuierlich abnimmt, so stellen sie beileibe noch keine ausgestorbenen Spezies dar, wie uns manche Propheten glauben machen wollen. Die guten Erfahrungen vieler Betriebe zeigen, daß man auch ohne Facharbeiterbrief in der Tasche qualifizierte Arbeit mit neuen Techniken leisten kann, wenn erst einmal die Hemmschwelle zum intensiven und längerfristigen Lernen überwunden ist.

Durch die Zunahme planender, organisierender und überwachender Aufgaben erwächst den Mitarbeitern an der Basis ein Mehr an Handlungskompetenz, dem auch das Führungsverhalten der Vorgesetzten Rechnung tragen muß. Mitarbeiter, die die benötigte technische und organisatorische Information über Terminals selbst direkt abrufen können, sind nicht mehr so stark vom Vorarbeiter oder Meister abhängig wie zuvor. Sie müssen aber so geschult werden, daß sie die neuen Freiräume ausfüllen können. Die Anforderungen an Verantwortung und geistige Flexibilität sind groß. Aber gerade diese Fähigkeiten sind nicht kurzfristig in Schulungsmaßnahmen zu entwicklen. Sie müssen vielmehr ständig im Vollzug der Arbeitsaufgaben trainiert werden. Dazu aber muß das Steuerungs- und Kontrollsystem des Betriebes die nötigen Freiräume schaffen. Die wachsende Selbständigkeit der Fachkräfte schafft Selbstbewußtsein, Eigeninitiative und Identifikationsbereitschaft. Neue Kommunikations-, Informations- und Problemlösungsinstrumente wie Qualitätsszirkel, Werkstattforen oder Lernstatt dienen dem Prinzip der Delegation der Verantwortung und der Eigenständigkeit. Selbstbewußte Arbeiter und Betriebsräte beraten gemeinsam über vorhandene Probleme und machen Lösungsvorschläge, die den Vorzug haben, auf Erfahrung zu gründen. In dem Maße, in dem sich der Mitarbeiter zum hochqualifizierten mitdenkenden und mitplanenden, selbständig problemlösenden Leistungsträger entwickelt, muß sich das Verhalten der Führungskräfte verändern. Der Vorgesetzte ist nicht mehr in erster Linie autoritärer Aufgabenzuweiser und Kontrolleur, sondern Informationsvermittler und Diskussionspartner, der auch von den gesellschaftspolitischen Aspekten neuer Technologien wissen muß.

Es ist eine motivationspsychologisch gesicherte Erkenntnis, daß die Herausforderung durch eine Aufgabe, Selbstbestätigung durch Erfolgserlebnisse und mehr Verantwortung die Mitarbeiter positiv beeinflussen und die Arbeitszufriedenheit vergrößern. Moderne Unternehmensführung, die auf Delegation von Verantwortung setzt, muß daher auf den Lernwillen und die Bereitschaft zu immer neuer Qualifizierung der Mitarbeiter bauen und muß ihnen die entsprechenden Bildungsmöglichkeiten einräumen. Diese motivieren sie wieder zu mehr Leistungs- und Verantwortungsbereitschaft und fördern die Entscheidungswilligkeit und -fähigkeit.

Betriebliche Bildung und Weiterbildung haben somit nicht nur das Ziel, Mitarbeiter fachlich zu qualifizieren, sondern erfüllen eine wichtige Funktion im Rahmen einer Unternehmensführung, die auf Vergrößerung des Freiheitsspielraumes und der Verantwortungsbereiche für jeden einzelnen setzt.

AUSWIRKUNGEN DER INFORMATIONSTECHNIK AUF ARBEITNEHMER UND ARBEITSPLÄTZE

Prof. Dr. Heinz Markmann
Wirtschafts- und Sozialwissenschaftliches
Institut des Deutschen Gewerkschaftsbundes GmbH, Düsseldorf

I. Gewerkschaften und technischer Wandel.

Bis zum Ausbruch der Beschäftigungskrise vor mehr als zehn Jahren war die Einstellung der Gewerkschaften zum Technischen Wandel, zur Innovation, zur Modernisierung der Betriebe und zur Umgestaltung der Arbeitsplätze wenn nicht gerade positiv, so doch zumindest von Toleranz geprägt. In der zweiten Hälfte der 60er Jahre gab es einige Irritationen angesichts der ersten Welle der Automation und ihrer sozialen Folgen, die aus den USA zu uns herüberschlug. Abgesehen von der erfolgreich bekämpften Rezession von 1966/67 sorgten wirtschaftliches Wachstum und aktive Arbeitsmarktpolitik dafür, daß die von der Halbleitertechnik getragene Rationalisierungsbewegung damals keine wesentlichen Beschäftigungsprobleme schuf. Dennoch handelten die Gewerkschaften mit den Arbeitgebern Rationalisierungsschutzabkommen aus, um vor allem die Beschäftigung von älteren Arbeitnehmern zu stabilisieren, aber auch um die Unternehmen zu Umschulungen von Arbeitnehmern zu verpflichten, deren Arbeitsplätze vom technischen Wandel getroffen wurden.

Die Gelassenheit der Gewerkschaften wich seit Mitte der 70er Jahre zunehmender Beunruhigung, denn sie sahen sich jetzt vor ein tiefgreifendes Dilemma gestellt: einerseits erleichtern verbesserte Arbeitsmittel körperlich und geistig belastende Arbeit; Modernisierung erhält und verbessert die Wettbewerbsfähigkeit der Wirtschaft, ein für die Bundesrepublik besonders wichtiger Faktor; andererseits vernichtet der Technische Wandel Arbeitsplätze sowohl in der gewerblichen Produktion als auch in den Dienstleistungen. Gerade die Mikroelektronik bietet den Unternehmen und Verwaltungen Rationalisierungspotentiale von bisher unbekanntem Ausmaße. Wen kann es also wundern, wenn angesichts dieses Dilemmas gewerkschaftliche Äußerungen zum technischen Wandel meist ambivalent sind, und wenn die Gewerkschaften angesichts der anhaltenden Massenarbeitslosigkeit vor allem ihre klassische Schutzfunktion wahrnehmen, die natürlich ganz auf Defensive eingestellt ist. Es ist wahrlich für sie nicht einfach, eine realistische Strategie zwischen den Extremen des Maschinensturms oder der totalen Verweigerung und der Resignation oder der totalen Anpassung zu formulieren und zu praktizieren.

Auch die vom technischen Wandel betroffenen Arbeitnehmer reagieren ambivalent: einerseits finden sie es gut, daß ihnen die neue Technik - und sie ist in aller Regel Informationstechnik (IT) - mehr Selbständigkeit und Abwechslung bei der Arbeit bietet; andererseits klagen sie aber über zunehmenden Stress und Druck. Karl Mannheim hat schon vor 50 Jahren von der "disproportionalen Entwicklung der menschlichen Fähigkeiten" gesprochen[1]. Den Kunsthistoriker Pinder zitierend spricht er von der "Gleichzeitigkeit des Ungleichzeitigen", was auf die heutige Zeit übertragen heißen könnte, daß der Mensch mit der "Schubkarrenseele" sich der Hightech des nahenden 21. Jahrhunderts ausgesetzt sieht. Dieter Balkhausen[2] weist zu Recht darauf hin, daß soziale und gesellschaftliche Innovationen schwerer zu verwirklichen sind als technische und wirtschaftliche Modernisierung. Es wird viel soziale Phantasie notwendig sein, um die anstehenden Probleme zu bewältigen. In besonderer Weise ist die soziale Innovationskraft der Unternehmer herausgefordert. Sie sollten sich deshalb nicht länger gegen erweiterte Mitwirkungs- und Mitbestimmungsrechte der Belegschaft und deren Vertreter sträuben.

Die Verschärfung des allgemeinen sozialen Klimas erschwert die Anpassung der Betroffenen an die Erfordernisse der Informationstechnik. Unnötig vom Zaun gebrochene Konflikte halten die Tarifvertragsparteien von der Suche nach flexiblen Lösungen ab, die am besten "vor Ort" gefunden werden könnten. Die Regierung heizt die Konflikte eher noch an, statt zu vermitteln und zu mäßigen.

II. Die neue Basistechnik.

Nachrichten- und Kommunikationstechnik, dezentralisierte Computer und Fertigungs- oder Büromaschinentechnik wachsen zu integrierten, multifunktional automatisierten Produktions- und Verwaltungssystemen zusammen. Diese Systeme können alle Formen von Informationen gemeinsam handhaben. Durch Vernetzung von Teilsystemen zu einer überbetrieblich und

---

1) Mannheim, Karl: Mensch und Gesellschaft im Zeitalter des Umbaus, Leiden 1935, S. 16.

2) Balkhausen, Dieter: Die elektronische Revolution, Düsseldorf 1985, S. 37.

überregional technisierten Infrastruktur der Büro-, Fertigungs- und Kommunikationstechnik entsteht ein System, das gleichen Rang haben wird wie die Verkehrs- und Energienetze.

Die Anwendung der Mikroelektronik erlaubt entscheidende Einsparungen von Kapital und Arbeit mit dem Ziel, einen lückenlos durch Informationstechnik gestützten automatisierten Arbeitsprozeß zu organisieren, einschließlich automationsgerechter Teilekonstruktion.[3] Im Jahr 1982 waren 40 vH aller Erwerbstätigen in "Informationsberufen" tätig; im Durchschnitt der Jahre 1973/82 ist dieser Bereich um 1 - 1,5 vH gewachsen.[4] Von den bis zum Jahr 2000 möglichen etwa 25.000 anwendungsbezogenen Nutzungen der Mikroelektronik sind bisher erst 10 - 15 vH realisiert.[5] Schon bis zum Jahr 1990 werden auf dem Weltmarkt für Informationstechnik-/Kommunikationstechnik-Systeme rund 450 Mrd. DM umgesetzt werden.[6] Wie in der bekannten Siemens-Studie prognostiziert, zeichnen sich die Konturen der "Büros 1990" schon sehr deutlich ab. In weltweiter Betrachtung führen die USA und Japan noch immer den Innovationsprozeß an, aber Westeuropa und einige Schwellenländer holen deren Vorsprung allmählich auf.[7]

---

3) Meier, Bernd: Moderne Schlüsseltechnologie - Beiträge zur Wirtschafts- und Sozialpolitik, Institut der deutschen Wirtschaft, Nr. 139, Köln 1986, S. 29.

4) Dostal, Werner: Datenverarbeitung und Beschäftigung, Mitt. AB Nr.4, Nürnberg 1984, S. 499.

5) Meier, a.a.O., S. 30.

6) Balkhausen, a.a.O., S. 128; er nennt auf S. 194 ff. eine Fülle von Beispielen für arbeitsparenden Einsatz der Mikroelektronik am Arbeitsplatz; auf S. 144 stellt er fest, daß "bis zum Jahr 2000 kein alter Bürobaustein mehr auf dem anderen" sein wird, d.h. die Hälfte aller Arbeitsplätze werden sich dramatisch geändert haben.

7) Kommission der Europäischen Gemeinschaften (Hrsg.): Soziales Europa, Neue Technologien und sozialer Wandel, Beiheft 1, Brüssel 1986; hier findet sich eine Fülle von Informationen über die sozialen Auswirkungen der Neuen Techniken.

Die Informationstechnik erlaubt eine bisher kaum für möglich gehaltene Flexibilisierung und Individualisierung der Produktion bei verbesserter Produktqualität. Die Automation der 60er Jahre wird zunehmend von Informatisierung und Elektronisierung abgelöst.[8)] Dieser in den 70er Jahren in Gang gekommene Prozeß wurde durch die Rezession im Gefolge der Ölkrise beschleunigt; er greift rasch auch auf die kleinen und mittleren Unternehmen über. Die Lohnkosten konnten kaum der Auslöser für die Rationalisierungswelle der 80er Jahre sein. Die industrielle Fertigung wird im Zuge dieser dramatischen Entwicklung immer zu einer neuartigen Form der Dienstleistungen. Dieser Prozeß läuft ab, ohne daß es nennenswerte Kompensationsmöglichkeiten für die Rationalisierungsopfer gäbe.

Es ist hier nicht genügend Raum für eine detaillierte Beschreibung der bereits vorhandenen rechnergesteuerten Informations- und Produktionssysteme. Es sei deshalb auf jüngste Veröffentlichungen verwiesen, die dem Verfasser besonders wichtig erscheinen.[9)] Die Enquête-Kommission "Neue Informations- und Kommunikationstechniken" erwartet, daß im Jahr 1990 rund 70 vH aller Beschäftigten Kenntnisse über die elektronische Informationsverarbeitung haben müssen, davon 5 vH fundierte Kenntnisse, 15 vH zusätzliche Informationstechnik-Kenntnisse zum eigentlichen eigenen Fachbereich; 50 vH einfache Anwendungskenntnisse.[10)] Unterschiedliche Typen der Automatisierung führen zu unterschiedlichen betrieblichen Arbeitsorganisationen und sozialen Strukturen. Auch auf die betriebliche Zeitökonomie hat die Informationstechnik bereits eingewirkt.

---

8) Meier, a.a.O.

9) vgl. Bröder, Peter: Fabrik 2000, Berlin 1985; Mauske, Peter u.a.: Rechnergestützte Systeme der Fertigungssteuerung, Karlsruhe 1984; Gottschall, K.: Computergestützte Verwaltung, Frankfurt/M. 1985; Gesellschaft für Fertigungstechnik u.a. (Hrsg.): TTK '85, Fertigungstechnisches Kolloquium, Berlin/Heidelberg/New York/Tokyo 1985 (hier vor allem Beitrag von H.J. Warnecke); Kirchenamt der Ev. Kirche in Deutschland (Hrsg.): Die neuen Informations- und Kommunikationstechniken - Chancen, Gefahren, Aufgabe verantwortlicher Gestaltung; eine Studie der Kammern für Soziale Ordnung und für publizistische Arbeit der EKD, Gütersloh 1985; an dieser Studie hat der Verfasser intensiv mitgearbeitet, weshalb er sich auch in den Abschnitten III und IV dieses Beitrags auf sie berufen wird.

10) Spangenberg, Lothar in: IBM Deutschland (Hrsg.): Technik u. Gesellschaft, Stuttgart 1984, S. 29; sp. zitiert dort Cl. Hackel.

Da der Umstellungsprozeß noch in vollem Gange ist, sind endgültige Schlußfolgerungen nur schwierig zu ziehen; Willkür, aus Vorurteilen gespeist, ist nicht auszuschließen - und bei manchen Beobachtern und in manchen Veröffentlichungen auch mit Händen zu greifen.

Schon in den 70er Jahren hat die gewerkschaftliche Tarifpolitik auf den technischen Wandel reagiert: qualitative Elemente zur Verbesserung/Humanisierung der Arbeitsbedingungen gewannen gegenüber den quantitativen Elementen der Einkommenssteigerung und -umverteilung deutlich an Gewicht. Bahnbrechend waren die im Jahre 1978 nach schweren Arbeitskämpfen in der Druck- und Metallindustrie durchgesetzten Tarifverträge zur Arbeitsplatz-, Qualifikations- und Einkommenssicherung. Ihnen sind viele ähnliche Regelungen gefolgt. Auch der Arbeitskampf 1984 in der Metall- und Druckindustrie ist in gewisser Weise eine Reaktion auf neue Produktionsbedingungen gewesen, und der "Leber-Kompromiß", der ihn für die Metallindustrie beendete, trug den flexibilisierten Produktionstechniken durch flexibilisierte Arbeitszeitregelungen Rechnung. Im Gefolge oder parallel zu den Tarifvertragsregelungen entstanden viele Betriebsvereinbarungen mit dem Ziel, die negativen sozialen und individuellen Folgen der Einführung von neuen Techniken zu mildern.

Eine bemerkenswerte neue Entwicklung ist die Auslagerung von Dienstleistungen aus Industrieunternehmen an selbständige Servicefirmen. Für die Industrieangestellten bedeutet dies Bedrohung ihrer Arbeitsplätze, zusätzlichen Leistungs- und Flexibilisierungsdruck und letztlich auch Abbau von Mitwirkungs- und Mitbestimmungsrechten der Belegschaftsvertretungen.

Schließlich bietet die Informationstechnik inzwischen auch die Instrumente für eine ungemein verfeinerte Leistungskontrolle an den Arbeitsplätzen. Deren Einführung und Praktizierung ist eine Quelle ständiger Auseinandersetzungen zwischen einzelnen Arbeitnehmern, Betriebsräten und Unternehmensleitungen; Persönlichkeits- und Datenschutz spielen hier eine gewichtige Rolle.

Die Modernisierung der Klein- und Mittelbetriebe bringt für die dort tätigen Arbeitnehmer besonders gravierende Nachteile mit sich, da erfahrungsgemäß solidarisches Handeln und Wahrnehmung von Mitbestimmungsrechten weniger ausgeprägt sind als in Großunternehmen, und mehr oder patriarchisches Unternehmerverhalten praktiziert wird.

Wenn die Computerisierung und Informatisierung der Betriebe und Arbeitsplätze nur nach technokratisch-perfektionistischen Methoden geschieht, baut sich Konfliktpotential auf und es entstehen viele tatsächliche akute Konflikte. Unsicherheit beim Management und bei den Arbeitnehmern und ihren betrieblichen und gewerkschaftlichen Vertretern steigert die Aggressivität. Nun sind aber die neuen Informationssysteme so sehr störanfällig, daß die Betriebsleitungen sehr an einer möglichst konfliktfreien Zusammenarbeit interessiert sind. Dieses Kalkül steigert die Bereitschaft zu Konsens und ausgehandeltem Kompromiß mit den Belegschaften und deren Vertretungen.

Zusammenfassend: Die Leistungsfähigkeit, die Anwendungsmöglichkeiten und die Vernetzung der auf der Mikroelektronik beruhenden Techniken in der Produktion, Informationsverarbeitung und Kommunikation werden noch weiter steigen. Überall dort, wo Informationen anfallen, Arbeits- und Produktionsprozesse gesteuert und optimiert und vergleichbare "intelligente" Tätigkeiten ausgeübt werden, wird die neue Basistechnik in zunehmendem Maße die Arbeitsabläufe in Fertigung und Büro durchdringen. Die ökonomischen Bedingungen für die Umwälzung sind u. a. :

- der wachsende internationale Wettbewerb aufgrund stagnierender Märkte und gleichlaufender Modernisierungsprozeß in den westlichen Industrieländern;
- der Zwang zu ständigen Produktivitätssteigerungen und flexibler Anpassung an unsicher gewordenen Märkte, die mittel- und langfristige Unternehmensplanungen erschweren;
- Massenarbeitslosigkeit und wachsendes Angebot an immer besser qualifizierten Arbeitskräften;
- Stagnation der Beschäftigung im Dienstleistungssektor und Rückgang in der Industrie und in der Landwirtschaft.

Die neuen Techniken sind u. a. Rationalisierungsinstrumente, deren arbeitssparende Effekte durch eventuell arbeitsschaffende Wirkungen bei Herstellern und Anwendern dieser Technik oder durch neu erschlossene Märkte und neu entwickelte Erzeugnisse nicht ausgeglichen werden.

III. Auswirkungen der Informationstechnik auf ...

1. ... die Gesellschaft.

Die Informationstechnik verursacht erhebliche soziale Kosten durch die notwendige Änderung der Arbeitsorganisation, durch neue Arbeitsanforderungen, durch Entwertung von traditionellen Erfahrungen und Fähigkeiten, durch Vernichtung von Arbeitsplätzen und Arbeitslosigkeit. [11)]

---

11) EKD-Studie, a.a.O., TZ 12, S. 15.

Der jüngste Schub des technischen Wandels wird während einer längeren Übergangsperiode zur sozialen Destabilisierung führen; tradierte Verhaltensmuster und soziale Institutionen passen nicht mehr zu der von der Informationstechnik geprägten Arbeitswelt: die sozialen Risiken werden größer; sie schlagen sich nieder in Arbeitslosigkeit, Lockerung von Arbeitsbezügen, Dequalifizierung, Einkommensverlusten und Verlust von sozialem Status. Machtpositionen und gesellschaftliche Werte wandeln sich, da die Informationstechnik auch auf bisher technikferne soziale Grenzen und Tätigkeiten übergreift. Der neue Typ des technischen Wandels lockert und fragmentiert Sozial- und Interessenlagen (i.S. von Gerhard Weisser); deutlichstes Symptom ist die Beschäftigungs- und Arbeitsmarktkrise. "Der Bedeutungsgrad der Veränderungen reicht weit über ... einzelne Teilbereiche hinaus: Er liegt in der Veränderung nicht nur einzelner Handlungsstränge, sondern der Handlungsprinzipien, der Erfahrungs-, Denk- und Vorstellungsgewohnheiten; verändert wird nicht nur die Struktur der Betriebe und Behörden, sondern auch die der Familie, der Freizeit, des Alltags ... Wie in Produktion, Arbeitsorganisation, Informationsverarbeitung und Medientechnik steht die Entwertung unserer Kultur vor einem größeren evolutionären Schritt."[12] Es findet eine "Enttraditionalisierung" der Gesellschaft statt, indem sich aus Erfahrung entstandenes Wissen und Können entwertet und der Zwang zum Erlernen neuer Fertigkeiten wächst. Auch traditionelle Macht- und Herrschaftspositionen geraten ins Wanken. Die verunsicherten Inhaber dieser bedrohten Positionen greifen zu der Informationstechnik, um diese mit deren Hilfe zu stabilisieren. Symptom: Einführung von Personalinformationssystemen und anderer Kontrollinstrumente nicht nur für die Arbeitnehmer an der Basis der betrieblichen Hierarchie.

Technische und administrative Funktionen, die bisher in Rechenzentren zusammengefaßt waren, werden dezentralisiert; dann werden aber die Einzelstellen und -funktionen wieder zusammengeschaltet und zu großtechnischen Zentralsystemen vernetzt. Die so entstehende flächendeckende gesellschaftliche Infrastruktur aus Informationstechniknetzen braucht viele qualifizierte Arbeitskräfte, aber die Mehrheit der Beschäftigten erleidet eine Dequalifizierung und ist dem Druck neuer Kontrollsysteme ausgesetzt.[13] Man hat den Eindruck, daß unter dem Einfluß der Informationstechnik die Kapital- und Unternehmenskonzentration zunimmt mit den staatspolitisch und ordnungspolitisch unerwünschten Konsequenzen

---

12) EKD-Studie, a.a.O., TZ 20, S. 18

13) Briefs, Ulrich: Informationstechnik und Zukunft der Arbeit, Köln 1984, S. 51 f.

für die Verteilung von wirtschaftlicher, gesellschaftlicher und damit auch politischer Macht.

Das in einem hundertjährigen Prozeß vor allem von den Gewerkschaften und Sozialdemokraten erkämpfte "Normalarbeitsverhältnis" als "stabile, sozial abgesicherte, abhängige Vollzeitbeschäftigung" [14], gerät in die Krise, und zwar nicht infolge der vordergründig auf "Flexibilisierung", in Wahrheit aber auf Schwächung der Gewerkschaften gerichteten Politik der gegenwärtigen Regierungsmehrheit, sondern auch infolge der Breiten- und Tiefenwirkung der Informationstechnik. Erwerbsarbeit war bislang gleichgesetzt mit betrieblich organisierter regelmäßiger Tätigkeit. Diese beginnt sich nun von den Rändern her aufzulösen in "unsichtbare" räumliche Arbeitsorganisationen.

Der Innovationszug des Bundesforschungsministeriums rollt am Arbeitsmarkt vorbei - oder sogar über ihn hinweg. Er gefährdet damit die Akzeptanz der neuen Techniken und gerät schließlich auf das tote Gleis. [15] Von der überwiegend technokratischen Haltung des Ministers heben sich die Ansichten des Bundespräsidenten von Weizsäcker wohltuend ab; bei der Eröffnung der Hannover-Messe 1986 bezeichnete er die soziale Technikgestaltung als Grundvoraussetzung für technischen Fortschritt; Technology Assessment solle nicht nur Entwicklungen analysieren, sondern auch Vorschläge für die Gestaltung des technischen Wandels machen.

Die Forschungsgruppe, die sich am Frankfurter Institut für Sozialforschung mit den Gewerkschaften befaßt, hat im Rahmen eines internationalen Projektes die Auswirkungen des technischen Wandels untersucht [16]: die gewerkschaftliche Tarifpolitik habe bis zur Mitte der 60er Jahre infolge ihrer Konzentration auf Löhne und Arbeitszeit die wichtigen Faktoren "Anstrengung" (effort) und "Qualifikation" (skill) vernachlässigt; Arbeitsbelastungen habe man durch Geldleistungen kompensiert. Je mehr sich dann aber die Gewinnentwicklung verschlecherte, desto mehr sei die Großzügigkeit der Unternehmen zurückgegangen mit der Folge einer Motivationskrise der Arbeitnehmer; dagegen habe das Management neue Formen der Arbeitsorganisation entwickelt, um Effizienz und Erträge zu steigern. Darauf reagierten die Gewerkschaften mit "qualitativer Tarifpolitik"

---

14) Bosch, Gerhard: Hat das Normalarbeitsverhältnis eine Zukunft?; WSI-Mitteilungen 3/1986, S. 165.

15) Siegfried Bleicher im DGB-Pressedienst vom 11.4.1986.

16) Jacobi, Otto et al. (Ed.): Technological Change, Rationalisation and Industrial Relations, London/Sidney 1986; die folgenden Ausführungen beziehen sich auf die S. 35 f.

unter Einbeziehung von Belastungsfaktoren. Ausdruck dieser neuen Strategie sei der Lohnrahmen-Tarifvertrag für die Metallindustrie Nordbaden/Nordwürttemberg und letztlich auch das HDA-Programm der Bundesregierung. Aus interner gewerkschaftlicher Sicht ist dem nichts hinzuzufügen.

2. ... Beschäftigung und Arbeitsmarkt.

Die Informationstechnik in Verbindung mit dem Computer ist das Rationalisierungsinstrument schlechthin. Seine Wirkungen auf die künftige Quantität und Qualität der Beschäftigung hängt nicht zuletzt vom Tempo seiner Einführung und Anwendung ab. Da dieses in der nahen Zukunft eher zu- als abnehmen wird, kommen alle Experten zu pessimistischen Urteilen über die kurz- und mittelfristige Arbeitsplatzentwicklung.[17)]

In die schon mehrmals zitierte EKD-Studie sind die bis zum Jahre 1984 vorliegenden empirischen Befunde eingegangen; die Studie kommt zu folgendem Fazit: "Auf der einen Seite gibt es die Befürchtung über einen Arbeitsplatzabbau noch nie dagewesenen Ausmaßes. Für die andere Seite lassen sich zunächst ebenfalls Belege ins Feld führen. ... Bei gleichbleibendem Produktions- und Absatzvolumen wäre ... langfristig in vielen Branchen damit zu rechnen, daß Arbeitskräfte eingespart werden können. ... Die durch die Rationalisierungsinvestitionen mögliche Steigerung der Binnennachfrage droht allerdings weiterhin dadurch unterlaufen zu werden, daß durch Freisetzungseffekte die notwendige Steigerung der Massenkaufkraft verhindert wird. Hinzu kommt, daß gegenwärtig Prozeßinnovationen gegenüber Produktinnovationen eindeutig überwiegen. Dies ist auch ein Grund dafür, daß beschäftigungspolitische Impulse ausgeblendet sind. ... aus relativ geringen positiven oder negativen prozentualen Veränderungen der Arbeitsplatzzahl bei den Anwenderbranchen (ergeben sich) erheblich größere absolute Gesamtwirkungen als aus wesentlich größeren prozentualen Veränderungen bei den Herstellerbranchen. Wenn beispielsweise die Zahl der Beschäftigten bei den Herstellerbranchen um insgesamt 100 % steigen würde, entspräche das absolut einer Zunahme um ca. 350.000 Arbeitsplätzen. Ein nur 10 %iger Rückgang der Beschäftigtenzahl im Büro- und Verwaltungsbereich würde dagegen bereits zu einer Einbuße von über

---

17) Vgl. Soz. Eur. a.a.O., Tabelle 2, S. 35; Balkhausen, a.a.O., S. 204 ff.; Prognos AG: Technischer Fortschritt; Auswirkungen auf Wirtschaft und Arbeitsmarkt; Materialband I, S. 311, Basel 1982; Fraunhofer-Institut für Produktionstechnik und Automatisierung (IPA): "Montagestudie", Stuttgart 1983, S. 320 f.

1 Mio Arbeitsplätzen führen." [18)]

Die verschiedenen Formen der Arbeitslosigkeit sind schwer voneinander zu trennen und zu quantifizieren. Das gleiche gilt für die Messung des Einflusses des technischen Wandels auf wirtschaftliches Wachstum und Produktivität. Es besteht aber kein Zweifel, daß die technologische Arbeitslosigkeit ein erhebliches Maß erreicht hat und daß sie in Zukunft eher noch zunehmen wird. Ungewiß ist es, ob sie sich als Friktions-Arbeitslosigkeit rasch auflöst oder sich als strukturelle Arbeitslosigkeit verhärtet.

Die von der Arbeitsmarkt- und Qualifikationsforschung schon seit 10 Jahren beobachtete Segmentierung und Polarisierung der Belegschaften im Zuge des technischen Wandels erhält durch die massiv eingesetzte Informationstechnik einen neuen Schub. Wieder einmal tragen die Frauen und die minderqualifizierten Männer die Hauptlast dieser Entwicklung. Traditionelle handwerkliche Fertigkeiten werden durch spezialisierte Formen von angelernten Qualifikationen ersetzt, die in kurzer Zeit am Arbeitsplatz selbst erworben werden können; dies setzt ein hohes Maß an Arbeitsmotivation und Flexibilität voraus. Das Personalmanagement sucht den Menschen in den automatisierten Arbeitsprozeß so zu integrieren, daß die Leistungen von Mensch und Maschine möglichst synchron laufen. Es entstehen Kernbelegschaften, die unabhängig von Marktschwankungen in einem Netz von verflochtenen Betrieben funktionieren; diese internen Arbeitsmärkte bieten hohe Arbeitsplatzsicherheit bei enger Bindung an den Betrieb. [19)]

Informationstechnik und Kommunikationstechnik erlauben erstmals in der Geschichte der Industriewirtschaft, alle Bereiche des menschlichen Arbeitens mit hoher Flexibilität zu gestalten. Produktionsanlagen und Informationstechniken werden zu komplexen Systemen verflochten, die ihrerseits wiederum aus komplexen Mensch-Maschine - Systemen bestehen. [20)]

3. ... die Arbeitsorganisation.

Alles deutet darauf hin, daß die schon länger zu beobachtende Tendenz zum "Neo-Industrialismus" und zur "Re-Professionalisierung" der Industriearbeit durch den Einsatz der Informationstechnik verstärkt wür-

---

18) EKD-Studie a.a.O., TZ 83-90, S. 45 ff.

19) Jacobi,a.a.O., S. 53 f.

20) Briefs, a.a.O., S. 33.

de: [21] der ganzheitliche Aufgabenzuschnitt in der Produktion erschließt neue Produktivkräfte; hohe Produkt- und Dienstleistungsqualität ist von desinteressierten, lethargischen Arbeitnehmern nicht zu erwarten. Die tayloristische Arbeitsorganisation verträgt sich nicht mehr mit den Möglichkeiten der rechnergesteuerten Produktion: "Je mehr die Produktionskonzentration auf die Erzeugung hoch komplexer Qualitätsartikel hinausläuft und die Produktskonzentrationen auf den breitflächigen Einsatz von neuen Techniken abzielen, umso mehr bietet sich ... der ganzheitliche Aufgabenzuschnitt und die breitere Verwendung von Qualifikationen ... Höhere Produktivität ist ... ohne pfleglicheren, aufgeklärten Umgang mit der lebendigen Arbeit nicht zu bekommen." [22] Die Informationstechnik erleichtert oder ermöglicht sogar erst die Koordinierung unterschiedlicher, oft auch auseinanderlaufender Anforderungen aus beweglichen Märkten, die sich immer mehr von standardisierten Gütern und Leistungen abwenden und "Einzelfertigungen" nachfragen. Die betrieblichen Abläufe wandeln sich durch die Vereinheitlichung und Rationalisierung des Belegwesens und der Informationsströme, der Schlüsselsysteme , der Kontenpläne usw. Traditionelle Hierarchien müssen sich neuen Entscheidungsregeln unterordnen. [23] Computergesteuerte Maschinen übernehmen die fragmentisierten Arbeitsschritte und schaffen Raum für den ganzheitlich orientierten Automations-Facharbeiter.

Brödner [24] bestätigt die Befunde von Kern/Schumann: das "technozentrische" Konzept läuft auf die Utopie einer rechnerintegrierten Fertigung hinaus, die aber die Schwächen des Taylorismus nicht zu überwinden vermag. Dies vermag nur ein "anthropozentrischer", arbeitsbezogener Ansatz, der Technikentwicklung und ihre Anwendung in der Arbeitsorganisation, der Planung und Entscheidung des Arbeitsprozesses den dafür qualifizierten Arbeitnehmer überträgt.Das Konzept der "Gruppentechnologie" konkretisiert sich in Fertigungszentren, Fertigungsinseln, flexiblen Fertigungssystemen und Konstruktionsinseln. Mauske/Wobbe-Ohlenburg/Meickler[25] stellen fest, daß ein dezentrales Gestaltungskonzept am ehesten mit den Interessen der Betriebe und des Werkstattpersonals zu vereinbaren sei. Nach einer anderen Version - oder Vision? - der Fabrik der Zukunft beherrscht eine kleine Expertengruppe, auf den Computer gestützt, den automatisierten

---

21) Kern, Horst und M. Schumann: Das Ende der Arbeitsteilung?, München 1984.

22) Kern/Schumann, a.a.O., S. 323.

23) Briefs, a.a.O., S. 48.

24) Brödner, a.a.O. (FN 9).

25) Mauske u. a., a.a.O., (FN 9).

Informations- und Materialfluß; Konti-Arbeit läuft ab ohne menschliche Aufsicht; Produktion ist Dienstleistung auf einem Käufermarkt; Unternehmen ohne eigene Produktionsanlagen vergeben Aufträge an spezialisierte Produktionsunternehmen. In den kommenden 15 Jahren verdoppelt sich die Arbeitsproduktivität.

Die "schöne neue Welt" wird aber dunkle Flecken behalten: Stichworte Polarisierung und Segmentierung des betrieblichen Arbeitsmarktes Zu den von der Informationstechnik ausgelösten Entwicklungen gehört auch die neue Heimarbeit, gegen die nicht nur die Gewerkschaften Bedenken erheben,da sie leicht zu neuen Abhängigkeiten und Ausbeutungen führt, die sich nur mühsam hinter Schlagworten wie "neue Selbständigkeit" und "Zeitsouveränität" verbergen lassen. Die Krise des Normalarbeitsverhältnisses, von der in anderem Zusammenhang schon die Rede war, muß auch an dieser Stelle erwähnt werden.

Die beispielsweise durch die NC-Technik ausgelöste Polarisierungstendenz läßt eine neue Gruppe von angelernten Arbeitern mit teilkomplexen Aufgaben entstehen wie Überwachung und Kontrolle von automatisierten Anlagen. Diese Funktionen gibt es schon lange in der Stahl- und Chemischen Industrie. Handwerkliches Können ist entbehrlich; dafür wird Verantwortungsbewußtsein und Konzentrationsfähigkeit verlangt. Für die Bedienung von rechnergesteuerten Produktionsanlagen werden Ungelernte für einfache Funktionen und hochqualifiziertes Personal zur Beaufsichtigung der ganzen Anlagen gebraucht. Die Arbeiten werden entweder von umgeschulten Angelernten oder von Facharbeitern ausgeführt, die oft nur während der Einführungszeit der Anlagen im Betrieb bleiben und dann durch Angelernte ersetzt werden. Bei Routinebetrieb ist die Arbeit an solchen Anlagen nicht sehr belastend. Treten allerdings Störungen auf, so entsteht starker Stress. [26)]

4. ... die Arbeitsinhalte.

Schon im letzten Abschnitt klang an, daß sich die klassischen Berufsbilder und -inhalte vor allem durch den Einsatz von Informationstechnik und Kommunikationstechnik verschieben oder gänzlich verschwinden. Wandlungen der Berufsinhalte und -strukturen hat es in der Geschichte immer wieder gegeben. Aber die Informationstechnik und Kommunikationstechnik bewirkt eben nicht nur die Modernisierung der Produktions-

---

26) Jacobi, a.a.O., S. 43.

und Verwaltungsprozesse und nicht nur eine der sporadisch auftretenden Umstruktierungen des Arbeitsmarktes. Die EKD-Studie spricht von einer epochalen Neuerung mit großer sozialkultureller Tiefenwirkung und globaler Reichweite, die "unsere Lebensbedingungen insgesamt verändert." 27)

Jacobi beschreibt vier Typen von Industriearbeit, die durch die Computertechnik verändert werden oder neu entstehen:

- ungelernte repetitive Arbeit, nur zum kleinen Teil an der Erstellung von Endprodukten beteiligt;
- angelernte Automationsarbeit an neuen Maschinen;
- qualifizierte Automationsarbeit;
- komplexe, abstrakte "Geistesarbeit" (mental work) 28).

Ungelernte Arbeit wird tendenziell entweder ganz von den Maschinen verdrängt oder nur noch zur Füllung von Lücken in automatisierten Prozessen gebraucht. Die verbliebene menschliche Arbeit wird unter dem Diktat der Zeitökonomie rigide verplant. Die wachsende Standardisierung von einfacher Arbeit führt zum Verlust der Kontrolle und Gestaltungsmöglichkeit des Arbeitsprozesses. Übrig bleiben Fließarbeit, Beschicken und Entleeren von Automaten, einfache Prüf- und Kontrollarbeiten - alle aber bedroht durch fortschreitende Automatisierung. Die ursprünglich vom Facharbeiter ausgeübten Tätigkeiten werden weitgehend von der Maschine übernommen. Was an qualifizierter Arbeit bleibt, ist Planung und Programmierung sowie komplexe Aufsichtsfunktion zur "Auffüllung von Lücken im Computerprogramm " 29), konzentriert auf relativ wenige Personen. Zwischen die "Pole" der Beschäftigtenstruktur schiebt sich die neue Gruppe der Angelernten, deren Positionen auch bei fortschreitender Automation relativ wenig bedroht ist.

Die Arbeiten an und mit Robotern führt nach bisherigen Erfahrungen zu Arbeitsintensivierung, Verarmung der Arbeitsinhalte, Beschränkung der individuellen Entscheidungsspielräume, Bindung an den vorgegebenen Arbeitstakt, Beschränkung der sozialen Kontakte, Zunahme der Monotonie, Verschärfung von Konzentration und Aufmerksamkeit bei Kontrollfunktionen. 30)

Auch für die kaufmännisch-verwaltenden Angestelltentätigkeiten im privaten

---

27) EKD-Studie, a.a.O., TZ 18, S. 17.

28) Jakobi, a.a.O., S. 41 (Abschnitt "Skill Requirements and Trade Union Bargaining").

29) Jacobi, a.a.O., S. 43.

30) Roboter-Studie des Internationalen Arbeitsamtes, Genf 1985.

und öffentlichen Bereich ist die Beibehaltung oder Verschärfung der Arbeitsteilung im Gefolge der Computerisierung charakteristisch. [31] Nur in den privaten Versicherungen haben die Autoren des SOFI eine gegenläufige Tendenz festgestellt. Negativ betroffen vom informations-technisch gestützten Modernisierungsprozeß sind vor allem diejenigen weiblichen Angestellten, die überwiegend Hilfs- und Routinearbeiten verrichten, und die nur berufsfremd oder bürospezifisch ausgebildet sind, oder Frauen, die wegen ihres Alters und wegen ihrer familiären Situation nur vergleichsweise begrenzt belastbar sind. - Neue Rationalisierungsstrategien in der Verwaltung zielen allerdings auch auf eine umfassendere Nutzung von Lernbereitschaft, Flexibilisierung, Konzentrationsfähigkeit und Eigenverantwortung.

Überwiegend negative Wirkungen der Informationstechnik auf die personale Situation des einzelnen Arbeitnehmers stellt auch die EKD-Studie mit großer Besorgnis fest. [32]

Der Technische Wandel löst im Bereich der höheren Arbeitsanforderungen die traditionellen Unterschiede zwischen Facharbeitern und Ingenieuren zunehmend auf. Damit werden auch die z. T. drastischen Einkommens- und Statusunterschiede obsolet, die bisher auf der unterschiedlichen Ausbildung und den entsprechenden Zertifikaten des Bildungssystems beruhten. Auch der Ingenieur muß wie der Facharbeiter "on the job" umlernen und sich weiterbilden. Auch das wachsende Angebot an Hochschulabsolventen dürfte zu einer Nivellierung in diesem Bereich führen.

IV. Elemente künftiger Arbeitsgestaltung

"Sozialverträglichkeit bedeutet die Übereinstimmung einer technologischen Entwicklung oder eines politischen Prozesses mit den in der Gesellschaft vorfindbaren Wertstrukturen sowie die Gewährleistung von Konfliktbewältigung im Rahmen demokratischer Entscheidungsprozesse." [33] Diese Definition eines oft genannten und mißbrauchten Begriffes, formuliert von einer Arbeitsgruppe der Kernforschungsanstalt Jülich, wollen wir diesem Abschnitt voranstellen und gleich einige Passagen aus der EKD-Studie folgen lassen, die uns richtungsweisend für die Gestaltung

31) Gottschall u. a., a.a.O., S. 43.

32) EKD-Studie, a.a.O., TZ 96/97. S. 49 f.

33) O.Renn, Albrecht, G., Kotte, U., Peters, H.P., Stegelmann, H.U.: Sozialverträgliche Energiepolitik. - Ein Gutachten für die Bundesregierung, München 1985, S. 56.

der künftigen Arbeitswelt unter dem Einfluß der Informationstechnik scheinen: "Durch technische Innovationen und industrielle Expansion hat sich der Mensch Potentiale geschaffen, durch die auch der Umfang seiner Verantwortung ständig gewachsen ist . ... Mit den gestalterischen Fähigkeiten des Menschen ist immer auch die Tendenz zur Selbstgefährdung verbunden. ... Im Blick auf große technische Entwicklungen ist es deshalb nur realistisch, die Gefahr einer Verdrängung authentischer Menschlichkeit grundsätzlich für möglich zu halten. Entscheidend ist, daß wir mit der Möglichkeit organisierter Inhumanität rechnen und dafür sorgen, daß diese Möglichkeit nicht zur Wirklichkeit wird. ... Die Entlastung des Menschen von Arbeit (darf) nicht dazu führen, daß menschliche Arbeit auf Restarbeit im automatisierten Prozeß reduziert wird. Vielmehr gehört es zur Würde des Menschen, Formen entfremdeter und sinnentlernter Arbeit abzubauen und sinnvolle Arbeit sowie menschenwürdige Arbeitsbedingungen zu ermöglichen. ... Die hohe Flexibilität dieser Technik (der Mikrolektronik) ... ermöglicht es, auch die Zusammenhänge von Wirtschaftlichkeit, Humanverträglichkeit und Umweltfreundlichkeit in der industriellen Arbeitswelt neu zu erfassen und zu steuern. ... Eine verantwortliche Einführung der neuen Techniken ist nur im partnerschaftlichen Miteinander der Verantwortlichen, Beteiligten und Betroffenen möglich. In den Betrieben und Verwaltungen ist deshalb auf frühzeitige, umfassende und gezielte Information, Förderung der Meinungsbildung sowie Mitsprache und Mitbestimmung zu achten." [34)]

Daß es erfreulicherweise bei sozialethischen Postulaten und Warnungen bisher nicht geblieben ist, beweisen etwa die bemerkenswerten Äußerungen von Warnecke [35)] sowie die schon mehrfach genannten Untersuchungen von Brödner, Mauske u. a.. Taylorismus und Informationstechnik passen nicht mehr recht zusammen, trotz anderslautender Befunde, die wir im Abschnitt III. zitiert haben. Offenbar brauchen aber die Verantwortlichen in den Betrieben und Verwaltungen Zeit, um aus dieser Erkenntnis Schlüsse für die Arbeitsgestaltung zu ziehen. Der Abbau von Arbeitsteilung, die unter Umständen schon unter traditionellen Produktionsbedingungen dysfunktional geworden war, verlangt qualifizierte und selbstbewußte Arbeitnehmer und Abbau von betrieblichen Hierarchien. Dies wird vor allem von Inhabern mittlerer Managementfunktionen nur widerstrebend

---

34) EKD-Studie, a.a.O., TZ 30, 31, 57, 219.

35) H. J. Warnecke: Taylor und die Fertigungstechnik von morgen, in: Gesellschaft für Fertigungstechnik u. a. (Hrsg.): FTK '85 - Fertigungstechnisches Kolloquium, Berlin usw. 1985, S. 2 f.

akzeptiert. Die Flexibilisierung der Produktion auch von Kleinserien in Klein- und Mittelbetrieben durch Computersteuerung schafft auch dort Nachfrage nach zusätzlich qualifizierten Arbeitnehmern. [36)]

Bei der Gestaltung automatisierter Arbeit sollten neben der strikten Beachtung ergonomischer Regeln die folgenden Prinzipien herrschen: Aufgabenrotation an Mischarbeitsplätzen von selbständigen, autonomen oder halbautonomen Arbeitsgruppen; kontinuierliche Aktivität ohne Leerlauf und Hektik mit Wechsel zwischen körperlicher Arbeit und Aufsichts-/ Kontrollfunktion; permanente Ausbildung und Weiterbildung in Theorie und Praxis; systematische und transparente Planung der beruflichen Laufbahnen, nicht zuletzt mit dem Ziel, die Kluft zwischen Arbeitern und Technikern einzuebnen.

Der Modernisierungsprozeß verläuft unterschiedlich je nach Branchen und Betrieben;dadurch werden einheitliche, zentralisierte, ins Detail gehende Qualifizierungsbemühungen erschwert. Die berufliche Bildung im dualen System sollte deshalb ein breit angelegtes Basiswissen vermitteln - das alte Postulat der Polivalenz -,auf der gröber bemessene Spezialisierungen aufbauen können, die schließlich durch betriebsorientierte Maßnahmen abgerundet werden. Mehr als schon in der Vergangenheit ist angesichts des tiefgreifenden technischen Wandels Vorsicht geboten beim Umgang mit Prognosen des künftigen Qualifikationsbedarfs. Der nachfrageorientierte Ansatz der Bildungspolitik hat sich immer noch als das beste Konzept erwiesen.

Schwer zu verstehen ist, daß es trotz der Appelle an Eigenverantwortlichkeit zu der gehäuften Einführung von Personalinformationssystemen in den Betrieben kommt und daß sich die Unternehmen und die von ihnen beeinflußten politischen Kräfte hartnäckig gegen erweiterte Mitbestimmungsrechte der Arbeitnehmer und ihrer Vertretungen bei der Realisierung des technischen Wandels in den Betrieben und an den Arbeitsplätzen sträuben.

Unverständlich ist es auch, weshalb sich die politisch Verantwortlichen so schwer tun mit der Verbreitung der Basis zur Abschätzung der Folgen des technischen Wandels. So verdienstlich die disparaten Bemühungen auf diesem Gebiet im einzelnen auch sind, sie sind eben häufig inte-

---

36) Michael J. Piore und Sabel, Charles F.: Das Ende der Massenproduktion; Studie über die Requalifizierung der Arbeit und die Rückkehr der Ökonomie in der Gesellschaft, Berlin 1985.

ressenorientiert und fügen sich nicht zu einem objektiven und klaren Bild der Wirklichkeit und ihrer Entwicklungstrends zusammen. Nicht nur die Gewerkschaften bedauern es, daß angesichts wachsenden Problemdrucks und Entscheidungsbedarfs die notwendigen politischen Entscheidungen auf sich warten lassen.

Die Unternehmen sollten die steigende Produktivität ihrer Produktionsanlagen und Verwaltungen nicht mehr wie üblich zur Personaleinsparung nutzen, sondern sie sollten mehr als bisher in Humankapital investieren in Form von Humanisierung der Arbeit, Qualifikation der Arbeitnehmer, Schaffung von autonomen Arbeitsgruppen, Weiterbildung in jeder geeigneten Form, nicht zuletzt unter Nutzung der infolge von Arbeitszeitverkürzung erweiterten arbeitsfreien Zeit.

V. Die Gewerkschaften im Modernisierungsprozeß

Die technische Entwicklung und damit auch ihre Folgen sind nicht völlig determiniert. Deshalb brauchen sich die Arbeitnehmer und ihre Gewerkschaften auch nicht fatalistisch einem angeblich autonom ablaufenden Prozeß zu unterwerfen und bestenfalls nur dessen gröbste soziale Schäden abzufedern. Es gibt Spielräume und Alternativen für die Gestaltung von Arbeitsbedingungen, Arbeitsinhalten, Arbeitsorganisationen und Anforderungen an Qualifikationen. Die vielfältigen und flexiblen Anwendungsmöglichkeiten der Informationstechnik, die Unsicherheit der Marktentwicklung und die neuen Formen der Betriebsorganisation erfordern qualifizierte und anpassungsfähige und -willige Belegschaften. Das wachsende Angebot an qualifizierten Arbeitnehmern, die Komplexität und Kostspieligkeit der modernen Anlagen machen die Betriebe empfindlich gegenüber Konflikten mit den Belegschaften und Gewerkschaften.

Das gesteigerte Interesse der Betriebsleitungen an ungestörtem Arbeitsablauf bietet den Gewerkschaften die Chance, erfolgreich mit der Tarifpolitik zu operieren, ihre Humanisierungs- und Mitbestimmungsforderungen voranzubringen. Der Systemcharakter der von der Mikroelektronik induzierten Produktions-, Organisations- und Kontrolltechniken macht eine "systemorientierte" Tarifpolitik notwendig; sie muß mehr prozeß- statt ergebnisorientiert sein, nicht zuletzt durch betonte Einbeziehung von Mitbestimmungselementen. [37)] Die vom DGB-Bundesvorstand im Jahre 1985

---

37) Forschungsinstitut der Friedrich-Ebert-Stiftung: Auf der Suche nach dem sozialen Konsens; hektografisches Manuskript, Bonn, März 1986, S. 20 f.

herausgegebene Schrift "Neue Informations- und Kommunikationstechniken" enthält die Details einer gewerkschaftlichen Strategie mit den "Pfeilern" Arbeitsmarktpolitik, Arbeitszeitverkürzung, Mitbestimmung und Humanisierung der Arbeitswelt. Klagen über das Nachhinken der Gewerkschaften und besonders ihrer Tarifpolitik hinter dem technischen Wandel sind ungerecht und unberechtigt. Schließlich können die Gewerkschaften die Arbeitsbedingungen nicht einseitig in ihrem Sinne bestimmen; jeder Tarifvertrag, zumal wenn er sich auf Neuland begibt, muß gegen den Widerstand der Arbeitgeber durchgesetzt werden und ist ein Kompromiß zwischen antagonistischen Interessen. Vom Gesetzgeber können die Gewerkschaften auch nicht viel erwarten, denn normalerweise normiert er lediglich Sachverhalte, die die Tarifparteien schon autonom geregelt hatten. Diejenigen Kritiker, die von den Gewerkschaften größere Aktivitäten verlangen, übersehen meist die schlichte Tatsache, daß die Arbeitnehmerorganisationen nur über begrenzte personelle und finanzielle Ressourcen verfügen - ganz im Gegensatz zu ihren Gegenspielern in Betrieben, Verbänden und staatlichen Behörden.

Die Polarisierung, mehr aber noch die Segmentierung der Belegschaften birgt die Gefahr, daß sich die Bindung der Randbelegschaften an die Gewerkschaften lockert und daß das Solidaritätsbewußtsein der Kernbelegschaften durch wachsende Loyalität zum Betrieb und durch zunehmende Identifizierung mit den Betrieben verdrängt wird. Die Gewerkschaften haben diese latente Gefährdung ihrer Position erkannt und sie mit der Intensivierung ihrer Betriebspolitik beantwortet. Diese Strategie stößt aber auf erheblichen Widerstand bei den Unternehmen, die sich bedauerlicherweise hier auch auf den Buchstaben des Betriebsverfassungsgesetzes berufen können.

Die Flexibilisierung der Arbeitsorganisation , der Arbeitsbedingungen und der Arbeitsanforderungen weicht das klassische leistungsbezogene Entgeltsystem immer mehr auf. Die Tarifparteien müssen neue Formen der Entgeltmessung finden. Ansätze gibt es bereits da und dort, aber auch viel Widerstand auf der Arbeitgeberseite. Zugegebenermaßen geht es hier um die schwierige Aufgabe, Wege in unbekanntem Gelände zu bahnen. Die Lösung dieser Aufgabe, vor der sich niemand drücken kann und darf, bedarf mehr als nur eines Minimalkonsens der Tarifparteien.

Die stärkere Beteiligung der Arbeitnehmer und ihrer betrieblichen und gewerblichen Vertreter an der Planung und Realisierung von Innovation und Modernisierung ist zwingend geboten. Angebote von Qualitätszirken, auch wenn sie gut gemeint sind, d. h. nicht nur auf betriebswirtschaftlichen Kalkülen beruhen, sind kein Ersatz für Mitbestimmung. Derartige Veranstaltungen könnten sich allerdings gut in das gewerkschaftliche Qualifizierungs- und Humanisierungskonzept einfügen.

TABELLE 2: AUSWIRKUNGEN DER AUTOMATISIERUNG AUF DIE BESCHÄFTIGUNG

Studie	Land	Technologie	Bereich	Zeitraum	Beschäftigungsauswirkung	Anmerkungen
Fleck (1984)	GB	Roboter	Anwender	bis 1984	2.000 Arbeitsplätze ersetzt	Schätzung aufgrund von 30 Fallstudien
			Hersteller, Service etc.		1.400 bis 1.700 neue Arbeitsplätze geschaffen	
Chenard/Pino (1984)	F	Roboter	Hersteller	1980-83	Gesamtbeschäftigung in den untersuchten Unternehmen stieg um 1.200 Arbeitsplätze (+ 31 %)	Fallstudien über 50 Unternehmen
Régie Renault	F	Roboter	Automobilindustrie	1985-90	18 % der Arbeitsplätze werden durch Robotertechnik ersetzt	Vorhersage des Unternehmens
Wolfsteiner (1983)	D	Roboter	Anwender	Zukunft	Potentiell werden rd. 400.000 Arbeitsplätze verdrängt	
Prognos AG (n.a.)		Roboter	alle Bereiche	bis 1990	Verlust von 170.000 - 500.000 Arbeitsplätzen	
Enrietti (1984)	I	Automatisierung der Produktion	Automobilindustrie (FIAT)	70er Jahre	1.500 gewerbliche Arbeiter durch Automatisierung verdrängt	Fallstudie
				1980-84	1.400 gewerbliche Arbeiter durch Automatisierung verdrängt	
IPA (1983)	D	Automatisierung der Produktion	Maschinenbau	1982-92	Verlust von 4.000 Arbeitsplätzen (2,5 %)	(% der Gesamtbeschäftigung der Branche)
			Automobilin.		Verl. v. 8.700 Arbeitspl. (6,7 %)	
			Elektrotech.		Verl. v.58.000 Arbeitspl. (20,3 %)	
			Gerätebau		Verl. v. 2.900 Arbeitspl. (10,4 %)	
			Büromasch., Computer		Verl. v. 1.300 Arbeitspl. (8,7 %)	

Quellen: Fleck, J. (1984) "The Employment Effects of Robots" Proceedings of the 1st International Conference on Human Factors in Manufacturing, IFS Publications Ltd., North Holland; Chenard, A. und Pino, A. "La situation de l'emploi dans le secteur robotique", Programm AMES-CREI, Paris; Wolfsteiner, M. "Einfluß der Robottechnik auf Beschäftigung und Tätigkeiten" in IAB-Mitteilungen, 2/1983; Prognos AG: "Technischer Fortschritt, Auswirkungen auf Wirtschaft und Arbeitsmarkt", Materialband I; Enrietti, A., Ferri, P., Silva, F., "Impact of Microelectronic 'New Technologies' on the Automobile Industry", 1984 (mimeo); IPA-Erhebungen, GfAH, Juli 1983.

DER SCHUTZ VON ARBEITNEHMERDATEN - TECHNISCHE ENTWICKLUNG UND RECHTLICHE ANFORDERUNGEN

Claus Henning Schapper
Der Hamburgische Datenschutzbeauftragte, Hamburg

1. Ausgangslage

Das Arbeitsverhältnis ist schon seit langem zu einer Schnittstelle staatlicher und privater Informationsansprüche geworden.
Ganz gleich, ob die Steuer- oder Sozialpolitik auf dem Spiel steht, das Arbeitsverhältnis vermittelt die für staatliche Aktivitäten entscheidenden Grundinformationen. Gerade die sozialstaatliche Komponente öffentlicher Verwaltung wirkt sich auf die Informationspflichten des Arbeitnehmers im Rahmen seines Arbeitsverhältnisses aus. Allein für die Lohn- und Gehaltsabrechnung muß der Arbeitgeber mindestens 60 Personaldatenelemente pro Arbeitnehmer vorhalten. Den Arbeitgeber treffen rund 300 Auskunfts-, Bescheinigungs- und Meldevorschriften im Personalwesen. Diese Zahlen zeigen, welch ungeheure Informations- und Dokumentationsflut in der Personalabteilung eines Unternehmens zu bewältigen ist und wie stark dementsprechend der Anreiz in den Unternehmen ist, sich dabei der Hilfe der modernen Informationstechnologie zu bedienen. Der staatliche Informationsanspruch ist jedoch nicht die einzige Triebfeder für den Automatisierungsprozeß in der Personaldatenverarbeitung. Als eine Grundbedingung rationaler Unternehmenspolitik halten viele Arbeitgeber eine konsequente Analyse der Verwertungsvoraussetzungen von Arbeitskraft für unabdingbar. Dies bedeutet vollständige, detaillierte Erfassung von Arbeitsplatzanforderungen, die Erstellung von Produktionsablaufanalysen und Arbeitnehmerfähigkeitsprofilen. Durch den Einsatz von EDV in der Personalverwaltung sind dazu die technischen Möglichkeiten an die Hand gegeben. Zwar hätte man auch früher einen Sachbearbeiter mit der Erstellung einer Statistik des Inhalts, welche Mitarbeiter im letzten Jahr mehr als dreimal an einem Montag kurzfristig erkrankt waren, beschäftigen können. Dies ist aber wegen des damit verbundenen Aufwandes unterblieben. Heute kann jedes einfache Personalabrechnungssystem eine Fehlzeitenstatistik erstellen, so daß eine entsprechende Liste auf Knopfdruck am Bildschirm erscheint oder ausgedruckt wird.

Diese Entwicklung verläuft jedoch nicht reibungslos. Die Tätigkeit unzähliger Einigungsstellen und eine Prozeßflut anläßlich der Einführung von Bildschirmarbeitsplätzen, Personalinformationssystemen und

Betriebsdatenerfassungssystemen legen Zeugnis darüber ab, daß die Akzeptanz dieser Technologie bei den davon Betroffenen äußerst gering ist. Diese Auseinandersetzung hat natürlich nicht nur eine juristische, sondern auch und vor allen Dingen eine gesellschaftspolitische Dimension. Informationsverarbeitung schafft Wissen, und Wissen schafft Macht über diejenigen, deren psycho-soziales Grundraster durchleuchtet ist. Es erleichtert die Verfügbarkeit über jene Subjekte, die von der unfehlbaren und nichts vergessenden Instanz "Datenbank" registriert werden. Der Bundesverfassungsrichter Heußner schrieb unlängst in einem Aufsatz: "In der Vergangenheit kamen die Diktatoren stets mit genagelten Schuhen, eine Herrschaft der Datenbanken käme auf leisen Sohlen und würde fast unbemerkt von innen die Grundrechte aushöhlen." Er fährt dann sinngemäß fort, wenn der Einsatz moderner Technologien an den Prinzipien des Grundgesetzes ausgerichtet und nicht lediglich als Sachzwang hingenommen wird, dann besteht die Chance, die Orwellsche Vision "1984" Utopie bleiben zu lassen.

2. Die Rechte des einzelnen Arbeitnehmers

2.1 Der Anwendungsbereich des Bundesdatenschutzgesetzes (BDSG)

Arbeitnehmerdatenschutz zerfällt in seiner individualrechtlichen Komponente in zwei Normenkomplexe. Dies sind zum einen das allgemeine Arbeitsrecht, zum anderen das BDSG. Im 3. und 4. Abschnitt des BDSG ist die Datenverarbeitung im nicht-öffentlichen Bereich und damit auch für privatrechtliche Arbeitsverhältnisse geregelt. Das BDSG und die meisten Landesdatenschutzgesetze verweisen auch für öffentlich-rechtliche Dienstverhältnisse auf diese Vorschriften. Das geltende Arbeitsrecht enthält so gut wie gar keine spezifischen, präzisen Datenschutzbestimmungen. Eine der seltenen Ausnahmen ist § 83 Betriebsverfassungsgesetz (BetrVG), welcher das Einsichtsrecht des Arbeitnehmers in seine Personalakte betrifft. Zu dem datenschutzrechtlich vorstrukturierten Bereich gehört ferner das Fragerecht des Arbeitgebers. Die Bestimmung der Grenzen zulässiger Datenerhebung durch den Arbeitgeber ist allerdings nicht kodifiziert, sondern Richterrecht. Damit sind die spezifischen, einigermaßen präzisen arbeitsrechtlichen Datenschutzbestimmungen erschöpft. Dieser Befund führt dazu, daß die Subsidiaritätsklausel des § 45 BDSG, nach welcher besondere Rechtsvorschriften den BDSG-Normen vorgehen, für das Individualarbeitsrecht keine praktische Bedeutung hat. Dort, wo die Tatbestandsvoraussetzungen des BDSG vorliegen, wird es auch auf arbeitsrechtliche Sachverhalte angewandt. Dann gilt das in § 3 BDSG normierte generelle Verbot der Verarbeitung personenbezogener Daten mit Erlaubnisvorbehalt. Die tatbestandlichen Voraussetzungen für diese Rechtsfolge sind allerdings relativ eng. Das BDSG schützt ausschließlich personenbezogene Daten, welche in einer Datei verarbeitet werden. Damit hat der Gesetzgeber einen gewissen Organisationsgrad der Daten zur Anwendungsschwelle des Gesetzes erhoben. Akten und Aktensammlungen fallen nur dann unter das BDSG, wenn sie durch automatisierte Verfahren umgeordnet und ausgewertet werden können. Hier ist das Gesetz viel zu eng. Auskunfts-, Berichtigungs-, Sperrungs- oder Löschungsansprüche sind auch dann zuzugestehen, wenn personenbezogene Daten außerhalb einer Datei aufbewahrt werden. Die Notwendigkeit einer solchen gesetzlichen Ergänzung hat das BAG jüngst (Urteil vom 6.6.1984) aus dem Recht auf informationelle Selbstbestimmung geschlossen. Eine unter diesem Gesichtspunkt vorgenommene Auslegung des § 1004 BGB ergab eine Verpflichtung des Arbeitgebers, Daten, die anläßlich einer Bewerbung auf einem Bewerbungsbogen erhoben worden sind, bei erfolgloser Bewerbung zu löschen. Diese begrüßenswerte Rechtsprechung vermag eine klare gesetzliche Vorgabe jedoch nicht zu ersetzen.

2.2 Die vier Verarbeitungsphasen des BDSG

Die Vorschriften des BDSG betreffen nur bestimmte Verarbeitungsphasen, und zwar das Speichern, Übermitteln, Verändern und Löschen. Erhebung, Verwendung und Auswertung sind vom BDSG nicht erfaßt.
Diese Beschränkung ist ebenfalls nicht sachgerecht. Gerade die riskanteste Phase in der Datenverarbeitung - nämlich die Verknüpfung unterschiedlicher Datenbestände - ist nirgends geregelt. Folglich steht dem Einzelnen gegen die Verknüpfung etwa von Betriebsdaten, die durch kontinuierliche Speicherung von Produktionsabläufen gewonnen werden, mit seinen Personaldaten aus der Verwaltung kein Abwehrrecht zur Seite. Auch der bisherige Regelungsverzicht für die Phase der Datenerhebung stellt den Arbeitnehmer weitgehend schutzlos. Zwar hat im Laufe der Zeit eine umfangreiche und detaillierte Rechtsprechung der Arbeitsgerichte die Informationserhebung richterrechtlich begrenzt. Danach kann ein Arbeitnehmer sanktionslos Fragen nicht oder falsch beantworten, die in keinem sachlichen Zusammenhang zum Arbeitsverhältnis stehen. Diese Rechtsprechung wirkt jedoch nur zugunsten des arbeitsrechtlich kundigen Arbeitnehmers. Solange der Gesetzgeber nicht klargestellt hat, welche Auskünfte gegeben werden müssen - und vor allem welche

nicht - steht der "normale" Arbeitnehmer dem Informationsverlangen des Arbeitgebers hilflos gegenüber. Deshalb ist es unerläßlich, die von der Rechtsprechung herausgearbeiteten Konturen gesetzlich nachzuziehen.

2.3 Die Voraussetzungen für die Verarbeitung von Arbeitnehmerdaten

Gegen die Konzeption des BDSG ist ein weiterer grundsätzlicher Einwand vorzubringen: Seine Regelungen sind nicht geeignet, die spezifische Schutzfunktion für den Arbeitnehmer, die das sonstige Arbeitsrecht innehat, zu erfüllen.

1. Beispiel:

Nach § 3 BDSG ist die Verarbeitung personenbezogener Daten, die von diesem Gesetz geschützt werden, nur zulässig, wenn sie durch Gesetz erlaubt ist oder der Betroffene eingewilligt hat.

Für Arbeitnehmerdaten ist der Erlaubnistatbestand der Einwilligung indessen nicht akzeptabel. Das Arbeitsrecht ist im Gegensatz zum sonstigen Privatrecht i.d.R. zwingend. Die Parteien können also nicht durch Vereinbarung von der gesetzlichen Vorgabe abweichen. Dies beruht auf der Erfahrung, daß ein Schutzgesetz, welches abdingbar ist, seine Aufgabe nicht erfüllen könnte. Der ökonomisch oder sozial überlegene Partner würde erfahrungsgemäß seine Machtposition für einen rechtsgeschäftlichen Verzicht des Schwächeren einsetzen. Die Folge wäre ein Heer Schutzbedürftiger, das sich "freiwillig" des gesetzlichen Schutzes begeben hat. Gerade im Arbeitgeber-Arbeitnehmer-Verhältnis ist wegen der Abhängigkeit des Arbeitnehmers von Arbeitsplatz und Einkommen zur Sicherung seiner Existenz eine "freiwillige" Datenangabe faktisch einer zwangsweisen Erhebung gleichzusetzen. Deshalb plädiere ich dafür, die Einwilligung als ein Instrument, das jeglicher Informationsverarbeitung das Etikett der Rechtsmäßigkeit verschafft, für arbeitsrechtliche Sachverhalte als Erlaubnistatbestand auszuschließen.

2. Beispiel:

Nach den §§ 23, 24 BDSG ist das Speichern und die Übermittlung personenbezogener Daten zulässig, soweit es zur Wahrung berechtigter Interessen der speichernden Stelle erforderlich ist und kein Grund zur Annahme besteht, daß dadurch schutzwürdige Belange des Betroffenen beeinträchtigt werden. Dieser Erlaubnistatbestand erlangt im Arbeitsrecht dort eigenständige Bedeutung, wo die Speicherung und Übermittlung von Arbeitnehmerdaten außerhalb der Zweckbestimmung des Arbeitsvertragsverhältnisses liegt. Diese Klausel genügt den Anforderungen an Zweckbindung und Normenklarheit nicht. Aus dem Volkszählungsurteil des Bundesverfassungs-

gerichts geht hervor, daß der Gesetzgeber verpflichtet ist, dem Bürger mit Hilfe klarer Normen die Grenzen zulässiger Informationsverarbeitung aufzuzeigen und die zulässigen Verarbeitungszwecke im voraus zu definieren. Dies kann natürlich nicht bis in das Detail gelingen. Denn die Verarbeitungsmodalitäten sind dazu zu vielfältig. Aber: "berechtigte Interessen" der speichernden oder übermittelnden Stelle, fernab vom Zweck des Arbeitsverhältnisses, lassen keinerlei Zweckbindung erkennen. Der Arbeitnehmer kann also bei Abgabe seiner Daten keine Vorstellung darüber entwickeln, welche seiner Daten wann und weshalb gespeichert oder übermittelt werden. Daraus ergibt sich folgende Forderung an den Gesetzgeber:
Speicherung, Auswertung und Übermittlung von Arbeitnehmerdaten sind auf die Fälle gesetzlicher Verarbeitungspflichten und der Durchführung der Arbeits- bzw. Dienstverhältnisse zu beschränken. Ich verkenne nicht, daß auch diese Formulierung noch recht allgemein bleibt. Jede weitere Konkretisierung fällt schwer, weil sich präzise Feststellungen zumeist erst vor dem Hintergrund der jeweiligen Arbeitssituation treffen lassen. M.E. könnten und sollten die notwendigen Detailbestimmungen mit Hilfe von Betriebsvereinbarungen getroffen werden. Als inhaltliche Vorgabe befürworte ich, daß Angaben zur politischen, religiösen oder weltanschaulichen Einstellungen nicht gespeichert werden dürfen. Ausnahmen könnten allenfalls für Tendenzbetriebe gelten, und auch dort lediglich soweit, wie eine Verarbeitung bei Arbeitsverhältnissen von Tendenzträgern notwendig ist. Als unzulässig sollte ferner die Herstellung eines Persönlichkeitsprofils festgeschrieben werden, ohne daß ich an dieser Stelle versuchen will, den Begriff zu definieren. Das ist nicht nötig, denn auch insoweit muß die erforderliche Konkretisierung in Betriebsvereinbarungen erfolgen. Erst in Kenntnis der spezifischen Arbeitssituation kann festgestellt werden, welche Datensätze und -auswertungen unverzichtbar, vertretbar oder unzulässig sind. Ein Blick in bereits abgeschlossene Betriebsvereinbarungen zeigt, daß es bereits erfolgreiche Versuche gibt, detaillierte Verarbeitungszwecke, verschiedene Ziele aufzuzählen und mit einem Zweckentfremdungsverbot zu verbinden.

2.4 Der Auskunftsanspruch

Nach § 26 Abs. 2 BDSG kann ein Betroffener Auskunft über die zu seiner Person gespeicherten Daten verlangen. Bei automatisierter Verarbeitung kann er Auskunft auch über die Personen und Stellen verlangen, an die seine Daten regelmäßig übermittelt werden. Insbesondere für das Arbeitsverhältnis ist § 26 Abs. 2 gänzlich ungenügend. Dem Arbeitnehmer ist mit der Information, daß diese Daten gespeichert werden, nur unzureichend gedient. Für ihn ist vor allen Dingen interessant, welche Auswertungen vorgenommen werden. Seine Handlungsfreiheit wird empfindlich dadurch beeinträchtigt, daß durch Datenverknüpfung und -selektion, durch Variation des Verwendungszusammenhanges einmal erhobener Daten ein Persönlichkeitsprofil herstellbar ist. Deshalb ist der Auskunftsanspruch des Arbeitnehmers über § 26 Abs. 2 BDSG hinaus auszudehnen auf alle - nicht nur die regelmäßigen - Datenempfänger sowie die Auswertungsprogramme bzw. Einzelauswertungen, in die seine Daten einbezogen sind.

2.5 Die Sperrung

Nach § 27 Abs. 2 Satz 2 BDSG sind personenbezogene Daten zu sperren, wenn ihre Kenntnis für die Erfüllung des Zwecks der Speicherung nicht mehr erforderlich ist. Bedenklich ist, daß keine Löschungspflicht, sondern nur ein Verbot der Weiterverarbeitung besteht. Dies kommt der vom BVerfG verbotenen Datensammlung auf Vorrat für noch nicht bestimmte Zwecke gefährlich nahe. Das BDSG macht nämlich in § 27 Abs. 2 Satz 2 i.V.m. § 14 Abs. 2 Satz 3 vom Weiterverarbeitungsverbot eine Ausnahme, wenn für übergeordnete Interessen der speichernden Stelle oder eines Dritten die Nutzung unerläßlich ist. Dies ist jedenfalls für das Arbeitsrecht nicht akzeptabel. Der Gesetzgeber hat in § 84 SGB X bereits den richtigen Weg gezeigt. Dort heißt es, personenbezogene Daten sind zu löschen, wenn ihre Kenntnis für die speichernde Stelle zur Erfüllung der in ihrer Zuständigkeit liegenden Aufgaben nicht mehr erforderlich ist und kein Grund zu der Annahme besteht, daß durch die Löschung schutzwürdige Belange des Betroffenen beeinträchtigt werden. Dieser Rechtsgedanke ist auf den Arbeitnehmerdatenschutz zu übertragen. Arbeitnehmerdaten müssen gelöscht werden, wenn ihre Kenntnis zur Erfüllung einer gesetzlichen Aufgabe oder zur Abwicklung des Arbeitsverhältnisses nicht mehr erforderlich ist und nicht - ausnahmsweise - schutzwürdige Belange des Arbeitnehmers entgegenstehen.

3. Mitbestimmung des Betriebsrates

Im Bereich der Arbeitsbeziehungen kann die Sicherung und Durchsetzung von Grundrechten des Arbeitnehmers nicht ausschließlich individuell erfolgen. Um Abhängigkeit und Fremdbestimmung des einzelnen Beschäftigten und die daraus resultierende Möglichkeit der Beeinträchtigung seines Selbstbestimmungsrechts jedenfalls teilweise zu kompensieren, bedarf es wirksamer Beteiligungs- und Kontrollrechte der Betriebs- und Personalräte.

Eine zentrale Norm in der Auseinandersetzung um Mitbestimmung des Betriebsrates bei der automatisierten Verarbeitung von Arbeitnehmerdaten ist § 87 Abs. 1 Nr. 6 BetrVG. Danach hat der Betriebsrat ein Mitbestimmungsrecht bei der Einführung und Anwendung von technischen Einrichtungen, die bstimmt sind, das Verhalten oder die Leistung der Arbeitnehmer zu überwachen. Das Volkszählungsurteil des BVG hat der Auslegung auch dieser Norm entscheidende Impulse gegeben. Die vom BVG aufgezeigten Gefahren für das Grundrecht auf informationelle Selbstbestimmung durch automatische Datenverarbeitung haben das BAG veranlaßt, auch die automatische Auswertung von Leistungsdaten, die zuvor manuell erhoben worden sind, der Mitbestimmung nach § 87 Abs. 1 Nr. 6 BetrVG zu unterstellen (Entscheidung vom 14.9.1984). Damit hat sich das Gericht gegen die Ansicht gewandt, welche die automatische Erfassung der Daten zur notwendigen Voraussetzung einer Mitbestimmung erklärte.

Ein gewisser Zuwachs an Klarheit ist auch dadurch erreicht, daß das BAG das ungeschriebene Tatbestandsmerkmal "unmittelbarer" Eignung der technischen Einrichtung zur Überwachung nicht mehr aufgegriffen hat. Dieses Unmittelbarkeitskriterium hatte in der Vergangenheit zu erheblicher Rechtsunsicherheit geführt. Schwierigkeiten wird weiterhin die Frage danach bereiten, wann eine DV-Anlage objektiv zur Überwachung geeignet ist. Dies soll nach Ansicht des BAG anhand der konkret verwendeten Software beurteilt werden. Bei Zugrundelegung dieser Rechtsprechung ist also jeweils zu prüfen, ob "Überwachungsprogramme" auf der Anlage installiert sind oder nicht. Hier wird es sicherlich zu unterschiedlichen Einschätzungen kommen. Schließlich ist auch nach dem Beschluß vom 14.9.1984 noch eine offene Frage, welche personenbezogenen Daten Leistungs- oder Verhaltensdaten sind und welche dagegen nicht. Für das BAG bestand zur Beantwortung dieser Frage kein Anlaß, weil ihm ein Sachverhalt vorlag, in dem tätigkeitsbezogene Daten, z.B. Dauer, Art und Anzahl von Arbeitsvorgängen ausgewertet wurden. In Bezug auf Personalinformationssysteme ist problematisch, ob die sogenannten Personalstammdaten, die keinen konkreten Tätigkeitsbezug aufweisen, Leistungs- oder Verhaltensdaten sind. Für Abrechnungssysteme spitzt sich die Fragestellung darauf zu, ob sogar die zur Lohn- und Gehaltsabrechnung erforderlichen Grunddaten, wie z.B. Name, Wohnort, Religionszugehörigkeit, Familienstand, Kinderzahl, Krankenkasse, vermögens-

wirksame Leistungen, Eintrittsdatum, Zulagen, Art der Tätigkeit u.a.m. dazugehören. Nach dem Wortlaut des § 87 Abs. 1 Nr. 6 BetrVG kommt es nicht darauf an, ob schon das einzelneDatum einen Leistungs- oder Verhaltensbezug aufweist. Es genügt vielmehr, daß eine bestimmte Datenverknüpfung einen solchen Rückschluß zuläßt.
Obwohl also die jüngste BAG-Rechtsprechung hoffen läßt, das Gefährdungspotential elektronischer Personaldatenverarbeitung werde auch höchstrichterlich nicht verkannt, ist es gleichwohl geboten, daß der Gesetzgeber klare Festlegungen im BetrVG trifft,um den unfruchtbaren Streit darüber zu beenden, ob einfache Personaldatensysteme bereits der Mitbestimmung unterliegen.
Eine entsprechende Regelung im § 87 BetrVG müßte eine klare Trennung zwischen Personaldatensystemen, deren Einsatz stets der Mitbestimmung zu unterstellen ist, und sonstigen technischen Überwachungseinrichtungen zum Ausdruck bringen.

4. Forderungen an den Gesetzgeber

Zu dem Themenbereich des Arbeitnehmerdatenschutzes hat die Bundesregierung in einer vom Bundesminister für Arbeit und Sozialordnung erarbeiteten Stellungnahme vom 30.4.1985 gegenüber dem Bundestagsinnenausschuß folgende Aussagen gemacht:

- Bei der Anwendung des geltenden Rechts ergeben sich in Einzelfragen Probleme, zu deren Lösung eine bereichsspezifische Regelung des Arbeitnehmerdatenschutzes beitragen könnte;

- die vielfältigen Einsatzmöglichkeiten vonPersonalinformationssystemen führen je nach Ausgestaltung im Einzelfall zu Gefährdungen des informationellen Selbstbestimmungsrechts der Arbeitnehmer, denen durch gesetzliche Regelungen insbesondere zum Schutz der Zweckbindung und der Transparenz von Arbeitnehmerdaten entgegengewirkt werden könnte;

- darüber hinaus wäre dann auch eine gesetzliche Klarstellung und Ergänzung der bisherigen Rechtsprechung zum Fragerecht des Arbeitgebers, zur Zulässigkeit von Anstellungsuntersuchungen und psychologischen Tests, zum Zeugnisrecht und zur Erteilung von Auskünften an Dritte sinnvoll;

- gesetzliche Regelungen zum Schutz von Arbeitnehmerdaten könnten sich jedoch nicht auf Regelungen im Bereich des Individualarbeitsrechts beschränken;

- ein geschlossenes Konzept zur Gewährleistung eines wirksamen Datenschutzes für Arbeitnehmer bedürfte der Ergänzung durch effektive Kontrollinstanzen.

- Im Hinblick auf eine solche gesetzliche Regelung ist das grundlegende Urteil des Bundesverfassungsgerichts vom 15.12.1983 zu berücksichtigen.

Dem allem stimme ich zu und halte es wie die Bundesregierung für notwendig, daß der Schutz von Arbeitnehmerdaten durch bereichsspezifische und präzise gesetzliche Bestimmungen geregelt wird.
Anders als die Bundesregierung bin ich aber der Auffassung, daß der Auftrag des Volkszählungsurteils es gebietet, diese Regelungen unverzüglich zu schaffen. M.E. können wir uns nicht damit begnügen,

- daß bereits nach geltendem Recht Arbeitnehmerdaten in gewissem Umfang geschützt sind,

- und daß künftige arbeitsgerichtliche Entscheidungen die Grundsätze des grundlegenden Urteils des Bundesverfassungsgerichts zum Volkszählungsgesetz vom 15.12.1983 beachten und im Wege der verfassungskonformen Auslegung arbeits- und datenschutzrechtlicher Normen den Datenschutz im Arbeitsrecht einen höheren Rang als bisher verschaffen werden.
  Dabei halte ich es für eine Frage von sekundärer Bedeutung, in welches Gesetz Regelungen zur Verbesserung des Arbeitnehmerdatenschutzes aufgenommen werden. Angesichts des Fehlens eines Arbeitsgesetzbuches erscheint es mir aber nicht sachfremd, wenn

  - individualrechtliche Regelungen ins BDSG (oder dienstrechtliche Regelungen ins Beamtenrecht) und

  - kollektivrechtliche Regelungen ins Betriebsverfassungsgesetz und die Personalvertretungsgesetze

  übernommen werden.

Ausgehend von den Entwürfen für eine Novellierung des Bundesdatenschutzgesetzes, die die SPD-Fraktion im Bundestag (BT-Drs. 10/1180) und die SPD-regierten Länder im Bundesrat (BR-Drs. 121/86) eingebracht haben, könnte die Datenverarbeitung im Rahmen des Arbeitsverhältnisses wie folgt geregelt werden:

- Der Arbeitgeber darf personenbezogene Daten des Arbeitnehmers vor Abschluß des Arbeitsvertrages oder im Rahmen eines bestehenden

Arbeitsvertrages abweichend von §§ 23 und 24 BDSG nur erheben, verarbeiten oder sonst nutzen, soweit dies zur Eingehung, Durchführung, Beendigung oder Abwicklung des Arbeitsverhältnisses erforderlich ist oder eine andere Rechtsvorschrift dies vorschreibt. Der Arbeitgeber darf vom Arbeitnehmer die Einwilligung für eine darüber hinausgehende Datenverarbeitung nicht verlangen. Wenn ein Personalfragebogen (§ 94 Abs. 1 Betriebsverfassungsgesetz) verwendet wird, so beschränkt sich die Datenerhebung auf die darin enthaltenen Fragen; gleiches gilt für persönliche Angaben in schriftlichen Arbeitsverträgen, die allgemein für den Betrieb verwendet werden (§ 94 Abs. 2 Betriebsverfassungsgesetz).

- Der Arbeitgeber darf beim Arbeitnehmer vor Abschluß des Arbeitsvertrages Daten über berufliche und fachliche Kenntnisse, Erfahrungen und Fähigkeiten erheben. Sonstige Daten, insbesondere hinsichtlich persönlicher und wirtschaftlicher Verhältnisse darf der Arbeitgeber nur erheben, soweit die zu besetzende Arbeitsstelle oder die zu leistende Arbeit dies erfordert.

- Die Erhebung medizinischer Daten bei ärztlichen Untersuchungen des Arbeitnehmers vor Abschluß des Arbeitsvertrages ist nur zulässig, soweit dadurch seine Eignung für die von ihm zu leistende Arbeit festgestellt wird und er vorher sein Einverständnis zu Art und Umfang der Datenerhebung erteilt hat. Der untersuchende Arzt darf dem Arbeitgeber i.d.R. nur das Ergebnis der Eignungsuntersuchung mitteilen.

- Die Erhebung psychologischer Daten ist nur zulässig, soweit sie wegen besonderer Anforderungen an den Arbeitnehmer im Hinblick auf die von ihm zu leistende Arbeit erforderlich sind, vorhandene Bewerbungsunterlagen zur Beurteilung nicht bereits ausreichen, der Arbeitnehmer zuvor über Art und Umfang der Datenerhebung informiert wurde und sein Einverständnis hierzu erklärt hat. Daten im Zusammenhang mit psychologischen Tests dürfen nur von Psychologen mit staatlich anerkannter wissenschaftlicher Abschlußprüfung erhoben werden; sie sind nach Feststellung des Ergebnisses unverzüglich zu sperren.

- Die Ergebnisse medizinischer und psychologischer Untersuchungen des Arbeitnehmers dürfen nur automatisiert verarbeitet werden, wenn dies dem Schutz des Arbeitnehmers dient. Arbeitsrechtliche Beurteilungen dürfen nicht allein auf Informationen gestützt werden, die unmittelbar durch automatisierte Datenverarbeitung gewonnen werden.

- Personenbezogene Daten, die vor Abschluß des Arbeitsvertrages erhoben worden sind, sind unverzüglich zu löschen, sobald feststeht, daß ein Arbeitsvertrag nicht zustandekommt oder soweit sie im Falle eines Vertragsabschlusses für den Arbeitgeber nicht mehr erforderlich sind. Nach Beendigung des Arbeitsverhältnisses kann der Arbeitnehmer beantragen, daß diese Daten gelöscht werden, sobald feststeht, daß sie für die Abwicklung des Arbeitsverhältnisses nicht mehr benötigt werden und Rechtsvorschriften nicht entgegenstehen.
- Personenbezogene Daten, die im Rahmen der Durchführung von technischen und organisatorischen Maßnahmen gem. § 6 Abs. 1 Satz 1 BDSG und der Anlage dazu gespeichert werden, dürfen nicht zu anderen Zwecken verarbeitet oder sonst genutzt werden.

In einer weiteren Vorschrift, die die Rechte der Arbeitnehmer zu sichern hätte, ist der Auskunftsanspruch des Arbeitnehmers über § 26 Abs. 2 BDSG hinaus auszudehnen auf alle, nicht nur die regelmäßigen Datenempfänger, sowie auf die Auswertungsprogramme bzw. Einzelauswertungen, in die seine Daten einbezogen sind. Die Auskunftsbeschränkungen nach § 26 Abs. 4 Nrn. 4 und 5 BDSG (bei Daten aus allgemein zugänglichen Quellen und bei gesperrten Daten) müssen entfallen.

Über die bisherigen Regelungen hinaus und in Anlehnung an die neugefaßten Mitbestimmungsregelungen in den Personalvertretungsgesetzen einiger Bundesländer müssen die Betriebs- und Personalräte ein eindeutiges Mitbestimmungsrecht haben bei der Einführung und Anwendung sowie bei wesentlicher Änderung und Erweiterung von Dateien mit personenbezogenen Daten der Arbeitnehmer und von Anlagen zur automatisierten Verarbeitung personenbezogener Daten der Beschäftigten und von sonstigen technischen Einrichtungen, soweit diese dazu geeignet sind, das Verhalten oder die Leistung der Beschäftigten zu überwachen.

Schließlich trägt es zur Verbesserung des Datenschutzes auch für die Arbeitnehmer (wie für alle anderen Betroffenen) bei, wenn die Stellung des bDSB gestärkt und die Befugnisse der Aufsichtsbehörde erweitert werden.

Der betriebliche Datenschutzbeauftragte (bDSB) sollte zur Stärkung seiner Unabhängigkeit einen verbesserten Kündigungsschutz erhalten, etwa in der Weise, daß die Kündigung seines Arbeitsverhältnisses bis zu einem Jahr nach Beendigung seiner Aufgaben nur aus wichtigem Grund (§ 626 BGB) zulässig wäre. Ferner sollte das Vertrauensverhältnis zwischen bDSB und Betriebsrat gestärkt werden. Dies könnte dadurch erreicht werden, daß Bestellung und Abberufung des bDSB an die Zustimmung des Betriebsrates geknüpft werden und eine gesetzliche Verpflichtung zur engen Zusammenarbeit zwischen bdSB und Betriebsrat mit gegenseitigen Informationspflichten eingeführt wird.

Darüber hinaus sollte gesetzlich festgelegt werden, daß der bDSB sich ständig über die Entwicklung neuer Datenverarbeitungsanwendungen und die technischen und organisatorischen Veränderungen in der Datenverarbeitung zu informieren und gegenüber allen Beteiligten beratend mitzuwirken hat. Sinnvoll wäre schließlich die Einführung einer Pflicht zur Berichterstattung über seine Tätigkeit.

Im 3. Abschnitt des BDSG sollte die Aufsichtsbehörde nicht nur auf die Beschwerde des Betroffenen hin, sondern immer dann tätig werden können, wenn Anhaltspunkte dafür vorliegen, daß gegen eine Vorschrift des BDSG oder eine andere Vorschrift über den Datenschutz verstoßen worden ist. Die Aufsichtsbehörde sollte die Betroffenen über eine unzulässige Verarbeitung ihrer Daten unterrichten dürfen.

Weiter ist unbefriedigend, daß die Aufsichtsbehörden über keine Instrumente verfügen, um festgestellte Mißstände zu beseitigen. Zu einem wirksamen Datenschutz gehört auch, daß die Aufsichtsbehörden über ihre jetzigen Befugnisse hinaus (Zutritts- und Auskunftsrechte, Möglichkeit zur Äußerung von unverbindlichen Rechtsansichten) Anordnungs- und Untersagungsbefugnisse erhalten. Im einzelnen sollten dies folgende Befugnisse sein:

- Maßnahmen zum Vollzug des § 6 BDSG (technische Maßnahmen zur Datensicherung) anzuordnen;
- den Einsatz einzelner Verfahren zu verbieten, soweit durch solche Anordnungen ausreichender Datenschutz sonst nicht zu bewirken ist;
- einen betrieblichen Beauftragten für den Datenschutz abzuberufen, wenn dieser seine Aufgaben nicht wahrnimmt oder erhebliche Mängel bei der Aufgabenwahrnehmung festgestellt werden.

Schließlich liegt es im Interesse von Öffentlichkeit, Parlamenten und Regierungen, daß die Aufsichtsbehörden über die Datenverarbeitung im nicht-öffentlichen Bereich regelmäßig berichten. Diese

Probleme sind bisher noch viel zu wenig bekannt; dies gilt auch und gerade für die vielfältigen Probleme, die die Nutzung der modernen Informations- und kommunikationstechnologie für die Verarbeitung von Arbeitnehmerdaten mit sich bringt.

Computer - Mega-Maschine oder Werkzeug
- zur Verantwortung im Umgang mit dem Computer -

Rolf Günther
Siemens AG, München

1. Ambivalenzen

Die Diskussion um Fluch und Segen der Technik ist sicher schon so alt wie die Geschichte der Technik selbst (siehe die Jagdszenen in den Eiszeithöhlen von Lascaux), wobei in frühen Zeiten der Technik-Besitzende wohl mehr den Machtvorteil sah und der Noch-Nicht-Technik-Besitzer ohnmächtig aufbegehrte.

Auch in der Neuzeit verlief das Aufkommen neuer Technologien oft parallel mit komplexen gesellschaftlichen Strukturveränderungen (z.B. beim Buchdruck*), bei den mechanischen Webstühlen). Kleine gesellschaftliche Gruppen, die die neuen Technologien einführten, standen ihnen natürlich positiv gegenüber, andere Teile der Gesellschaft, wenn sie durch diese Technologien Nachteile befürchteten oder erfuhren, lehnten sie ab. Die Geschwindigkeit der technisch-wirtschaftlichen Veränderung spielte dabei unter Umständen auch eine Rolle für die gesellschaftlichen Auseinandersetzungen. Vor genau 100 Jahren hat Werner Siemens sich öffentlich an der Auseinandersetzung um die rapide Entwicklung der Elektrotechnik beteiligt und dem eindeutigen Nutzen auch die "trüben pessimistischen Anschauungen gebildeter Kreise als auch breiter Volksschichten" gegenübergestellt /1/.

Die Technik der Informationsverarbeitung nun befindet sich seit ihrer Einführung in der Wirtschaft vor ungefähr einer Generation in einer derart starken und überwiegend erfolgreichen Ausbreitung, daß

---

*) Im Jahr 1445 erfand Gutenberg die Buchdruckkunst. Bis zum Jahre 1500 sind bereits über 27.000 Werke mit einer Gesamtauflage von über 10 Millionen Exemplaren hergestellt worden. Die schnelle

noch in diesem Jahrzehnt mehr als jeder zweite Erwerbstätige mit ihr an seinem Arbeitsplatz umgehen wird (GI-Schätzung /2/) und fast jeder erwachsene Staatsbürger im Alltag Kontakt mit ihr hat, sei es direkt durch Computerausdrucke (Banken, Stadtwerke usw.) und Selbstbedienungsterminals, oder indirekt durch neue Geräte, in denen Mikroprozessoren eingebaut sind.

Umfragen zur Einstellung des Bürgers zur Informationstechnik zeigen ein heterogenes Bild (siehe GMD-Studie /3/):

34 % sehen eher mehr Vorteile
23 % sehen eher mehr Nachteile
43 % unentschieden.

Die Meinungsforscher haben aber auch herausgefunden, daß Zustimmung und Ablehnung sich nicht nur auf verschiedene Befragte verteilen, sondern auch in einer Person zusammen vorkommen, als intrapersonale Ambivalenz. Einstellungen werden durch Erfahrungen und Bewertungen geprägt, z.B. daß Technik Arbeit erleichtert aber auch Arbeit wegnimmt, daß Technik zum Überleben hilft (Werkzeug) aber auch Leben bedroht (Waffe). Diese Ambivalenz der Technik erstreckt sich geschichtlich vom Faustkeil damals bis zum Computer heute.

Verantwortlich aber für die Nutzung dieser stets und grundsätzlich ambivalenten Technik und damit für ihre Wirkung ist der Mensch. Der Mensch entwickelt die Technik, gestaltet ihre Anwendung und bringt dabei seine Zielvorstellungen ein, die seinem Wesen und seiner grundsätzlichen Entscheidungsfreiheit nach "gut" oder "böse" sein können. Denn der Mensch selbst ist ambivalent und die Technikanwendung ein Spiegel seiner Ambivalenz. Dabei kann zusätzlich die Frage gestellt werden, ob Technik eine Eigengesetzlichkeit hat, die unter bestimmten Umständen sich den Gestaltungskräften des Menschen entwindet wie in Goethes Zauberlehrling. Doch ändert diese Frage nichts an der grundsätzlichen Verantwortlichkeit des Menschen für den von ihm veranlaßten Einsatz der Technik.

Ausbreitung der Reformation ab 1519 ist ohne den Buchdruck nicht denkbar: Zehntausende von Flugschriften wurden von allen Seiten als geistige Waffe eingesetzt. Das Volksbildungswesen änderte sich, breite Bevölkerungsschichten lernten Lesen und Schreiben, um an den politischen und theologischen Auseinandersetzungen teilzunehmen. Der schreib- und lesekundige Anteil der Bevölkerung lag zuvor noch unter 15 %!

Weil der Mensch als vernunftbegabes Wesen eben die Freiheit zum "Guten" (lebensfördernd) und zum "Bösen" (lebenszerstörend) besitzt, hat er sich Orientierungssysteme bzw. Leitbilder geschaffen, die ihm helfen sollen, zu unterscheiden und danach zu handeln. In der Vergangenheit haben Philosophie (von Sokrates bis Kant) und Theologie (von Moses bis Luther) Systeme und Leitbilder geprägt. Seit der Moderne spielen darüber hinaus auch noch gesellschaftsspezifische Ideologien (z.B. Liberalismus, Marxismus) eine prägende Rolle.

Demgegenüber steht die Alltagspraxis der Wirtschaft, in der unbestritten die Entwicklung der Technik eigenen technik- und wirtschaftsimmanenten Zielen folgt, die im wesentlichen heißen

Funktionalität, Wirtschaftlichkeit, Marktakzeptanz.

Stehen die allgemeinen Werte-Systeme und Leitbilder mit diesen Ziel-Kriterien von Technik und Wirtschaft im Einklang und sind sie im Eigentlichen für Entwicklung und Anwendung der Informationstechnik von Bedeutung?

2. Werte und Leitbilder

Die junge Geschichte der Informationsverarbeitung zeigt, daß schon bald nach dem ersten Einsatz von Computern in Wirtschaft und Verwaltung die gesellschaftliche Diskussion um unerwünschte und erwünschte Wirkungen einsetzte, die über die an sich selbstverständlichen Zielkriterien des Entwicklers und Herstellers (s.o.) zunehmend hinausführten, wie auch schon N. Wiener in seinen Betrachtungen zu ethischen und sozialen Konsequenzen des Computer-Einsatzes 1964 diskutierte /4/. Im Mittelpunkt der Auseinandersetzungen stehen seitdem vor allem die von Anfang an faszinierenden Möglichkeiten des Computers zur Leistungssteigerung von Organisationen in Wirtschaft und Verwaltung und zur Entlastung und Unterstützung des arbeitenden Menschen. Auf der anderen Seite wurden sehr bald eine unerwünschte Transparenz der Privat-Sphäre befürchtet und belastende Veränderungen in der Arbeitswelt beklagt, die mit den obengenannten Zielkriterien nicht verhindert werden konnten, weil sie nur zur partiellen Orientierung dienen. Deshalb ist zu fragen, ob man sich nicht auf umfassendere Zielsysteme und Wertbilder einigen kann, die alle Lebensgebiete mit einschließen, in denen sowohl die erwünschten wie auch die unerwünschten Wirkungen auftreten. Nach meiner Auffassung sind in die umfassendere Diskussion der Zielsysteme das Gesellschaftsbild, das Menschenbild und das Computerbild einzubeziehen und deren Wirksamkeit auf Entwicklung und Anwendung von Computern herauszustellen.

2.1 Gesellschaftsbild

Die parlamentarischen und andere öffentliche Auseinandersetzungen der letzten Monate und Jahre um den maschinell lesbaren Personalausweis bzw. um die Volkszählung haben gezeigt, wie entscheidend wichtig die im Grundgesetz verankerte Gesellschaftsform ist, z.B. für die Anwendung der Informationstechnik im öffentlichen Bereich. (In diktatorischen Gesellschaftssystemen würde sicher ein neuer Personalausweis unter Ausschluß einer öffentlichen Diskussion eingeführt werden.) Unser Grundgesetz dagegen bejaht eine pluralistische Gesellschaftsform, in der die unterschiedlichen Gruppeninteressen im Parlament von frei gewählten Abgeordneten nach dem Mehrheitsprinzip in demokratischen Verfahren zu einem politischen Kompromiß gebracht werden. Diese Konfliktaustragung funktioniert aber u.a. nur deswegen, weil die gesellschaftspolitisch divergierenden Gruppen überwiegend einen gesellschaftlichen Grund-Konsens anerkennen, dessen Rahmen durch die im Grundgesetz verankerten Menschenrechte, die Sozialverpflichtung des Staates und die Rechtsstaatlichkeit vorgezeichnet ist.

Darüber hinaus bekamen in den politischen Grundsatzdiskussionen des letzten Jahrzehnts die großen Begriffe Freiheit, Gerechtigkeit und Solidarität /5/ eine wichtige Bedeutung für den Grundkonsens, wobei sich der Begriff Solidarität dann auch ausweitete auf die besondere Verantwortung für die Entwicklungsländer und in einem weiteren Sinne auch für die Umwelt.

Dieser Konsens legt das Fundament für die politische Konfliktaustragung und auch zugleich den Orientierungsrahmen für den Einsatz der Computer im öffentlichen Bereich, wobei sich das Spannungsfeld zwischen gesetzlicher Festlegung und notwendigem Freiraum für die Weiterentwicklung von Wissenschaft, Technik und Wirtschaft auftut.

2.2 Menschenbild

Die Frage nach dem Menschenbild stellt sich eigentlich implizit oder explizit jedem, der gestaltend mit der Informationstechnik zu tun hat, vom Entwickler bis zum Auftraggeber, und zwar beginnend mit der aufgabenspezifischen Frage nach der Arbeitsteilung zwischen Mensch und Computer bis hin zur konkreten Ausgestaltung der Kommunikations-Schnittstelle Mensch-Computer am Terminal.

Sieht der Gestaltende ausschließlich die Möglichkeiten von Hardware und Software für seine Problemlösung und richtet danach seinen System-Entwurf aus, dann bleibt - schwarz-weiß gesehen - nur ein Aufgabenrest für den Menschen, ungeachtet seiner besonderen Fähigkeiten im Vergleich zur Maschine.

Die Frage steht zur Diskussion, ob es nicht humaner und zweckmäßiger wäre, umgekehrt vorzugehen - bei der Aufgabenteilung im Systementwurf erst die anthropologischen Stärken des Menschen (und seine Rechte) zu berücksichtigen und dann den Rest der Maschine zu überlassen.

So wäre im Sinne des gesellschaftlichen Konsenses eine Besinnung auf das Menschenbild des Grundgesetzes hilfreich /6/:

- der Mensch besitzt eine unantastbare Würde (Art. 1)
- der Mensch ist auf Entfaltung und Freiheit angelegt (Art. 2)
- Menschen haben schutzwürdige weltanschauliche Überzeugungen (Art. 4).

Hinzu kommen spezielle Erkenntnisse der Anthropologie, wenn es um die Besonderheit des Menschen im Vergleich zur Maschine geht (siehe insbesondere W. Volpert /7/):

- der Mensch ist auf die ganzheitliche Erfassung der Wirklichkeit ausgerichtet, die er nicht nur rational sondern auch gefühlsmäßig bewertet

- der Mensch erkennt und handelt flexibel auf dem Hintergrund seiner von Geburt an erfahrenen Lebenswelt und einer Vielzahl von Motiven

- der Mensch ist in seinem Denken, Fühlen und Handeln auch stets auf andere Mitmenschen bezogen, auf Gemeinsamkeit und auf einen größeren Sinnzusammenhang*).

Unsere Aufgabe ist es nun, diese allgemeinen Einsichten in konkrete Vorgaben für den Entwurf von Computer-Systemen umzusetzen.

2.3 Computerbild

Der Computer wurde schon in den 50er Jahren mit der anthropomorphen Metapher "Elektronengehirn" belegt. Einige US-amerikanische Wissenschaftler haben den Begriff "Artificial Intelligence" geprägt. Der anthropomorphisierende Sprachgebrauch ist sehr umstritten, aber leider schon irreversible Alltagspraxis geworden (siehe auch W. Langenheder /8/).

Was der Computer wirklich ist, zeigt sich in erster Linie an Struktur und Funktion von Hardware und Software: Technik in hoher Komplexität, die sich aus dem Zusammenwirken vieler an sich einfacher und strikt rational konstruierter Komponenten ergibt. Eine Technik, mit der die Realität ausschnittsweise durch wissenschaftliche bzw. pragmatische Methoden in hochleistungsfähigen deskriptiven und operativen Modellen abgebildet werden kann. Computer sind technische Konstrukte, aber wie jede andere Technik grundsätzlich nicht zu 100 % fehlerfrei (s.a. D.L. Parnass /10/). Im alltäglichen Einsatz wird jedoch durch viele Maßnahmen ein so hoher Grad von Fehlersicherheit erreicht, daß Computer für die meisten Einsatzfälle praktisch als fehlerfrei arbeitend gelten.

Kann der Computer mehr als ein abhängiges Konstrukt des Menschen sein, kann er mehr als ein Hochleistungswerkzeug sein, z.B. eine Mega-Maschine, die die kognitiven Fähigkeiten des Menschen nicht nur erreicht, sondern sogar übertrifft? Der Naturwissenschaftler wird in der Forschung (Hypothese, Experiment, Bestätigung oder Ver-

---

*) Der Sinnzusammenhang ist abhängig vom Weltbild. Für mein Weltbild steht der Mensch in der Polarität seiner metaphysischen Abhängigkeit im Gegenüber zu Gott und seiner eigenen Entscheidungsfreiheit als Mitgestalter der Schöpfung (vgl. auch H. Thielicke /9/).

wurf) die Frage offen lassen. Der Geisteswissenschaftler wird die Frage ontologisch prüfen, ob ein Konstrukt potenter als sein Konstrukteur werden kann. Wir werden im Rahmen dieser Abhandlung diese Frage nicht weiter verfolgen.

Meiner Auffassung nach kommt es wesentlich darauf an, welche Rolle wir dem Computer wie auch jeder anderen Technik zuweisen. Ein Gegenstand bleibt so lange Werkzeug, wie der Mensch ihn in dieser Funktion gestaltet und einsetzt. Und das sollte auch Zielsetzung des Gestaltens sein: der Computer als Werkzeug! Zweifelsohne ist der Computer ein mächtiges Meta-Werkzeug, das durch seine Art und Weise Informationen zu verarbeiten, Nebenwirkungen auch über das "bearbeitete Objekt" hinaus haben kann.

Der Mensch kann dem Computer auch eine andere Rolle geben, z.B. als Entscheider in automatischen Waffensystemen. Dann werden Funktion und Charakter des Gegenstandes verändert. Es hängt vom Menschen ab, in welche Rolle er den Computer versetzt.

3. Gestaltung und Verantwortung

Die Verantwortung für die Gestaltung von Computersystemen liegt beim Menschen, - beim einzelnen, bei Gruppen, bei verwaltenden und politischen Instanzen. Um Verantwortung*) bewußt wahrnehmen zu können, sollten auch ethische Maximen in die persönliche Entscheidung miteinbezogen werden. Maximen dieser Art sind aber nur dann sinnvoll, wenn Entscheidungsspielraum vorhanden ist und wenn erkannt wird, wie ohne oder mit Zielkonflikten verschiedene Gestaltungswege möglich sind.

Die hier folgende ethische Maximendiskussion soll auf solche Situationen ausgerichtet sein, in denen Maximen nicht ohnehin schon durch

*) Verantwortung meint hier Fähigkeit und die Bereitschaft eines einzelnen, für das Ziel und die Folgen seiner Entscheidung, seines Handelns einzustehen - gegenüber seinen nächsten Mitmenschen, gegenüber der Gesellschaft, gegenüber sich selbst (Gewissen) und vor Gott.

kategorische Gebote z.B. in Form von Gesetzen (z.B. gegen Computerkriminalität) oder durch professionell anerkannte, sachbedingte Vorgehensweisen (Qualitätssicherung usw.) eindeutig geregelt sind.

Der Entwurf von ethischen Maximen wird aber nur dann gelingen, wenn diese im großen und ganzen von der Mehrheit der für die Gestaltung Verantwortlichen akzeptiert werden. Also muß von Werten und Leitbildern ausgegangen werden, über die ein weitgehender gesellschaftlicher Konsens besteht.

3.1 Über sozialethische Maximen aus dem Gesellschaftsbild

1) An erster Stelle scheint mir eine Besinnung und Verpflichtung des Informatikers auf gemeinsame gesellschaftliche Werte und Ziele notwendig, nämlich auf

   - humane Werte, wie sie das Grundgesetz in der Formulierung der Menschenrechte (Würde, freie Entfaltung, körperliche Unversehrtheit, Freiheit der Person, des Glaubens, des Gewissens, des Bekenntnisses, der Meinungsäußerung und Unterrichtung, Versammlungsfreiheit, Brief-, Post- und Fernmeldegeheimnis, Unverletzlichkeit der Wohnung) vor Augen führt,

   - demokratische Grundwerte (Freiheit, Gerechtigkeit, Solidarität),

   - Umweltschutz,

   weil sie die Orientierung über die selbstverständlichen technisch-wirtschaftlichen Kriterien von Funktionalität, Wirtschaftlichkeit und Marktakzeptanz hinaus erweitern.

2) Sodann muß meines Erachtens in den Maximenkatalog das Spannungsfeld zwischen Informationsverarbeitung im Interesse der öffentlichen Sicherheit und Aufgaben einerseits und Schutz der Daten der Persönlichkeitssphäre andererseits einbezogen werden, wie es im Prinzip der "Informationellen Selbstbestimmung" durch das Bundesverfassungsgericht im Dezember 1983 formuliert wurde.

3) Da die exklusive Verfügung über Wissen aus Informationsbanken zu neuen Herrschaftspotentialen im politischen und wirtschaftlichen Raum führen kann (z.B. zwischen Koalition und Opposition, zwischen Informationsbank-Betreibern und -Benutzern, zwischen öffentlicher Verwaltung und Bürger usw.), muß der öffentliche Zugang zu computergestützten Informations-Sammlungen national und international ermöglicht werden.

3.2 Über individualethische Maximen aus dem Menschenbild

4) Durch den Einsatz von Computer-Systemen ergibt sich eine neue Aufteilung der Arbeit zwischen Mensch und Computer.

Die ganzheitliche und emotionale Erfassung, die Handlungsweise auf dem Hintergrund seiner erfahrenen und ererbten Lebenswelt, die Bezogenheit auf den Mitmenschen und einen größeren Sinnzusammenhang können als die besonderen Stärken des Menschen gar nicht hoch genug eingeschätzt werden. Sie sind grundsätzlich nicht maschinell ersetzbar. Wo Teile von Aufgaben ausgegliedert werden können, die schneller und besser als durch menschliche Routine nun durch die informationsverarbeitende Maschine Computer erledigt werden können, soll das in der Reihenfolge "erst die Stärken des Menschen, dann die der Maschine" geschehen.

5) Informationstechnik eignet sich sehr zur Verarbeitung von Massendaten aber auch zunehmend zur Verarbeitung von Wissen. Deshalb wächst immer wieder das Interesse von überlasteten Instanzen und ihren Funktionsträgern, z.B. in der Rechtsprechung, in der Psychiatrie, im Bildungswesen, einfache und massenhaft auftretende Aufgaben der Beurteilung von Menschen durch den Computer vornehmen zu lassen.

Es ist mit der Würde des Menschen, der Einmaligkeit der Person, der Ganzheitlichkeit seines Wesens unvereinbar, ihn durch formallogische Modelle einer Maschine zu erfassen. Die Beurteilung eines Menschen, das wesentliche Gespräch mit ihm, muß dem ganzheitlich agierenden Mitmenschen zugeordnet bleiben.

6) Aufgrund seiner hohen Rechengeschwindigkeit und seiner komplexen Programmierbarkeit eignet sich der Computer auch zur Entscheidungsvorbereitung und -durchführung, sofern sich hierfür eindeutig Regeln vorgeben lassen. Daher können kleinere oder auch umfassende Entscheidungen - z.B. von Lagernachbestellungen bis zu Entscheidungen in großen waffentechnischen Systemen (launch-on-warning) - vom Computer übernommen und so ausgeführt werden, daß die Mitwirkung des Menschen teilweise oder ganz entfällt.

Hier muß gefordert werden, daß ethische Entscheidungen (über "gut"/lebensfördernd und "böse"/lebenszerstörend) nicht an vorprogrammierte Maschinen delegiert werden, sondern beim Menschen verbleiben. Wo Computer zur Vorbereitung ethischer Entscheidungen eingesetzt werden, ist dieser Einsatz so zu gestalten, daß der Mensch in jedem konkreten Fall ethisch verantwortlich entscheiden kann.

3.3 Über sach-ethische Maximen aus dem Computerbild

7) Computer-Systeme müssen als Werkzeug beherrschbar und die Zuverlässigkeitsgrenzen bewußt bleiben, besonders wenn es sich um große Systeme (umfangreiche Software, Vernetzung vieler Hardware-Komponenten) handelt.

Ein ethisch verantwortbarer Einsatz ist dann nicht möglich,

- wenn das Computer-System nicht hinreichend getestet und erprobt werden kann sowie das Fehlerfeststellen und -beseitigen nicht möglich ist

- wenn die Ergebnisse selbst nicht verifizierbar bzw. nicht falsifizierbar sind, weil das Programmsystem nicht transparent ist (siehe auch C. Floyd /11/).

8) Vor der endgültigen Einführung großer Systeme der Informationstechnik, von denen eine direkte oder indirekte Wirkung auf grössere Schichten unserer Gesellschaft ausgeht (z.B. Btx) sollte der Versuch gemacht werden, nicht nur technische und wirtschaft-

liche, sondern auch gesellschaftliche Folgen abzuschätzen und verantwortbare Rückschlüsse für das System zu treffen. Oder, falls das nicht möglich ist, sollte zumindest die Einführung reversibel gestaltet werden wie z.B. T. Rendtorff fordert /12/.

4. Handlungsbedarf

Es sind bisher schon einige Ansätze zur Maximen-Bildung mit unterschiedlichen Akzenten gemacht worden. Die Diskussion über diese Beiträge und über aktuelle politische Ereignisse hat zu einer nützlichen Sensibilisierung der Fachwelt und von Teilen der Öffentlichkeit geführt. Innerhalb dieses langwierigen Prozesses müssen wir zu einer Formulierung der Maximen selbst kommen*). Über Anzahl und Inhalt der Maximen muß weitgehende Übereinstimmung erzielt werden, wobei die richtige Mitte zwischen allgemeiner Maxime (breiter Konsens, geringe Praktikabilität) und konkreter Maxime (schmälerer Konsens, stärkere Praktikabilität) zu finden ist. Ist dieser Prozeß der Maximenbildung einmal abgeschlossen, sollte der Maximenkatalog dann mit der Autorität der "Gesellschaft für Informatik" in der Fachwelt publiziert und zur Umsetzung in die Praxis empfohlen werden.

Im Alltag des Entwicklers, des Systemplaners, des Benutzers und des Auftraggebers wird sich dann zeigen, ob und wie die Maximen akzeptiert werden. Dabei werden sich auch Konflikte innerhalb des Maximenkatalogs selbst bzw. mit technisch-wirtschaftlichen Zielen herausstellen, die entweder durch Kompromisse auszutragen oder den jeweiligen persönlichen Gewissensentscheidungen und Güterabwägungen zu überlassen sind. In diesem äußersten Fall muß der Informatiker eventuell auch das Risiko persönlicher Nachteile eingehen. Doch ist zu hoffen, daß mit steigender Annahme der ethischen Maximen in der Öffentlichkeit auch die Bereitschaft zu tragbaren Kompromissen bei Zielkonflikten in der Informationstechnik zunimmt - zum Wohl der Gesellschaft, des einzelnen Bürgers und der gemeinsamen Aufgaben.

---

*) Mit dieser Arbeit wurde z.B. in der Bundesrepublik vor kurzem in einem interdisziplinären Gremium der "Gesellschaft für Informatik" begonnen.

5. Literatur

5.1 In der Abhandlung zitiert

1 W. Siemens: Das naturwissenschaftliche Zeitalter, in "Wissenschaftliche und technische Arbeiten". Berlin (1891), J.Springer Verlag.

2 C. Hackl: Zur Situation der Informationstechnologien in der Bundesrepublik Deutschland. GI-Presse-Konf. Februar 1982.

3 K. Lange: Das Image des Computers in der Bevölkerung. GMD-Studien Nr. 80, St. Augustin (1984).

4 N. Wiener: God and Golem Inc. - Massachusetts (1964).

5 R. Inglehart: Wertewandel i.d. westlichen Gesellschaften, in "Wertewandel und gesellschaftlicher Wandel". (H. Klages, P. Kmieciak Hrsg.) Frankfurt, New York (1979).

6 A. Baruzzi: Europäisches "Menschenbild" und das Grundgesetz für die Bundesrepublik Deutschland. Freiburg/München (1979).

7 W. Volpert: Kontrastive Analyse des Verhältnisses von Mensch und Rechner als Grundlage des Systems-Design, IfHA-Berichte Nr. 11 der TU Berlin (1986).

8 W. Langenheder: Warum Computer nicht intelligent sind. In Computer Magazin 1/2 (1986).

9 H. Thielicke: Menschsein - Mensch werden, Entwurf einer christlichen Anthropologie. München (1976).

10 D.L. Parnass: The Parnass Papers. ACM/Computer and Society Vol 14/15 (1985).

11 C. Floyd: Wo sind die Grenzen des verantwortbaren Computereinsatzes? In Informatik-Spektrum, Heidelberg (1985).

12 T. Rendtorff: Folgen müssen verantwortet werden. Eine Maxime für den Umgang mit Fortschrittsfolgen, in "Fortschritt und Sicherheit". (G. Rohrmoser, E. Lindenlaub Hrsg.) Stuttgart, New York (1980).

5.2 Weitere Literatur zum Thema

Association for Computing Machinery: Code of professional Conduct in D.B. Parker, Ethical conflicts in computer science and technology, Arlington (1979).

The British Computer Society: Code of Conduct, London (1974).

H. L. Dreyfuss: Die Grenzen künstlicher Intelligenz. Königstein (1985).

Evangelische Kirche in Deutschland: Die neuen Informations- und Kommunikationstechniken, Studie. Gütersloh (1985).

K. Haefner: Der große Bruder - Chancen und Gefahren für eine informierte Gesellschaft. Düsseldorf (1980).

D. R. Hofstadter: Gödel, Escher, Bach. Stuttgart (1985).

H. Jonas: Das Prinzip Verantwortung. Versuch einer Ethik für die technologische Zivilisation. Frankfurt am Main (1979).

J. Weizenbaum: Die Macht der Computer und die Ohmacht der Vernunft. Frankfurt (1977).

H. Zemanek: EDV-Glaubensbekenntnis oder Hilfsmittel? in Elektronische Rechenanlagen, München (1977).

S E K T I O N 1

Büroarbeit und Informationstechnik

Programmkomitee:
U. Briefs (Wirtschafts- und Sozialwissenschaftliches Institut des DGB GmbH, Düsseldorf), M. Hartmann (Universität Osnabrück), L. Lambrecht (Siemens AG, München), R. Reichwald (Hochschule der Bundeswehr, Neubiberg), H. Winkler (Hässler GmbH, Stuttgart).

Akzeptanz und Partizipation
Sind Systemgestalter lernfähig?

Detlef Müller-Böling
Universität Dortmund

1. Partizipation als die zentrale Forderung bei der Systemgestaltung

Seit mehr als 20 Jahren wird Benutzerpartizipation bei der Entwicklung und Gestaltung computergestützter Informations- und Kommunikationssysteme gefordert.[1] Zwei tragende Gründe sind hierfür maßgeblich: Einmal soll das Wissen der Benutzer mit in die Systemkonzeption eingebracht werden, zum anderen sollen Wertvorstellungen und Interessen der Benutzer berücksichtigt werden. Aus diesen getrennt oder gemeinsam verfolgten Zielen ergeben sich unterschiedliche Formen der Beteiligung von der Scheinpartizipation bis zur authentischen Partizipation.[2]

Insbesondere die authentische Partizipation, die sowohl Interessen als auch das Wissen der Benutzer berücksichtigt, soll nach durchgängiger Meinung zur Akzeptanz der neuen Techniken führen.[3]

Allerdings finden sich nur relativ wenig empirische Belege für eine derartige These. Dieser Beitrag möchte daher,

(1) das Ausmaß an Partizipation, wie es sich in den Betrieben der Bundesrepublik Deutschland in den letzten 10 Jahren entwickelt hat, nachzeichnen

(2) den Zusammenhang zwischen Partizipation und Akzeptanz untersuchen und

(3) einige Gründe für das zurückgehende Ausmaß an Partizipation aufzeigen.

Die Aussagen basieren weitestgehend auf eigenen empirischen Untersuchungen: Im Jahre 1974 wurden insgesamt 443 Benutzer von Informationstechnik-Anwendungen in Fachabteilungen (z.B. Rechnungswesen, Einkauf, Verkauf, Lagerwesen) verschiedener privatwirtschaftlicher Betriebe

---

1) Vgl. Dickson, Simmons /Behavioral Side/, Land /Partizipation/, Mumford, Banks /Computer/, Mumford, Welter /Benutzerbeteiligung/.
2) Vgl. Kirsch, Scholl /Demokratisierung/.
3) Vgl. Blokdijk /Approach/, Gerl /Analyse/, Lucas /Information Systems/, Mans /Erfolgsfaktoren/, Miller /Acceptance/.

und öffentlichen Verwaltungen befragt.[1] 1983 wurde diese Untersuchung wiederholt mit einer Stichprobe von insgesamt 1.145 Benutzern.[2] Beide Stichproben sind repräsentativ bezogen auf Beschäftigte im Büro von der Sachbearbeiterposition an aufwärts.

2. Partizipation - eine rückläufige Entwicklung ?

2.1. Information

Die große Mehrheit der Benutzer (knapp 60%) ist 1983 der Meinung, **rechtzeitig** über eine Informationstechnik-Umstellung informiert worden zu sein (vgl. Tabelle 1). Nur ein relativ kleiner Teil von etwa 23% der Benutzer beklagt zu späte Information.[3] Die Werte für 1983 haben sich im Vergleich zu 1974 leicht verbessert, d.h. 1983 werden Benutzer frühzeitiger informiert als 1974.

Wurden Sie - Ihrer Meinung nach - rechtzeitig über die Umstellung informiert?

	Anzahl der Benutzer			
	1974		**1983**	
Informationszeitpunkt	abs.	rel.(%)	abs.	rel.(%)
rechtzeitig	212	49,7	495	59,3
mittelmäßig	89	20,8	147	17,6
zu spät	126	29,5	193	23,1
Summe	427	100,0	835	100,0
keine Angabe	16	3,7	310	37,1

Tabelle 1: Zeitpunkt der Information bei der Informationstechnik-Umstellung

Mit dem **Ausmaß** der Information sind die Benutzer dagegen bereits weniger zufrieden (vgl. Tabelle 2). Zwar ist auch hier der Anteil derjenigen, die sich ausreichend informiert fühlen, mit knapp 50% in 1983 beträchtlich; für immerhin etwas über 25% ist das Informationsausmaß allerdings wenig zufriedenstellend. Zu konstatieren ist jedoch auch

1) Die Beschreibung der Untersuchung und die Zusammenfassung der Befunde finden sich in Müller-Böling /Datenverarbeitung/.
2) Vgl. Müller-Böling, Müller /Akzeptanzfaktoren/.
3) Die Ergebnisse der eigenen Untersuchung liegen günstiger als in der Erhebung von Staehle u.a. aus dem Jahre 1980, wo 24% der Benutzer gar nicht und 45% nur 3 Monate vor der Einführung der Bildschirme informiert wurden. Vgl. Staehle u.a. /Arbeit/ 23.

hier eine leichte Verbesserung gegenüber 1974.

Die Information der Benutzer bei Systemgestaltungsprozessen hat sich im Zeitablauf 1974 - 1983 leicht verbessert. Der Anteil derjenigen, die sich nicht ausreichend und nicht frühzeitig informiert fühlen, ist mit jeweils etwa 25% allerdings immer noch recht hoch. Es dürfte nicht richtig sein, diese Benutzer als Restgruppe von Querulanten zu qualifizieren.

Wie war/ist das Ausmaß der Information?

	Anzahl der Benutzer			
	1974		1983	
Informationsausmaß	abs.	rel.(%)	abs.	rel.(%)
gut	193	45,2	408	48,7
mittelmäßig	121	28,3	217	25,9
unzureichend	113	26,5	213	25,4
Summe	427	100,0	838	100,0
keine Angabe	16	3,7	307	36,6

Tabelle 2: Ausmaß der Information bei der Informationstechnik-Umstellung

2.2. Partizipation

Die Möglichkeit der Benutzer, eigene Vorschläge bei der Systemgestaltung zu machen, ist sehr deutlich von 25% in 1974 auf knapp 18% in 1983 gesunken (vgl. Tabelle 3).

Konnten/können Sie selbst Vorschläge bei der Umstellung machen?

	Anzahl der Benutzer			
	1974		1983	
Partizipationsmöglichkeit	abs.	rel.(%)	abs.	rel.(%)
ja, in allen wichtigen Dingen	109	25,5	147	17,6
ja, aber nur für unbedeutende Dinge	77	18,0	143	17,2
ja, aber sie wurden/werden nicht gehört	10	2,3	54	6,5
nein, keine Vorschläge möglich	231	54,1	489	58,7
Summe	427	100,0	833	100,0
keine Angabe	16	3,7	312	37,5

Tabelle 3: Partizipationsmöglichkeit der Benutzer bei der Informationstechnik-Umstellung

Der Anteil derjenigen, die für unbedeutende Dinge Vorschläge machen konnten, ist konstant geblieben. Gestiegen ist der Anteil derjenigen Benutzer, die überhaupt keine Vorschläge machen können (von 54% auf knapp 59%), ebenso wie der Anteil derjenigen, bei denen lediglich eine Scheinpartizipation praktiziert wird.

Wenn festzustellen ist, daß relativ wenige Benutzer partizipieren **können**, ist eine andere Frage interessant, nämlich wieviele Benutzer bei Systemgestaltungsmaßnahmen überhaupt partizipieren **wollen.**

Wollten/wollen Sie selbst Vorschläge bei der Umstellung machen?

Partizipationswunsch	Anzahl der Benutzer 1974 abs.	rel.(%)	1983 abs.	rel.(%)
ja	202	47,3	379	44,8
bin gar nicht auf den Gedanken gekommen	60	14,1	109	12,9
nein	165	38,6	358	42,3
Summe	427	100,0	846	100,0
keine Angabe	16	3,7	299	35,3

Tabelle 4: Partizipationswunsch der Benutzer bei der Informationstechnik-Umstellung

Der Anteil derjenigen, die Vorschläge machen wollen, liegt 1983 bei knapp 45%, während insgesamt 55% keinen Wunsch nach Partizipation haben, oder gar nicht auf den Gedanken gekommen sind, überhaupt Vorschläge zu machen (vgl. Tabelle 4). Der Anteil an Partizipationswilligen ist im Zeitablauf nur unerheblich gesunken. Unter Berücksichtigung auch anderer Studien darf man wohl von einem im Zeitablauf konstanten Anteil von 45 bis 50 % Benutzern ausgehen, die aktiv an der Systemgestaltung mitwirken wollen.[1)]

1) Staehle u.a. ermittelten ebenfalls, daß jeweils ungefähr die Hälfte der Benutzer Wünsche geäußert haben zur Arbeitsplatzgestaltung, zum Arbeitsinhalt und zum Arbeitsablauf. Vgl. Staehle u.a. /Arbeit/ 24. Über andere Erfahrungen berichten Mambrey u. a. /Praxisprobleme/ 281ff., wo letztlich lediglich 5,8 % der Mitarbeiter bereit waren, in Arbeitsgruppen mitzuwirken.

Greifen wir diese Gruppe der partizipationswilligen Benutzer heraus und prüfen, welche Möglichkeiten zur Partizipation sich ihnen bieten, so zeigt sich zweierlei: Erstens ist der Anteil derjenigen, die partizipieren konnten, etwa doppelt so hoch wie bei allen Benutzern insgesamt (vgl. Tabelle 5 und 3).

Partizipations- möglichkeit Partizipationswilliger	**Anzahl der Benutzer 1974** abs.	rel.(%)	**1983** abs.	rel.(%)
ja, in allen wichtigen Dingen	100	49,5	133	35,8
ja, aber nur für unbedeutende Dinge	43	21,3	90	24,3
ja, aber sie wurden/ werden nicht gehört	9	4,5	39	10,5
nein, keine Vorschläge möglich	50	24,8	109	29,4
Summe	202	100,0	371	100,0
keine Angabe	0	0,0	8	2,2

Tabelle 5 : Partizipationsmöglichkeit für partizipationswillige Benutzer

Zweitens hat sich die Situation im Zeitvergleich 1974 - 1983 erheblich verschlechtert. Während 1974 noch knapp 50% der partizipationswilligen Benutzer auch tatsächlich partizipieren konnten, sind es 1983 nur noch knapp 36% (vgl. Tabelle 5).

Orientiert man sich am Ergebnis des Systemgestaltungsprozesses - unabhängig davon, ob die Benutzer direkt oder indirekt durch Vertreter mitgewirkt haben, - so zeigt sich ebenfalls eine erhebliche Veränderung im Zeitablauf. Der Anteil derjenigen, die an eine Berücksichtigung ihrer Interessen glauben, ist von etwa 43% in 1974 auf knapp 36% in 1983 gesunken (vgl. Tabelle 6).

Der Anteil derjenigen, die ihre Interessen nicht berücksichtigt sehen, hat recht kräftig zugenommen und liegt 1983 mit ca. 37% auf einem ziemlich hohen Niveau.

Es bleibt daher festzuhalten, daß - trotz der allseitig betonten Notwendigkeit - die aktive Partizipation, d.h. die Möglichkeit, Einfluß auf die Systemgestaltung zu nehmen, nur für etwa ein Fünftel aller Benutzer möglich ist. Der Wunsch nach Partizipation besteht allerdings bei knapp 50% der Benutzer.

Glauben Sie, daß bei der Umstellung Ihre Interessen genügend berücksichtigt wurden/werden?

Interessen-berücksichtigung	Anzahl der Benutzer 1974 abs.	rel.(%)	1983 abs.	rel.(%)
ja	184	43,2	303	35,7
vielleicht	104	24,4	234	27,5
nein	138	32,3	314	36,9
Summe	426	100,0	851	100,0
keine Angabe	17	4,0	194	22,8

Tabelle 6 : Interessenberücksichtigung bei der Informationstechnik-Umstellung

Im Gegensatz zur Information, die im Zeitablauf leicht verbessert wurde, hat sich die Partizipation in der Zeit 1974 - 1983 dahingehend verschlechtert, daß weniger Benutzer Vorschläge machen konnten und dementsprechend auch mehr Benutzer ihre Interessen bei Systemumstellungen nicht mehr berücksichtigt sehen.

3. Die Bedeutung der Partizipation für die Akzeptanz

Fraglich ist, ob Information und Partizipation tatsächlich die immer wieder behauptete große Bedeutung für die Akzeptanz aufweisen. Anhand der Daten von 1983 soll dieser Frage nachgegangen werden. Die Akzeptanz wird als sogenannte Einstellungsakzeptanz[1] mit Hilfe der ADV-Skala ermittelt. Die ADV-Skala weist aus:

- Einstellungen zur Informationstechnik insgesamt (ADV-Wert)
- Einstellungen zur Informationstechnik im Hinblick auf ihre gesellschaftlichen und volkswirtschaftlichen Wirkungen (ADV-Wert G) sowie
- Einstellungen zur Informationstechnik im Hinblick auf ihre personen- und arbeitsplatzbezogenen Wirkungen (ADV-Wert P).[2]

1) Zur Differenzierung in eine Einstellungs- und eine Verhaltensakzeptanz vgl. Müller-Böling, Müller /Akzeptanzfaktoren/.

2) Vgl. Müller-Böling u.a. /Handbuch/. Die arithmetischen Mittelwerte betragen für alle Teilwerte jeweils 100, die Standardabweichungen 20. Werte unter 100 repräsentieren eine kritisch-skeptische Einstellung zur Informationstechnik, Werte über 100 eine positive. Wegen der Normalverteilungseigenschaft der Daten ist festzustellen, daß z.B. 31% aller Benutzer einen geringeren Wert als 90 bzw. einen höheren Wert als 110 aufweisen. Vgl. Müller-Böling u.a. /Handbuch/ 13ff.

3.1. Einstellungsakzeptanz und Partizipation

Die empirischen Befunde zeigen, daß die Einstellungsakzeptanz mit frühzeitigerer und umfassenderer Information steigt (siehe Tabellen 7 und 8). Besonders deutlich wird dies bei der personen- und arbeitsplatzbezogenen Komponente (ADV-Wert P). Anders formuliert: (zukünftige) Benutzer reagieren tendenziell positiv auf Informationen über bevorstehende Änderungen, wobei das Informationsausmaß wichtiger ist als der Informationszeitpunkt.

Informationszeitpunkt	ADV-Wert	ADV-Wert G	ADV-Wert P
überaus frühzeitig	109	106	107
rechtzeitig	104	103	103
mittelmäßig	95	96	94
früher wäre besser	95	97	94
viel zu spät	89	92	88
F-Wert	22,6***[1]	11,7***	20,7***
Pearson's r	0,31***	0,22***	0,29***

Tabelle 7 : ADV-Werte und Informationszeitpunkt

Informationsausmaß	ADV-Wert	ADV-Wert G	ADV-Wert P
sehr gut	112	110	112
ausreichend	106	104	105
mittelmäßig	97	98	97
wenig zufriedenstellend	93	96	92
eher unzureichend	86	90	85
F-Wert	35,9***	19,3***	36,4***
Pearson's r	0,39***	0,29***	0,38***

Tabelle 8 : ADV-Werte und Informationsausmaß

Auf den ersten Blick weniger bedeutsam für die Einstellungsakzeptanz scheinen die tatsächlichen Mitwirkungsmöglichkeiten zu sein (siehe Tabelle 9).[2] Die Mittelwerte zeigen jedoch, daß hier keineswegs ein linearer Zusammenhang unterstellt werden kann. Vielmehr wirken sich Vorschlagsmöglichkeiten, die bei der Systemgestaltung nicht zum Zuge kommen, negativer auf die Einstellungsakzeptanz aus, als wenn überhaupt

1) ***: signifikant auf dem 0,1%-Niveau.
2) Dieser Befund entspricht dem von 1974; vgl. Müller-Böling /Datenverarbeitung/ 214.

keine Vorschläge möglich sind. Hier deutet sich bereits an, daß **Scheinpartizipation** erhebliche negative Wirkungen zeigt, eine größere Wirkung sogar als überhaupt keine Partizipation.

Auf der anderen Seite zeigen die Befunde deutlich, daß Mitwirkung zu einer hohen Einstellungsakzeptanz führt.

Partizipationsmöglichkeit	**ADV-Wert**	**ADV-Wert G**	**ADV-Wert P**
ja, in allen wichtigen Dingen	113	111	110
ja, aber nur für unbedeutende Dinge	104	103	103
ja, aber sie wurden/ werden nicht gehört	93	94	94
nein, keine Vorschläge möglich	96	97	96
F-Wert	34,3***	24,3***	24,6***
Pearson's r	0,31***	0,27***	0,28***

Tabelle 9 : ADV-Werte und Partizipationsmöglichkeit

Am deutlichsten ist der Zusammenhang zwischen der Interessenberücksichtigung und der Einstellungsakzeptanz (siehe Tabelle 10). Die Interessenberücksichtigung erweist sich als der Faktor, der von allen untersuchten Größen am stärksten mit der Einstellungsakzeptanz in Beziehung steht.[1)]

Interessenberücksichtigung	**ADV-Wert**	**ADV-Wert G**	**ADV-Wert P**
ja, vollkommen	116	113	114
hauptsächlich	110	109	108
vielleicht	100	99	99
eher nicht	92	95	91
bestimmt nicht	88	89	90
F-Wert	54,7***	38,9***	42,8***
Pearson's r	0,46***	0,39***	0,40***

Tabelle 10: ADV-Werte und Interessenberücksichtigung

1) Vgl. Müller-Böling, Müller /Akzeptanzfaktoren/.

Benutzer zeigen dann eine große Einstellungsakzeptanz, wenn sie glauben, daß durch das System ihre eigenen Interessen berücksichtigt werden. Dies ist immer dann in besonders starkem Maße der Fall, wenn sie frühzeitig und umfassend informiert werden und wenn sie selbst Mitwirkungsmöglichkeiten haben (siehe Tabelle 11). Es zeigt sich jedoch, daß Interessenberücksichtigung auch dann erfolgen kann, wenn Benutzer nicht an der Systemgestaltung unmittelbar partizipieren können. Interessen und Wertvorstellung der Benutzer können demnach auch von Interessenvertretern oder von den Systemgestaltern eingebracht werden.

	Informations-		**Partizipations-**	
	zeit-punkt	**ausmaß**	**möglich-keit**	**willig-keit**
Interessenberücksichtigung	0,40	0,49	0,48	0,18

Tabelle 11: Interne Beziehungen der Systemgestaltungsmerkmale (Pearson'scher Korrelationskoeffizient)

3.2. Entscheidungsspielraum und Partizipation

Wenn Scheinpartizipation zu einer negativen Einstellungsakzeptanz führt, dann stellt sich die Frage, ob Mitwirkung oder Interessenberücksichtigung bei der Systemgestaltung allein zu Akzeptanz führen, oder ob Benutzer auch bei ihrer täglichen Arbeit über Entscheidungsspielräume[1)] verfügen müssen, um Einstellungsakzeptanz aufzuweisen.

Es zeigt sich, daß die Interessenberücksichtigung mit dem Entscheidungsspielraum am stärksten in Verbindung steht, gefolgt von der Partizipationsmöglichkeit. Die enge Beziehung zwischen Interessenberücksichtigung und Entscheidungsspielraum zeigt an, daß Benutzer mit einem hohen Entscheidungsspielraum ihre Interessen besser realisieren können als Benutzer mit niedrigerem Entscheidungsspielraum. Allerdings können nicht nur Benutzer mit großem Entscheidungsspielraum partizipieren.

Untersucht man nun den Einfluß der Partizipation auf die Einstel-

---

1) Der Entscheidungsspielraum wurde mit Hilfe der 5 Items umfassenden ESR-Skala ermittelt. Vgl. Müller-Böling /Datenverarbeitung/ 137ff.

	Entscheidungs-spielraum
Informationszeitpunkt	0,15***
Informationsausmaß	0,20***
Partizipationsmöglichkeit	0,35***
Interessenberücksichtigung	0,39***

Tabelle 12: Beziehungen zwischen dem Entscheidungsspielraum und den Systemgestaltungsmerkmalen (Pearson`scher Korrelationskoeffizient)

lungsakzeptanz unter Nicht-Berücksichtigung der unterschiedlichen Entscheidungsspielräume, dann muß differenziert festgestellt werden, daß der Einfluß der frühzeitigen und umfassenden Information **unabhängig** von Entscheidungsspielräumen der Benutzer bei der täglichen Arbeit weiter besteht (siehe Tabelle 13). Die partiellen Korrelationskoeffizienten sinken nur geringfügig gegenüber den totalen Koeffizienten ab.

	A D V-Wert	**A D V-Wert** unter E S R-Kontrolle	**A D V-Wert G**	**A D V-Wert G** unter E S R-Kontrolle	**A D V-Wert P**	**A D V-Wert P** unter E S R-Kontrolle
IZ	0,31	0,28	0,22	0,18	0,29	0,28
IA	0,39	0,35	0,29	0,24	0,38	0,35
PM	0,31	0,21	0,27	0,16	0,28	0,21
IB	0,46	0,36	0,39	0,29	0,40	0,33

Tabelle 13: Totale und partielle Korrelationskoeffizienten zwischen Systemgestaltungsmerkmalen und ADV-Werten unter Kontrolle des Entscheidungsspielraums
IZ: Informationszeitpunkt; **IA:** Informationsausmaß; **PM:** Partizipationsmöglichkeit; **IB:** Interessenberücksichtigung

Anders dagegen bei der Interessenberücksichtigung und bei der Partizipationsmöglichkeit. Eine Berücksichtigung der Benutzerinteressen wirkt sich zu einem Teil nur dann positiv auf die Einstellungsakzeptanz aus, wenn sie beim Benutzer mit einem großen Entscheidungsspielraum einhergeht. Allerdings zeigt die Interesenberücksichtigung auch ohne Entscheidungsspielräume eine große eigenständige positive Wirkung auf die Einstellungsakzeptanz (dokumentiert durch die hohen partiellen Korrelationskoeffizienten). Dagegen führt Partizipation bei der Systemgestaltung zu einem großen Teil nur dann zur Einstellungsakzeptanz, wenn sie mit Entscheidungsspielräumen bei der täglichen Arbeit verbunden ist. Hier zeigt sich, daß eine nur auf die Systemgestaltung bezogene Mitwirkung, die sich nicht in der täglichen Arbeit fortsetzt bzw. widerspiegelt, nur begrenzt zur Akzeptanz führt.[1]

Insbesondere die Berücksichtigung der Interessen der Benutzer führt zu einer positiven Einstellung gegenüber der Informationstechnik. Diese Interessenberücksichtigung ist zu einem großen Teil auch ohne große Entscheidungsspielräume möglich. Dagegen führt die Mitwirkung der Benutzer bei der Systemgestaltung nur dann zur Einstellungsakzeptanz, wenn sie nicht vorgetäuscht ist.

4. Systemgestalter - starrsinnige Technologen ?

Es stellt sich letztlich die Frage, warum das Ausmaß an Partizipation in den Betrieben insgesamt rückläufig ist, obwohl die für die Akzeptanz positive Wirkung nachgewiesen werden kann.

Die beiden wichtigsten Rollenträger im Prozeß der Systemgestaltung sind die Benutzer und die Systemgestalter. Das Bedürfnis der Mitarbeiter nach Partizipation ist geteilt. Über den Betrachtungszeitraum hinweg haben etwa die Hälfte aller Benutzer ein Interesse an Mitwirkung. Allerdings gibt es auch berechtigte Gründe, warum Benutzer nicht an einer Systementwicklung partizipieren wollen:

* Partizipation bringt **Doppelbelastung.** Neben den Fachaufgaben müssen zusätzlich Systementwicklungsaufgaben erfüllt werden.[2]
* Partizipation kann **Rollenkonflikte** mit sich bringen. Diese treten insbesondere bei Benutzern aus dem oberen Management auf.[3]
* Die höhere Mitverantwortung schlägt sich i.d.R. **nicht in** einer **höheren Entlohnung** im Sinne der Anreiz-Beitrags-Theorie nieder. Insofern besteht keine Motivation zur Partizipation.[4]
* Die Durchleuchtung der Arbeitsvorgänge führt zu einer freiwilligen **Offenlegung von Reserven** und umgangenen organisatorischen Regelungen.[5]
* Die **Entäußerung von Kenntnissen** bei der nur auf das Wissen der Benutzer gerichteten Partizipation wird als Angriff auf die eigene Existenzberechtigung empfunden.

---

1) Vgl. bereits Müller-Böling /Datenverarbeitung/ 345ff.
2) Vgl. Greiner, Jacobi /Benutzerbeteiligung/ 236, 250.
3) Vgl. Tertilt /Management/ 143f.
4) Vgl. Schmidt /Selbstbestimmung/ 238f.
5) Vgl. Land /Partizipation/ 198.

* Die **Kompetenz** zur Partizipation ist erst durch Lernprozesse zu erarbeiten.[1]

Was die **Systemgestalter** anbetrifft, so muß insgesamt eher von einer geringen Neigung ausgegangen werden, die Benutzer partizipieren zu lassen.[2] Die Gründe hierfür sind:

* Systemspezialisten stellen eine relativ **stabile, homogene Gruppe** mit eigener Sprache, eigenen Wertvorstellungen und eigenem Bildungsgang dar. Dies führt zu einem einseitigen Informations- und Kommunikationsverhalten.[3] In der Anfangszeit der Datenverarbeitung wurde die Systemgestaltung dagegen noch vom Selfmade-Informatiker aus der Fachabteilung geprägt, was die Kommunikation mit den Benutzern erheblich erleichterte.
* Die Interessen von Benutzern und Systemgestaltern laufen immer dann auseinander, wenn Systemgestalter mehr an **technisch anspruchsvollen und eleganten Systemen** interessiert sind als an wirkungsvollen Problemlösungen für den Benutzer.[4]
* **Bisherige Erfahrungen** der Systemgestalter mit einer Benutzerbeteiligung sind aufgrund geringer Motivation und Kompetenz der Benutzer häufig negativ.
* Die hohe **Fluktuationsrate** der professionalisierten Systemspezialisten führt nicht zu einer gesteigerten Bereitschaft der Identifikation mit Benutzerzielen.
* Letztlich ist die im Rahmen einer partizipativen Systemgestaltung zugedachte **Rolle eines "Beraters"** weit weniger attraktiv als die des "Gestalters".[5]

Alle diese Entwicklungen haben sich im Verlauf der letzten 10 Jahre verstärkt, so daß hier ein wesentlicher Grund für die verminderte Beteiligung von Benutzern bei der Systemgestaltung zu suchen sein dürfte.

Wenn man Partizipation aus

* gesellschaftlichen Gründen, weil dadurch Bedüfnisse der Benutzer

---

1) Vgl. Mambrey /Umsetzung/ 135.
2) Vgl. empirische Befunde bei Mumford /Job Satisfaction/ 141 und Greiner, Jacobi /Benutzerbeteiligung/ 241.
3) Vgl. Tertilt /Management/ 44.
4) Vgl. Land /Partizipation/ 199, Tertilt /Management/ 155.
5) Vgl. Mumford, Welter /Benutzerbeteiligung/ 85.

besser erfüllt werden,

und/oder

* ökonomischen Gründen, weil dadurch arbeitsfähigere und letztlich effektivere Systeme entstehen,

wünscht, dann wird man um die Erarbeitung von leistungfähigeren Modellen der Partizipationsdurchführung nicht umhin können.[1)]

Literaturverzeichnis

Blokdijk, P.
A Participative **Approach** to Systems Design. In: Lucas jr. H.C. et al. (ed.): The Information Systems Environment. Amsterdam et al. 1980, p. 327-347.

Dickson, G.W.; **Simmons**, J.K.
The **behavioral side** of MIS. In: Business Horizons, Vol.13, August 1970, p. 59-71.

Essig, H.; **Heibey**, H.-W.; **Kühn**, M.; **Rolf**, A.
BENORSY- ein formalisierter Ansatz zur Partizipation und benutzerorientierten Systemrevision. In: Mambrey, P.; Oppermann, R. (Hrsg.): Partizipation bei der Systementwicklung (Teil 1). Interner Bericht IPES.80.206, Sept. 1980 der GMD, St. Augustin September 1980, S. 174-209.

Gerl, K.
Analyse, Erfassung und Handhabung von Anpassungswiderständen beim organisatorischen Wandel. Dissertation München 1975.

Greiner, T.; **Jacobi**, H.F.
Benutzerbeteiligung bei der Entwicklung betrieblicher Informationssysteme. In: Mambrey, P.; Oppermann, R. (Hrsg.): Beteiligung von Betroffenen bei der Entwicklung von Informationssystemen. Frankfurt am Main, New York 1983, S. 230-252.

Kirsch, W.; **Scholl**, W.
Demokratisierung - Gefährdung der Handlungsfähigkeit organisatorischer Führungssysteme? In: Die Betriebswirtschaft, 37. Jg. 2/1977, S. 235-246.

Kolf, F.; **Oppelland**, H.J.
Guidelines for the Organizational Implementation of Information Systems - Concepts and Experiences with the PORGI Implementation Handbook. In: Bjorn-Andersen, H. (ed.): The Human Side of Information Processing. Amsterdam et al. 1980.

Land, F.
Partzipation: Ihre Begründung, Werkzeuge und Techniken. In: Mambrey, P.; Oppermann, R. (Hrsg.): Beteiligung von Betroffenen bei der Entwicklung von Informationssystmen. Frankfurt am Main, New York 1983, S. 188-215.

Lucas, H.C.
Why **Information Systems** Fail. New York, London 1975.

Mambrey, P.; **Oppermann**, R.; **Tepper**, A.
Praxisprobleme der partizipativen Systementwicklung. In: Mambrey, P.; Oppermann, R. (Hrsg.): Beteiligung von Betroffenen bei der Entwicklung von Informationssystemen. Frankfurt am Main, New York 1983, S. 266-297.

---

1) Vgl. zu unterschiedlichen Ansätzen partizipativer Systemgestaltung z. B. Kolf, Oppelland /Guidelines/, Essig u.a. /BENORSY/, Mumford, Welter /Benutzerbeteiligung/, Wicke /Vorgehensweise/.

Mambrey, P.
Partizpative Systementwicklung. Konzeptionelle Überlegungen und erste Erfahrungen bei der **Umsetzung**. In: Mambrey, P.; Oppermann, R. (Hrsg.): Partizipation bei der Systementwicklung (Teil 1) - terner Bericht IPES.80.206, Sept. 1980 der GMD, St. Augustin September 1980, S. 110-139.

Mans, G.
Erfolgsfaktoren für MIS-Projekte. Analyse drei getrennter Umfragen. In: Zeitschrift für Organisation, 42. Jg. 1973, S. 190-196.

Miller, B.
Gaining **acceptance** for major methods changes. American Management Association, Research Study 44, New York 1960.

Müller-Böling, D.
Arbeitszufriedenheit bei automatisierter **Datenverarbeitung**. München, Wien 1978.

Müller-Böling, D.; **Müller**, M.
Akzeptanzfaktoren der Bürokommunikation. München, Wien 1986.

Müller-Böling, D.; **Müller**, M.; **Zerfas**, C.
Handbuch zur ADV-Skala. Ein Instrument zur Messung von Einstellungen gegenüber der Informationstechnik. Arbeitsbericht Nr. 10 des Fachgebiets Methoden der empirischen Wirtschafts- und Sozialforschung an der Universität Dortmund, April 1984.

Mumford, E.
Job Satisfaction. A Study of Computer Specialists. London 1972.

Mumford, E.; **Banks**, O.
The **Computer** and the Clerk. London 1967.

Mumford, E.; **Welter**, G.
Benutzerbeteiligung bei der Entwicklung von Computersystemen. Berlin 1984.

Schmidt, R.
Selbstbestimmung in der mittleren Unternehmung. Partizipationsspezifische Charakteristik eines Unternehmenstyps. Frankfurt am Main 1980.

Staehle, W.H.; **Hattke**, W.; **Sydow**, J.
Die **Arbeit** an Datensichtgeräten aus der Sicht der Betroffenen, Arbeitsbericht des Instituts für Unternehmensführung, FU Berlin 1980, DBW-Depot 81-1-5.

Tertilt, E.A.
Management und EDV Eine Analyse des Interface-Gap zwischen Management und EDV-Spezialisten. Wiesbaden 1978.

Wicke, W.
Vorgehensweise und Methodik beteiligungsorientierter Systementwicklung am Beispiel des "Informationssystems Arbeit (ISAR)". Forschungsbericht Nr. 212 des Fachbereichs Informatik der Universität Dortmund, 1985.

Durch bessere Schulung zu mehr Akzeptanz
-Strategien für den Technikeinsatz im Büro-

Reinhard Helmreich
Siemens AG, München

Benutzerschulung braucht Zeit und kostet Geld. Wie läßt sie sich möglichst effektiv und produktiv gestalten? Der vorliegende Beitrag stellt die eingeführten Verfahren pointiert gegenüber und entwickelt eine Strategie, die es erlaubt, mit weniger Aufwand mehr zu erreichen.

Wie lernt man, einen Computer zu benutzen? Über diese Frage hat man sich in der Vergangenheit nur wenig Gedanken gemacht, denn Computer waren eben eine Sache für den Computerfachmann. Jetzt, da die Computertechnik im Büro Einzug hält, ändert sich das: der Computer muß auch von jenen Personen zu beherrschen sein, die nicht eine spezielle EDV-Ausbildung erfahren haben.

Für den Computer im Büro gilt: eine gute Schulungsstrategie ist eine notwendige, aber keinesfalls hinreichende Voraussetzung dafür, daß neue Bürotechnik von den Benutzern akzeptiert und wirksam eingesetzt wird. Schulung ist also lediglich ein Bestandteil des Gesamtpakets "Technikeinführung". Nicht weniger bedeutsam sind die Schaffung des richtigen Arbeitsumfelds und die sukzessive Neuorganisation der Arbeit.

Der Computer im Büro ist nicht Mittelpunkt, sondern Hilfsmittel der Arbeit

Der Computerspezialist hat im Laufe seiner Ausbildung gelernt, was ein Computer ist. Er weiß, was Programme sind, er kennt Betriebssysteme, Datenbankorganisation und Programmiersprachen. Er hat eine Vorstellung von Dateien und der Dateiverwaltung. Wenn der Spezialist ein neues System kennenlernt, wird er mit vielen Abläufen schnell vertraut sein. Er kann an sein Computerwissen anknüpfen, denn "irgendwie funktionieren die Dinger immer ähnlich". Es fällt ihm auch nicht schwer, Konventionen zu erlernen und einzuhalten. Und er ist in der Lage, die Manuale zu lesen und zu verstehen. Das heißt: er kann sich selber helfen

Das stellt sich anders dar für den Büromitarbeiter, dem ein "Kollege Computer" zur Seite gestellt wird. Man darf keineswegs erwarten, daß der Mensch im Büro daran interessiert ist, wie ein Computerspezialist sein System kennenzulernen und zu "verstehen". Die Arbeitsaufgabe im Büro besteht darin, Informationen aufzubereiten, Texte zu formulieren, Dokumente zu bearbeiten, Entscheidungen zu treffen, Fragen zu stellen und Antworten weiterzugeben. Der Computer ist dabei lediglich ein Werkzeug, welches die Arbeit möglichst vereinfachen und von langweiligen Routinetätigkeiten entlasten soll. Im Büro wird ja nicht programmiert, sondern die Computernutzung besteht darin, "fertige" Funktionen, wie zum Beispiel Textbearbeitung, Kalkulation oder Informationsabfrage, möglichst wirksam zur Unterstützung der täglich anfallenden Arbeiten einzusetzen.

Man kann sich nun auf den Standpunkt stellen, die zukünftigen Computernutzer im Büro müßten sich eben die Mühe machen, ein gewisses Maß an EDV-Basiswissen zu erwerben. Das beginnt und endet nicht selten damit, daß diese einen EDV-Kurs besuchen, in dem das Addieren von Binärzahlen geübt wird. Für den späteren Einsatz eines Computers im Büro wird dies wenig hilfreich sein.

Verzicht auf Schulung ist die teuerste Lösung

Hersteller, Beratungsunternehmen und Lehrinstitute bieten dem zukünftigen oder beginnenden Computernutzer Schulungen an. Mehrtägige Kurse sind die Regel. Das bedeutet beträchtlichen Zeit- und Geldaufwand. Die Teilnahme an solchen Kursen ist sicher zu empfehlen, insbesondere wenn die Lerninhalte nicht nur auf die Technik, sondern auch auf die Anwendung hin ausgerichet sind. Fraglich ist aber immer, inwieweit das gelernte Wissen auch dann nützt, wenn aktuell auftauchende Probleme beim Einsatz der Technik im Büroalltag zu bewältigen sind.

Ein anderer Weg bietet sich mit "Teachware"-Programmen an. Dabei wird dem Benutzer Software mit Erklärungen und Übungen zum Umgang mit dem Computer angeboten. Die zugrundeliegende Idee ist positiv zu bewerten, in der Umsetzung erlebt man jedoch, daß triviale Dinge übertrieben ausführlich erklärt sind und schwierigere gar nicht angesprochen werden. Das Bereitstellen von Teachware-Programmen lohnt sich nur, wenn eine große Zahl von Benutzern gleicher Qualifikation vor identischen Lernaufgaben steht. Meist unterscheiden sich die Benutzer jedoch ganz beträchtlich hinsichtlich ihrer Vorkenntnisse, ihres Lernvermögens und ihrer Arbeitsaufgaben.

Die teuerste "Lösung" ist die, die am meisten verbreitet ist. Das Geld für Benutzerschulung wird eingespart, denn die Technik war ja schon so teuer. Außerdem ist der Computer äußerst benutzerfreundlich und leicht zu lernen - das steht schließlich im Prospekt. Das teure daran ist, daß die Technik gar nicht oder nicht aufgabengerecht eingesetzt wird - kurz: daß mangels Akzeptanz beim Benutzer aus der Investition eine Fehlinvestition wird.

Das Elend mit den Benutzerhandbüchern

Die "Gebrauchsanweisung" eines Personal Computers/Bürosystems/Datenterminals heißt Benutzerhandbuch oder Usermanual. Bei funktional mächtigen Systemen sind sie allein vom Umfang her abschreckend.

Das Handbuch hat die Aufgabe, dem Benutzer die Systemfunktionen und ihre Nutzung zu erklären. Die Erfahrung zeigt, daß dieser Zweck nur selten erfüllt wird. Indikatoren dafür sind, daß meist nur ein geringer Prozentsatz der Benutzer eines Bürocomputers die Bedienungsanleitung überhaupt liest, daß Ergänzungen nicht einsortiert werden und daß sich fast alle Benutzer einen Notizzettel anlegen, auf dem sie die für ihren persönlichen Einsatz wichtigsten Benutzungstips aufgeschrieben haben

Fragt man die Benutzer, so erfährt man: das Handbuch ist unübersichtlich, unverständlich, veraltet, zu ungenau, zu dick, zu dünn usw. Dahinter verbirgt sich die Tatsache, daß die Benutzer nicht lesen wollen. Sie wollen sich lieber erklären lassen, ausprobieren, üben und so das System durch eigenes Tun entdecken.

Zudem gibt es Handbücher, die es dem Benutzer tatsächlich nicht leicht machen. In der Diktion sind sie mehr für den Wartungstechniker als für den Benutzer geschrieben. Bei anderen scheint die Aufgabe gewesen zu sein, das auszubügeln, was bei der Systemspezifikation "verbockt" wurde. Und dann gibt es noch solche, bei denen Beschreibung und System so unterschiedlich sind, daß der Benutzer nicht weiß, ob die Software oder die Beschreibung "falscher" ist.

Im Normalfall ist aber doch die Erfahrung zu machen, daß man das Benutzerhandbuch versteht - man muß nur zuerst mit dem System arbeiten und irgendwie dahinterkommen, wie alles funktioniert.

Was ist "Benutzerfreundlichkeit"?

Die Zielsetzung ist unbestritten: dem Benutzer soll es möglichst einfach gemacht werden; die Nutzung des Systems muß leicht zu erlernen und die Handhabung unproblematisch sein.

Über diese trivialen Aussagen hinaus gehen die Erkenntnisse, die in den letzten Jahren im Rahmen von Arbeiten zur Software-Ergonomie gewonnen wurden. Sogar ein DIN-Normentwurf für Grundsätze der Dialoggestaltung an Bildschirmarbeitsplätzen liegt vor. Dabei werden Begriffe wie Aufgabenangemessenheit, Selbsterklärungsfähigkeit, Fehlertoleranz usw. definiert und operationalisiert.

Die Erfahrung zeigt, daß der Schlüssel zur Benutzerfreundlichkeit eines Systems in einer sorgfältig ausgearbeiteten Systemoberfläche liegt, mit klarer Dialogführung und verständlichen Fehlermeldungen. Der Benutzer muß sofort den Vorteil erkennen, den er hat, wenn er den Computer benutzt. Keinesfalls darf die Arbeit auf Dauer durch den Einbezug der Technik zusätzlich belastet werden. Lediglich in der Einarbeitungsphase ist eine Mehrbelastung zu akzeptieren.

Zu jedem Zeitpunkt muß der Benutzer erkennen können, welcher Dialogschritt gerade ansteht und welche Alternativen zur Verfügung stehen. Die Zeitspanne zwischen Benutzeraktion und Systemreaktion soll kurz sein. Die Dinge müssen so ablaufen, wie sie der Benutzer nach einiger Übung erwartet. Eingaben des Benutzers dürfen nicht zu undefinierten Zuständen oder gar Systemzusammenbrüchen führen.

Wenn solche Regeln im Systementwurf konsequent berücksichtigt werden, ist für den Benutzer bereits viel getan: das Erlernen des Umgangs mit der Technik wird nicht durch Inkonsistenz, Undurchschaubarkeit und Unzuverlässigkeit der Technik aufgehalten.

Voraussetzung für eine gute Schulungsstrategie ist also eine "konsistente und tolerante" Systemoberfläche, die Falscheingaben unmöglich macht und bei der Fehler des Benutzers - wenn solche überhaupt noch möglich sind - nicht bestraft, sondern als "Hilfe-Ersuchen" aufgefaßt werden.

Viele Systeme verfügen heute bereits über eine Hilfe-Funktion. Der Benutzer drückt auf eine bestimmte Taste und erhält Informationen, die ihm - so die praktische Erfahrung - beim aktuellen Problem meist nicht weiterhelfen. Der Benutzer kann sich glücklich schätzen, wenn er wenigstens erfährt, wie er aus dem Hilfe-Text wieder in den unterbrochenen Ablauf zurückkommt.

Schlüsse aus dem Benutzerverhalten ziehen

Mit den heute üblichen Schulungsverfahren und mit der angebotenen Unterstützung durch Handbuch und Hilfetaste kann eigentlich niemand zufrieden sein. Dem Benutzer wird es unnötig schwer gemacht und die Lernunterstützung ist meist wenig nützlich. Wie kann man es besser machen?

Ansatzpunkt einer wirksamen Schulungsstrategie sind die Wünsche, die die Benutzer äußern. Sie wollen keine dicken Bücher, sondern bestenfalls einen Zettel mit den wichtigsten Informationen. Sie wollen nicht lesen, sondern lieber gleich selbst ausprobieren. Sie wollen vielleicht einen Kurs, aber viel lieber eine persönliche Einweisung am gewohnten Arbeitsplatz "vor Ort".

Damit sind bereits die wesentlichen Elemente einer effizienten Schulungsstrategie genannt: Selber machen können, andere fragen können!

Schulungsstrategie: 5 Schritte zur erfolgreichen Systemnutzung

Das Schulungsziel sei hier deutlich herausgestellt: der Benutzer soll lernen, elektronische Bürosysteme effizient in seinen Büroalltag einzubeziehen. Der Nutzen und die Akzeptanz stehen dabei im Vordergrund, nicht das isolierte Beherrschen der Technik.

Voraussetzung einer gelungenen Schulung ist natürlich eine "vernünftig" gestaltete Technik. Die Systemoberfläche muß den Prinzipien der Software-Ergonomie folgen und die Funktionen des Systems müssen von vornherein zur Arbeitsaufgabe des Benutzers passen.

Erster Schritt: den Benutzer hinführen und neugierig machen

Der Benutzer hat das Bedürfnis, erst mal zu sehen, was für eine Technik auf ihn zukommt und was er damit machen kann. Also wird am Anfang eine Demonstration stehen. Der Benutzer soll dabei Funktionen des Systems kennenlernen und auch die wichtigsten Spielregeln. Die Demonstration sollte mit solchen Beispielen geschehen, zu denen der

Benutzer einen Bezug hat und die an seinem Arbeitsplatz sowieso vorkommen, nicht mit irgendwelchen vielleicht eindrucksvollen, aber sinnlosen Computerspielchen. Der Benutzer soll ja gerade nicht beeindruckt sein von der Multifunktionalität und Mächtigkeit der Technik, sondern er soll das Gefühl entwickeln: "Das kann ich gut gebrauchen" und "Das schaffe ich auch"!

Diese Demonstration sollte sich nicht auf Gerätevorführung beschränken. Mit Anwendungsbeispielen, Schaubildern oder vielleicht einem Videofilm soll möglichst solches Wissen vermittelt werden, welches es dem Benutzer erlaubt, an seine bisherigen Erfahrungen anzuknüpfen und die neuen Informationen in sinnvollen Blöcken zu strukturieren.

Dieser erste Schritt sollte nicht länger als einen halben Tag dauern und in einem geeigneten Trainingsraum stattfinden. Dabei können durchaus mehrere Benutzer mit vergleichbaren Arbeitsaufgaben gleichzeitig eingeladen werden. Unsere Erfahrung ist, daß dabei Diskussionen entstehen, die zur Lernmotivation der Benutzer entscheidend beitragen können.

Zum Abschluß der Demonstration erhält der Benutzer eine kleine Broschüre zum Mitnehmen. Sie enthält in gefälliger Aufmachung Anwendungsbeispiele und Denkanstöße. Wir haben erlebt, daß eine solche Unterlage im Kollegen- und Familienkreis herumgereicht wird. Der Benutzer beginnt so, sich mit der Aufgabe zu identifizieren, moderne Technik an seinem Arbeitsplatz zu nutzen.

Zweiter Schritt: den Benutzer bei den ersten Versuchen führen

Der Benutzer hat das Bestreben, möglichst am Gerät "rumzuprobieren". Dies sollte unterstützt werden, denn aus der eigenen Erfahrung und dem eigenen Erleben wird am wirksamsten gelernt.

Eine große Hilfe ist dabei eine Person, die gut über die Technik informiert ist, die weiß, worüber man am Anfang "stolpern" kann, und die darüber hinaus auch die Arbeitsaufgaben des Benutzers kennt. Denn es soll möglichst mit solchen Aufgaben geübt werden, die am jeweiligen Arbeitsplatz sowieso vorkommen. Dann erkennt der Benutzer am schnellsten, welche Vorteile er in seiner Arbeit am ehesten erwarten darf.

Der Lehrer schult also nicht nur das Drücken der richtigen Taste, sondern er hilft dem Benutzer zu erkennen, welche Arbeitsaufgaben in welcher Weise mit Hilfe der Technik gelöst werden können.

Dieser Schulungsschritt findet möglichst am gewohnten Arbeitsplatz des Benutzers statt. Kollegen oder Vorgesetzte sollten nicht als Zaungäste dabei sein. Dies würde den Anfänger nur verunsichern: Wer will sich schon mit vermeintlich "dummen" Fragen blamieren?

Als schriftliches Material erhält der Benutzer bei diesem Schulungsschritt eine Liste der verfügbaren Funktionen, und gegegenenfalls ein paar Hinweise zum Ein- und Ausschalten des Geräts und zum Aufruf der Funktionen.

Für diesen zweiten Schulungsschritt sollte man einen halben Arbeitstag ansetzen. Es hat sich bewährt, an den darauffolgenden Tagen "mal kurz beim Benutzer vorbeizuschauen". Dabei lassen sich inzwischen entstandene Fragen klären. Für den Benutzer ist dies eine Gelegenheit zu zeigen, was er inzwischen herausgefunden hat.

Dritter Schritt: das System selbst entdecken

Der Benutzer kann jetzt, da er die wesentlichen Spielregeln kennt, allein weitermachen. Er wird einerseits das Gerät immer besser kennenlernen, andererseits aber auch erfahren, bei welcher Arbeit der Einsatz der Technik ihm Vorteile bietet und wo nicht. Er wird einige Arbeiten zufriedenstellend auf die Maschine bringen und bei anderen Mißerfolg haben.

Entscheidend ist, daß für ihn immer jemand erreichbar ist, den er fragen kann. Dies sollte entweder die Person sein, die den Benutzer schon beim zweiten Lernschritt betreut hat oder ein in der Nutzung der Technik erfahrener Kollege. Wichtig ist, daß dieser "Helfer in der Not" die jeweiligen Arbeitsaufgaben kennt und nicht nur "Berater für Probleme der Technik" sein darf.

Es gibt also ein "rotes Telefon" als Anlaufstelle für alle Fragen im Zusammenhang mit der Systemnutzung. Die Person, die dort zu erreichen ist, ist auch für weitergehende Fragen, Probleme, Anregungen usw. zuständig.

Dieser dritte Lernschritt bekräftigt die Benutzer darin, untereinander Kontakt zu halten. Wir haben die Erfahrung gemacht, daß die Benutzer ihr Wissen gerne an andere weitergeben, daß sie sich gegenseitig weiterhelfen und daß sie von guten Ideen anderer profitieren.

Vierter Schritt: das Handbuch

Im Zuge der intensiveren Einarbeitung in die Gerätenutzung entsteht bei manchen Benutzern der Wunsch, bestimmte Dinge in einer schriftlichen Unterlage nachschlagen zu können. Das ist der Zeitpunkt, an welchem ein Handbuch an den Benutzer gegeben werden sollte: wenn dieser danach verlangt.

Dieses Handbuch ist lediglich ein Nachschlagewerk: Welche Funktionen gibt es und wozu? Wie startet man die einzelnen Funktionen? Welche Bedeutung haben die einzelnen Systemmeldungen? Das Handbuch erklärt anhand von Beispielen und Bildern.

Keinesfalls darf das Handbuch eine Art technische Dokumentation sein, sondern es muß speziell auf die Arbeitsaufgaben bezogen und hinsichtlich Komplexität und Diktion auf den Benutzer abgestimmt sein. Eigentlich sollte das Handbuch ein Benutzer für seine Kollegen schreiben!

Der dritte und vierte Lernschritt gehen Hand in Hand. Als Zeitraum sind dafür Wochen oder Monate anzusetzen. Der Benutzer braucht diese Zeit, um die für ihn vorteilhafte Nutzung der neuen Technik am Arbeitsplatz herauszufinden.

Fünfter Schritt: die Spezialschulung

Jetzt kennt der Benutzer das System und er beherrscht die Grundanwendungen. In diesem fünften Schulungsschritt lernt er spezielle Computerleistungen kennen und zu nutzen. Beispiele dafür sind Tabellenkalkulation und Datenbankanwendungen. Das sind Verfahren, die für den Benutzer neu sind und erst durch den Einsatz der Technik am Arbeitsplatz verfügbar werden. Der Benutzer muß mit den Verfahren vertraut gemacht werden, aber nicht mehr mit der Handhabung des Terminals. Dafür bieten sich Kurse in einem Schulungszentrum an, bei denen das nötige Knowhow erworben und vertieft wird.

Schulung ist mehr als das Üben von Handgriffen

Auch wenn schon nach wenigen Übungsstunden mit der Technik umgegangen werden kann: erst danach beginnt die eigentliche Lernarbeit. Welche Aufgaben erledigt man mit dem System? Welche Änderungen der persönlichen Arbeitsorganisation sind möglich? Bei welchen Aufgaben bringt die Technik keinen Vorteil?

Von der Systemseite her kann der Lernprozeß also nur bis zu einem gewissen Grad unterstützt werden. Der ungleich umfangreichere "Rest" ist die Einbindung der Technik in die tägliche Arbeit. Auch diese muß unterstützt werden - aber nicht von der Technik allein, sondern auch von der Arbeitsorganisation.

Schulung ist nur ein Teil der Technikeinführung

Mit der richtigen Schulungsstrategie ist ein Schritt zur Akzeptanz von Technik am Büroarbeitsplatz getan. Insgesamt muß aber der gesamte Einführungsprozeß richtig gestaltet sein, nicht nur die Phase der Benutzerschulung.

Innovation im Büro ist nur dann möglich, wenn die drei Akzeptanzfaktoren Mensch, Arbeitsorganisation und Technik gleichrangig in eine Innovationsstrategie einbezogen werden. Zeit- und Geldaufwand bei der Einführung machen sich schnell bezahlt. Denn nur wenn die Weichen richtig gestellt sind, wird das Ziel, mehr Produktivität im Büro, auch erreicht. Es genügt nicht, nur die richtigen Geräte zu kaufen, sondern es muß darüber hinaus auch das für den Technikeinsatz geeignete Umfeld geschaffen werden.

Technikeinsatz bedeutet kontinuierliche - aber nicht drastische - Änderung der bisherigen Büroarbeit. Damit nicht zufällige und ungewollte Effekte entstehen, sind zuerst die Ziele zu bestimmen, die mit der Technik erreicht werden sollen. Will man Arbeitsabläufe beschleunigen und Leistungen besser kontrollieren können? Oder will man mehr Abwechslung oder gar mehr Verantwortung an den Arbeitsplatz bringen? Darüber müssen sich alle Mitglieder der Organisation, d. h. Führungskräfte, Mitarbeiter und Organisatoren, verständigen, sonst sind Akzeptanzprobleme vorprogrammiert. Es darf keine "Betroffenen" geben, sondern nur "Beteiligte"!

Eine wesentliche Rolle spielt die Gruppe, der ein Benutzer angehört. Kollegen können sich motivierend, aber auch demotivierend verhalten. Unsere Erfahrung ist, daß die Benutzer sich untereinander verständigen und daß sie Ideen weitergeben.

So wie sich die Technik nicht nur auf einen einzelnen Arbeitsschritt beziehen darf, sondern den gesamten Arbeitsablauf unterstützen muß, so ist nicht der einzelne Mitarbeiter "soziale Einheit" bei der Arbeitsgestaltung mit Bürotechnik, sondern die gesamte Arbeitsgruppe.

Die Einführung der Technik muß also in ein Programm der Organisationsentwicklung eingebunden sein. Das heißt, es ist ein geplanter und permanenter Gestaltungsprozeß einzuleiten, der die Belange von Personen und Arbeitsaufgaben gleichrangig berücksichtigt und unter aktiver Beteiligung der Führungskräfte und Mitarbeiter abläuft. So werden aus Investitionen Innovationen.

Literatur

Bailey, R. W. 1983. Human Error in Computer Systems.
Englewood Cliffs, N. J.: Prentice Hall

Carroll, J. M. 1985. Minimalist Design for Active Users.
In: Shackel, B. (ed.) INTERACT '84, 39 - 44

Helmreich, R. 1985. Neue Bürotechnik - Gestaltungsaufgabe für Benutzer und Organisation.
In: RKW - Handbuch Führungstechnik und Organisation.

Helmreich, R. 1985. Zur Akzeptanz evolutionär entwickelter Bürosysteme.
In: Softwaretechnik-Trends. Mitteilungen der Fachgruppe 'Software-Engineering', Heft 5 - 2, Juni, 31 - 46

Morland, D. V. 1983. Human Factors Guidelines for Terminal Interface Design.
Communications of the ACM, 26, 484 - 494

Normenausschuß Informationssysteme (NI) im DIN, Deutsches Institut für Normung e.V. (1984)
Grundstätze der Dialoggestaltung DIN 66234 Teil 8

Scharer, L. L. 1983. User Training - Less is More.
Datamation, July, 175 - 182

Wright, P. 1983. Manual Dexterity. A User-Oriented Approach to Creating Computer Documentation.
In: Janda, A. (ed.) Proceedings CHI '83, 11 - 18

ORIENTIERUNG AN GEBRAUCHSWERTEN
Zur Gestaltung von Informationstechnik am Beispiel der Herstellung von Dokumenten

DORIS KÖHLER, FRIEDER NAKE, HEIDI SCHELHOWE-HEYL, LUDWIG VOET
Fachbereich Mathematik und Informatik, Universität Bremen*)

Die Wirklichkeit ohne reale Möglichkeit ist nicht vollständig, die Welt ohne zukunfttragende Eigenschaften verdient so wenig wie die des Spießers einen Blick, eine Kunst, eine Wissenschaft. Konkrete Utopie am Horizont jeder Realität; reale Möglichkeit umgibt bis zuletzt die offenen dialektischen Tendenzen-Latenzen.

Ernst Bloch: Das Prinzip Hoffnung [2, S. 257 f.].

1. Einleitung: die Gestaltungsfrage.

Klar sind die Grundzüge der Auseinandersetzung: Vom Standpunkt des *Kapitals* ermöglicht der Einsatz von Informationstechnik Rationalisierung und Kontrolle. Technik wird unter dem Gesichtspunkt als Moment im fortwährenden Konkurrenzkampf durchdacht, geplant und eingesetzt. Für die *Arbeitenden* dagegen droht der Verlust des Arbeitsplatzes und für diejenigen, die immer noch an den Maschinen arbeiten müssen, nehmen Intensität der Arbeit, Leistungsdruck und gesundheitliche Belastungen zu. An diesen objektiven Tatsachen ändert sich auch dann nichts, wenn eine Belegschaft die Situation in ihrem Betrieb subjektiv viel günstiger einschätzt.

Die Einführung neuer Technik möglichst konsequent und weitgehend abzulehnen, ist aus der Sicht der Beschäftigten zunächst das einzig richtige Handeln. Wenn in einer konkreten Auseinandersetzung die Ablehnung nicht mehr durchgehalten werden kann, müssen – aber erst dann – Kompromisse eingegangen werden. Kompromisse bedeuten jedoch kein Abrücken von der unveränderten Haltung der Ablehnung. Sie sind nur der Situation geschuldet.

Zwischen dem bedingungslosen Einsatz der Maschinerie (nur gebrochen am ökonomischen Kalkül) und ihrer unbedingten Ablehnung entwickelt sich in den letzten Jahren eine Position der *Gestaltung von Technik.* Sie geht davon aus, daß Technik – insbesondere Informationstechnik – im Interesse der Beschäftigten gestaltet und von ihnen positiv genutzt werden könne. Ihre Vorläufer hat diese Position in den Projekten der "Humanisierung des Arbeitslebens". Brachte dieses Programm bereits in seinem Titel unfreiwillig die Unmenschlichkeit von Arbeit unter kapitalistischen Bedingungen zum Ausdruck, so haben die praktischen Ergebnisse zu einer großen Ernüchterung auf Seiten der Arbeitenden geführt. Solche Erfahrungen gehen mit in die Gestaltung von Technik ein, die begonnen hat, die Haltung der Gewerkschaften zur modernen Informationstechnik zu prägen. Verwiesen sei auf das Aktionsprogramm "Arbeit und Technik" der IG Metall [10] oder die "Technologiepolitische Konferenz" des DGB.

An der Gestaltung von Informationstechnik anzusetzen, ist nicht problemlos. Zwar ist dieser Position zugute zu halten, daß sie von den Interessen der Beschäftigten ausgeht. Sie kommt jedoch regelmäßig in Schwierigkeiten, wenn es um konkrete technische Entscheidungen geht. Ist ein Bildschirm brauchbar, der weniger als eine Seite des Formats DIN-A4 mit gut lesbaren Buchstaben darstellt? Ist überhaupt die Kathodenstrahlröhre als Bildschirm akzeptabel oder müssen absolute Flimmer- und Strahlungsfreiheit erreicht werden? Kann Vernetzung überhaupt Verwendung finden?

Das Dilemma des Gestaltungsansatzes liegt in der Frage, worin sich eine rein "kapitalistische Technik" – nennen wir sie mal so – von einer "gestalteten Technik" unterscheidet. Da dies bisher

*) Diese Arbeit wurde von der Universität Bremen unter FNK 590 – Integrierte Dokumentenerstellung – und FNK 793 – Vernetzung von Informationstechnologien – unterstützt.

niemand klar aufzeigen konnte, reduziert sich der Gestaltungsansatz oft auf eine Seelenmassage zur Erhöhung der Akzeptanz (sprich: Durchsetzung) der neuen Informationstechnik. Politisch springen bestenfalls verbesserte Ausbildungsmaßnahmen und Mitbestimmungsforderungen heraus. Das Dilemma zeigt sich auf der Seite der Beschäftigten in dem verbreiteten Unvermögen, eigene positive Forderungen zu entwickeln und diese den Arbeitgebern gegenüber durchzusetzen. Übrig bleibt der Rückzug auf die ergonomische Gestaltung der Hardware und ein hinhaltendes Taktieren des Betriebs- bzw. Personalrats. Damit ist die Niederlage der Belegschaft vorprogrammiert. Der objektive Gang der Entwicklung, der Druck der Arbeitgeber, die Konkurrenz und schließlich die an neue praktisch gewordene Qualifikationsnotwendigkeiten angepaßte Interessenlage der Beschäftigten bewirken ein Abbröckeln, dann den Zusammenbruch der nur *taktisch* verstandenen Abwehrhaltung. Im ausbrechenden "Rette sich, wer kann" geht alle Solidarität verloren. Subjektiv bleibt das Gefühl der Niederlage als tief eingegrabene Erfahrung übrig.

Ist Technik, ist Informationstechnik gestaltbar? Für den Ingenieur und den Informatiker eine absurde Fragestellung. Denn was er tut, ist genau dieses: Technik gestalten. Das Bewußtsein, mit Alternativen zu arbeiten, ein System so oder auch anders konzipieren und im einzelnen durchgestalten zu können, ist ihm täglich selbstverständliche Realität. Die Technik wird ihm darüber zum Neutrum, zu einem Bereich der Sachlogik, in dem innere Notwendigkeiten herrschen. Die Frage nach der Gestaltung von Technik im Interesse der Beschäftigten muß deswegen von vornherein über das hinauszielen, was Ingenieure ohnehin tun. Wir wollen darauf eingehen, daß die Orientierung an der Arbeit einer Orientierung an Qualitäten, an Gebrauchswerten gleichkommt. Sie trägt eine Perspektive in sich, die über die jeweils konkrete betriebliche Frage hinausgeht. Wir wollen uns auf die Schreibarbeit, auf die Gestaltung von Schriftstücken als praktischen Arbeitsbereich beziehen.

2. Rückgriff: das Projekt UTOPIA.

"Der Arbeitsgesellschaft geht die Arbeit aus" – dies scheint inzwischen eine breit rezipierte Erkenntnis geworden zu sein. Sie stürzt die einen in Ratlosigkeit, die anderen in hektische Modernisierungs- und Technologiepläne. HABERMAS nimmt das Thema in seiner vor kurzem erschienenen Aufsatzsammlung [8] auf. Seine Bemerkungen interessieren uns hier unter dem Stichwort Utopie. "Die Sozialstaatsentwicklung ist in eine Sackgasse geraten. Mit ihr erschöpfen sich die Energien der arbeitsgesellschaftlichen Utopie", sagt HABERMAS [8, S.157]. Diese Utopie hatte ihre Kraft aus dem Widerspruch zwischen lebendiger und toter Arbeit gezogen. Ihr Leitbild war die Entfaltung der Möglichkeiten des Individuums aus der Arbeit heraus, ihre Voraussetzung die Solidarität der Arbeiter. Bildete sie sich unter dem Druck der Verhältnisse naturwüchsig heraus, so ist sie heute zum politischen Thema geworden, muß bewußt hergestellt werden. "Wenn die utopischen Oasen austrocknen, breitet sich eine Wüste von Banalität und Ratlosigkeit aus", stellt HABERMAS [8, S.161] fest und meint, daß mit dem Versiegen *dieser* konkreten Utopie nicht etwa *jede* Utopie abgewirtschaftet haben kann. Einen solchen Entwurf kann aber zur Zeit niemand vorweisen, schon gar nicht die Gewerkschaftsbewegung, die sich auf ihrem Zickzackkurs zwischen "ja, aber" und "nein, wenn nicht" schwer tut, eine bewegende Antwort auf die veränderte ökonomische und politische Lage zu finden.

Absurderweise erzeugt diese "neue Unübersichtlichkeit" [8] bei der Rechten wie der Linken gleichermaßen den Ruf nach neuen Leitbildern, nach konkreten Utopien. Während es jedoch die Rechte mit ihrem Sturmlauf in die Technologie, ihrer "Vision" der Konvergenz von Mensch und Computer zu Elementen eines allgemeinen Kommunikations-Kontinuums [HAEFNER, 9] relativ leicht hat, wagt es auf der Linken allein GORZ [7], an utopische Entwürfe zu denken. Dies mag in unserem Zusammenhang etwas weit hergeholt erscheinen. Wir sehen uns auch nicht in der Lage, eine Utopie zu entwerfen, die geeignet wäre, den Steppenbrand zu entzünden. Auf den größeren Zusammenhang weisen wir dennoch hin, weil an ihm die Gestaltungsfrage zu messen ist.

Arbeit ist vielen gleichbedeutend mit *Lohnarbeit*. Die bürgerliche Realität läßt alles, was nicht dem Kapitalverhältnis unterworfen ist, als gesellschaftlich unbedeutend erscheinen. Diese gesellschaftliche Wirklichkeit hat sich tief in das Bewußtsein der Lohnarbeiter eingegraben, obwohl sie wesentlicher Elemente ihres Menschseins beraubt werden. Alternativ dazu wird zur Lohnarbeit erniedrigte Arbeit total negiert: An die Stelle ihrer Befreiung von der Lohnform tritt die Ablehnung *aller* ihrer Inhalte. Der dem Kapital (noch) nicht verfügbare Raum erscheint als Refugium, das Hoffnung verspricht. Nun ist aber die praktisch schaffende Tätigkeit der Menschen Arbeit auch dann, wenn sie nicht den Stempel der Lohnarbeit trägt. Viele Formen von Arbeit in diesem Sinne untersuchen NEGT und

KLUGE in Ihrer "Politischen Ökonomie der Arbeitskraft" [14]. Die Arbeit in der Reproduktionssphäre wie in aufkeimenden Bereichen autonomer Produktion zeichnet sich gegenüber der Lohnarbeit durch Selbstbestimmung und Orientierung an Gebrauchswerten aus. Statt nun den Berech der Lohnarbeit streng von dem der Reproduktion und alternativen Produktion zu trennen, erscheint es uns notwendig, aus positiven Erfahrungen in dem einen Bereich für den jeweils anderen zu lernen.

Dieselben Menschen sind Produzenten wie Konsumenten. Das schnellrostende Stahlblech nutzt dem Bauern so wenig wie das verseuchte Schweinefleisch dem Automobilarbeiter. Wie kann, wer seine Kinder dem Zugriff technisierter Schule und Gesundheitspflege entziehen will, unberührt bleiben von den Verrottungen, die er als Lohnarbeiter gezwungen wird, den Produkten zuzufügen? Die Menschen müssen sich – in Lohnarbeit *und* Reproduktion – der Qualitäten bemächtigen, wollen sie sich dem spaltenden Zugriff des Kapitalverhältnisses entziehen. Arbeit als Prozeß wie als Produkt, als Verausgabung wie als Geronnenes muß sich auf den Gebrauchswert besinnen. Hier, meinen wir, sind utopische Kräfte zu mobilisieren. Wir beziehen uns deswegen in diesem Aufsatz auf die Arbeit.

Wir möchten auf ein Projekt hinweisen, von dem wir einiges gelernt haben. In dem skandinavischen Gemeinschaftsprojekt UTOPIA haben in den Jahren 1980 bis 1984 Informatiker, Facharbeiter aus dem Druckereigewerbe und Sozialwissenschaftler gemeinsam daran gearbeitet, ein computerunterstütztes System für den Ganzseitenumbruch bei der Zeitungsherstellung zu entwickeln [17]. Das Projekt wurde offiziell durch Gewerkschaft und Staat gefördert; in einer späteren Phase arbeitete es eng mit einem Hersteller zusammen. Die Beteiligten entwickelten ihre konkrete Utopie zwischen Hoffnungen und Kenntnis der sozialen und technischen Möglichkeiten. Ihr Paradigma ist das der *Qualität von Arbeit und Produkt*. Ein System muß sich daran messen lassen – besagt dieser Ansatz – wieweit es die Qualität der erzeugten Produkte und die der dafür zu leistenden Arbeit fördert.

Als Methode für die Entwicklung informationstechnischer Instrumente stellt UTOPIA der vorherrschenden *System*perspektive eine *Werkzeug*perspektive entgegen [3]. Die Systemperspektive betrachtet eine bestimmte Situation von oben herab, von der Spitze der Organisation. Sie tendiert zu formalen Beschreibungen, zu Abstraktionen und Verallgemeinerungen und reduziert Arbeit auf Funktionen, auf Algorithmen. Mensch und Computer sind ihr Spezialfälle eines allgemeinen informationsverarbeitenden Systems. Wo Computer relativ unabhängig von qualifizierter Facharbeit eingesetzt werden, kann die Systemperspektive erfolgreich sein. In dem Maße aber, in dem die Besonderheiten der einzelnen Arbeiten und die Abstimmung der täglichen und stündlichen Arbeiten verschiedener Facharbeiter in den Vordergrund rücken, in dem Maße lassen sich Systeme nicht mehr so einfach identifizieren. Je höher der Grad der Besonderheiten ist, die zu berücksichtigen sind, umso schwieriger lassen sich Schnittflächen als Begrenzungen zwischen Systemen und Subsystemen definieren.

Wenn wir dagegen von der Basis, von der Arbeit ausgehen, von der Person, die ein Werkzeug führt, wenn wir uns von der Maxime leiten lassen, das in Muskeln, Hirn und Nerven durch praktische Erfahrung angesammelte stille Wissen aktivierbar zu halten und nicht zu verschütten, so können wir erwarten, zu anderen instrumentellen Lösungen zu gelangen. So jedenfalls war der Ansatz des Projektes UTOPIA. Die Werkzeugperspektive sollte zur Realisierung von Prototypen führen, die geeignet sind, die hohe typografische Qualität der skandinavischen Zeitungen zu erhalten oder noch zu verbessern. Über diesen Zugang sollte wenigstens ein Teil der Produktivitätszunahme der Arbeit aufgefangen werden und sich auf Seiten der Facharbeiter niederschlagen.

Sichtbare Ergebnisse des Projektes UTOPIA sind Anforderungen an Systeme für den Zeitungsumbruch und ein umfängliches Ausbildungsprogramm für Facharbeiter des grafischen Gewerbes. Ursprünglich sollte ein marktgängiges, international wettbewerbsfähiges Produkt entstehen, das – quasi mit einem gewerkschaftlichen Gütesiegel versehen – von Schweden aus verkauft wird. Dazu ist es nicht gekommen. Der schwedische Staatskonzern Liber hat ein System namens TIPS zur Produktreife entwickelt, in das auch Vorstellungen aus UTOPIA eingeflossen sind. Die Gestaltungspotentiale, die UTOPIA hervorbrachte, wurden über ein Kooperationsabkommen von Liber vereinnahmt und an die Erfordernisse des (amerikanischen) Marktes angepaßt. UTOPIA bekam keine ausreichenden Mittel mehr, um seine Entwicklungen zu Ende führen zu können.

Wie auch immer der Verlauf des Projektes einzuschätzen ist, bleibt bemerkenswert, daß Fachleute sehr unterschiedlicher Richtungen ihre Zusammenarbeit unter den Gesichtspunkt der Qualität von Arbeit und Produkt gestellt haben. Sie haben die Richtung ihrer Forschung von dieser Orientierung her bestimmt.

3. Beispiele: sich auf Qualität einlassen.

Selbst wenn UTOPIA nur unter den besonderen politischen Verhältnissen Skandinaviens denkbar ist, erscheint uns die Orientierung an *Qualitäten* wichtig. Wir wollen ihr an Beispielen aus unseren eigenen Erfahrungen nachgehen. Unser Gegenstand ist die Vorbereitung von Vorlagen für den Druck, eine der aktuellen Hauptanwendungen von Computern (Textverarbeitung, Dokumentenbearbeitung).

3.1 Das Lesen unterstützen.

Typografen und Buchgestalter haben dargestellt, was gute Form von schlechter unterscheidet. Oberster Grundsatz: Typografie und Seitenumbruch müssen den Inhalt stützen, indem sie der Lesbarkeit dienen. Aus einer Fülle von Literatur weisen wir auf [5] hin. Gute formale Qualität eines Druckwerkes zeigt sich darin, daß die Form den Inhalt hervortreten läßt, ohne selbst aufzufallen. Diese Grundeinstellung hat zu Regeln geführt, die Typografen strikt einhalten. Daß es dennoch fortwährenden Wandel gibt, ist außer ökonomischem Kalkül dem ästhetischen Willen des Gestalters geschuldet. Größte Freiheit mit größter Strenge zu paaren, so läßt sich das Prinzip formulieren, nach dem Text, Grafik, Tabellen, Formeln, Illustrationen zu Seiten komponiert werden.

Seitdem ein Teil der typografischen Entscheidungen auf Programme und Computer übertragen wurde, sieht es schlecht aus. Alle negativen Erscheinungen, die der Bleisatz hervorbringen konnte (wenn er es auch selten tat), treten nun gehäuft und in krasser Form auf. Ein schlicht als blödsinnig zu bezeichnender Zwang zum Blocksatz selbst in Briefen und bei kürzesten Zeilenlängen beschert uns kaum auszustehende Wortzwischenräume selbst in professionellen Druckerzeugnissen. Das Verhältnis zwischen Schriftgröße und Durchschuß – für das leichte Lesen besonders subtil – wird völlig mißachtet. Auf die katastrophalen Ergebnisse der automatischen Silbentrennung brauchen wir gar nicht mehr zu verweisen. Die Leser haben angefangen, sie als selbstverständlich hinzunehmen. Auf Formeln und Tabellen wird verzichtet, nur weil das "System" sie nicht kann.

Die einzelnen Typen einer Schrift und ihre Zusammenstellung zu Wörtern fallen vielfach hinter die Möglichkeiten der Schreibmaschine zurück. Mag ein Matrixdrucker für eine erste Version eines kurzen Textes noch angehen, so ist sein Schriftbild bei allem, was darüber hinausgeht, eine Beleidigung für das Auge. Aus ergonomischen Gründen müßten solche Drucker verboten werden. Es gibt Hinweise darauf, daß selbst für Korrekturversionen die primitiven Drucker ungünstig sind: Ihr schlechtes Schriftbild führt dazu, mehr Schreibfehler zu übersehen. Angesichts der mit dem Computer möglichen "weichen" Typografie ist es unglaublich, daß nach wie vor Schriftbilder erzeugt werden, bei denen jeder Buchstabe die gleiche Breite beansprucht. WILLBERG [19] weist darauf hin, daß typografische Probleme wie das "Unterschneiden" (z.B. ein V gefolgt von einem e: Ve) elektronisch leicht zu behandeln sind. Die meisten Systeme – wie dieses hier – leisten das nicht. Herausragende Ausnahme ist TEX.

Allerdings verführen die faszinierenden Möglichkeiten elektronischer Typografie leicht zu Beliebigkeit: Erlaubt ist alles, was geht. Qualität der Gestaltung unterscheidet sich von purer Vielfalt nach wie vor im Verhältnis zwischen notwendiger Strenge und möglicher Variation.

3.2 Absätze umbrechen.

Von KNUTH [12] können wir lernen, wie heilsam und notwendig es ist, sich auf das typografische *Material* einzulassen. Als er begann, Programme zur Textaufbereitung zu entwickeln, studierte er zunächst die Jahrgänge einer mathematischen Zeitschrift, um zusammenzutragen, was typografisch alles zu beachten ist. Er lernte dabei u.a., daß Setzer nicht mehr als zwei oder drei Silbentrennungen in Reihe zulassen. Er lernte vieles über die Abstände der Wörter in einer Zeile und der Buchstaben in einem Wort. Zwischenräume sind bei einem Gedankenstrich und den links und rechts davon stehenden Wörtern anders zu behandeln als bei einem Bindestrich. Lokal muß das Auge mit Leichtigkeit gedruckte Zeichen erkennen, global muß es gleichmäßig und ohne Abweichungen über die Zeile und zur nächsten Zeile geführt werden.

Daraus folgt, daß sich der Umbruch eines längeren Textstückes nicht an Zeilen, wie allgemein üblich, sondern an Absätzen orientieren muß. KNUTH verwendet deshalb einen bedeutend "klügeren" Umbruchalgorithmus als wohl alle anderen Systeme. Es kommt an dieser Stelle nicht auf Einzelheiten dieses Algorithmus an. Uns liegt jedoch an dem Hinweis auf das Prinzip des Herangehens. Nur dadurch, daß er sich auf das Material einließ, auf die Qualität des Produktes, wurde KNUTH dazu geführt, komplexere Zeilenumbruch-Algorithmen zu entwickeln. Üblich ist es, die Wörter in einen Puffer einlaufen zu lassen und sie gleichzeitig auf den Bildschirm zu projizieren. Sobald die Länge der im Puffer gespeicherten Wörter die Zeilenlänge überschreitet, wird eine Entscheidung über das Ende der Zeile getroffen (eventuell Silbentrennung). Der weiße Raum wird gleichmäßig zwischen die Wörter der Zeile eingestreut. Solch ein Algorithmus geht die Textgestaltung nicht vom Material her an. Sein Ziel ist vielmehr die Erhöhung der Geschwindigkeit, mit der die Finger über die Tasten fliegen. Dem werden etliche Eigenschaften geopfert, die ein Absatz besitzen muß, um gut lesbar zu sein. Automatischer Umbruch muß also generell Absätze als Einheiten behandeln, wenn Qualitätsansprüche erhalten bleiben sollen, die sich durch Erfahrung von Jahrhunderten gebildet haben. Dem steht entgegen, daß unmittelbare Rückkopplung am Bildschirm erschwert wird. Die Aufgabe für die Informatik wird dadurch umso spannender.

3.3 Logik und Erscheinung.

Verwendung eines Computers zur Bearbeitung eines Gegenstandes bedeutet immer Abtrennung informationeller Aspekte des Gegenstandes von seinen stofflichen und energetischen Bestandteilen. Zumindest muß der Gegenstand informationell abgebildet werden. Dies bedingt ein gewisses Maß an Formalisierung, denn Formalisierung ist Voraussetzung für Maschinisierung. Bei Dokumenten bedeutet der Vorgang eine informationelle Fassung der Elemente, aus denen ein Dokument schließlich stofflich besteht: Buchstaben, Zeichen, Striche, Schwärzungen. Bleibt die informationelle Reduktion des Prozesses der Dokumentenerstellung hier stehen, so werden die Zeichen eines Zeichenvorrats vom Hersteller des Textes irgendwie auf der Bildschirmfläche arrangiert. Er wird durch die üblichen Edieroperationen (löschen, einfügen, ersetzen) unterstützt. Aber schon ein Absatz kann als Element in diesem Modell nicht mehr erfaßt werden.

Um auf einer höheren Ebene als der der Erscheinung das Dokument behandeln zu können, macht die informationelle Abbildung sehr bald die Gliederung des Dokumentes explizit: Unterteilung in Kapitel und Abschnitte, in Verzeichnisse und Vorspann, in Text, Bild und Tabelle, in Fußnote und Überschrift, in Aufzählung und Zitat und vieles mehr. Diese Gliederung ist Gegenstand heftiger, weit fortgeschrittener Normungsbemühungen [vgl. z.B. 15]. Technisch hat sich durchgesetzt, von "logischer Struktur" oder von "abstrakten Objekten" zu sprechen [4].

Die maschinelle Bearbeitung des Dokuments verdeutlicht zwangsläufig einen Aspekt, der vorher in verschiedenartiger stofflicher Erscheinung auf dem Papier zwar sichtbar war, als besonderer Aspekt sich aber erst im Kopf des Lesers ergab – eben die Gliederung. Während bislang die entsprechend gestaltete Textzeile dem Leser mitteilte: *hier beginnt ein Kapitel*, oder während das Zeilenende, der Durchschuß, die Einrückung signalisierten: *neuer Absatz*, müssen solche Eigenschaften jetzt ausdrücklich in die Beschreibung des Dokuments aufgenommen werden, wenn sie manipulierbar werden sollen.

Mit der explizit gemachten logischen Struktur öffnet sich ein neuer Widerspruch. Einerseits wird es möglich, die Bearbeitung des Dokumentes leichter und reichhaltiger vorzunehmen. So kann das Literaturverzeichnis automatisch aus den Markierungen gewonnen werden, die im Text als *Literaturhinweis* kenntlich sind. Oder wenn verwiesen wird: *die Abbildung links unten*, kann automatisch umgeschrieben werden, falls dies auf Grund eines neuen Umbruchs notwendig wird. Voraussetzung dafür ist, daß der Verweis als solcher gekennzeichnet wurde. Andererseits bedeuten gerade solche Funktionen auch neue Rationalisierungen. Vorher mühsam unter hoher Konzentration durchzuführende Arbeiten werden banalisiert auf einen Funktionsaufruf. Was einerseits Gewinn bedeutet, ist gleichzeitig Verlust. Die Ebene der logischen Struktur scheint im übrigen die zu sein, auf der die Autoren vor allem tätig sind. Jedenfalls zeigen unsere Gespräche mit Schreibkräften, daß sie keine unmittelbare Notwendigkeit sehen, *explizit* Gliederungselemente zu handhaben. Müssen deshalb nicht Funktionen gefunden werden, die die logische Struktur von der Ebene der Erscheinung aus manipulierbar machen? Es fällt auf, daß die Trennung von Logik- und Layout-Struktur gerade bei den Standardisierungen eine wichtige Rolle spielt. Standardisierung aber zielt auf Verallgemeinerung möglicher Rationalisierungen.

3.4 Sehen, was gedruckt wird.

Durch die Pionierarbeiten der siebziger Jahre im XEROX Palo Alto Research Center [6] ist das sogenannte Prinzip WYSIWYG zu Berühmtheit gelangt. "What you see is what you get" soll sagen, daß ein Dokument, das interaktiv bearbeitet wird, auf dem Bildschirm bereits so aussieht, wie es auf dem Drucker erscheinen wird. Auf den ersten Blick scheint alles *für* dieses Prinzip zu sprechen. Es ermöglicht in gewisser Weise wieder die *direkte* Bearbeitung des Dokumentes. Sie war in der Bearbeitung der mit Kommandofolgen durchsetzten *Beschreibung* des Dokumentes verschwunden. Nun taucht sie informationell vermittelt wieder auf: Zeigen auf eine Textpassage kann sie kursiv auf dem Bildschirm erscheinen lassen; Deuten auf eine Textstelle kann einen neuen Absatz erzeugen. Das Dokument wird nicht selbst bearbeitet, nur seine Beschreibung, aber dies wird vermittelt über die Erscheinung des Dokumentes auf dem Bildschirm. *Batch*orientierte Formatierer verlangen dagegen in den Text eingestreute Kommandos, die Typografie und Layout beeinflussen. Derartige Bearbeitung des Dokumentes ist zweigeteilt: Im ersten Schritt wird eine Beschreibung des gewünschten Aussehens erzeugt (Edieren des Textes mit Umbruchkommandos). Der zweite Schritt erstellt aus dieser Beschreibung das Dokument (Formatieren). Während der Benutzer eines solchen Systems ein Dokument bearbeitet, hat er nur eine geringe Vorstellung davon, wie es auf bedrucktem Papier aussehen wird. TEX [12] und TROFF [11] sind Beispiele.

Die Vorstellungskraft eines Experten, der täglich mit einem *batch*orientierten System umgeht, ist nicht zu unterschätzen. Je öfter er aus einem Text, der von typografischen Kommandos durchsetzt ist, die gedruckten Fassungen erzeugt und betrachtet hat, umso sicherer wird er in der Beurteilung der visuellen Wirkung der Kommandos. Das ändert nichts daran, daß die Erfahrung der unmittelbar eintretenden Wirkung eine besondere Sicherheit beim Umgang mit dem Programm gibt. Für die Qualität der *Arbeit* ist WYSIWYG vermutlich zu wünschen. Für die Qualität des *Produktes* muß das nicht in jedem Fall gelten. Beide hängen natürlich miteinander zusammen und es mag sein, daß Autoren eher ohne WYSIWYG auskommen können als Schreibkräfte und Dokumentgestalter.

Wörtlich genommen trifft WYSIWYG in aller Regel ohnehin nicht zu. Denn nur dann wird genau das dargestellt, was gedruckt wird, wenn die Auflösungen von Bildschirm und Drucker gleich sind. Hat der Drucker eine höhere Auflösung, die durch erneute Rasterung ausgenutzt wird, so zeigt der Bildschirm nur eine Näherung dessen, was gedruckt wird. Ist die Drucker-Auflösung dagegen niedriger oder verfügt er nur über feste Typensätze, so ist es mit WYSIWYG nicht weit her. Ein reines Prinzip WYSIWYG ist auch deswegen nicht vertretbar, weil es den Zugriff auf die logische Struktur verbaut: What you see is *all* you get! Die Entscheidung für oder gegen dieses Prinzip hängt von Überlegungen ab, die sich teilweise widersprechen. Gesichtspunkte der Qualität verlangen Operationen, die über das Prinzip WYSIWYG hinausgehen.

3.5 Ganze Seiten vor sich haben.

Unsere Kultur geht mit Schriftstücken bislang vor allem in Papierform um. Zumindest in einigen Bereichen wird es dabei auch noch längere Zeit bleiben. Die Papierseiten haben bei der Ersterfassung meist das Format DIN-A4. Es dürfte keinem Zweifel unterliegen, daß die Vorbereitung einer Seite A4 auf einem Medium zu geschehen hat, das mindestens so groß wie A4 ist, wenn die Qualität von Arbeit und Produkt leitendes Kriterium ist. Die meisten Bildschirme sind jedoch bedeutend kleiner oder sie verkleinern die A4-Seite zu Lasten der Schriftgröße.

Die Forderung nach Ganzseiten-Darstellung schafft bei der derzeit vorherrschenden Technologie der Kathodenstrahlröhre Probleme, denn Flimmern und Strahlung nehmen zu. Beides bewirkt gesundheitliche Schädigungen, die nicht hinzunehmen sind. Autoren mögen damit leben können, denn sie *wollen*, Schreibkräfte aber *müssen* schreiben. In dieser unterschiedlichen Ausgangslage dürfte die Ursache für oft sehr irrational geführte Auseinandersetzungen über die Einführung von Textbearbeitungssystemen liegen. Von der Qualität der Arbeit und des Produktes her ergibt sich die Forderung nach völlig flimmer- und strahlungsfreien Bildschirmen von mindestens der Größe A4 mit schwarzen Zeilen auf weißem Grund. Kathodenstrahlröhren (und damit fast alle derzeitigen Systeme) scheiden aus. Notwendig ist es, Alternativen zu entwickeln, die qualitative Anforderungen an die Form des Schriftgutes mit der Erhaltung der Gesundheit vereinbaren.

4. Orientierung: Gebrauchswert.

Die vorangegangenen Beispiele sollen die Aufmerksamkeit des Lesers auf die Bedeutung des Arbeitsgegenstandes und des Arbeitsprozesses richten, die durch den Einsatz informationstechnischer Mittel verändert werden. Zumindest für den Bereich der Erstellung von Dokumenten haben wir die Überzeugung gewonnen, daß das doppelte Qualitätskriterium des Projektes UTOPIA ein für die Interessen von Beschäftigten und Abnehmern – hier Textgestalter und Leser – nützlicher Maßstab ist. Wir wollen in diesem Abschnitt eine leichte Verallgemeinerung vornehmen.

Bekanntlich muß das kapitalistische Unternehmen seine Entscheidungen an Profit und Profitrate ausrichten. Die Konkurrenz und die dem Kapital innewohnende Tendenz, Maximalprofite zu erzielen, lassen die stoffliche Produktion zu einer Produktion von Mehrwert werden. Der Wert kommt nicht nackt und rein vor, er haftet immer an mehr oder weniger widerstrebenden Materialien. Die konkrete stoffliche Seite der Produkte und Dienstleistungen macht aber ihren Gebrauchswert aus. Dieser kann niemals entfernt werden. Wird die Mehrwertproduktion durch Verschärfung der Arbeitsbedingungen und Verschlechterung der Qualität der Produkte auf die Spitze getrieben, so kommt es zur Rebellion des Gebrauchswerts gegen den Wert. Ein Medikament, das überhaupt nicht mehr heilt, sondern nur noch krank macht, kann zwar mit hohem Profit verkauft werden, aber nicht über einen beliebig langen Zeitraum. Bei sehr hoher Erwartung an den Inhalt nimmt der Leser es hin, selbst einen fast unleserlichen Text aus einem Matrixdrucker samt allen Fehlern und stilistischen Verhunzungen zu entziffern, aber nicht viele Leser sind so stark motiviert.

Es geht selbst innerhalb der Grenzen kapitalistischer Produktionsweise nicht ohne Gebrauchswert, wenngleich das Kapital Gebrauchswerten, überhaupt allen Besonderheiten der Waren gegenüber gleichgültig ist [13, S. 205]. Gebrauchswert hat die Ware, insofern sie ein gesellschaftliches Bedürfnis befriedigt. Er kann erst beim Gebrauch bzw. Verbrauch realisiert werden, erst in der Hand des Konsumenten also. Zu diesem Zeitpunkt hat die Ware längst im Kaufakt ihre Schuldigkeit für die Kapitalverwertung getan. Der Verkäufer hat Geld erhalten für seine Ware. Die Menge des Geldes stellt aber nur eine andere Form des Wertes dar, der in der Ware in stofflicher Form enthalten ist. Gerade um diese Formänderung geht es dem Verkäufer. Doch was er veräußert hat, und zwar in der Regel unwiederbringlich, ist der Gebrauchswert. Dem *Gebrauchswert* gilt das Interesse, nämlich das Bedürfnis des Käufers. Die Kategorie der Qualität, wie sie im Projekt UTOPIA auftritt, verweist auf den Gebrauchswert, trägt in sich die Frage nach den eigentlichen Zwecken der Produktion einer Gesellschaft: Für welches Bedürfnis wird hier produziert? Produktion ist hier zu fassen als Prozeß (Arbeit) wie als Ergebnis (Produkt).

WELTZ und LULLIES haben die Gestaltung der Arbeit in der Textverarbeitung ausführlich untersucht und waren beeindruckt von dem "Maß an Arbeitsleid, das wir in manchen Schreibdiensten vorfanden". Ihnen erschienen die dafür verantwortlichen Regelungen offenkundig und vielfach unnötig unvernünftig. "Waren diese Belastungen wirklich notwendige Folgen des 'technischen Fortschritts', des Rationalisierungsprozesses in der Verwaltung und damit unvermeidbar?" wird zur Ausgangsfrage ihrer Untersuchungen. Die Befunde deuten darauf hin, daß dies nicht so ist, daß durchaus "effizient gearbeitet" werden kann und dennoch das "Maß an Arbeitsleid" deutlich geringer sein kann [18, S.13].

Schriftgut zu erzeugen, besteht prinzipiell aus zwei Vorgängen: Konzeptionierung und Formulierung des Inhalts sowie Darstellung des Inhalts in bestimmter Form. Beide Vorgänge müssen nicht getrennt auftreten, sind jedoch logisch zu unterscheiden. Die erste Tätigkeit ist die des Autors, die zweite die der Schreibkraft. In dem Maße, wie die Herstellung einer ansprechenden äußeren Form des Schriftstücks durch Maschinisierung banalisiert, also auch einem Autor möglich wird, in dem Maße kann diese Arbeitsteilung aufgehoben werden, kann der Autor Schreibtätigkeit übernehmen. Da nur selten die Schreibkraft gleichzeitig zum Autor wird, verschwindet ihre Arbeit tendenziell in den Programmen, in toter Arbeit also, die vom Autor in Bewegung gesetzt wird. In absehbarer Zeit wird es durch diese Entwicklung den Beruf der Schreibkraft kaum noch geben. Besondere Fähigkeiten wie fehlerfreies Tippen oder gleichmäßiges Aussehen des Textes haben die Schreibkräfte nicht mehr zu bieten. Genauer: Obwohl sie sie bieten können, werden diese Tätigkeiten nicht mehr nachgefragt. Die Maschinisierung hat diese Qualifikationen entwertet. Die besonderen Qualitäten der Arbeitskraft sind noch vorhanden, sie spielen aber gesellschaftlich keine Rolle mehr. Die Frage ist, ob mit der nicht mehr aufzuhaltenden Verwandlung eines großen Teils lebendiger Schreibarbeit in tote Arbeit die Schreibkräfte schlicht arbeitslos werden müssen, ob mit der Veränderung auf der Seite der toten Arbeit die Fähigkeiten der lebendigen Arbeitskraft negiert werden müssen. Wir meinen, dies muß nicht sein.

Wir gehen von den Arbeitenden aus und den Produkten, die sie erzeugen. Schriftgut kann von einer Schreibkraft mit Hilfe einer Schreibmaschine in einer formalen Qualität erzeugt werden, die bedeutend über dem liegt, was den meisten Zeitgenossen von Hand möglich ist. Wir kümmern uns im Augenblick nicht um das Verhältnis dieser Qualität zu der, die Handschreibern im 19. Jahrhundert möglich war. Wir fragen vielmehr, wieso die formale Qualität des Schriftgutes nicht *zunehmen* soll, wenn neue Technik eingesetzt wird. Sollen Schriftstücke "schöner" gestaltet werden, so ist noch nicht ausgemacht, daß das nicht auch menschliche Arbeit verlangt. Um nicht mißverstanden zu werden: Wenn wir in unseren Beispielen die formalen Qualitäten des Schriftgutes so sehr betonen, so bedeutet dies keineswegs, daß wir die Form über den Inhalt stellen. Die Form kann den Inhalt überhöhen, von seiner miesen Qualität ablenken (die Werbung liefert hierfür Beispiele). Doch kann die Form den Inhalt auch verstellen. Unsere Beschränkung auf Formales hat den praktischen Hintergrund, daß wir hier augenblicklich unsere Erfahrungen sammeln.

Die Erstellung von Schriftstücken kennt vielerlei Hilfsmittel: Bleistift, Tuschefüller, Filzschreiber, Lineal, Schreibmaschine, Textsystem, Laserdrucker. Jedes dieser Hilfsmittel ist für unterschiedliche Aufgaben unterschiedlich gut geeignet. Von der Aufgabe her ist zu entscheiden, welches Hilfsmittel am geeignetsten ist. Das jeweils spezifische Zusammenspiel von Arbeitsmittel, Arbeitsgegenstand und Arbeitskraft ist entscheidend, nicht ein abstraktes Verdikt, Computer einzusetzen, weil sie nun mal schneller seien – eine Behauptung, die sich oft genug als falsch herausstellt, wenn die Arbeit insgesamt betrachtet wird.

Es ist zu vermuten, daß Standard-Software unter diesem Gesichtspunkt nur beschränkt nützlich ist. Die wissenschaftlichen Texte in einem naturwissenschaftlichen Fachbereich sehen anders aus und stellen andere Anforderungen als die in einem geisteswissenschaftlichen Fachbereich. Orientierung an Gebrauchswerten heißt, daß – aufbauend auf einigen sehr allgemeinen Grundfunktionen – Programme maßzuschneidern sind für die jeweils besonderen Anforderungen an die Arbeit. Aus anderen Überlegungen, im Ergebnis aber in ähnliche Richtung deutend, ist die Textbearbeitung an der Universität Zürich funktional aufgeteilt nach Korrespondenz und wissenschaftlichen Texten [1].

In Verlängerung dieser Gedanken zeichnet sich so etwas wie Textgestaltung als Berufsbild ab. Das einfache Erfassen von Texten nimmt einen eher geringen Teil der Arbeit ein. Wesentlicher ist die Gestaltung von Grafiken nach Skizzen der Autoren, der Entwurf und das Erstellen typografisch konsistenter Dokumente, die Auswahl, eventuell sogar Abwandlung von Schriften für besondere Zwecke. Einzelne Tätigkeiten von Typografen, Setzern, technischen Zeichnern, Buchgestaltern, Lektoren sind in einem solchen Textgestalter zu vereinen.

Uns ist am leichtesten der Bereich der wissenschaftlichen Publikationen zugänglich. Dabei handelt es sich um Texte, die eine häufige Überarbeitung verlangen und in denen ein breites Spektrum von Bestandteilen vorkommt. Die Publikationen werden zum Teil nur innerhalb der Universität verteilt (Vorlesungsmanuskript), zum Teil als graue Literatur in geringer Auflage nach außen gegeben (Institutsberichte) und zum Teil als einzelnes Exemplar (Manuskript) an Verlage geschickt, die entweder alles neu setzen oder – bei entsprechend logischer Aufbereitung – mit einem verlagsspezifischen Layout versehen. Die ersten beiden Kategorien sind besonders interessant, als bei ihnen bisher kein Setzer und nur selten ein technischer Zeichner tätig ist. Die anvisierte Tätigkeit Textgestaltung würde die formale Qualität solcher Texte beträchtlich verbessern, ohne in Widerspruch zu anderen Tätigkeiten zu geraten. Die Orientierung am Gebrauchswert stößt in ein bisher unbesetztes Feld vor. Bisherige Schreibkräfte hätten erstens nach wie vor Arbeit und zweitens eine Arbeit mit wesentlich höheren Anforderungen.

SOHN-RETHEL hat aus Anlaß des "Corporate Plan" der Belegschaft von Lucas Aerospace darauf hingewiesen, daß die Logik hinter dem Versuch der von Arbeitslosigkeit bedrohten Arbeitnehmer, ihren Betrieb selbständig weiterzuführen, eine "Produktionslogik" sei [16]. Darunter versteht er eine Logik, die von der Produktion als konkreter stofflicher Einflußnahme der Arbeitskraft auf die Natur ausgeht. Er setzt sie der Kapitallogik entgegen.Wesentlich bestimmt ist diese Produktionslogik durch die Gebrauchswertseite aller Elemente, die in der Produktion zusammenkommen müssen: Rohstoffe, Maschinerie, Werkzeuge und Arbeitskraft.

Orientierung am Gebrauchswert hebt den Blick. Die von immer neuen Maßnahmen des Managements Betroffenen versammeln sich nicht mehr nur als leidend Betroffene in einer defensiven Solidarität, sondern sehen die Möglichkeit einer offensiven Strategie. Sie erscheinen als Subjekte, die tun, nicht als Objekte, denen angetan wird. Der ermüdenden Herrschaft der schieren Quantität setzen sie die Vielfalt der Qualität entgegen. Subjektive Momente der Arbeit wie des Gebrauchs treten in den Vordergrund.

5. Ganzheit: Gestaltung.

Orientierung am Gebrauchswert ist nicht gleichbedeutend mit Überwindung der Widersprüche kapitalistischer Produktion. Eher das Gegenteil scheint zunächst zuzutreffen: Wer Geld hinlegt, kriegt Qualität, selbst dann, wenn ringsum schon Fäulnis herrscht. Gerade im Bereich der Erzeugung von Druckwerken finden sich zumindest in Europa stets noch beachtliche Qualitätsbeispiele. Mehr noch: Unter der aufkommenden Computer-Ära im Druckbereich besinnen sich etliche Betriebe alter Qualitäten.

Doch daraus folgt nicht, daß die hier vorgeschlagene Gestaltung von Informationstechnik von vornherein desavouiert wäre. Historische Prozesse verlaufen nicht nach einfacher statischer Logik. Indem sie an einem Ausgangspunkt Energie aufnehmen für einen ersten Schritt, gewinnen sie Momentum für einen zweiten, dessen konkrete Länge und Richtung sich vorher nur vage abzeichnet. Das Einlassen auf die doppelte Qualität bedeutet für beide Seiten, Kapitaleigner und Beschäftigte, das Einlassen auf eine Entwicklung mit durchaus offenem Ausgang.

Die Informationstechnik einfach nur "gestalten" zu wollen, *irgendwie*, das kann niemand den Arbeitenden ernsthaft als Politik vorschlagen wollen. Sich in diese Gestaltung einzumischen unter der Ausrichtung auf Gebrauchswerte bedeutet, den Blick auf große Zusammenhänge wie auf Einzelheiten zu richten. Es bedeutet, sich um *Gestalt* zu bemühen, eine Kategorie, die *Qualität* assoziiert. Am Beispiel der Dokumentenerstellung haben wir aufgezeigt, daß so ein Vorgehen durchaus in konkrete technische Vorschläge mündet. Können diese realisiert werden, so ist für die aktuelle Situation ein konkreter Vorteil erreicht.

Über die unmittelbare Auseinandersetzung hinaus wohnt der am Gebrauchswert orientierten Gestaltung eine Tendenz über bestehende Verhältnisse hinaus inne. Niemand wird glauben, daß die Propagandatrommel nur auf den Takt "Gebrauchswert" eingestellt zu werden braucht, und schon würde das Paradies ausbrechen.

Wenn aber die Menschen schließlich die Gesellschaft selbst gestalten *wollen* sollen, so werden sie sie gestalten *müssen*. Das fängt nicht unbedingt bei der *technischen* Gestaltung an. Gesellschaftliche Gestaltung heißt aber *auch* technische Gestaltung, und technische Gestaltung verlangt immer gesellschaftliche Gestaltung.

Gestaltung mit der Orientierung am Gebrauchswert wird sich nicht mit Mitbestimmung abspeisen lassen. Sie drängt auf Selbstbestimmung, mischt sich ein, überall. Systeme bleiben nicht Systeme, insbesondere dann nicht, wenn von ihnen behauptet wird, sie seien ja "nur Werkzeuge". Gebrauchswertorientierte Gestaltung von Informationstechnik wird tatsächlich Werkzeuge hervorbringen. Sie wird aber vor allem auch die Arbeit umgestalten, wird die Arbeitsorganisation erfassen. Denn nicht jedes Werkzeug kann bei jeder Arbeitsorganisation nützlich eingesetzt werden. Das klassische Werkzeug erweist seine Nützlichkeit in der Hand des Meisters. Den Gebrauch eines Werkzeugs zu erlernen, heißt, es zu beherrschen lernen. Mit der Informationstechnik kann es ähnlich gehen.

Wir möchten allen, uns selbst ebenfalls eingeschlossen, die das Wagnis der Gestaltung als Schritt der Emanzipation nicht einzugehen sich trauen, zurufen:

"Erkennt die Spielräume, die man Euch nehmen wird!"

Literatur

[1] BAUKNECHT K., MARTY R., MRESSE M., PIRCHER P.: Büroautomation an Hochschulinstituten. *Angewandte Informatik* Bd. 24, Nr. 9 (1982) 463–469.

[2] BLOCH E.: *Das Prinzip Hoffnung*. Gesamtausgabe Bd. 5, Frankfurt: Suhrkamp Verlag, 1959.

[3] EHN P., KYNG M.: A Tool Perspective on Design of Interactive Computer Support for Skilled Workers. *Proc. 7th Scandinavian Research Seminar on Systemeering*; Helsinki 1984. – S.a. SUNDIN B. (ed.): *Is the Computer a Tool?* Stockholm: Almquist and Wiksell, 1980.

[4] FURUTA R., SCOFIELD J., SHAW A.C.: Document Formatting Systems: Survey, Concepts, and Issues. *Computing Surveys* 14 (1982) 417–472.

[5] GERSTNER K.: *Programme entwerfen*. Teufen: Verlag Arthur Niggli, 1968.

[6] GOLDBERG A.: *Smalltalk 80*. Vier Bände mit verschiedenen Untertiteln. Reading, Mass. (USA): Addison-Wesley, 1984 ff..

[7] GORZ A.: *Wege ins Paradies*. Berlin: Rotbuch Verlag, 1983.

[8] HABERMAS J.: Die Krise des Wohlfahrtsstaates und die Erschöpfung utopischer Energien. In HABERMAS: *Die neue Unübersichtlichkeit*. Frankfurt: Suhrkamp, 1985, 141–163.

[9] HAEFNER K.: *Mensch und Computer im Jahre 2000*. Basel: Birkhäuser Verlag, 1984.

[10] IG METALL: *Aktionsprogramm Arbeit und Technik*. Frankfurt: Hauptvorstand der IG Metall, 1984.

[11] KERNIGHAN B.W., LESK M.E.: Unix Document Preparation. In NIEVERGELT J., et al. (eds.): *Document Preparation Systems*. Amsterdam: North-Holland, 1982, 1–20.

[12] KNUTH D.E.: *The* TEX *Book*. Reading, Mass. (USA): Addison-Wesley, 1986.

[13] MARX K.: *Das Kapital*. Bd. 3. Marx-Engels-Werke Bd. 25. Berlin (DDR): Dietz Verlag, 1972.

[14] NEGT O., KLUGE A.: *Geschichte und Eigensinn*. Frankfurt: Verlag Zweitausendeins, 1981.

[15] SCHELLER A., APPELT W.: Derzeitiger Stand der Technik und der internationalen Normungsarbeit auf dem Gebiet der Dokumentenverarbeitung. In NAKE F. (Hrsg.): *Graphik in Dokumenten*. Berlin, Heidelberg, New York: Springer Verlag, 1986, 1–18.

[16] SOHN-RETHEL A.: Produktionslogik gegen Aneignungslogik. In LÖW-BEER P.: *Industrie und Glück*. Berlin: Wagenbach Verlag, 1981.

[17] The UTOPIA Project – An Alternative in Text and Images. *Graffiti* 7. Stockholm: Swedish Center for Working Life. 1985. – S.a. HOWARD R.: UTOPIA – Where Workers Craft New Technology. *MIT Technology Review* 88, Nr. 3 (April 1985) 43–49.

[18] WELTZ F., LULLIES V.: *Innovation im Büro – Das Beispiel Textverarbeitung*. Frankfurt: Campus Verlag, 1983.

[19] WILLBERG H.P.: *Buchkunst im Wandel*. Frankfurt: Stiftung Buchkunst, 1984.

Möglichkeiten der Arbeitsgestaltung mit wissensbasierten Computersystemen

Jack Schiff
European Computer-Industry Research Centre GmbH
Man-Machine Interaction Group
Arabellastr. 17
8000 München 81

Zusammenfassung

In der Artificial Intelligence-Forschung reifen gegenwärtig "wissensbasierte" Computersysteme heran. Als Werkzeuge für geistige Tätigkeiten können sie die Qualität künftiger Arbeitsplätze prägen. Kritiker befürchten eine Entmündigung und Dequalifizierung der Benutzer solcher Systeme. Ebenso möglich wäre aber auch ein integrativeres Arbeiten mit mehr Eigenverantwortung. Durch Computerunterstützung lassen sich nämlich individuelle Tätigkeitsspektren verbreitern, und gerade durch AI-Techniken der Wissensrepräsentation können die entsprechenden Computersysteme auch für den Nicht-Informatiker durchschaubarer und kontrollierbarer werden. Wie sich wissensbasierte Systeme auf die Arbeitsgestaltung auswirken werden liegt weder in der einen noch in der anderen Richtung zwangsläufig fest. Die möglichen Auswirkungen sind vielmehr die Folge einer Reihe bewußt zu treffender technischer und arbeitsorganisatorischer Entscheidungen.

Computer zur Entscheidungsunterstützung

Der Computer entwickelt sich zu einem Instrument, mit dem Informationen nicht nur verrechnet und sortiert, sondern zunehmend auch analysiert und bewertet werden. Diese Entwicklung führt zu qualitativ neuen Anforderungen an eine "benutzerfreundliche" Gestaltung des Arbeitsmittels Computer. Es geht hier nämlich nicht mehr nur um den Verlauf einzelner Arbeitsschritte - etwa, ob sich der Benutzer umständliche Kommandos genauestens einprägen muß -, sondern auch um die Aufgaben- und Rollenverteilung zwischen Mensch und Maschine.

Computer können uns bei der Arbeit lästige Routinen abnehmen, unter Umständen aber auch Inhalt und Verantwortung. Eine entsprechende Reduzierung des Benutzers zum bloßen Knopfdrücker kann nun zu einer tiefen Frustration führen, die an den Kern der Persönlichkeit reicht - weit über den Ärger hinaus, den eine unhandliche Bedienung verursacht [Jensen 83]. Im Rahmen der Forschung über Mensch-Maschine Interaktion wird daher versucht, einzelne Faktoren zu identifizieren, die für eine menschengerechte Funktionsverteilung zwischen Benutzer und Computer kritisch sind. Vor dem Hintergrund einer solchen Analyse können wir weiter unten diskutieren, welche Möglichkeiten sich insbesondere mit wissensbasierten Computersystemen ergeben. Betrachten wir zuvor aber kurz den hier interessierenden Einsatzbereich, nämlich die Entscheidungsfindung in komplexen Systemen.

Mögliche Einsatzfelder für eine computergestützte Informationsbewertung sind die Diagnose, der Entwurf und die Regelung von komplexen Systemen, etwa in verschiedenen Bereichen aus Wissenschaft und Technik oder der Wirtschaft. So verschieden diese Systeme (z.B. Lokomotiven oder Finanzhaushalte) auch sein mögen, so weisen viele von ihnen doch eine entscheidende strukturelle Gemeinsamkeit auf: ihre einzelnen Komponenten sind miteinander *vernetzt*. Das bedeutet, daß die Ursache-Wirkungs Beziehungen in einem solchen System im allgemeinen nicht "linear", sondern mehrdimensional sind: jeder Eingriff hat gewöhnlich nicht nur eine Haupt-, sondern auch mehrere Nebenwirkungen, die sich u.U. mit verschiedenen zeitlichen Verzögerungen ausbreiten.

Diese allgemeinen Eigenschaften vernetzter Strukturen führen zu charakteristischen kognitiven Anforderungen bei der Entscheidungsfindung, die sich dann in jedem speziellen Bereich fachspezifisch ausdrücken. Dabei gibt es durchaus unterschiedliche Gewichtungen, z.B. in Abhängigkeit davon, ob die jeweiligen Entscheidungen gewöhnlich unter hohem Zeitdruck gewonen werden müssen oder nicht. Dennoch lassen sich aus einer Analyse der Entscheidungsprobleme in einem beispielhaften Bereich allgemeine Hinweise gewinnen, die für die Gestaltung von computer-basierten Entscheidungshilfen wertvoll sind (siehe weiter unten.) Ein solches Beispiel ist das in Abb. 1 skizzierte "Lohhausen"-System [Doerner 83].

Lohhausen ist eine fiktive Kleinstadt. In einer Untersuchung, die von der Gruppe um den Kognitionspsychologen Dietrich Dörner durchgeführt wurde, konnten die Versuchspersonen als "Bürgermeister" die in Abb. 1 mit Pfeilen markierten Komponenten des Lohhausen-Systems beeinflussen. Dörners Gruppe analysierte das Problemlöse-Verhalten der Versuchspersonen. Sie waren in diesem Experiment "sich selber überlassen", mußten ihre Entscheidungen also ohne Unterstützung treffen. Wie kann nun der Computer in einem solchen komplexen System Entscheidungshilfe geben, und welche Gestaltungsmöglichkeiten gibt es hierbei?

Der prinzipielle Ansatz zur computer-basierten Entscheidungsunterstützung ist die *Modellbildung*. Das heißt, ein "Modellierer" - im allgemeinen ein Experte für den jeweiligen Problembereich - konstruiert ein Abbild des Systems, in dem die Entscheidungen zu fällen sind (Abb. 2). So ein Abbild kann z.B. in Form von mathematischen Beziehungen ausgedrückt sein, oder in irgendeiner anderen Form, die für eine Verkörperung im Computer geeignet ist. Der Entscheider kann sich dann bei der Einflußnahme auf das System von dem Modell "beraten" lassen (z.B. indem im Modell mögliche Handlungsalternativen durchgespielt werden.) Die technische und arbeitsorganisatorische Entwurfsphilosophie hinter einer solchen computerisierten Beratung ist ein wesentlicher Faktor bei der Arbeitsgestaltung des Entscheiders, wie nun in enger Anlehnung an [Woods 86] erläutert werden soll.

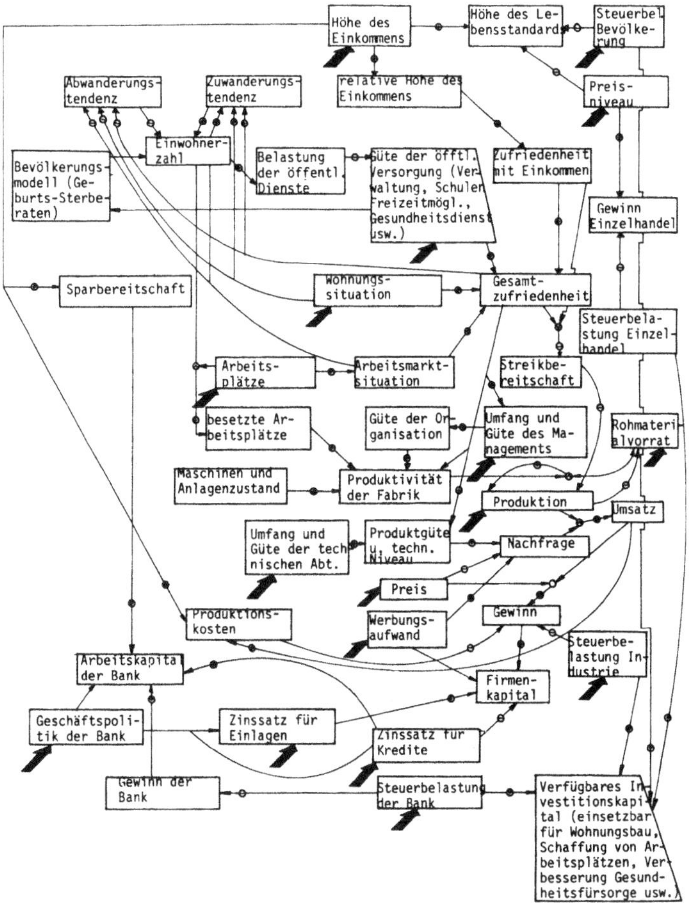

Abb. 1: Das "Lohhausen"-System (aus [Doerner 83])

Maschinenzentrierte Funktionsverteilung

Eine spezielle Klasse von Computermodellen (und zugleich ein Spezialfall wissensbasierter Systeme) sind die sog. *Expertensysteme*. Hier versucht der modellierende Experte - gewöhnlich in Zusammenarbeit mit AI-Spezialisten - nicht nur die Struktur des Entscheidungsbereichs im Computer abzubilden, sondern auch Strategien zur Problemlösung. *Ein* möglicher Ansatz zur Entscheidungsunterstützung des Endbenutzers ist es nun, die jeweils anstehenden Probleme dann soweit wie möglich autonom von dem Expertensystem lösen zu lassen. Der "maschinelle Experte" legt dann dem Entscheider gewöhnlich einige wenige Alternativen zur Auswahl vor. Nach diesem Modus arbeiten die meisten bisher konzipierten Expertensysteme, so auch das bekannteste Beispiel *MYCIN* zur Diagnose von Infektionskrankheiten.

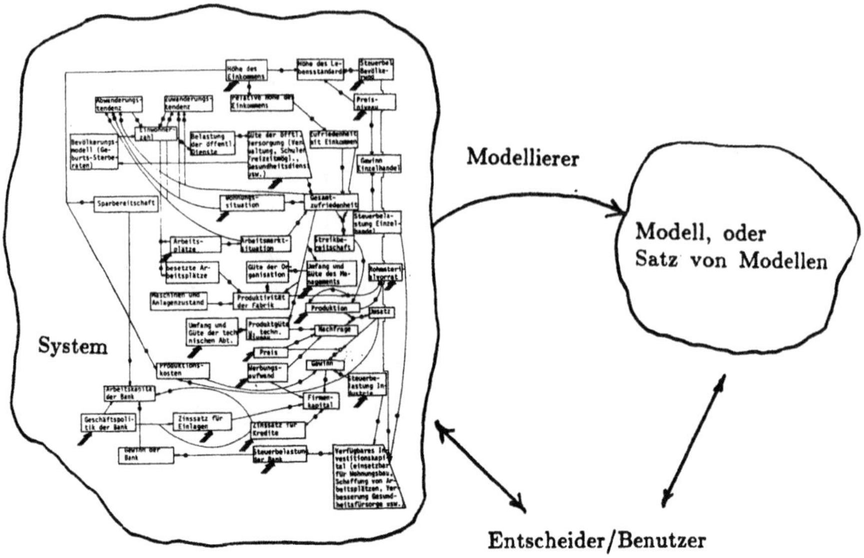

Abb. 2: Entscheidungsunterstützung durch Modellierung

Die Funktionsverteilung zwischen Mensch und Maschine ist hier *maschinenzentriert*: Der Benutzer fungiert im wesentlichen als Datensammler und "Lösungsfilter" für den Computer, der im Mittelpunkt der eigentlichen Problemlösung steht (Abb. 3). Beide Rollen des Benutzers sind im allgemeinen unbefriedigend.

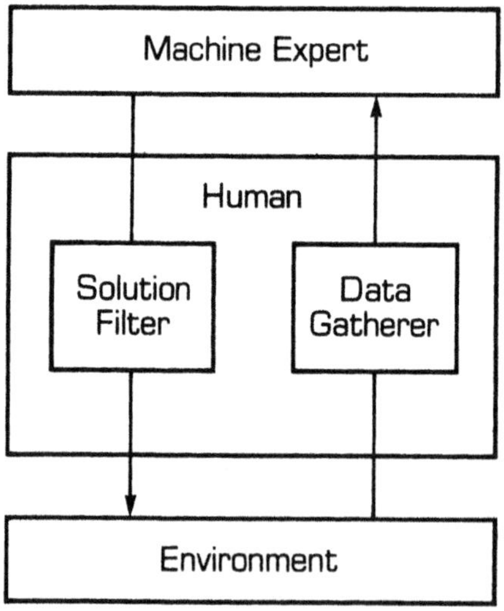

Abb. 3: Maschinenzentrierte Funktionsverteilung (aus [Woods 86])

Als Datensammler muß der Benutzer auf Anfrage des Computers Daten aus dem Entscheidungsbereich eingeben, die für die maschinelle Problemlösung benötigt werden. Kritisch ist dabei nicht nur die Stupidität des reinen Eingebens (die durch automatische Datenerfassung sowieso entfallen sollte), sondern vor allem auch die Tatsache, daß die Handlungsinitiative hier von der Maschine ausgeht. Die negativen Auswirkungen einer solchen Verlagerung sind mehrfach untersucht worden (z.B. [Turner 84].)

Noch problematischer ist die Rolle des Menschen als "Lösungsfilter", der die vom Computer angebotenen Problemlösungen auf ihre Plausibilität überprüfen und schließlich verantworten muß - in kritischen Fällen (z.B. bei einer medizinischen Diagnose) unter Umständen sogar juristisch!

Zunächst muß man sich dabei klar machen, daß Expertensysteme auf *heuristischem*, d.h. Erfahrungswissen aufbauen, nämlich dem des jeweiligen Experten. Im Gegensatz zu *Algorithmen* (wie z.B. der Newton'schen Iteration für Quadratwurzeln) kann man hier nicht *beweisen*, daß das verwendete Verfahren bei einer bestimmten Problemklasse innerhalb einer definierten Genauigkeit immer zu korrekten Ergebnissen führt. Resultate von Expertensystemen sind daher grundsätzlich mit Unsicherheiten behaftet.

Um eine kritische Beurteilung dieser Resultate durch den Benutzer zu erleichtern, hat man zumindest für medizinische Expertensysteme sog. "Erklärungskomponenten" entwickelt, die den Lösungsweg des Computers in jedem Einzelfall nachvollziehbar machen sollen. Auch wenn so eine Erklärungskomponente vorhanden ist, hängt es aber entscheidend von der Kompetenz des Benutzers ab, wie befriedigend eine autonome maschinelle Problemlösung mit anschließender menschlicher Beurteilung ist:

Wenn der Benutzer selber so kompetent ist, daß ihm die vom Expertensystem behandelten Fälle als (lästige) Routine erscheinen, so kann er diese Fälle problemlos an die Maschine delegieren, falls durch eine Erklärungskomponente eine ausreichende Kontrollmöglichkeit geschaffen wird. Der Mensch kann sich dann auf andere, interessantere Aufgaben konzentrieren; die direkte Wirkung des Computers auf die individuelle Arbeitsgestaltung ist entlastend. (Indirekt könnte die Belastung aber auch wieder ansteigen, nämlich wenn die "Auflockerung" durch die jetzt automatisierten leichteren Fälle vermißt wird.)

Problematisch sind dagegen solche Konstellationen, in denen die Kompetenz des Benutzers entweder vergleichbar mit der des Expertensystems ist oder sogar geringer.

Bei vergleichbarer Kompetenz verlagert sich die Rolle des Menschen vom aktiven Problemlöser zum passiven Aufpasser im Normalfall, und zum "troubleshooter" für die Fälle, in denen die Lösung des Computers unbefriedigend erscheint. Aus Erfahrungen bei der automatischen Prozeßsteuerung ([Woods 86] zitiert hier z.B. [--- 76]), weiß man aber, daß eine reine Monitor-Rolle für den Menschen unter Umständen noch belastender ist als die ursprünglich zu unterstützende Entscheidungs-Tätigkeit. Einerseits passiv, muß er doch andererseits ständig konzentriert für unvorhersehbare "Ernstfälle" bereitstehen. Längerfristig kann diese Passivität sogar zu einem Verlust der Kompetenz führen, die für eine verantwortungsvolle Überwachung nötig ist.

Hierin liegt auch die Hauptschwierigkeit für autonome Expertensysteme bei Benutzern mit zu geringer Kompetenz. Sie wären (auch bei vorhandener Erklärungskomponente) objektiv nicht in der Lage, die Resultate des Computers im Zweifelsfall sachgerecht zu korrigieren. Dabei unterstünden sie aber gleichzeitig einer doppelten psychologischen Belastung, nämlich der sie überfordernden juristischen Verantwortung und dem Gefühl, der Maschine unterlegen zu sein und ihren Anweisungen folgen zu müssen.

Zusammenfassend läßt sich also feststellen, daß die Grundkonzeption autonomer Expertensysteme mit maschinenzentrierter Funktionsverteilung zwischen Mensch und Computer in vielen Fällen problematisch sein kann. Aus der Sicht einer benutzerzentrierten Mensch-Maschine Interaktionsforschung erscheint daher ein alternativer Ansatz attraktiver, nämlich der einer *kooperativen* wissensbasierten Entscheidungsunterstützung.

Kooperative wissensbasierte Entscheidungsunterstützung

Der Ausgangspunkt bei diesem Ansatz ist die Analogie zwischen der Entscheidungsunterstützung des Benutzers durch ein Computermodell und einer Entscheidungsunterstützung durch einen menschlichen Berater.

Aus der Analyse von Mensch-Mensch Beratungsinteraktionen [Alty 80] weiß man, daß Beratungsdialoge je nach ihrer Struktur von den jeweiligen Klienten unterschiedlich beurteilt werden (sogar wenn dabei am Schluß dieselben Empfehlungen zustande kommen.) Das wesentliche Merkmal ist hier, ob sich der Berater "autoritär" verhält oder "kooperativ"; das heißt, ob er vom Klienten lediglich Informationen abfragt und daraufhin seine Empfehlung ausspricht, oder ob er sich bemüht, die Lösung *gemeinsam* mit dem Klienten zu erarbeiten.

Kooperative Beratungen werden oft nicht nur subjektiv als befriedigender empfunden, sondern sie sind auch objektiv effektiver: In vielen Fällen kann nämlich der Klient sein Problem von vorneherein nicht einmal genau definieren, sondern muß es erst im Dialog mit dem Berater abgrenzen. Wenn der Klient statt dessen sofort zu einer verkürzten Problembeschreibung gezwungen wird, oder wenn der Berater sich ohne Rücksprache seine eigene Vorstellung bildet, dann bezieht sich die Empfehlung am Ende womöglich gar nicht auf das eigentliche Problem! (Und der eingeschüchterte Klient muß sich bei dem autoritären Berater für seine wertlosen Weisheiten auch noch bedanken.)

Aus solchen Überlegungen heraus wird versucht, die Interaktion mit Expertensystemen partizipativer zu gestalten. So gibt es zum Beispiel bei einem medizinischen Expertensystem [Miller 85] den Ansatz, daß der Beratungsklient - der hier ein Arzt ist - einen Plan entwirft und diesen dann dem Computer zur beratenden *Kritik* vorlegt. Nicht das Expertensystem löst also das Problem, sondern der Mensch; die Aufgabe des Computers besteht darin, die Überlegungen des Menschen auf mögliche Schwachstellen abzuklopfen, umgekehrt wie bei den oben beschriebenen autonomen Expertensystemen. Andere Versuche in ähnlicher Richtung werden z.B. in [Pollack 82] und [Coombs and Alty 84] beschrieben.

Die Diskussion sollte hier aber nicht nur auf Expertensysteme verengt werden, da sich die Beratungs-Analogie auch auf andere entscheidungsunterstützende Computermodelle anwenden läßt. Der Schlüssel zu einer kooperativen Konzeption liegt darin, daß man den kognitiven Problemen des Menschen bei der Entscheidungsfindung nicht "mit dem Holzhammer" begegnet - indem man versucht, den Menschen durch einen besseren, automatisierten Problemlöser zu ersetzen -, sondern daß man statt dessen analysiert, worin diese kognitiven Probleme im einzelnen bestehen, um den Benutzer dann dort gezielt mit dem Computer zu unterstützen.

Zur Verdeutlichung können wir hier wieder das in Abb. 1 skizzierte Lohhausen-System heranziehen. Typische kognitive Probleme bei der Entscheidungsfindung in vernetzten Strukturen sind etwa

- die Analyse von Möglichkeiten zur Einflußnahme ("Wie kann die Produktivität gesteigert werden?")
- die Abschätzung von Konsequenzen ("Wie stark läßt sich durch erhöhte Werbung der Umsatz steigern?")
- die Analyse von Seiteneffekten ("Woran muß bei geplanten Neueinstellungen gedacht werden - z.B. Bereitstellung von Wohnraum, etc.")
- die Analyse von "Negativ-Hypothesen" ("Was würde geschehen, wenn die Bank keinen neuen Kredit vergibt?")

Verschiedene Arten von Computermodellen (z.B. mathematische Simulationen) können zur Hilfestellung bei solchen Problemen herangezogen werden. Dabei werden dann aber weitere kognitive Probleme offensichtlich, die durch die ungeheuere Zahl von Kombinationsmöglichkeiten in vernetzten Strukturen bedingt sind. So kann etwa der "Bügermeister" in dem relativ simplen Lohhausen-System zu jedem Zeitpunkt eine oder mehrere (bis zu 17) Systemkomponenten manipulieren. Allein hier gibt es 131072 verschiedene Möglichkeiten für gleichzeitige Eingriffsnahme [Doerner 83], wobei noch überhaupt nichts über die Richtung und Stärke der einzelnen Eingriffe gesagt ist! Bei der Benutzung von Computermodellen gibt es daher

- Probleme der Datenauswahl : Kann der Benutzer die jeweils *relevanten* Daten finden und miteinander in Bezug setzen?
- Fixierungseffekte : Verschiedene Handlungsalternativen werden zu oberflächlich analysiert [Woods 86].

Hier scheint nun eine besondere Chance für *wissensbasierte* Computersysteme zu liegen. Diese Systeme bestehen aus einer oder mehreren heuristisch-wissensbasierten Komponenten, daneben aber möglicherweise auch aus "konventionellen", algorithmischen Komponenten. (Im allgemeinen Fall handelt es sich also um hybride Systeme.) So könnte etwa ein mathematisches Simulationsmodell durch eine wissensbasierte Erklärungskomponente "verstärkt" werden, die den Benutzer bei einer vertieften Analyse von Alternativen unterstützt, oder durch eine wissensbasierte Präsentationskomponente zur Unterstützung bei der Datenauswahl. Solche wissensbasierten Systeme zur kooperativen

Entscheidungsunterstützung sind ein Gegenstand laufender Forschungen. unter anderem an unserem Institut, dem ECRC.

Durch AI-Techniken zur expliziten Repräsentation von Wissen auf einer *begrifflichen* Ebene - anstelle einer nur für Fachleute durchschaubaren impliziten Repräsentation im Programmcode - sollen wissensbasierte Systeme für den Endbenutzer transparenter und kontrollierbarer werden. So kann man z.B. versuchen, die von dem Modellierer benutzten Prinzipien darzustellen und durch eine Erklärungskomponente zugänglich zu machen. ("Die Preis-Absatzkurve in dem vorliegenden Marktmodell ist doppelt geknickt. weil hier angenommen wurde, daß es sich um einen Oligopolmarkt handelt.") Wenn der Benutzer dann ein vorbereitetes Modell nach seinen eigenen Vorstellungen modifizieren will, so könnte er mit solchen Hinweisen automatisch vor möglichen Inkonsistenzen gewarnt werden. Auch dies ist ein aktuelles Forschungsgebiet.

Verarmung oder Bereicherung?

Neue Techniken wie die der wissensbasierten Computersysteme können helfen, Probleme zu lösen; sie können aber auch selbst Probleme schaffen. Ein entscheidender Faktor ist hier, ob die wirklich neuen Möglichkeiten der Technik gesehen und genutzt werden, oder ob durch starres Festhalten an vertrauten Mustern Mißverhältnisse entstehen. Die oben diskutierten Alternativen bei der Entscheidungsunterstützung in vernetzten Strukturen liefern hier klare Beispiele.

Wenn man etwa beim Einsatz wissensbasierter Systeme einfach an hergebrachten Arbeitsbereichen festhält, dann liegt der Versuch nahe, mit Hilfe autonomer Expertensysteme hochbezahlte Spezialisten durch weniger qualifiziertes und billigeres Personal zu ersetzen. Eine solche vordergründige Wirtschaftlichkeit müßte wegen des Mißverhältnisses zwischen Benutzerkompetenz und Computerleistung wahrscheinlich nicht nur mit erhöhten subjektiven Belastungen, sondern auch mit objektiv verminderter Entscheidungsqualität erkauft werden.

Ein scheinbarer Ausweg könnte bei diesem Ansatz in einer weiteren Fragmentierung der Arbeitsbereiche liegen. Die Verantwortung ungenügend qualifizierter menschlicher Monitore für automatisierte Entscheidungen müßte so eingegrenzt werden, daß alle Sonderfälle außerhalb der Routine sofort an Spezialisten abgegeben werden müßten. Je stärker aber die Vernetztheit des Entscheidungssystems ist, desto schwieriger ist es, mit solchen starren Fragmentierungen zu insgesamt qualitativ hochwertigen Entscheidungen zu kommen. Es ist ja gerade das Wesen vernetzter Strukturen, daß sich einzelne Bereiche gegenseitig beeinflussen. Um diesen Wechselwirkungen gerecht zu werden ist es daher notwendig, daß jeder Bereichsspezialist auch über seinen eigenen Tellerrand hinaussehen kann.

Das wahre Potential wissensbasierter Systeme liegt nicht darin, daß herkömmliche Tätigkeiten mit ihrer Hilfe billiger werden können, sondern in der Möglichkeit, neue Tätigkeitsbereiche zu schaffen, die den Anforderungen einer ständig komplexeren Arbeitswelt qualitativ angemessener sind. Unterstützt durch kooperative wissensbasierte Systeme könnten die jeweiligen Benutzer größere, zusammenhängende Bereiche mit mehr

Eigenverantwortung und Verständnis für das Ganze bearbeiten. Dies setzt aber nicht nur eine entsprechende Technik voraus, sondern auch eine entsprechende Arbeitsorganisation.

Eine interdisziplinäre Forschung kann technische Möglichkeiten herausarbeiten und die damit verbundenen Alternativen aufzeigen. Die Entscheidung darüber liegt bei allen, die an der Arbeitsgestaltung beteiligt sind.

Literaturhinweise

[Alty 80] J.L. Alty & M.J. Coombs. Face-to-face guidance of university computer users-II: Characterising advisory interactions. *Int.J. Man-Machine Studies* 12:407-429, 1980.

[Coombs and Alty 84] M. Coombs, J. Alty. Expert systems: an alternative paradigm. *Int. J. Man-Machine Studies* 20(1):21-43, 1984.

[Doerner 83] D. Doerner, H.W. Kreuzig, F. Reither, T. Staeudel. *Lohhausen - Vom Umgang mit Unbestimmtheit und Komplexitaet.* Verlag Hans Huber, Bern, 1983.

[Jensen 83] Sigurd Jensen. Software and user satisfaction. *New Office Technology: Human and Organizational Aspects.* Commission of the European Communities, London, 1983.

[Miller 85] P.L. Miller. *Research Notes in Artificial Intelligence.* Volume 1: *A critiquing approach to expert computer advice: Attending.* Pitman Publishing, Inc., Marshfield, MA, 1985.

[--- 76] Hoogovens Report. *Human factors evaluation: Hoogovens No.2 hot strip mill.* Technical Report FR251, British Steel Corporation/Hoogovens, 1976.

[Pollack 82] M.E. Pollack, J. Hirschberg & B. Webber. User participation in the reasoning processes of expert systems. In *Proc. AAAI'82*, pages 358-361. AAAI, 1982.

[Turner 84] J.A. Turner. Computer Mediated Work: The Interplay Between Technology and Structured Jobs. *Comm. ACM* 27:1210-1217, 1984.

[Woods 86] Woods, D.D. Cognitive Technologies: The Design of Joint Human-Machine Cognitive Systems. *The AI Magazine* 6(4):86-92, Winter, 1986.

DER TAYLORISMUS - KEIN MODELL FÜR DIE BÜROAUTOMATION

Privatdozent Dr. Michael Hartmann
Langer Weg 24
4790 Paderborn

1) Einleitung

Wenn in den vergangenen 20 Jahren über die Entwicklung der Büroarbeit diskutiert und auch spekuliert wurde, so stand vielen, vor allem kritischen Betrachtern die tayloristische Form der Arbeitsteilung als Zukunftsmodell vor Augen. Die im Produktionsbereich erfolgten Veränderungen stellten sozusagen das Muster dar, nach dem auch die Perspektiven der Büroarbeit beurteilt wurden und z.T. noch werden. Die gerade in den letzten Jahren erfolgte empirische Überprüfung dieser Vorstellung durch eine ganze Reihe von Forschungsprojekten (Baethge/Oberbeck 1986, Berger 1984, Engfer 1984, Gottschall u.a. 1985, Hartmann 1984, Jacobi/Lullies/Weltz 1980, Weltz/Lullies 1983) hat nun aber gezeigt, daß von einer Taylorisierung der Büroarbeit, was deren Kern betrifft, nicht gesprochen werden kann. Der Trend scheint nicht in Richtung einer verstärkten Arbeitszerlegung, sondern in Richtung einer Beibehaltung bzw. Neuschaffung komplexer Sachbearbeitung zu gehen. Damit aber dürfte das Verhältnis von Produktions- und Verwaltungsautomation eher in entgegengesetzter Richtung verlaufen als früher angenommen. Die (im folgenden näher analysierten) Strategien und Resultate von Verwaltungsrationalisierung scheinen das vorwegzunehmen, was in jüngster Zeit unter der Bezeichnung "Neue Produktionskonzepte" eine Wende in der Produktionsumstrukturierung markiert. Warum dieser Typ von Rationalisierung die Büroautomation prägt, soll im weiteren anhand der Industrieverwaltung beleuchtet werden.[1)]

2) Ökonomische Veränderungen und industrielle Verwaltung

Ausgangspunkt und bestimmender Faktor für den Einsatz neuer Techniken im Bürobe-

1) Die folgenden Ausführungen basieren auf den Ergebnissen eigener empirischer Untersuchungen (Hartmann 1984) unter Einbeziehung der anderen angeführten Studien.

reich ist im wesentlichen die ökonomische Lage der Unternehmen, die eine derartige Entscheidung treffen. Diese Lage läßt sich für die bundesrepublikanische Industrie generell folgendermaßen charakterisieren. Zum ersten nötigt der stetig steigende Anteil an (vor allem) maschinellen Fixkosten die Firmen zu einer Kontinuisierung des Produktionsgeschehens. Zum zweiten hat die Umstrukturierung des Weltmarkts infolge der tiefgreifenden Wirtschaftskrise für die hiesige Industrie zur Konsequenz, daß sie sich immer stärker auf die Herstellung qualitativ hochwertiger und komplexer Erzeugnisse konzentrieren muß. Drittens schließlich müssen die Firmen nicht nur in Bezug auf die Produktqualität, sondern auch im Hinblick auf Liefertermine und kurzfristige Änderungswünsche in immer größerem Maße auf die spezifischen Wünsche der Kunden eingehen.

Damit aber ergibt sich ein Zusammenhang zwischen den veränderten Marktanforderungen und dem Problem der optimalen Produktionsauslastung. Letztere hängt entscheidend davon ab, inwieweit es den Firmen gelingt, auf die Kundenbedürfnisse einzugehen. Das bedeutet aber auch, daß die Fähigkeit zu schnellem und flexiblem Reagieren zu einer zentralen Anforderung wird. Die Konkurrenzlage der bundesrepublikanischen Industrie ist auf Dauer nur zu sichern bzw. zu verbessern, wenn diese Schnelligkeit und Flexibilität geschaffen, gesteigert und/oder auf hohem Niveau stabilisiert werden kann. Die reine Preiskonkurrenz auf dem Sektor der Standarderzeugnisse bietet auf lange Sicht jedenfalls keine realistische Perspektive (s. die Beispiele Bau- und Massenstahl, Kunststoffasern, Großschiffe oder Standardwerkzeugmaschinen).[2)]

Für die Industrieverwaltung resultieren aus dieser ökonomischen Situation drei maßgebliche Konsequenzen. Erstens verlangt der Zwang zu kontinuierlicher Produktion eine bessere Informationsgrundlage auf allen Ebenen der Verwaltung. Zweitens muß der Verwaltungsablauf, d.h. in diesem Punkt der Kapitalumschlag beschleunigt werden, um so den hohen Fixkostenbelastungen durch bessere Produktionsauslastung und geringere Kapitalbindung begegnen zu können. Drittens, und das ist der wesentliche Punkt, muß die Arbeit der kaufmännischen Verwaltung die Flexibilität des Unternehmens erhöhen helfen. Das beinhaltet in erster Linie ebenfalls eine umfassende und schnelle Sammlung, Verarbeitung und Umsetzung von Daten und Information. Nur so kann besser und variabler geplant, schneller umdisponiert und gezielter eingekauft und abgesetzt, also allgemein flexibler auf Veränderungen reagiert werden. Dabei

---

2) Vgl. dazu u.a. Warnecke/Steinhilper (1983), S. 854: "Die vielzitierte weltweite Arbeitsteilung - auch im Maschinenbau - weist den hier ansässigen Unternehmen immer stärker das Feld technologisch und qualitativ sehr hoch stehender, in marktorientiert großer Vielfalt und in relativ kleinen Stückzahlen zu fertigender Produkte zu."

soll in Hinblick auf die ja auch weiterhin wichtige Gesamtkostenbelastung die quantitativ wie qualitativ erhöhte Leistungsfähigkeit der Verwaltung möglichst keine höheren Kosten verursachen. Man versucht vielmehr, die Leistungssteigerung mit einem sinkenden finanziellen Aufwand (Personal- und Sachkosten) zu realisieren, um den auf den Produktpreis in den letzten Jahren immer stärker durchschlagenden Gemeinkostenanteil niedrig halten zu können.

3) Unternehmensstrategien und ihre Ergebnisse

Da die zentralen Anforderungen an die Verwaltungsarbeit sich in erster Linie auf gesamtbetriebliche Fragen beziehen, müssen die Unternehmen auch vor allem übergreifende, gesamtbetriebliche Problemkonstellationen im Auge haben, wenn sie Umstrukturierungen in den Verwaltungen durch den Einsatz neuer Datenverarbeitungstechniken planen und durchführen. Im Mittelpunkt der Bemühungen hat weniger der finanzielle Aufwand für den einzelnen Arbeitsschritt als vielmehr dessen Funktion für die Leistungsfähigkeit des Gesamtunternehmens zu stehen. Eine schnellere und flexiblere Versorgung der Produktion mit Material; eine stärkere Unterstützung der Verkaufsoperationen durch gezielte Informationsbereitstellung; eine rationellere Nutzung der vorhandenen bzw. eine effektivere Beschaffung von zusätzlich erforderlichen Finanzen oder eine insgesamt leistungsfähigere Unternehmensplanung; dies sind die wesentlichen Rationalisierungsziele, nicht die Senkung der Verwaltungskosten.

Die Verwaltungskosten spielen eher die Rolle eines Orientierungsmaßstabs. Ihre Höhe (die gegebene und die bei Umstellungen zu erwartende) wird in Relation zu den jeweiligen Leistungen gesetzt. Das bedeutet, die Aufwendungen werden dort erhöht, wo sie überproportionale Einsparungen und Leistungserhöhungen in anderen Bereichen erwarten lassen, und das Ziel der Kostensenkung tritt dort in den Vordergrund, wo die Arbeitsqualität nicht entscheidend zu steigern ist, bei Rationalisierung aber auch kein Abfall eintritt.

3.1) Probleme der Erfolgsbewertung

Ein wichtiges Problem besteht nun allerdings darin, daß ein präziser quantitativer Vergleich je nach Bereich nur mehr oder minder gut möglich ist. Wie will man z.B.

die Konsequenzen intensiverer Informationsbeschaffung für den Vertrieb exakt ermitteln? Wie will man genau feststellen, ob die umfassendere Datenauswertung die Planung auch wirklich verbessert? Lassen sich die geplanten Umstrukturierungen hinsichtlich ihrer Effekte überhaupt finanziell quantifizieren? Solche oder ähnliche Fragen müssen alle die bewegen, die den Einsatz von EDV im Büro planen.

Die Antwort darauf besteht zumeist in einer Dreiteilung des Problems. Typisch dafür ist etwa die Unterteilung, die IBM vorschlägt. IBM zufolge lassen sich nämlich drei Arten von Erfolgen durch den EDV-Einsatz ausmachen: die "direkt-monetär quantifizierbaren", die "indirekt-monetär quantifizierbaren" und die "nicht-monetär" quantifizierbaren" (IBM-Deutschland 1976). In die erste Gruppe gehören dabei alle Fälle, in denen durch die EDV ganz einfach nur menschliche Arbeit ersetzt wird. Wenn ein Textverarbeitungssystem beispielsweise eine bestimmte Anzahl von Schreibkräften überflüssig macht, ist ein Vergleich zwischen den aufzuwendenden maschinellen und den einzusparenden personellen Kosten relativ einfach. Schwieriger ist es schon bei der zweiten Gruppe. Zu ihr zählen einmal die Fälle, in denen ein steigender Arbeitsanfall dank EDV ohne personelle Verstärkung abgewickelt werden kann, zum anderen jene, in denen die Leistungsfähigkeit in Form verbesserter Materialbereitstellung etwa gesteigert werden kann. Während die ersteren nun noch vergleichsweise genau finanziell bewertet werden können, ist das bei den letzteren nur bedingt möglich. Erhöhte Leistungsfähigkeit in einem solchen umfassenderen Sinne läßt sich nicht mehr exakt quantifizieren. Völlig einer monetären Quantifizierung entziehen sich die zum dritten Typus zu rechnenden Fälle. Denn allgemeine Wirkungen wie gestiegene Flexibilität oder verbesserte Informationslage sind nun einmal auch nur allgemein zu bewerten. Finanzielle Kosten-Nutzen-Kalküle scheitern hier stets an der Unmenge zu berücksichtigender und zu einem erheblichen Teil auch nicht zu ermittelnder Einflußgrößen.

Da nun bei Umstrukturierungen der Verwaltungsarbeit qua EDV gesamtbetriebliche Fragestellungen im Vordergrund des Interesses stehen, bilden nicht - und vor allem indirekt-quantifizierbare Änderungen die Masse der erreichten bzw. erreichbaren Erfolge. "Direkt-monetär" quantifizieren läßt sich dagegen nur eine kleinere Anzahl. Die für den Taylorismus typischen exakten Vergleiche zwischen finanziellen Aufwendungen und Effekten sind daher kaum möglich.

3.2) Folgen für die Angestellten

Der Vorrang übergreifender Zielkonstellationen prägt auch die Konsequenzen, die vom

Einsatz moderner EDV-Systeme für die betroffenen Angestellten ausgehen. Dies gilt sowohl hinsichtlich der Anzahl der Arbeitsplätze und ihrer qualitativen Struktur als auch bezüglich der Transparenz des Arbeitsgeschehens.

Was Änderungen im Umfang des Arbeitsplatzangebots betrifft, so sind zwei wesentliche Tatsachen festzuhalten. Zum einen kommt es fast immer zu einem massiven Abbau von Arbeitsplätzen bei Schreibkräften und Datentypistinnen - vor allem eine Folge der Sachbearbeitung am Bildschirm. Zum anderen kann ein angesichts der Leistungsfähigkeit der EDV drohender, ebenfalls erheblicher Abbau im Bereich der Routinesachbearbeitung bislang noch weitgehend durch den insgesamt steigenden Arbeitsaufwand und die Hinzunahme neuer Arbeitsfunktionen vermieden werden.

Ob diese Form der Kompensation aber auf Dauer gelingt, muß aus drei Gründen bezweifelt werden. Erstens dürfte die wachsende Zahl arbeitsloser Angestellter den Druck auf die noch beschäftigten so erhöhen, daß die Hinzunahme neuer Funktionen nicht mehr zur Sicherung bedrohter Arbeitsplätze, sondern zur Intensivierung der Arbeit an den anderen führt. Zweitens wird angesichts der Tatsache, daß die Frage nach dem Umfang eines sinnvollen Informationsangebots allenfalls sehr grob beantwortet werden kann, bei wachsenden Allgemeinkosten die Neigung der Unternehmen steigen, zusätzliche Informationsverarbeitungsprozesse drastisch zu begrenzen. Drittens schließlich muß auch der gesamtwirtschaftliche Aspekt berücksichtigt werden. Denn selbst wenn es innerhalb einer Reihe von Unternehmen gelingen sollte, die Arbeitsplätze der Angestellten durch Funktionsausweitung zu stabilisieren, wird die dadurch gestiegene Leistungsfähigkeit dieser Firmen zur Ausschaltung anderer qua Konkurrenz führen, d.h. indirekt zum Arbeitsplatzabbau. Ob der letzte Effekt durch ein dafür erforderliches deutliches und stetiges Wirtschaftswachstum entschärft werden kann, erscheint im Hinblick auf die weltwirtschaftliche Lage doch mehr als fraglich. Insgesamt gesehen muß daher in Zukunft mit einem verstärkten Verlust von Arbeitsplätzen auch im Bereich der Routinesachbearbeitung gerechnet werden.

Die angesprochenen Veränderungen im Arbeitsplatzangebot markieren auch schon die wesentliche Folge, die der EDV-Einsatz hinsichtlich der Qualifikationsstruktur mit sich bringt. Durch die drastische Reduzierung einfacher Aufgaben und das gleichzeitige Aufkommen neuer anspruchsvollerer Funktionen der Informationsbearbeitung und -auswertung (Kundenberatung, Bilanzanalyse der Konkurrenz etc.) kommt es zu einer Anhebung des gesamten Qualifikationsniveaus. Der qualifizierte Sachbearbeiter wird die Verwaltungsarbeit der Zukunft bestimmen. Gegen diese Feststellung sprechen auch gegenläufige Erscheinungen in Teilbereichen nicht. Denn Dequalifizierungstendenzen, wie sie beispielsweise mit der maschinellen Übernahme von Sortierungsfunktionen in der Debitorenbuchhaltung verbunden sind, bleiben auf kleinere Sektoren der Routinesachbearbeitung begrenzt. Nur dort, wo schon bisher stark standardisierte Aufgaben den Kern der Tätigkeit ausgemacht haben, ist in Zukunft mit einer Reduzierung der beruflichen Anforderungen durch die Ausweitung der EDV-Programme zu rechnen - immer vorausgesetzt, daß die Arbeitsplätze nicht gänzlich wegfallen.

Für die große Masse der Sachbearbeiter vollzieht sich aber nur eine inhaltliche Umgestaltung eines mehr oder minder großen Teils ihrer Arbeit ohne die Veränderung des qualitativen Niveaus. Einmal ist damit die andere Form der Datenfixierung (am Bildschirm und nicht auf dem Beleg) angesprochen. Zum anderen - und das ist wichtiger - handelt es sich um die Verlagerung inhaltlicher Funktionen. In solchen Fällen wird die zu beobachtende Entwertung beruflicher Erfahrung von einer Ausweitung bzw. Intensivierung anspruchsvoller Aufgaben ausgeglichen. Dem Bedeutungsverlust, dem individuelle Ordnungssysteme oder das Erinnerungsvermögen durch EDV unterliegen, steht die Intensivierung von Kundenkontakten bei der Mahnungsbearbeitung oder die präzisere Überprüfung von Vertragskonditionen (anstelle einfacher Belegausstellung oder der Prüfung von Fehlerprotokollen) entgegen. Somit bleibt die Höhe der beruflichen Qualifikation erhalten. Nur ihr Inhalt ändert sich teilweise. Verlagerungen der Funktionen, die zu einer deutlichen Anhebung der inhaltlichen Anforderungen führen, sind dagegen auch nur in kleineren Bereichen der Verwaltung wie z.B. der Finanzdisposition anzutreffen.

Die insgesamt festzustellende Tendenz zur Anhebung des Qualifikationsniveaus ist daher, wenn überhaupt, so nur zu einem gerinen Prozetsatz auf unmittelbare Höherqualifizierungen zurückzuführen. Entscheidend ist vielmehr vor allem der Wegfall weniger anspruchsvoller oder weitgehend repetitiver Tätigkeiten und die Stabilisierung qualifizierter Sachbearbeiterfunktionen - beides ein Ausdruck der spezifischen Problemstellungen und Zielsetzungen bei Umstrukturierungen in der Verwaltung. Denn es zeigt sich deutlich, daß die gestiegenen Anforderungen an Reaktionsfähigkeit, Flexibilität und Planungsqualität der Unternehmen auf Seiten der Angestellten zu verstärkten Anforderungen an qualifizierte Sachbearbeitung und Arbeitsintegration führen. Schnelle und genaue Entscheidungen bedürfen nicht nur der inhaltlich präzisen Aufbereitung und Konzentration jener Datenmengen, die die EDV liefert bzw. liefern kann, sondern auch möglichst kurzer Wege, d.h. einer Reduktion der Aufgabenzersplitterung. Integration von Funktion wird notwendig, nicht eine verschärfte Arbeitszerlegung.

Die neben der Arbeitsplatzvernichtung zweite negative Begleiterscheinung dieses Integrationsprozesses verbirgt sich in der Möglichkeit zur Kontrolle des Arbeitsablaufs. Denn mit der Übernahme vieler Datenverarbeitungsprozesse auf EDV steigt zwangsläufig die Transparenz unternehmensinterner Abläufe. Integrierte Datenverarbeitung setzt ja zum einen eine genaue Kenntnis der programmierten bzw. zu programmierenden Funktionen und ihres inneren Zusammenhangs voraus. Zum anderen wächst die

Möglichkeit, sich jederzeit aktuelle Informationen über einzelne Arbeiten liefern zu lassen.

Das Bemühen der Unternehmen, aus Gründen optimaler Auslastung und hoher Reaktionsfähigkeit ein möglichst aktuelles und umfassendes Bild von allen internen Abläufen zu bekommen, hat für die Angestellten zwei Folgen. Ihre Arbeit wird stärker determiniert und z.T. besser kontrollierbar. Stärker determiniert wird sie, weil in vielen Bereichen die formellen Arbeitsverfahren effektiv standardisiert werden und der Zwang zur sofortigen Dateneingabe zeitliche Spielräume einengt. Besser zu kontrollieren ist sie, weil jederzeit detaillierte Leistungsaufschlüsselungen möglich sind, Verstöße gegen Vorgaben (z.B. Preisrichtlinien) in der EDV protokolliert werden und Fehler leichter zuzuordnen sind.

Diese Aussagen über Kontrolle und Determiniertheit sind allerdings in zweierlei Hinsicht zu relativieren. Einmal bleibt der Kern qualifizierter Sachbearbeitung unberührt. In der Regel kommt es nur zur engeren Festlegung zeitlicher und inhaltlicher Rahmenbedingungen. Zum anderen resultiert aus den veränderten Konkurrenzbedingungen eine gegenläufige Tendenz. Die Zunahme kurzfristiger Änderungswünsche von Seiten der Kunden und der generell steigende Zwang zur flexiblen und schnellen Reaktion durchkreuzt vielfach Standardisierungs- und Kontrollbemühungen. Eine Firma wird es sich beispielsweise kaum leisten können, Verkaufsgespräche durch Terminsetzungen der EDV zu unterbrechen oder durch stetige detaillierte Überprüfung der Angestellten deren Einsatzbereitschaft zu vermindern. Generell wird die Zunahme der Kontrollmöglichkeiten ebenso wie die Tendenz zur stärkeren Determinierung des Arbeitsablaufs weitgehend durch die gestiegenen und weiter steigenden Anforderungen an Flexibilität und Qualität der Verwaltungsarbeit konterkariert. Diese Aussage ist allerdings je nach dem Standardisierungsgrad des Produktspektrums zu modifizieren. Allgemein gilt: Je geringer die Standardisierung, um so stärker die Konterkarierung, und umgekehrt. Insgesamt läßt sich bezüglich der Transparenz des Arbeitsablaufs genauso wie hinsichtlich der Qualifikationsstruktur und der Arbeitsplatzsicherheit feststellen, daß gravierende Differenzen zum tayloristischen Typ von Rationalisierung bestehen.

4) Automation in Produktion und Verwaltung

Die analysierten Rationalisierungsstrategien und -folgen im Bereich der Industrieverwaltung zeigen hinsichtlich der Ausgangsfrage nach den Gemeinsamkeiten und den Differenzen mit Maßnahmen im Produktionsbereich eins sehr deutlich: Verglichen mit dem klassischen tayloristisch/fordistischen Typus von Produktionsrationalisierung verläuft Verwaltungsrationalisierung, sowohl was die Ziele und Strategien, als auch was die Folgen betrifft, in den wesentlichen Punkten nach anderen Gesetzmäßigkeiten; verglichen mit dem, was als "Neue Produktionskonzepte" bezeichnet wird (Kern/ Schumann 1984), sind dagegen beträchtliche Parallelen erkennbar.

Die Differenz zu tayloristischen Rationalisierungsformen besteht in allen drei wesentlichen Fragen: der nach dem Ziel, der nach der Strategie zur Erreichung des Ziels und der nach den Folgen für die betroffenen Angestellten. Während das tayloristische Rationalisierungsmodell die direkt quantifizierbare Kostensenkung (in erster Linie Personalkosten) in einzelnen Produktionsabschnitten oder -bereichen zum Hauptziel hat, diese Senkung in erster Linie über die Zerlegung der menschlichen Arbeit und ihre Degradierung zum Anhängsel der Maschinerie erreichen will und als Resultat die Verdrängung des Facharbeiters durch den angelernten mit sich bringt, sieht es im Bereich der Industrieverwaltung ganz anders aus. Das wesentliche Ziel bilden nur indirekt oder gar nicht kostenmäßig quantifizierbare Erfolge in Hinblick auf gesamtbetriebliche Probleme wie Flexibilität etc.; die Strategie besteht im Ausbau moderner EDV-Systeme, in der zunehmenden Automatisierung von Routinefunktionen durch diese Systeme und der Konzentration der menschlichen Arbeit auf nicht so leicht standardisierbare Arbeitselemente bzw. -abläufe, um auf die Weise die Leistungsfähigkeit der Verwaltungsarbeit zu steigern; die Konsequenzen für die Angestellten schließlich liegen in einem massiven Abbau von Routinefunktionen und auch -arbeitsplätzen, einer Anhebung des Qualifikationsniveaus und einer Stabilisierung der qualifizierten Sachbearbeitertätigkeit in der kaufmännischen Verwaltung.

Vergleicht man nun die beschriebene Form der Verwaltungsautomation mit den in letzer Zeit immer mehr Bereiche erfassenden neuen Rationalisierungsformen in hoch automatisierten Produktionsabläufen, so fallen eine Reihe von Parallelen auf. Auch bei den sogenannten "Neuen Produktionskonzepten" bilden Flexibilisierung und optimale Auslastung der kostenintensiven Maschinen und Anlagen einen wesentlichen Faktor der Rationalisierungsbemühungen auf Seiten der Unternehmen. Folglich werden bei der derzeitigen Konkurrenzlage Fragen der Produktionssteuerung, der Vermeidung von störungs- oder ablaufbedingten Stillstandszeiten, der flexiblen Reaktion auf notwendige Produktionsumstellungen etc. entscheidend. Auch hier gerät der Gesamtzusammenhang betrieblicher Abläufe daher immer stärker ins Blickfeld. Die Strategie geht somit auch nicht mehr in Richtung Arbeitszerlegung, sondern (der Verwaltung vergleichbar) in Richtung des Aufbaus umfangreicher EDV-Steuerungssysteme, des drastischen Abbaus von Routinefunktionen und der Konzentration auf qualifizierte Facharbeit bei der Einrichtung, Steuerung, Überwachung und Instandhaltung der Maschinen und Anlagen. Die Folgen für die betroffenen Arbeiter sind folglich ebenfalls ähnlich: Personalabbau auf den unteren Ebenen und Aufstockung bzw. Stabilisierung des Facharbeitereinsatzes, insgesamt also auch eine Anhebung des Qualifikationsniveaus (Kern/Schumann 1984, Hartmann 1985a,b).

Diese Parallelen sind Ausdruck der vergleichbaren ökonomischen Grundkonstellation. Steigender Fixkostenanteil und der Trend zu qualitativ höherwertigen Produkten lassen Flexibilität, Transparenz und Beschleunigung der Arbeitsabläufe in ihrem Gesamtzusammenhang für die Produktion wie für die Industrieverwaltung zu den vorrangigen Zielen werden. Nicht "direkt-monetär" quantifizierbare Erfolge spielen damit auch in den Kalkulationen des Produktionsmanagements eine entscheidend größere Rolle als früher. Sie werden zu einem dominierenden Faktor.

Für die betroffenen Arbeitnehmer in Produktion wie vor allem Verwaltung bedeutet das: Sie müssen zwar nicht mehr wie noch beim Taylorismus mit der Zerstückelung ihrer Arbeit rechnen; sie müssen aber (und das gilt ganz besonders für die weiblichen Beschäftigten) infolge der fortschreitenden Automation Entlassung und Arbeitslosigkeit befürchten. Aus der Tatsache, daß der Taylorismus kein Modell für die derzeit erfolgenden Umstrukturierungen im Büro (wie auch immer größeren Teilen der Produktion) darstellt, kann man also nicht auf einen Gleichklang von Unternehmens- und Beschäftigteninteressen schließen. Rationalisierungsmaßnahmen verlieren nicht auf einmal ihre bedrohliche Seite. Die Gefahr, die für die betroffenen Arbeitnehmer von der Automationstendenz ausgeht, verändert nur einen Teil ihres Aussehens. Das Zukunftsbild, das heute drohend am Horizont steht, ist nicht die endgültige Zerstörung fachlich qualifizierter Arbeit, sondern die viel beschworene "Zweidrittelgesellschaft".

Literatur

Baethge, M./Oberbeck, H.: (1985)	Zukunft der Angestellten, Frankfurt/New York
Berger, U. (1984):	Wachstum und Rationalisierung der industriellen Dienstleistungsarbeit, Frankfurt/New York
Engfer, U. (1984):	Rationalisierungsstrategien im Einzelhandel, Frankfurt/New York
Gottschall, K. u.a.: (1985)	Computergestützte Verwaltung, Frankfurt/New York
Hartmann, M. (1984):	Rationalisierung im Widerspruch, Frankfurt/New York
ders. (1985a):	Dequalifizierung oder Requalifizierung der Arbeit?, in: Leviathan 2/1985
ders. (1985b):	Mikroelektronik und Requalifizierung industrieller Arbeit, in: Österreichische Zeitschrift für Soziologie 1/1985
IBM-Deutschland-GmbH: (1976)	Datenverarbeitung, Gewinnquelle des Unternehmens, Nutzenanalyse als Basis einer Wirtschaftlichkeitsberechnung für Datenverarbeitungsanlagen
Jacobi, U./Lullies, V./: Weltz, F. (1980)	Textverarbeitung im Büro, Frankfurt/New York
Kern, H./Schumann, M.:	Das Ende der Arbeitsteilung?, München
Warnecke, H.-J./Steinhilper, R. (1983):	Neue Entwicklungen zur flexiblen Automatisierung der Teilefertigung, in: VDI-Z 20/1983
Weltz, F./Lullies, V.: (1983)	Innovation im Büro, Frankfurt/New York

HUMANISIERUNG DER BÜROARBEIT DURCH ALTERNATIVE NUTZUNG VON ARBEITSZEIT

Dr. Ulrich Briefs
WSI des DGB GmbH, Düsseldorf

Hauptsächliche Auswirkung der Bürokommunikation: Abbau gesellschaftlich notwendiger Arbeitszeit

Die Entwicklung von netzwerkförmig organisierten Systemen der Bürokommunikation bedeutet insbesondere, daß in der Zukunft in erheblichem Maße bislang noch notwendige, von menschlichen Arbeitskräften erbrachte Arbeitszeit abgebaut wird: Arbeitsvorgänge, die bisher in Stunden oder Tagen getan wurden, können durch die Computerunterstützung in den Systemen der Bürokommunikation nunmehr in Minuten oder Stunden getan werden.

Die hauptsächliche Auswirkung der informationstechnologischen Entwicklung in allen Bereichen menschlicher Arbeit ist die Verkürzung der gesellschaftlich notwendigen Arbeitszeit, die zur Erstellung eines bestimmten Leistungsvolumens in einer Abteilung, in einem Betrieb, in einer Branche und schließlich in der gesamten Volkswirtschaft notwendig ist. Dieser Abbau wird auf zwei Wegen zustande gebracht: erstens durch die Übernahme von bisher von menschlichen Arbeitskräften durchgeführten Arbeitsprozessen durch Systeme der Computertechnik (Einsatz der Computertechnik als Arbeitstechnik), zweitens durch die rationellere Planung und Organisation der Betriebsstrukturen und -prozesse (Einsatz der Computertechnik als Organisations- und Planungstechnik).

Durch die Anwendung von Systemen der Bürokommunikation kann gesellschaftlich notwendige Arbeitszeit zunächst im Anwendungsbetrieb selbst (durch Übernahme von Arbeitsvorgängen durch die Bürokommunikationssysteme) und im weiteren auch in anderen Betrieben abgebaut werden (z. B. durch Einsparung von Rohstoffen, gelagerten Materialien usw.).

Die Ausweitung des Volumens betrieblicher Transaktionen und damit des Umfangs der Informationsverarbeitung - aufgrund des Einsatzes der Bürokommunikationssysteme - hat dagegen nur einen relativ zum Abbau notwendiger Arbeitszeit geringen Umfang, so daß in der Regel keine Kompensation des Abbaus von notwendiger Arbeitszeit durch den Aufbau neuer Tätigkeitsfelder in den Büros stattfinden kann. Da beim Ausbau der Bürokommunikationssysteme zudem neue Informationsproduktion im Betrieb zumeist von vornherein computerisierte Informationsproduktion ist, entstehen für die menschlichen Arbeitskräfte nur, wenn überhaupt, geringe zusätzliche Tätigkeitsfelder. Auch die Produktion präziserer und detaillierterer Informationen mit Hilfe der Bürokommunikationssysteme schafft nicht mehr Bedarf an notwendiger Arbeitszeit menschlicher Arbeitskräfte, sondern je komplexer die mit Hilfe der Bürokommunikationssysteme produzierten Informationen werden, um so mehr wird gerade auch komplexe menschliche Arbeit und in der Regel auch besonders viel menschliche Arbeitszeit unnotwendig gemacht. Im besten Falle, wenn die komplexen Informationen zusätzlich erstellt werden, ohne daß im Zuge der Produktion komplexerer Informationen mit Hilfe der Computerproduktion zugleich "einfache" Informationsproduktion abgebaut wird, bleibt das Volumen der von menschlichen Arbeitskräften zu verausgabenden Arbeit und damit auch Arbeitszeit konstant.

Bleibt die Möglichkeit, die freigemachte Zeit mit anderen oder den gleichen betrieblichen Aufgaben auszufüllen: also z. B. Beratung von Kunden im Sachbearbeiterbereich, die Inangriffnahme zusätzlicher Konstruktionsaufgaben an Konstrukteursarbeitsplätzen, das Schreiben von zusätzlichen Schriftstücken in der Textverarbeitung usw. Ob derartige betriebliche, das Arbeitsvolumen ausweitende Prozesse stattfinden, hängt jedoch insbesondere von den ökonomischen Rahmenbedingungen ab - die sind aber mehr und mehr durch Stagnationsbedingungen geprägt. Die im Zuge des sich verschärfenden Wettbewerbs - gerade unter Stagnationsbedingungen - notwendigen höheren Innovationsraten werden wiederum gerade mit Hilfe der Computertechnik in Formen realisiert, die diese höheren Innovationsraten ohne umfangreiche zusätzliche Arbeitszeit möglich machen.

Die Verbesserung von Informationsprodukten, also z. B. von Schriftstücken, dagegen wird Zug um Zug mit der Vertiefung des Computereinsatzes an den Arbeitsplätzen möglich und führt in der Regel nicht zu einem Nettozuwachseffekt bei der insgesamt bereitzustellenden Arbeitszeit.

Man kann es also drehen und wenden wie man will, die informationstechnologische Entwicklung führt gerade auch in den Büros zu einem erheblichen Abbau der gesellschaftlich (d. h. der aufgrund des Produktivitätsstandes, der Arbeitsteilung, Qualifikationen der Beschäftigten usw.) notwendigen Arbeitszeit.

Mit dem Abbau notwendiger Arbeitszeit verknüpfte Auswirkungen in der verbleibenden Arbeitszeit

Dieser Abbau gesellschaftlich notwendiger Arbeitszeit kann bedeuten, daß die Massenarbeitslosigkeit sich im Zuge der weiteren informationstechnologischen Entwicklung, gerade durch den verstärkten Einsatz von Bürokommunikationssystemen in den Bürobereichen, noch drastisch erhöht. Sie macht deshalb Arbeitszeitverkürzungen erforderlich.

Der durchaus nicht neue Prozeß der Arbeitszeitverkürzung, der in der Nachkriegszeit von der über-50-Stunden-Woche über die 48-, die 45-, die 43-, die 42-, die 40-, und zumindestens in etwa der Hälfte der Volkswirtschaft inzwischen zur 38- bis 38,5-Stunden-Woche geführt hat, erhält durch die informationstechnologische Entwicklung gerade im Büro und Dienstleistungsbereich neue Verschärfungen. Vor dem Hintergrund etwa der Prognosen der Siemens-Studie "Büro 1990" wird allein durch die informationstechnologische Entwicklung in den Büros eine Arbeitszeitverkürzung auf 30 und wahrscheinlich noch weniger wöchentliche Arbeitsstunden in den 90er Jahren notwendig - wenn ernsthaft versucht werden soll, die Massenarbeitslosigkeit wieder zu beseitigen.

Der Ausbau der Systeme der Bürokommunikation und sonstiger informationstechnologischer Systeme im Bereich der Bürotätigkeiten bringt nun andererseits an den verbleibenden Arbeitsplätzen und in der verbleibenden Arbeitszeit eine Reihe von Verschärfungen der allgemeinen Arbeitsbedingungen mit sich:

- mehr Leistungsdruck wegen der gestiegenen Produktionsgeschwindigkeit und wegen des ökonomischen Drucks des in Bürokommunikationssystemen investierten Kapitals;
- verstärkt einseitige Belastungen und Kommunikationsverluste durch die zunehmende Mensch-Maschine-Kommunikation;
- Verluste an Autonomie und neue Formen und Intensitäten von Kontrolle und Überwachung durch "Benutzerkontrolle" an den Außenstationen der Netzwerksysteme und durch die Nutzung von Bürokommunikationssystemen zur Erfassung von Daten, die Leistung und Verhalten der Beschäftigten irgendwie "abbilden" (z. B. in Personal-Informations-Systemen);
- Stress durch die Auszehrung vieler qualifizierter Tätigkeitsanforderungen im Zuge der Übernahme auch komplexer Teilprozesse durch Bürokommunikationssysteme und Stress auch durch den Wettbewerb der Beschäftigten um die wenigen Arbeitsplätze, die höhere Qualifikationsanforderungen verkörpern - wenn sie überhaupt zugänglich sind und nicht z. B. für von außerhalb des Betriebes herangeholte Hoch- und Fachschulabsolventen reserviert werden.

Diesem sich so anbahnenden Umbruchprozeß für die menschlichen Arbeitskräfte, der durch die z. T. sehr widersprüchlichen Erfahrungen in der langen, mühseligen betrieblichen Erschließungsphase insbesondere komplexer informationstechnologischer Systeme zunächst verdeckt wird, muß mit entsprechend durchgreifenden Maßnahmen der Veränderung der betrieblichen Arbeitsprozesse insgesamt - d. h. mit Veränderungen informationstechnologischer Systeme, mit Veränderungen der Arbeitsorganisation, mit

Veränderungen der Betriebsorganisation und mit Veränderungen der Beziehungen der menschlichen Arbeitskräfte zum Betrieb, zu seinen Zielen, zu den betrieblichen Entscheidungen, zu den betrieblichen Produkten und Dienstleistungen begegnet werden.

Durch Arbeitszeitverkürzung in der Arbeitszeit durchgreifende qualitative Veränderungen in der verbleibenden Arbeitszeit

Die Entwicklung derartiger Maßnahmen kann dabei bei der alternativen Nutzung der im Zuge der informationstechnologischen Entwicklung in den Büros freigemachten Zeit ansetzen. Das auf lange Sicht aufgrund der informationstechnologischen Entwicklung sich ergebende Volumen an so freigemachter Zeit ist groß genug, um verschiedene Formen der Arbeitszeitverkürzung zugleich zu realisieren.

Neben die traditionellen Formen der Arbeitszeitverkürzung - insbesondere der Verkürzung der wöchentlichen Arbeitszeit - müssen im Zuge der informationstechnologischen Entwicklung zumindest in Ansätzen Formen der Nutzung dieser freigemachten Zeit treten, die den durch die informationstechnologische Entwicklung an den Büroarbeitsplätzen bedingten zusätzlichen Verschärfungen entgegenwirken bzw. für diese Verschärfungen, soweit sie unvermeidlich sind, einen Ausgleich schaffen.

Zu einem Szenario derartiger qualitativer Arbeitszeitverkürzung in den Büros gehören drei Klassen von Veränderungen:

1. Die Nutzung freigemachter Zeit für Maßnahmen der Entintensivierung, d. h. z. B. für den Ausbau der Pausen und für weitere Maßnahmen zur Reduzierung des Leistungsdrucks, z. B. durch Abbau von Vorgabesystemen, durch Praktizieren eines menschlichen Arbeitstempos usw. Dieser Kampf gegen Leistungsdruck und für menschlichere Arbeitsbedingungen hat eine lange gewerkschaftliche Tradition: insbesondere an Bildschirmarbeits-

plätzen z. B. fordern die Gewerkschaften seit langem umfangreiche zusätzliche Pausen, um den zusätzlichen und einseitigen Belastungen an diesen Arbeitsplätzen entgegenzuwirken. Die Unterbindung von Datenerfassung, -speicherung, -verarbeitung und -weiterleitung im Rahmen der Personaldatenerfassung dient in Form der sog. Positivkataloge - vor allem der Verhinderung neuer, zusätzlicher, wirkungsvoller Leistungs- und Verhaltenskontrollen und dient damit der Abwehr weiterer Verschärfungen gerade auch in den Bürotätigkeiten, die bisher nicht so durchorganisiert und in denen daher die Leistungen auch nicht so intensiviert werden konnten, wie etwa schon seit langem im gewerblichen Bereich. In der Zukunft sind insbesondere wirksame Kontrollen der Leistungsvariablen (der Outputgrößen) an Büroarbeitsplätzen durch die betriebliche Interessenvertretung und durch Mitbestimmung am Arbeitsplatz ins Auge zu fassen.

2. Derartige Maßnahmen müssen insbesondere Maßnahmen zur verstärkten Qualifizierung aller Beschäftigten im Arbeitsprozeß, am Arbeitsplatz umfassen, d. h. wirkliches lebenslanges Lernen, das eben nicht das kurzrhythmische Sich-Anpassen - wie es mit der heute vorangetriebenen Entwicklung der Bürokommunikationssysteme einhergeht - von neuen, noch stärker reduzierten Untermengen von Computerbefehlen bedeuten kann. Inhalte derartiger Qualifikationsmaßnahmen müssen weit über das heute entwickelte Computerwissen hinausgehen:
   - Kenntnisse der Arbeitsorganisation und ihrer alternativen Gestaltung (z. B. Mischarbeitskonzepte, kommunikationsanreichernde Gruppenarbeitsformen);
   - Kenntnisse der systematischen Veränderung der Betriebsorganisation durch wirkliche Dezentralisierung und Enthierarchisierung, d. h. durch Zurückverlagerung von Entscheidungskompetenzen auf die ausführende Ebene in den Betrieben;

- Kenntnisse, die den Bürobeschäftigten Möglichkeiten geben, durch alternative Informationsverarbeitung und alternative Informationen und Informationskombinationen zu einer besseren Produktion im Sinne auch besserer Wahrnehmung dringender gesellschaftlicher Aufgaben beizutragen (hierzu gehören z. B. höhere Grade der Material- und Energieökonomie, besserer Umweltschutz, vernünftige Produktion für sinnvolle Bedürfnisse usw.).

3. Die unter 1. erwähnten Entintensivierungsmaßnahmen schaffen Voraussetzungen, die unter 2. genannten Veränderungen sind erst voll wirksam und sinnvoll, wenn eine durchgängige Beteiligung der Beschäftigten an den Betriebsprozessen und an den in ihnen notwendigerweise stattfindenden Entscheidungsprozessen hinzutritt. Die informationstechnologische Entwicklung macht Mitbestimmung im umfassenden Sinne notwendig. Das gilt für die Büros besonders, weil durch die Computertechnik der Kern des Arbeitsprozesses - die Informationsverarbeitung - großenteils übernommen wird und damit für die menschlichen Arbeitskräfte großenteils immer weniger gehaltvolle Arbeitsinhalte übrig bleiben.
Mitbestimmung - das ständige bewußte Sich-Einmischen in die eigenen Angelegenheiten, die ständige sinnvolle Beteiligung an den Betriebsangelegenheiten - schafft den Ausgleich für die sich mit der informationstechnologischen Entwicklung anbahnenden Verschärfungen und Reduzierung menschlicher Entfaltungsmöglichkeiten, soweit sie eben nicht durch Entintensivierungs- und Qualifizierungsmaßnahmen beseitigt oder zumindest abgemildert werden können. Diese Mitbestimmung muß weit über die traditionellen Vorstellungen der Gewerkschaften hinausgehen: Mitbestimmung am Arbeitsplatz, Mitbestimmung bei der Gestaltung der Produkte und Dienstleistungen, Mitbestimmung bei Investitions- und anderen ökonomischen Entscheidungen, ja sogar die Unterwerfung dieser Entscheidungen unter die Ziele einer auf vernünftige Bedürfnisse hin orientierten Produktion und in diesem Zusammenhang auch

auf die Formen von Informationsproduktionen, die diesen Bedürfnissen entsprechen.

Nicht also die informationstechnologische Entwicklung schafft humane Arbeitsbedingungen, sondern allein die bewußte Auseinandersetzung mit den von ihr verkörperten Möglichkeiten vor allem des Abbaus gesellschaftlich notwendiger Arbeitszeit einerseits und mit den damit verbundenen Risiken für Arbeitsbedingungen, Qualifikationen, Arbeitsautonomie, kurzum den Risiken für die Entfaltungsmöglichkeiten des Menschen als "prinzipiell eigenschafts- und beziehungsreiches Wesen" in der Arbeit andererseits.

Dabei stellen sich gerade im Bereich der Büroarbeit besonders schwierige Aufgaben, derartige Konzepte zu entwickeln, die den Abbau gesellschaftlich notwendiger Arbeitszeit mit den angesprochenen durchgreifenden qualitativen Veränderungen verknüpfen.

Die Nutzung informationstechnologischer Systeme, um die Kluft zwischen den Büros einerseits und den direkt produktiven Bereichen im Betrieb sowie den Bedürfnissen der Abnehmer der Produkte andererseits zu verringern, kann eine große Chance für die informationstechnologische Entwicklung in den Bürobereichen werden, wenn der Abbau dieser Kluft ein leitendes und strukturierendes Merkmal für Bürokommunikationssysteme wird. Bürokommunikationssysteme sollten also dazu beitragen, die Funktionsbereiche der Betriebe und die verschiedenen im Zuge der industriellen kapitalistischen Entwicklung voneinander immer stärker abgespaltenen Tätigkeiten (und der für sie notwendigen Informationen)wieder zusammenzuführen und somit inhaltsreichere und mehr menschliche Entfaltungsmöglichkeiten gebende Informationen und damit Arbeitsplätze zu schaffen. Eine derartige Entwicklung von Bürokommunikationssystemen setzt jedoch strukturelle Verhältnisse in den Betrieben, in der Wirtschaft und schließlich in der Gesellschaft voraus, die von den heutigen Verhältnissen ebenso weit entfernt sind, wie die durchinformatisierte Bürokommunikation eines Tages von der heutigen Büroarbeit entfernt sein wird.

S E K T I O N 2

Computereinsatz in der Produktion: Technik für den Menschen?

Programmkomitee:
T. Barthel (FORBIT e.V., Hamburg), U. Blum (Industriegewerkschaft Metall, Frankfurt), P. Brödner (Kernforschungszentrum Karlsruhe, Projektträger Fertigungstechnik), J. Friedrich (Universtät Bremen), E. Kanzow (Universität Bremen), U. Klotz (Technische Universität Hamburg-Harburg), A. Sorge (WZB, Berlin), W. Wobbe-Ohlenburg (Projektträger FAST, Brüssel), H. Unterberger (Siemens AG, München), A. Wittkowski (Universität Bremen), F. Manske (SOFI, Göttigen).

Personelle sowie soziale Perspektiven und Auswirkungen der rechnerintegrierten Produktionsunternehmen mit Zukunft

Verfasser: Dr.-Ing. Diethard Reisch, Nürnberg

Dr.-Ing. Diethard Reisch ist Mitarbeiter der Siemens AG, Nürnberg, im Bereich der "Produktionsautomatisierung und Automatisierungssysteme", Abteilung für "Produktionsleittechnik"; er ist zuständig für die Abwicklung von gesamtheitlichen Automatisierungslösungen, d.h. für die Realisierung schlüsselfertiger Gesamtanlagen.

1. Das Unternehmen im Spannungsfeld der Einflüsse

Die industrielle Gesellschaft ist beginnend mit dem Wachstumseinbruch im Zusammenhang mit der Ölkrise 1973 erschüttert worden. Der Spannungszustand ist vielfältiger und langandauernder Art, so daß von einer Krisis unserer industriellen Gesellschaft gesprochen wird. Sie drückt sich u.a. durch hohe Arbeitslosigkeit aus. Sowohl unter wirtschaftspolitischer, sozialpolitischer als auch gesellschaftskritischer Sicht ist eine Strukturwandlung der industriellen Produktion erkennbar. Symptomatisch hierfür sind der schnelle technologische Fortschritt, niedrige Investitionsrenditen, hohe Produktionskosten, hohe Steuer- und Soziallasten, wirtschaftspolitische Restriktionen, erdrückende Konkurrenz am Weltmarkt und daraus resultierende Unsicherheit sowohl im Management als auch in der Gewerkschaft. Hinzu kommen allgemeine weltpolitische Instabilitäten.

In den Bildern 1 und 2 wurde versucht, wesentliche Meilensteine der Produktionstechnik und der betriebssoziologischen Entwicklung gegenüberzustellen. Die Entwicklung ist dadurch gekennzeichnet, daß die jeweils neuen technischen Lösungen die Möglichkeit zur Schaffung flexiblerer Produktionsstrukturen ermöglicht haben. In der gegenwärtigen Diskussion hat die Forderung nach flexiblen Produktionsstrukturen im Hinblick auf unterschiedliche Stückzahlen, Produktvarianten und den Personaleinsatz einen hohen Stellenwert.

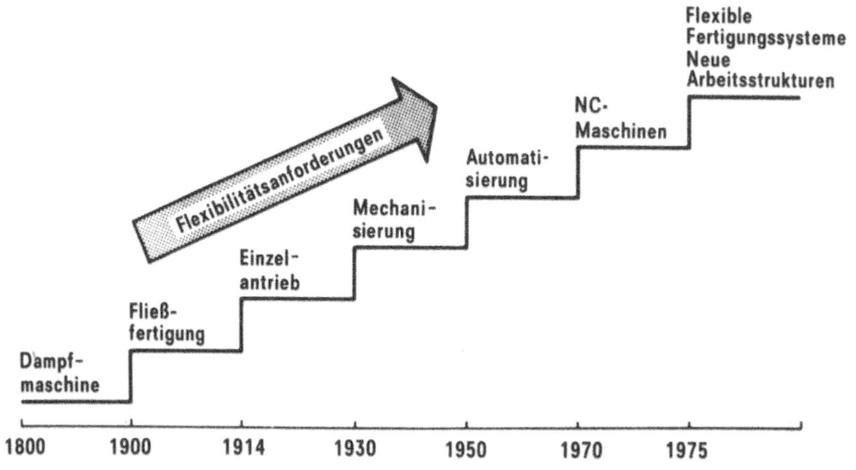

Bild 1: Meilensteine in der Entwicklung der Produktionstechnik /1/

Betrachtet man das Unternehmen als soziales System, so ist festzustellen, daß die Entwicklung durch die Forderung nach stärkerer Ausrichtung der Produktionsstrukturen auf die Bedürfnisse der Mitarbeiter hin gekennzeichnet ist (siehe Bild 2). Gegenwärtig wird intensiv über die Möglichkeiten einer weiteren Humanisierung des Arbeitslebens diskutiert. Politiker, Vertreter der Arbeitgeber und Arbeitnehmer äußern im Grundsatz übereinstimmend den Wunsch, die Arbeitsqualität durch menschengerechtere Arbeitsplätze zu verbessern.

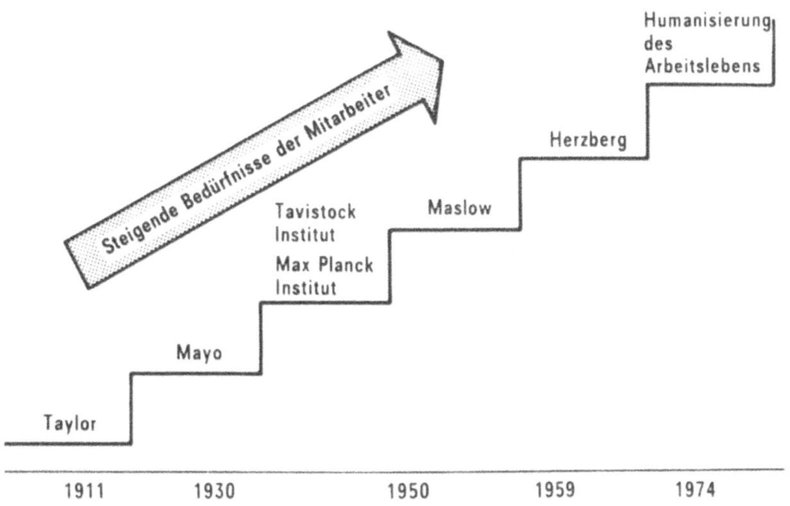

Bild 2: Meilensteine in der betriebssoziologischen Entwicklung /1/

Vielfältige Einflüsse aus Markt, Technik, Recht und Gesellschaft wirken auf das Produktionsunter-nehmen und verändern laufend die Arbeitswelt (siehe Bild 3). Auf dem Weltmarkt führen wachsende Konkurrenz und spezifische Kundenforderungen zu Preisdruck, Typenvielfalt, Stückzahlschwankungen, kleinen Losgrößen, kurzen Lieferzeiten und erhöhten Qualitäts- anforderungen. Die Einflußfaktoren von seiten der Technik sind kürzere Innovationszeiten, sinkende Produktlebensdauer und der technologische Wandel.

Eine Schlüsselfunktion im Prozeß des technologischen Wandels kommt dabei der Mikroelektronik zu. Ihre Bedeutung reicht von den Veränderungen bisheriger Produktionstechnologien (Prozeßinnovation) über die Möglichkeit der Entwicklung zahlreicher neuer Produkte (Produktinnovation) bis hin zur Änderung von Organisations- und Qualifikationsstrukturen in der Wirtschaft.

Nicht nur der Markt und die Technik nehmen Einfluß auf die Produktion, sondern zunehmend wirken Gesetze, Tarifvereinbarungen und Normen, die aus der .gesellschaftlichen Entwicklung resultieren, auf Arbeitsgestaltung, Arbeitsorganisation und Arbeitsumfang ein. Aufgrund der gesellschaftlichen Veränderungen wird erwartet, daß der angebotene Arbeitsplatz noch mehr als in der Vergangenheit attraktiv wird.

Eine Analyse der Schwierigkeiten des komplexen Wirtschaftssystems verdeutlicht, daß in letzter Konsequenz die Krisis der Fabrik auf die Frage nach ihrer Konkurrenzfähigkeit zurückzuführen ist. In diesem Zusammenhang sind die Einflußkomplexe von Interesse (siehe Bild 4), die für die Erhaltung oder Erneuerung einer Fabrik von größter Bedeutung sind. Die Anpassungs-möglichkeiten an die einzelnen Einflußkomplexe sind unterschiedlich. Während Management, Personalstruktur und Produktentwicklung im Organisationsfeld eines Unternehmens liegen und leichter angepaßt werden können, bleiben die nationale Infrastruktur, volkswirtschaftliches Umfeld, sowie Gesetzgebungsmaßnahmen außerhalb des Einflußbereiches eines Unternehmens.

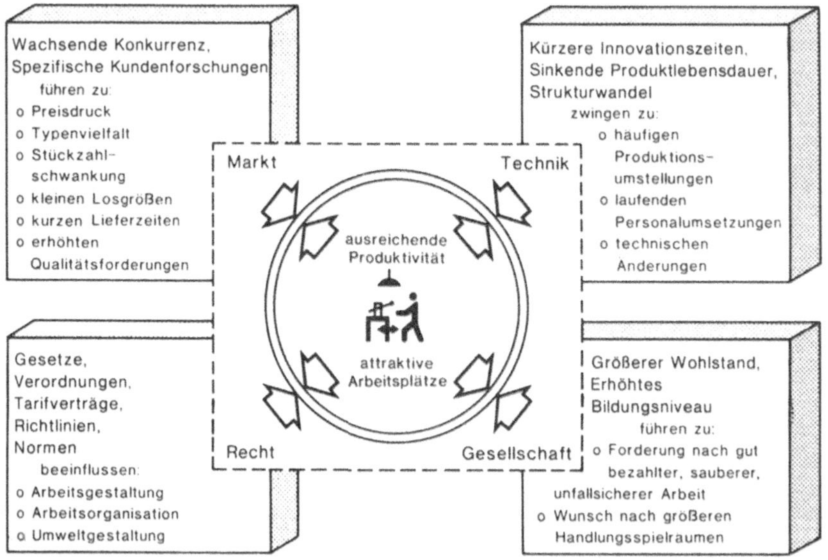

Bild 3: Einflüsse aus Markt, Technik, Recht und Gesellschaft auf das Produktionsunternehmen /2/

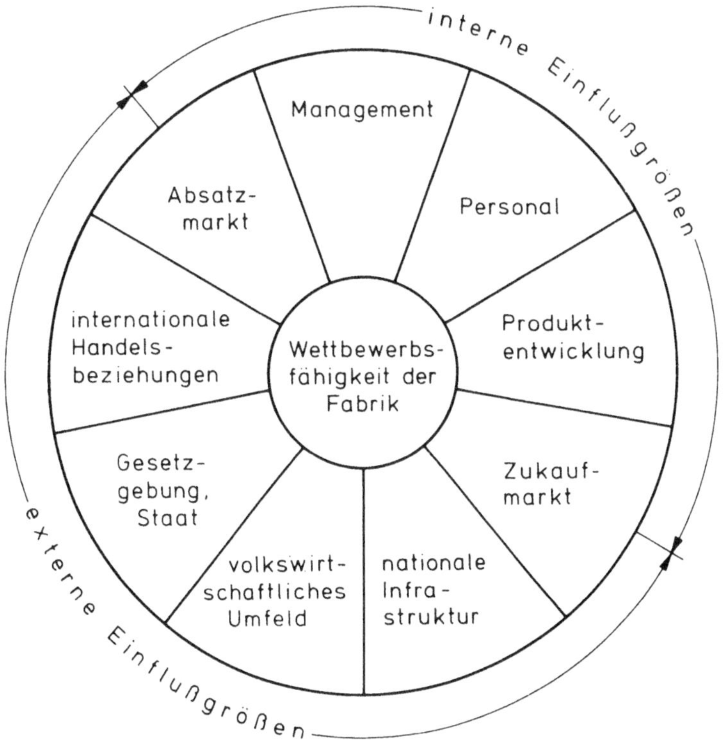

Bild 4: Strukturierung der vielfältigen Einflüsse auf die industrielle Wettbewerbsfähigkeit /3/

2. Personelle und technologische Innovationsschwächen als Ursachen der Krisis der Produktionsunternehmen in der heutigen Situation

- **Personelle Innovationsschwächen**

Von entscheidender Bedeutung für die Wettbewerbsfähigkeit eines Unternehmens sind die Menschen, die im Personalpotential für das Management und als Mitarbeiter zur Verfügung stehen. Von ihnen wird die Qualität der Produktentwicklung und die Gestaltung der Infrastruktur der Fabrik abhängig bleiben. Wenn die Krisis einer Fabrik auch die Krisis ihrer Produkte beinhaltet, dann ist dies meistens auch mit einer Krisis im Management verbunden. Festzustellen ist eine Lücke im Ausbildungssystem der Ingenieure derart, daß eine dem ingenier-wissenschaftlichen Studium beigefügte oder nachgeschaltete Ausbildung im technischen Management nicht vorhanden oder nicht genügend ausgeprägt ist.

Die Trennung von Ingenieurwissenschaften und Wirtschaftswissenschaften ist als historischer Fehler anzusehen; ebenso wie die Trennung von Konstruktion und Fertigungstechnik. Es müssen möglichst kurzfristig bildungs- wie wirtschaftspolitische Maßnahmen ergriffen werden, um geeignete Management-Akademien an Universitäten aufzubauen: So gesehen ist die Krisis des Managements auch eine Krisis des Nachwuchses und damit eine Krisis des Ausbildungssystems im Ingenieurwesen. Darüberhinaus dürfen sich die Ingenieurwissenschaften nicht länger von den Sozial- und Wirtschaftswissenschaften isolieren. Es ist als problematisch anzusehen, daß eine Ingenieurnation in ihren Regierungs-Parlamenten nur eine unbedeutende Minderheit an fachkundigen Ingenieuren aufweist; andererseits der Anteil an technologisch zwar nur oberflächlich orientierten, aber politisch stark motivierten Kritikern des derzeitigen technologischen Szenarios erheblich zunimmt.

- **Technologische Innovationsschwächen**

Das Spannungsfeld der wirtschaftlichen Lage in den Industrienationen ist von so kpmplexer Natur, daß es ohne den Schlüssel einer technologischen Strukturveränderung nicht abgebaut werden kann. Bild 5 soll dies in einer Darstellung verdeutlichen, die aus Schumpeters Zyklentheorie abgeleitet wurde. Der Durchsetzung von technologischen Innovationen folgt ein wirtschaftlicher Aufschwung, der im weiteren Verlauf soziale Innovationen ermöglicht. Aus dieser Darstellung wird für die gegenwärtige Situation deutlich, daß sich die Entwicklung der elektronischen Datenverarbeitung derzeit mitten in einem Schub der Innovation unserer Industriegesellschaft befindet, der mit den Schüben bei der Einführung von Kraftmaschinen um 1800 oder mit Schüben bei der Einführung der mechanisierten Fabriken um 1875 in der sogenannten Gründerzeit verglichen werden kann. In seinen gesellschaftlichen Auswirkungen überragt die gegenwärtige informationstechnische Innovation allerdings die vorhergehenden Innovationen.

Zahlreiche Unternehmen begehen den Fehler, sich mit der Entwicklung neuer Techniken und Produkte zu viel Zeit zu lassen. Die Politik, lieber der "lachende" Zweite am Markt zu sein, nachdem andere bereits ihre Erfahrungen gesammelt haben, wird in Zukunft eher Schaden als Nutzen bringen. Zu schnell ändern sich die

Überlebensbedingungen für die Unternehmen: Wer es als Unternehmer nicht schafft, Geschäftsfelder künftiger Technologien frühzeitig zu besetzen, wird unweigerlich aus dem Marktgeschehen ausscheiden. /4/

Es läßt sich auf der Basis der Lebenszykluskonzepte sowie des Erfahrungskurvenkonzeptes leicht nachweisen, daß bei derartigen Marktzyklen sowie Entstehungszyklen eine ein- bis zweijährige Verspätung das betreffende Unternehmen in die Rolle des Ährenlesers nach der Ernte verweist. Einfache Überlegungen zeigen, daß bei einer marktlichen Lebensdauer von 3 Jahren eine Verspätung von einem Jahr bereits 50 % des möglichen Produktvolumens kosten kann. Damit ist aber die Abdeckung der Forschungs- und Entwicklungsaufwendungen, aber auch der Vertriebskosten nicht oder nur schlecht möglich. Wer sich z.B. erst heute für den Einstieg in die Glasfasertechnik entschließt, dürfte zu spät kommen; für den Beginn der Forschung und Entwicklung im Bereich der Biotechnik wird es höchste Zeit.

Im Zeitalter des breiten Übergangs von der Mechanik beziehungsweise Elektromechanik zur Mikroelektronik, des Aufkommens der Biotechnologie und vieler revolutionierender physika-lischer Basistechnologien ist es für das Fabrik-Management lebenswichtig, langfristige strate-gische Planungsinstrumentarien mit höchster Sensivität einzusetzen. Die aufkeimende Kritik an einer schnellen Umsetzung innovativer Ideen und Automatisierungsprojekte ist mit einer Gegenfrage zu beantworten: Was wäre denn wohl, wenn wir keine Automatisierung betreiben würden? Die Antwort ist klar und einfach: Es würde nicht lange dauern, bis wir unsere Fabriken schließen würden. Das ist keine nur abwehrende Klage, sondern zu beweisen an Unternehmen, die falsch gehandelt haben und nicht mehr bestehen.

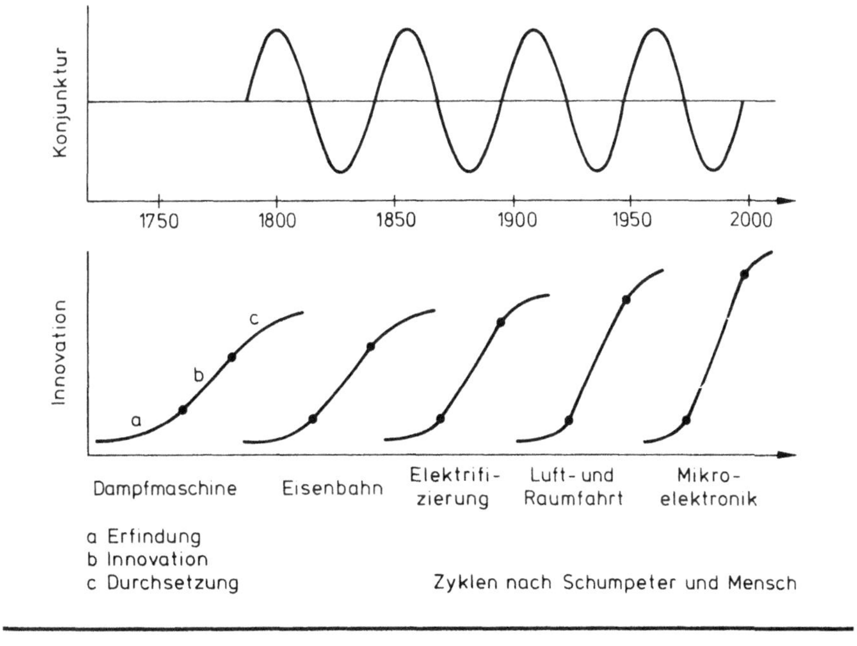

Bild 5: Vereinfachte Darstellung der Innovations- und Konjunkturzyklen von 1800 bis 2000

3. Neue Denkanstöße auf dem Weg zum Unternehmen mit bzw. der Zukunft

Der technische Wandel mit seinen Auswirkungen auf die Produkt- und Prozeßinnovation sowie die Veränderungen auf unseren Märkten zeigen ihre Ausstrahlungen auf alle Gebiete der betrieblichen Leistungserstellung. Durch die Möglichkeiten des rechnerunterstützten Informations- und Materialflusses und durch die modernen Mittel der Kommunikation sind sowohl die hier tätigen Menschen, die eingesetzten Verfahren, aber auch die Organisation betroffen und in einem evolutionären Umbruch begriffen. Die Einbeziehung der industriellen Logistik in das Gesamtkonzept einer rechnerunterstützten Produktion führt zu der gesamt-heitlichen Betrachtungsweise der Fabrik mit bzw. der Zukunft. In die Überlegungen von "heute"sind bereits die sich abzeichnenden Entwicklungen von "übermorgen" aufzunehmen mit dem sicheren Blick auf die bisherigen Erfahrungen und das zur Zeit bereits Machbare.

Es kommt zunehmend darauf an, die Produktions-Komplexität zu beherrschen, wie sie sich darstellt , z.B. in flexiblen Fertigungssystemen (siehe Bild 6), Entwurfs- und Planungssystemen oder in Form eines ganzen

Bild 6: Rechnerunterstützung für den Produktionsablauf in einem flexiblen Fertigungssystem (FFS)

Werkes (siehe Bild 7). Aus der Erkenntnis heraus, daß alles zusammenspielen muß und zusammenhängt, ist ganzheitlich vorzugehen und nach geeigneten Methoden Umschau zu halten. Die Hauptaufgabe wird dabei dem Beherrschen der Informationsprozesse zukommen, die geprägt sind durch Begriffe wie Kommunikationsnetze, verteilte Systeme und Datenbanken.

Bild 7: Layout-Modell eines rechnerunterstützten Rohbaus in der Autombilindustrie

Durch den Einsatz von Rechnern für die Planung und Steuerung der Produktion wurden Aufgaben durch Rechner-Software, d.h. Programme übernommen. Diese Programme waren zu Beginn noch vergleichbar einfach, nahmen aber im Lauf der Jahre an Umfang der Daten, an Komplexität und an Interaktion mit anderen

Programmen und mit Anwendern wesentlich zu. Es wuchsen Programmsysteme heran, die ganze betriebliche Aufgabenstellungen unterstützten (z.B. Kapazitäts- und Terminplanung oder Konstruktionsentwurf). Genügte anfangs noch das Wissen und Können eines Programmierers, um eine Funktion durch ein einzelnes Programm ausführen zu lassen und termingerecht zur Verfügung zu haben, so erfordert heute die Erstellung von Programmsystemen:

- Gruppen von Programmierern, d.h. Teamwork,
- leistungsfähige Tools zur Programmerstellung und zum Test,
- leistungsfähige Methoden für Planung und Überwachung der Arbeiten,
- ausgefeilte Techniken und entsprechende Tools für Programm- und Datenstrukturierung.

Die heute aktuellen Marktanforderungen (siehe Bild 8) nach kurzen Innovationszyklen in Entwicklung und Fertigung bei gleichzeitig hoher Produktdifferenzierung und nach verbesserter Produktqualität mit enormem Kostendruck machen deutlich, daß die herkömmlich gewachsene Rechnerunterstützung in Form geschlossener Funktionsinseln unzureichend ist. Insbesondere die Transparenz des Produktions-Ablaufs und die Flexibilität in bezug auf geänderte Anforderungen werden nicht in dem notwenigen Maße erfüllt:

- Die vorhandenen Funktionen sind unvollständig, da vor allem die integrierende Kommu-nikations-Komponente fehlt.

- Der Umgang mit den Systemen ist schwierig, da die Benutzeroberflächen unterschiedlich und veraltet sind und einen immer neuen Lernaufwand für die Mitarbeiter erfordern; dadurch fehlt oft die Akzeptanz der Benutzer an auch nützlichen Lösungen.

- Die vorhandenen Funktionen sind z.T. schwerfällig, da viele letztlich eine Batch-Vergangenheit besitzen, nicht im notwendigen Maße dialogisiert sind und die Ausstattung mit leistungsfähigen Rechnern vor Ort unzureichend ist.

- Die vorhandenen Rechenanlagen sind häufig durch veraltete Programm- und Daten-strukturen übermäßig belastet.

Die Aufgaben der Zukunft verlangen nun aber nicht etwas völlig neues: Es werden weiter engagierte Mitarbeiter benötigt, die sich in Programm- und in Betriebssystemen auskennen und auch diejenigen, die funktionsorientierte Programmsysteme verstehen und erstellen können. Aber Umfang und Verflechung der Funktionen einer modernen Produktion erfordern ein neues Denken in größeren Zusammenhängen und die Anwendung neuer rechnerunterstützter Methoden, welche der Komplexität des ganzen Geschehens Rechnung tragen; man benutzt hier den Ausdruck Computer Integrated Manufacturing (CIM):

CIM ist eine ganzheitliche rechnerunterstützte Betrachtungsweise;
sie erfordert eine zielorientierte und systematische Analyse;
sie benötigt konzeptionelle Erarbeitung und strukturierende Gestaltung von Lösungsansätzen.

Marktanforderungen	Reaktion
● Scharfer Wettbewerb enormer Kostendruck	Reduzierung von Bestandskosten, Durchlaufzeiten und Produktionskosten Steigerung der Qualität und damit auch Senkung der Fehlerbeseitigungskosten (Stichwort ist Integrierte Qualitätsprüfung)
● Kürzere Innovationszyklen	Einsatz von flexiblen Fertigungszellen bzw. Fertigungssystemen (derzeitiger Trend: wachsender Anteil der Mittelserienfertigung)
● Zunehmende Produktdifferenzierung	Erweiterung der Logistik- und Materialflußsysteme
● Hohe Lieferbereitschaft	Einführung oder Erweiterung von PPS Systemen mit Direkt-Kopplung zum Prozeß

Bild 8: Zuordnung der betrieblichen Reaktionen und Maßnahmen eines Produktionsbetriebs auf die aktuellen Marktanforderungen

Computer Integrated Manufacturing ist als verbaler Kristallisationspunkt und als Schlagwort in aller Munde. Für einige ist es ein leistungsfähiges CAM (Computer Aided Manufacturing), für viele ist es die Menge aller CA.....-Verfahren; für alle ist es die Zielvoraussetzung für das Unternehmen der Zukunft. Der Weg dorthin ist beschwerlich und eine Herausforderung an das Ingenieurkönnen unserer Zeit. Gefragt sind nicht nur vollautomatisch arbeitende Produktionsanlagen, sondern wesentlich ist vor allem das Wissen und Können von Menschen, die in der Lage sind, diese hochgesteckten Ziele auch zu erreichen. Benötigt werden (altbekannte) Methoden (siehe Bild 13) und insbesondere folgende Vorgehensweisen:

- konzeptionelles Denken (statt Denken in Konzepten),
- ganzheitliche Betrachtung (statt Inangriffnahme von Einzelsymptomen),
- strukturierende Gestaltung (überschaubare Systematik schaffen im Chaos).

4. Von der Insellösung zum gesamtheitlichen Automatisierungssystem

Das Unternehmen der Zukunft ist rechnerintegriert und flexibel automatisiert; es ist weitgehend frei von geschriebener Informationsübermittlung, verfügt über einen kontinuierlichen Fertigungsablauf und ist energietechnisch, materialtechnisch und informationstechnisch verknüpft. Eine große Vielfalt von Produkten wird in kleinen Losen oder in beliebiger Reihenfolge wirtschaftlicher als heute hergestellt werden können. Die Vorlaufzeiten für die Einführung neuer Produkte werden stark verkleinert. Zwischenlagerbestände verschwinden fast vollständig, eine Endlagerung von Fertigprodukten zur Anpassung an diskontinuierliche Marktnachfragen ist kaum noch erforderlich. Manuelle Tätigkeiten werden weitgehend flexibel automatisiert, planende und steuernde Fertigungsaufgaben können in Mensch-Rechner-Interaktion ausgeführt werden.

Das "Unternehmen bzw. die Fabrik der Zukunft", also die rechnergestützte, hochautomatisierte Produktion, wird mit "Computer Integrated Manufacturing (CIM)" umschrieben; es bedeutet die Kombination von Hardware, Software, Datenbanken und Kommunikationssystemen mit dem Ziel

- einer automatischen Fertigung eines variablen Produktionsprogrammes bei direkter Rechner-steuerung,
- einer kontinuierlichen Optimierung der Fertigungssteuerung und Ablaufplanung,
- einer direkten Regelung des Materialflusses und der Bearbeitungsoperationen, sowie
- einer dynamischen Bereitstellung, Koordination und Zuweisung aller zu disponierenden Fertigungsmittel, wie z.B. von Materialien, Werkzeugen und Werkzeugmaschinen sowie von Transport-, Spann- und Prüfmitteln.

Computer Integrated Manufacturing (CIM) bedeutet die Einbindung aller Ebenen des Produktionsprozesses in ein integriertes Informations- und Steuernetz. Aus der Sicht der Datenverarbeitung bedeutet dies den integrierten Einsatz von Rechnern in allen mit der Produktion zusammenhängenden Betriebsbereichen (siehe Bild 9). CIM beinhaltet also ein Konzept oder Leitfaden, wie man Inseln der Automatisierung miteinander verbindet, um eine Höchstmaß an Effektivität in der gesamten Produktion, also im verketteten Betriebsablauf bis hin zur Produkt-Auslieferung an den Kunden, erreicht. Rechnerunterstützte Konstruktion (CAD) und Arbeitsplanerstellung (CAP), ebenso wie Produktionsplanung und -steuerung oder wie Qualitätssicherung (CAQ) sind dabei über eine gemeinsame Datenbasis miteinander verknüpft (siehe Bild 10).

Ein wesentlicher Gesichtspunkt von CIM, bzw. für die Auslegung zukünftiger Fertigungs-strukturen ist der Systemgedanke. Einzelne Komponenten solch eines Systems bilden eine durchgehende Verfahrensablauf bzw. -kette, wobei Hardware- und Software-Bausteine eng ver zahnt sind. Am Beginn einer solchen Kette stehen die unter dem Begriff Computer Aided Engineering (CAE) zusammengefaßten zwei Aufgabenbereiche:

- eine bezieht sich auf die Entwicklung, Konstruktion oder die Projektierung eines Produktes: Computer Aided Design (CAD);
- die andere auf das Erstellen aller Planungsunterlagen für die Fertigung und Prüfung: Computer Aided Planning (CAP).

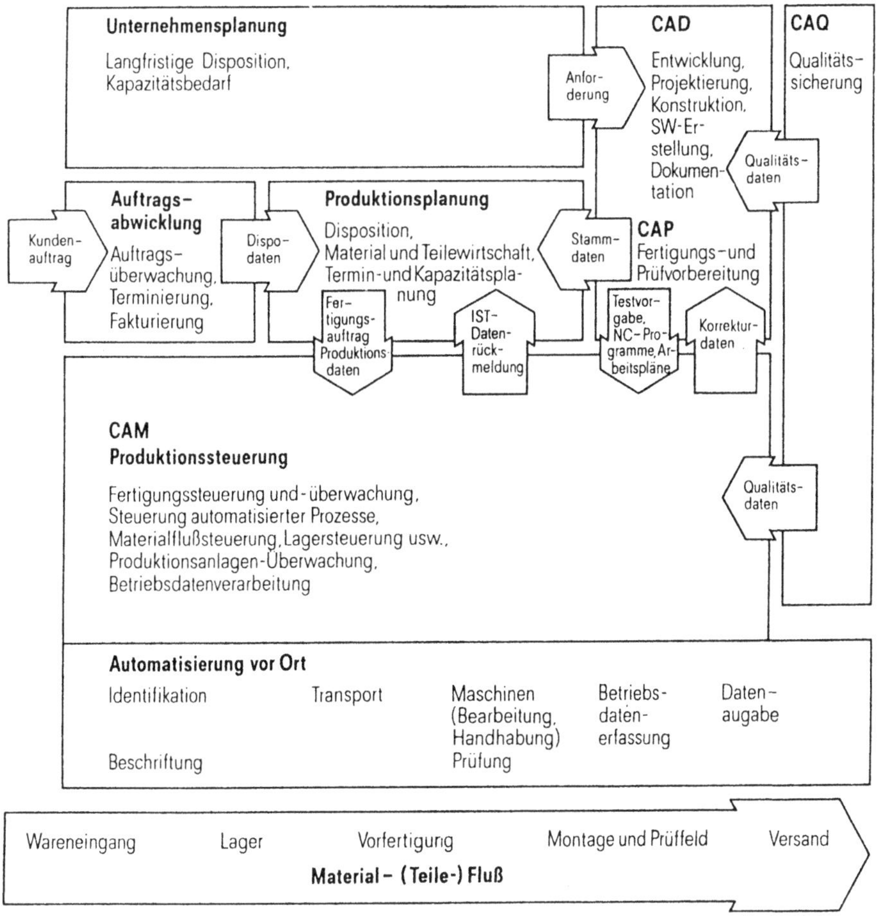

Bild 9: Struktur der Informations- und der Materialflüsse im rechnerunterstützten Gesamtkonzept /5/

CAD Computer Aided Design CAP Computer Aided Planning

CAM Computer Aided Manufacturing CAQ Computer Aided Quality Assurance

Die DV-Durchdringung vollzog sich in den vergangenen Jahren zunächst in Form von Insel-Lösungen. Beim Übergang von einer Bearbeitungsstufe zur nächsten mußten deshalb die Daten teilweise umgesetzt oder erneut manuell aufbereitet werden, um für die nächste Stufe verwend-bar zu sein. Die Integration der Verfahrensabläufe erzwingt klare Nahtstellendefinitionen und einen Rückgriff auf eine einheitliche Datenbank; diesen Zugriff zu einer einheitlichen und ständig verfügbaren Datenbasis zeigt schematisch das Bild 10. Die Integration der Funktionen im Produktionsbereich lebt von der gemeinsamen Datenbasis, in der die produktbezogenen, die technologischen und die dispositiven Daten gespeichert und bedarfsweise verknüpft werden. Diese Datenbank muß nicht notwendigerweise zentral angelegt sein, vielmehr können bestimmte Datenbestände auch dezentral geführt werden. Es muß nur unbedingt sichergestellt sein, daß der gesamte Datenbestand in sich widerspruchsfrei, konsistent und aktuell ist.

Da es bekanntlich schwierig ist, die vielen beteiligten Bereiche unter einen Hut zu bringen, wird man die Integration nur so weit treiben wie nötig, um für die einzelnen Bereiche noch gewisse Spielräume zu lassen. Durch Festlegung und konsequente Beachtung geeigneter Schnittstellen in den Verfahrensketten läßt sich dies sicherstellen.

Die Informationsübermittlung für die Produktionssteuerung wurde in der Vergangenheit und wird auch heute noch in vielen Betrieben mit Hilfe von Papier durchgeführt. Dieses Verfahren ist bei langen Bearbeitungszeiten oder Betrieben mit gleichmäßigen Fertigungen in großen Losgrößen teilweise akzeptabel; problematisch wird es jedoch in der Fabrik der Zukunft bei einer bedarfsorientierten Fertigung mit kleinen Losgrößen bzw. großer Arbeitsteiligkeit und kurzen Fertigungszeiten. Hier kann die Steuerungsaufgabe nur noch mit Hilfe eines Rechners beherrscht werden.

Als herausragendes Beispiel sei hier auf die hochautomatisierte Fertigung in der Automobil-Industrie

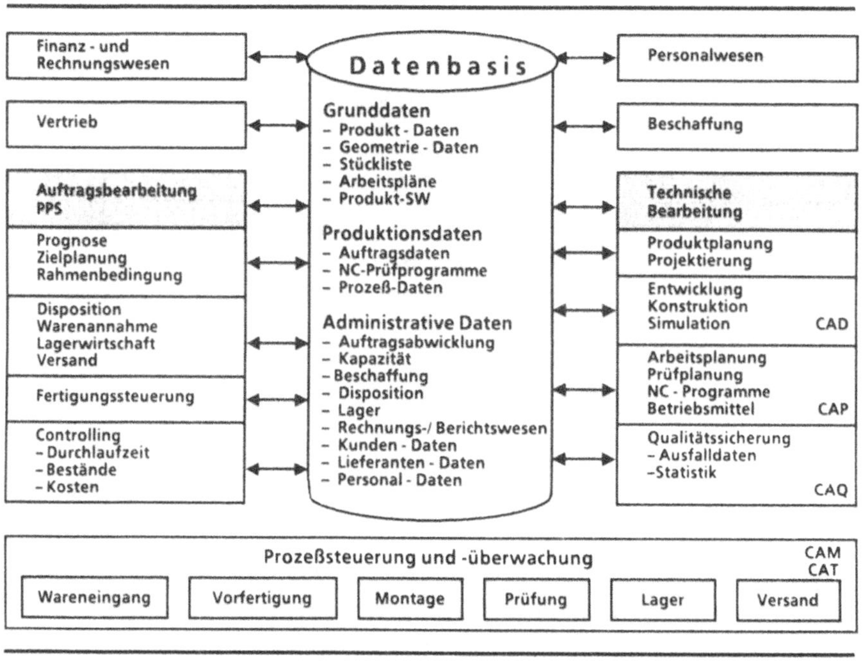

Bild 10: Gemeinsame Datenbasis für das rechnerunterstützte Gesamtkonzept

CAM	Computer Aided Manufacturing	CAD	Computer Aided Design
CAQ	Computer Quality Assurance	CAP	Computer Aided Planning
PPS	Produktionsplanung und -steuerung	CAT	Computer Aided Testing

verwiesen, die überhaupt nur noch mit Rechnern geführt werden kann. Von verschiedenen vollautomatisch arbeitenden Montagelinien werden die Vielzahl der einzelnen Aufbauteile und Teilaggregate sekundenaktuell dem Hauptmontageband zugeführt. Die Taktzeit bewegt sich in Größenordnungen von Sekunden, d.h. hier werden allerhöchste logistische Anforderungen an die Rechnerunterstützung gestellt (siehe Bild 11)

Bild 11: Hochautomatisierte rechnerunterstützte Karosserie-Endmontage in der Automobilindustrie

5. Die sozialen Auswirkungen für den Menschen im Unternehmen der Zukunft

Im Unternehmen der Zukunft wird die rechnerintegrierte, flexibel automatisierte Fertigung viele Arbeitsinhalte verändern. Routinetätigkeiten und Maschinenbedienfunktionen werden zugunsten planender, steuernder, kontrollierender sowie instandhaltender Tätigkeiten vermindert. Informationsnetze in Verbindung mit Datenbankverwaltungssystemen, vereinfachter Mensch-Maschine-Kommunikation und intelligenten Rechnerfunktionen bewirken eine Ablösung von Arbeitszeit, Arbeitsort und Arbeitsablauf aller nicht unmittelbar mit der Maschinenführung und -überwachung beschäftigten Personen vom konkreten Fertigungsablauf. Ein kreativer und humanerer Arbeitsablauf bei gleichzeitiger Steigerung der Produktivität wird möglich; eine Reduzierung der von Menschen zu leistenden Arbeit und eine Verbesserung der Qualität der geleisteten Arbeit sind zu erwarten.

Das Produktionsmanagement wird zukünftig mehr mit Problemen der Integration, Innovation und der Strategie befaßt sein, während Materialfluß, Fertigungsablauf und Personalprobleme in der laufenden Produktion an Bedeutung verlieren. Das Produktionsmanagement erfordert intensive und aufwendige Produktionsvorbereitungen, um alle Fehler bereits vor Produktionsbeginn zu entdecken und Maschinenstillstände zur Fehlerbeseitigung während des Fertigungsablaufes auf ein Minimum zu reduzieren.

Die unmittelbaren Auswirkungen des Strukturwandels auf die Mitarbeiter sind abhängig von der Innovationsgeschwindigkeit, der Marktsituation und der Produktionsstruktur in einem Werk, da bei einem breiten Produktspektrum die einzelnen Produkte in der Regel zu verschiedenen Zeitpunkten von einem Technologiewandel betroffen werden. Auf dem Gebiet der Nachrichtentechnik wurde festgestellt, daß der Übergang von der Elektromechanik zur Elektronik in den meisten Bereichen in mehreren Stufen und über größere Zeiträume verläuft, sich also eher evolutionär als revolutionär gestaltet. Gerechnet wird mit einem Zeitraum von 10 Jahren. Ein Grund für die langsame Umstellung liegt auch darin, daß bei bestehenden Anlagen für viele Jahre noch Ersatzteile in elektromechanischer Ausführung geliefert werden müssen. Außerdem haben manche Anwender nicht ausreichend geschultes Personal, um jeweils die neuesten Technologien schnellstens einzusetzen.

Anders verhält es sich bei Einzelprodukten, bei denen ein großer Teil der mechanischen Elemente völlig durch elekrtronische ersetzt wurde. Ein Beispiel hierfür ist der Fernschreiber, bei dem sich die Umstellung vom mechanischen Gerät zum Fernschreiber mit integrierten Schaltungen innerhalb kurzer Zeit vollzog. Bei der Prozeßinnovation ist die Mikroelektronik am leichtesten und schnellsten einsetzbar. Dies führt zu kurzfristigen Auswirkungen auf die Mitarbeiter. Demgegenüber nimmt die Dauer des gesamten Einführungsprozesses flexibler Fertigungssysteme einige Jahre (ca. 3- 5 Jahre) in Anspruch.

Im Bereich der Fertigungsvorbereitung ergeben sich durch den technologischen Strukturwandel und die Automatisierung größere Veränderungen hinsichtlich der Tätigkeiten und der Anforderungen an die Qualifikation der dort Beschäftigten. Die Realisierung einer flexiblen Produktion setzt zunehmend die Wirksamkeit von Daten- und Informationssystemen voraus. Der Personalaufwand ist, obwohl Routinetätigkeiten von EDV übernommen werden, in diesem Bereich gestiegen, da der Anteil der Planung,

Vorbereitung, Steuerung, Programmierung, Überwachung und Instandhaltung zugenommen hat.

Mit der Veränderung der Bedingungen haben sich auch die Aufgaben und damit die Forderungen an die Qualifikation der Mitarbeiter geändert. Die Mitarbeiter haben als Arbeitsfunktion einerseits die Auftragsdisposition, die Kapazitäts- und Belegungsplanung, die Materialbeschaffung, die Programmierung der Maschinen- und Transportfunktionen und die Bereitstellung der Steuerungsdaten zu erfüllen, andererseits den Auftrags- und Prozeßablauf zu überwachen und für die Werkzeugaufbereitung und Instandhaltung zu sorgen. Der reibungslose Betrieb der kapitalintensiven Anlagen setzt einen hohen Ausbildungsstand bei fundierten Prozeßkenntnissen voraus.

In der Siemens AG stieg der Anteil der Mitarbeiter mit Ingenieurausbildung in den letzten 20 Jahren von 18 auf 31 %. In dieser Zeit hat sich eine erhebliche Verschiebung vom Arbeiter zum Angestellten ergeben. 1962 wurden etwa ein drittel Angestellte und zwei Drittel gewerblich Tätige beschäftigt: 1982 war bereits die Hälfte der Mitarbeiter angestellt. Dieser Trend wird sich aller Voraussicht nach noch fortsetzen. Auch die durchschnittliche Qualifikation der gewerblichen Mitarbeiter hat zugenommen; von 1962 bis 1982 stieg bei der Siemens AG der Facharbeiteranteil von 34 auf 40% der gewerblichen Mitarbeiter.

Eine größere Flexibilität der Fertigung erfordert und ermöglicht eine erhöhte Flexibilität im Personaleinsatz, die auch im Interesse der Arbeitnehmer zur flexiblen Gestaltung ihrer Arbeitszeit genutzt werden kann.

Die stärkere Durchdringung der Produktion mit Daten- und Informationssystemen zur Planung, Steuerung und Überwachung des Auftragsdurchlaufes und der technologischen Prozesse wird zum täglichen Umgang mit DV-Anlagen für immer mehr Menschen führen. Daraus folgt, daß der formalisierte Dialog mit dem Rechner beherrscht werden muß. Durch die Einführung der Mikroprozessoren ist der Softwareeinsatz sowohl in der Automatisierungstechnik als auch in der Nachrichtentechnik möglich und notwendig geworden. Die Software selbst wird immer komplexer. Der Informationsbedarf der Fachabteilungen wächst schneller an, als die Programmierabteilungen entsprechende Programme zur Verfügung stellen konnen. Der Endbenutzer wird zunehmend die Möglichkeiten bekommen, selbst auf gespeicherte Daten zurückzugreifen, Abfragen zu formulieren und Berichte zu generieren.

Die Systeme werden so aufbereitet, daß ein Anwender mit zusatzlicher Informationseingabe und einem eigenen Datenbestand Entscheidungen simulieren und ihre Auswirkungen abschätzen kann. Diese Arbeitsweise wird heute schon durch den wachsenden Einsatz von Arbeits-platzrechnern als Werkzeug des Sachbearbeiters unterstützt. Flexibilität, Auslastung der Kapazitäten, und zwar sowohl des Personals als auch der maschinellen Anlagen, und Bestände müssen im Rahmen der Produktionsplanung und -steuerung optimiert werden. Die Forderung nach drastisch reduzierten Durchlaufzeiten und damit auch nach niedrigen Beständen im Produktionsbereich sowie nach Reduzierung der Rüstzeiten wird einen starken Einfluß auf die Gestaltung der innerbetrieblichen Logistik haben. Dies erfordert in vielen Fällen ein anderes Denken und Handeln der Mitarbeiter.

Um zu einem anderen Denken und Handeln zu kommen und neue Produktionsstrukturen zu entwickeln, muß man mit dem Menschen anfangen und nicht mit der Technik. Man muß hier erkennen und praktizieren, daß es gerade in einer Arbeitswelt, die von innovativer Technik geprägt ist, immer wichtiger wird, bereichsübergreifend mit anderen zusammenzuarbeiten. Diese Anforderungen münden in die generelle Anforderung nach erhöhter Grundqualifikation, ständiger Lernbereitschaft und einem hohen Grad an Flexibilität, Mobilität und Eigen-Verantwortung.

6. Einführungsstrategien und Zukunftsperspektiven

Aus mehreren laufenden und abgewickelten Projekten sollen hier einige Erfahrungen wieder-gegeben werden. Es gibt eigentlich keine "neuen" Vorgehensweisen bei der Einführung eines rechnerintegrierten Gesamtkonzeptes, sondern nur die konsequente Anwendung schon bewährter Methoden. Es wird ein Vorgehen in folgenden Schritten für notwendig gehalten (siehe Bild 12 und 13):

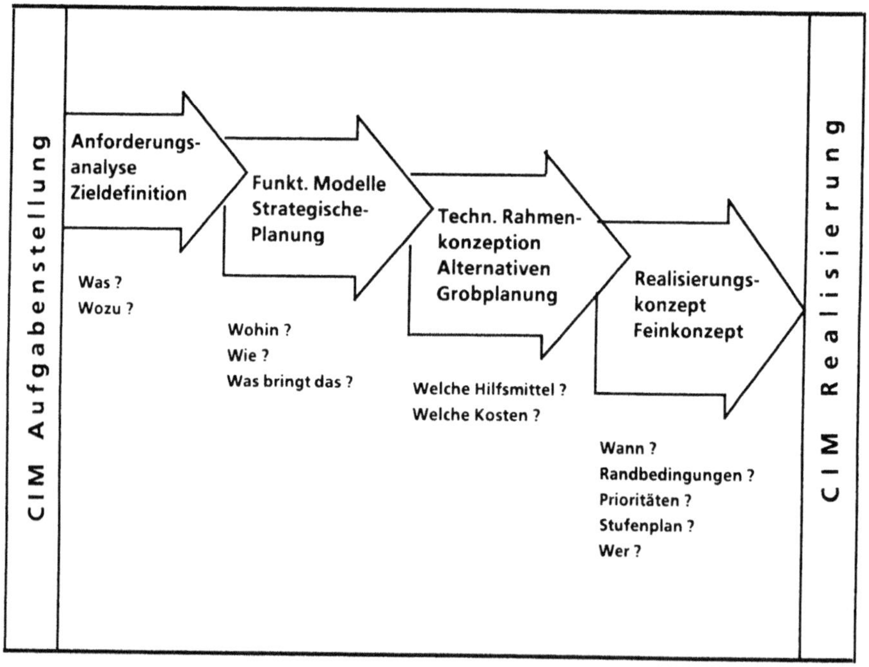

Bild 12: Einführungsschritte für das rechnerunterstützte Gesamtkonzept /6/
(CIM = Computer Integrated Manufacturing)

1. **Analyse der Anforderungen und Zieldefinition**

   Es ist zu klären, wozu eine Automatisierungsaufgabe angegangen wird; in welchen größeren Zusammenhängen sie zu sehen ist; dabei sind Entwicklungstrends zu berücksichtigen. Gerade auf dem Gebiet der Automatisierung mit ihren Teilgebieten der Informations- und Kommunikationstechnik sowie der Robotik und Sensorik geschieht die Entwicklung derart dynamisch, daß "heute" festgelegte Lösungen "morgen" schon überholt und veraltet sein können, bevor sie noch rechtzeitig genutzt werden.

2. **Ausarbeitung der funktionellen Modelle**

   Aus der modellhaften Betrachtung der Zukunft werden konzeptionelle Lösungsansätze und gegebenenfalls Alternativen erarbeitet und bewertet. Eine rechtzeige Berücksichtigung technischer Entwicklungen mit ihren Möglichkeiten, aber auch den Erfordernissen und Beschränkungen und deren modellhaftes Durchdenken kommt in dieser Phase große Bedeutung zu.

CIM (COMPUTER INTEGRATETD MANUFACTURING)

KOMPONENTEN + METHODEN

KOMPONENTEN	METHODEN
Systeme / Programme / Funktionen • Technik: CAD,CAP,CAM • Betr.wirt.: PPS,FFS • Qualität: CAT,CAQ • Vertrieb: CAD f. Projektierung	**Analysen** • Durchgängig, vollständig • IST-Situation, Trends, Prognosen, Ziele • Simulation, Kataloge **Strukturierung / Synthese** • top down oder bottom up, ganzheitlich • Kataloge, Alternativen
Geräte • Maschinen für – Bearbeitung, Montage,Transport lagern • Rechner und Peripherie – Datenverarbeitung und -verwaltung • Endgeräte und Netze für – Kommunikation – Dokumentation	**Planung / Entwurf** • Phasenorientiert, konzeptionell, ganzheitlich • SOLL-Konzept • Simulation **Steuern / Kontrollieren** • Projekt-Management

Bild13: Komponenten und Methoden im rechnerunterstützten Gesamtkonzept /6/

Erläuterungen der Abkürzungen:

CAD: Computer Aided Design,
CAP: Computer Aided Planning,
CAM: Computer Aided Manufacturing,
CAT: Computer Aided Testing,
CAQ: Computer Aided Quality Assurance,
PPS: Produktionsplanung und -steuerung
FFS: Flexibles Fertigungssystem.

3. **Ausarbeitung der technischen Rahmenkonzeption**
Es werden Überlegungen über technische Konzepte für die erforderlichen technischen Hilfsmittel erstellt. Dabei sind Alternativ-Überlegungen anzustellen, welche Hilfsmittel eingesetzt werden und welche Kosten entstehen werden.

4. **Festlegung des Realisierungskonzeptes**
Nach den vorangegangenen Bearbeitungsschritten sind die Randbedingungen für die Realisierung bekannt. Somit können Realisierungskonzepte aufgestellt werden: dabei sind Prioritäten festzulegen und ein Stufenplan auszuarbeiten; es ist die Beantworung der Fragen besonders wichtig, wann und wer die Realisierung ausführt.

Dieser vorgeschlagene Weg mag besonders langwierig erscheinen, insbesondere dann, wenn aus den dringenden Tagesgeschäften heraus schnelle Lösungen nötig werden. Wir meinen aber, daß die Aufgabenstellung des rechnerunterstützten Gesamtkonzeptes diese Vorgehensweise erforderlich macht, da sich die Gesamtheit der zu berücksichtigenden Anforderungs- und Einflußfaktoren gegenüber den Automatisierungsaufgaben von vor 10 Jahren doch sehr vergrößert hat. Wichtig ist dabei, daß man bei den Überlegungen für die Produktion von "morgen" auch Gedankengänge von "übermorgen" einbezieht, damit man nicht letztlich bei Planungszeiträumen von mehreren Jahren eine Produktion von "gestern" in Betrieb nimmt.

Bei den Realisierungsüberlegungen eines rechnerunterstützten Gesamtkonzepts sind die Punkte der Entwicklung neuer Organisationsstrukturen und die Entwicklung neuer Mitarbeiterstrukturen besonders hervorzuheben.

- **Perspektiven zur Entwicklung neuer Organisationsstrukturen**

Die Entwicklung der Organisationsstrukturen muß Hand in Hand gehen mit der Entwicklung der Datenverarbeitung und den fertigungstechnischen Erkenntnissen und Erfordernissen. Je größer der Grad der Komplexität ist, den die Organisation bewältigen muß, desto leistungsfähigere Koordinationsmittel müssen eingesetzt werden. Kleine, autonome und teilautonome Einheiten mit Trend zur Selbststeuerung erfüllen diese Forderung am besten; sie führen zur Ver-antwortungsdelegation und erlauben ein abgestuftes Handeln. Besonders hinzuweisen ist auf die Ausweitung der Verantworutng des sogenannten Auftragszentrums in Richtung Vertrieb und Beschaffung zu einem sogenannten Lostistik-Zentrum. Da dieses Logistik-Zentrum neue Koordinierungsaufgaben übernehmen muß, wird damit ein Abgeben von Fertigungs-steuerungsfunktionen an die Fertigungsdurchführung notwendig.

- **Perspektiven zur Entwicklung neuer Mitarbeiterstrukturen**

Die Bewältigung des Innovationsschubes in der Konstruktion und der Produktion verlangt von jedem Unternehmen eine systematische Einführungs- und Qualifizierungsstrategie und damit einer Planung der

Personalstruktur. Wenigstens zwei Jahre im voraus hat dieser Prozeß zu beginnen. Angesichts der heute bekannten Zeitzyklen technologischer Veränderungen sind viel größere Zeiträume kaum denkbar. Im Bereich der Personalführung sind vor allem vier Maßnahmen zu nennen:

* Planung der Personalstruktur
* gezielte Aus- und Weiterbildung zur Erhöhung und Erweiterung der Mitarbeiter-Qualifikation
* Gewährung größerer Handlungsspielräume, um die Bereitschaft der Verantwortung zu fördern
* Erhöhung der Motivation sowohl zur Akzeptanz der neuen Technologien als auch zur qualitätsmäßig einwandfreien Ausführung aller erforderlichen Arbeiten.

Der technische Wandel erfordert im Fertigungsbereich Mitarbeiter mit einer entsprechenden **Qualifikation**, da die Möglichkeiten der Kostenbeeinflussung dieser Mitarbeiter außerordentlich hoch sein werden. Es werden sich hier die Abwicklungs- und Überwachungsaufgaben zu Aufgabenstrukturen mit verstärkten aktiven Entscheidungs- und Steuerungsfunktionen verschieben, dadurch entsteht ein stetig wachsender Bedarf an eventuell weniger, aber besser vorgebildeten und damit höher qualifizierten Mitarbeitern (siehe Bild 14). Für die Produktions-leitung kommt es deshalb darauf an, schon bei der Auswahl neuer Mitarbeiter sicherzustellen, daß die Qualifikation den Anforderungen entspricht. Neben der Vermittlung von problem-bezogenen Kenntnissen und Verhaltensweisen müssen die Aktivitäten der Vorgesetzten künftig vor allem auf die Motivierung der Mitarbeiter ausgerichtet sein.

Die **Mobilisierung der Leistungsbereitschaft** und der Bereitschaft zur Eigenverantwortung erfordert zum Teil andere Arbeitsstrukturen und die Gewährung größerer Handlungsspielräume für die Mitarbeiter. Gerade die Komplexität heutiger Kontroll-, Übverwachungs- und Instandhaltungsaufgaben verlangt die volle Einbeziehung der beruflichen und persönlichen Fähigkeiten bei der Arbeit. Diese werden aber nur dann eingebracht, wenn Arbeitsinhalt, -ablauf und -organisation entsprechend gestaltet sind.

Künftig werden Mitarbeiter gebraucht, die mitdenken und alles tun, um Produktionsunterbrechungen durch Störungen zu vermeiden, die ihre Fertigungseinrichtungen nach Möglichkeit selbst warten, kleinere Reparaturen selbst ausführen und damit den Materiafluß verbessern, die mit dem Rechner in den verschiedenen Ebenen kummunizieren können und schließlich ständig bemüht sind, die Qualität der Arbeit und der von ihnen hergestellten Produkte zu verbessern (siehe Bild 15). Diese allgemeinen **fachübergreifenden Fähigkeiten** gewinnen neben den fachlichen Qualifikationen für die Beschäftigten in allen Bereichen mehr und mehr an Bedeutung.

Bild 14: Rechnerunterstützung der Mitarbeiter bei der Produktionsplanung und -steuerung

- Weitere Erfahrungen und Erkenntnisse aus der Planung von rechnerunterstützten Gesamtkonzepten

Ein Umdenkprozeß vom traditionellen Organisationsbewußtsein zur **gesamtheitlichen Lösung** des integrierten Automatisierungssystems ist erforderlich. Besonders mangelt es meist an der Fähighkeit, übergreifende Aufgabenstellungen zu bearbeiten und zu lösen. Projekte, gerade mit dem Schwerpunkt der Produktionsautomatisierung benötigen zwar auch in Teilbereichen Spezialisten, jedoch liegt der eindeutige Schwerpunkt auf dem übergeordneten Blickwinkel des Zusammenbindens von Einzelbereichen und des integrierenden Einsatzes von Rechnern in allen mit der Produktion zusammenhängenden Betriebsbereichen.

Der Entschluß für den Aufbau eines **rechnerunterstützten Gesamtkonzepts** wirft nicht nur systemanalytische, sondern auch organisatorische und personelle Probleme auf. Im Interesse einer einheitlichen Gesamtkonzeption ist unbedingt darauf zu achten, daß nicht aufgrund unabgestimmter Aktivitäten sogenannte Insellösungen und -konzepte erarbeitet werden, die in der Endausbaustufe nicht zueinander passen. Wer sich für die Einführung eines rechner-unterstützten Gesamtkonzeptes entscheidet, kommt um ein umfassendes Rahmenkonzept nicht herum.

Für die Projektabwicklung sind mehrere **Bearbeitungs-Teams** zu bilden, z.B.:

- interne und externe Logistik, Bauplanung, Einrichtungsplanung,
- Organisation und Datenverarbeitung, Büroplanung, Umzugsplanung,
- Planung der innerbetrieblichen Ablauf- und Aufbauorganisation.

Bei der Aufstellung der Bearbeitungsteams stellt sich meist sehr bald die Personalbeschaffung als sehr problematisch heraus. Meist kann nur ein Teil der erforderlichen Projektmannschaft durch interne Mitarbeiter besetzt werden. Deshalb müssen im einzelnen die Projektstellen mit Erfahrungsträgern aus anderen Werken, freien Mitarbeitern oder Mitarbeitern aus Unternehmensberatungen bzw. Software-Häusern besetzt werden. Bei der Suche nach diesen Mitarbeitern stellt sich natürlich heraus, daß qualifiziertes Personal mit Erfahrungen auf dem Gebiet der rechnerunterstützten Automatisierungsprojekte absolute Mangelware ist.

Die Entwicklung der Software und Hardware-Komponenten verlangt ebenfalls eine größere Mannschaft an hochqualifizierten Spezialisten. Da diese am Arbeitsmarkt sehr knapp sind, kann sich hier ein empfindlicher Engpaß ergeben, der kurzfristig nur durch externe Kräfte überbrückt werden kann. Darüberhinaus werden von allen im Fertigungsbereich tätigen Mitarbeitern gewisse Grundkenntnisse im Umgang mit der Rechner-Technik verlangt, sowie ein Denken in großeren Zusammenhängen: Daraus resultiert erheblicher Aufwand für Schulung, Weiterbildung und zukunftsorientierter Personalplanung.

Die Vorbereitung der Mitarbeiter auf neue Aufgaben durch rechtzeitige **Informationen und Schulung** sowie ihre Motivation hängen entscheidend vom praktizierten Führungsverhalten ab. Daher spielt das **Problem der Akzeptanz** , d.h. die Frage, ob die Menschen die Produkte und Technologien, die Abläufe und Arbeitsmittel, die in ihrer Arbeitsumwelt ihren Einsatz finden, auch annehmen werden, eine immer größere Rolle Während die Fortschritte der Mikroelektronik, auf technischem Gebiet, mit der derzeitigen Dynamik weitergehen werden, können Schwierigkeiten bei der Akzeptanz die für die deutsche Industrie so wichtige zügige Umsetzung dieser technischen Möglichkeiten in Produkte und Leistungen verzögern. Voraussetzung für die Akzeptanz ist, daß der Mitarbeiter die Möglichkeit des Einflusses auf die Entscheidungen erkennt, daß er ein Gefühl der Mitverantwortung bekommt und sein Arbeitsergebnis sieht.

Eine rechnerintegrierte Fertigung wird von hochtrainierten Spezialisten geführt, die auf ihre Aufgabe ähnlich wie Flugzeugbesatzungen vorbereitet werden müssen. Sie haben die Verantwortung für die planmäßige Funktionsweise des komplexen technischen Systems. Eine Gruppe von Spezialisten für die Fehlerbeseitigung und schnelle Reparatur steht ihnen zur Seite. /7/

Die Ausprägung der rechnergestützten Systeme verlangt von den Mitarbeitern auf allen hierarchischen Ebenen eine entsprechende Flexibilität und Einstellung zum Rechnereinsatz. Die Neuheit der Hilfsmittel, wie z.B. Rechner, Bildschirm, Drucker etc. erfordert eine ausreichende Information und Einweisung der Mitarbeiter Die Schulung und Information der Mitarbeiter vor Ort muß wiederholt vorgenommen werden, dazu gehört auch die Gewöhnung an die Handhabung von Bedienungsanweisungen und Benutzer-Handbüchern.

Bild 15: Rechnerunterstützung des Mitarbeiters bei der Getriebemontage in der Automobilfertigung

Die Ausbildung und Umschulung erfordert große Investitionen sowie einen ständigen Erziehungs-prozeß im Hinblick auf die tiefgreifenden und kontinuierlichen Veränderungen. Dabei muß erwähnt werden, daß vom Betrieb selbst das Problem der Ausbildung und Umschulung oftmals nur in beschränktem Umfang bewältigt werden kann, es muß insbesondere auf dem Software-Sektor ergänzt werden durch eine Ausbildungspolitik der öffentlichen Hand.

7. Literaturangaben

/1/ Warnecke, H.-J.; Bullinger, H.-J.: Arbeitswissenschaftliche Aspekte neuer Produktionsstrukturen.
In: Produktionstechnisches Kolloquium Berlin 1979, München: C.Hanser Verlag 1979.

/2/ Eidenmüller, B.:Die Auswirkungen des technologischen Wandels auf die Fabrik.
In: Vorträge des Produktionstechnischen Kolloquiums Berlin 1983,
München: C.Hanser Verlag, 1983.

/3/ NN: U.S. Industrial Competitiveness Washington: Office of Technology Assessment, 1981

/4/ Pfeiffer,W.: Strategisch orientiertes Forschungs- und Entwicklungsmanagement - Probleme und Lösungsansätze aus der Sicht der Wissenschaft.
In: Forschungs- und Entwicklungsmanagement,
Stuttgart: C.E. Poeschel Verlag, 1983.

/5/ Waller, S.: Leittechnik in der automatisierten Produktion.
In: Tagungsband zum Kolloquium Automatische Produktionssysteme,
Technische Universität München, 1985.

/6/ Reisch, D.: CIM-Gesamtkonzept unter Einbeziehung der Logistik.
In: VDI-Berichte Nr. 580,
Düsseldorf: VDI-Verlag, 1985.

/7/ Spur, G.: Aufschwung, Krisis und Zukunft der Fabrik.
In: Vorträge des Produktionstechnischen Kolloquiums Berlin 1983,
München: C.Hanser Verlag, 1983.

NEUARTIGE VERSCHRÄNKUNGEN VON SYSTEM- UND SOZIALINTEGRATION

- ZUR INNOVATIONSDYNAMIK IN DER AUTOMOBILINDUSTRIE -

Thomas Malsch

Wissenschaftszentrum Berlin für Sozialforschung (WZB)
Steinplatz 2, 1000 Berlin 12, Tel.: 030/313 40 81

I.

In Wissenschaft, Wirtschaft und Politik ist man sich einig, daß die gegenwärtige mikroelektronische Entwicklung tiefgreifende Veränderungen in der Arbeitswelt hervorrufen wird. Hingegen besteht Uneinigkeit darüber, wie diese Veränderungen konkret aussehen werden und wie sie arbeitspolitisch zu bewerten sind. Das gilt natürlich auch für die Diskussion in den Sozialwissenschaften. Angesichts der gewohnten Heterogenität und Widersprüchlichkeit sozialwissenschaftlicher Analysen zur mikroelektronischen "Revolution" ist es um so überraschender, daß in letzter Zeit in verschiedenen Ländern empirische Studien veröffentlicht worden sind, die unabhängig voneinander zu ähnlichen Diagnosen und Ergebnissen gekommen sind. Dabei stützen sie sich primär auf neuere Entwicklungen in der Automobilindustrie. (Bonnafos/ Chanaron/Mautort 1983; Kern/Schumann 1984; Piore/Sabel 1984) Diese Studien sind, so könnte man pointiert formulieren, essentiell "optimistisch". Sie sprechen vom "Ende der Massenfertigung" oder sogar vom "Ende der Arbeitsteilung" und sehen in den bevorstehenden Entwicklungen neue Chancen für die verbleibenden Arbeitnehmer.

Bei vielen Unterschieden in Thematisierung und Akzentuierung besteht der gemeinsame Nenner dieser Studien in folgender These: Die industrielle Entwicklung steht vor einer historischen Weggabel, an der die Chance einer grundlegenden Überwindung des Taylorismus/Fordismus erstmals zum Greifen nahe liegt. Die westlichen Industriegesellschaften stehen damit vor einer "strategischen Wahl", die sich auf zwei Dimensionen theoretisch abbilden läßt:

- auf der Dimension der informationstechnologischen "Systemintegration" als Alternative zwischen Zentralisation und Dezentralisation;
- auf der Dimension der organisatorischen "Sozialintegration" als Alternative zwischen hierarchischer und partizipativer Organisationsgestaltung.

In beiden Dimensionen - so die These - bildet sich gegenwärtig ein bedeutendes Potential für "Neue Produktionskonzepte" heraus, d.h. für nicht-tayloristische

Produktionskonzepte, die sich durch eine enge Verschränkung von partizipativer Sozialintegration mit dezentralisierter Systemintegration auszeichnen.

Wie immer man zu dieser These stehen mag: Es ist offensichtlich, daß Sozialwissenschaftler, die sich mit dem Thema des Computereinsatzes in der Massenproduktion befassen, einer wie auch immer gearteten Stellungnahme gar nicht ausweichen können. Tatsächlich enthalten bei genauem Hinsehen alle Untersuchungen mehr oder weniger klare oder verschwiegene Hintergrundannahmen zum Entwicklungspotential der Mikroelektronik in den Dimensionen der Systemintegration und der Sozialintegration. Um die Aussagekraft und Prognosefähigkeit künftiger Forschungen zu verbessern, ist es erforderlich, diese Hintergrundannahmen explizit zu machen und offen zu diskutieren. Dazu sollen die beiden Begriffe der System- und Sozialintegration zunächst einmal erläutert werden.

Die betriebliche Implementation der Mikroelektronik befindet sich an einem Wendepunkt. Bislang wurden EDV-Systeme inkremental eingeführt. Solche "Insellösungen" sind passé, da sie den wachsenden Anforderungen an eine informationstechnologische Vernetzung von Betriebsfunktionen und Unternehmensbereichen ("Systemintegration", "Computer Integrated Manufacturing") nicht mehr gerecht werden können. In Zukunft werden EDV-Systeme zunehmend vom Ganzen der Unternehmensorganisation her gedacht werden. Denn Systemintegration läßt sich nur als Gesamtentwurf konzipieren und realisieren. Im selben Maße wie dieser Wendepunkt erreicht wird, stehen die Unternehmen vor einer strategischen Weichenstellung zwischen zentralisierter und dezentralisierter Systemsteuerung, die weitreichende Festlegungen des Arbeitseinsatzes und der Organisationsform zu implizieren scheint.

- Zentralisierung könnte bedeuten: deterministische Ablaufsteuerung, administrative Überschaubarkeit, aber hohe Störanfälligkeit und geringe Innovations- und Problemlösungskompetenz in Büros und Werkhallen.
- Dezentralisierung könnte bedeuten: stochastische Ablaufsteuerung mit Dispositionsspielräumen "vor Ort", geringe Störanfälligkeit, hohe lokale Problemlösungskompetenz und breite Innovationsimpulse "von unten", aber Kontrollücken und administrative Unübersichtlichkeit.

Was die Dimension der "Sozialintegration" betrifft, so lassen sich seit einigen Jahren verstärkte Anzeichen für einen Trend zugunsten von partizipativen Organisationsmodellen beobachten. Kennzeichen dieses Trends sind die "Aufweichung" hierarchischer Befehls- und Gehorsamsstrukturen durch offenere Kommunikationsformen; die Einführung von Qualitätszirkeln und Partizipationsprogrammen; eine höhere Respektierung des Arbeiters als Person. Diese Veränderungen könnten drei Konsequenzen implizieren:

- Kompensation von Motivationsdefiziten der tayloristischen Arbeitsorganisation;
- Entfaltung von Problemlösungskompetenz und von innovatorischem Erfahrungswissen in Betrieb und Büro;
- Verbesserung von Kommunikations- und Kompromißmöglichkeiten zwischen Arbeitnehmer- und Managementvertretungen.

Als Sozialwissenschaftler gerät man natürlich leicht in Versuchung, hier von einem generellen Muster soziokulturellen Wandels ("Wertewandel", "Freisetzung kommunikativer Rationalität") zu sprechen. Aber selbst wenn man gegenüber solchen grundsätzlich argumentierenden Erklärungen skeptisch ist, kann man sich folgender Feststellung wohl kaum verschließen: Partizipative Sozialintegration scheint eine zentrale Voraussetzung für erfolgreiches Innovationsmanagement zu sein, da die Einführung und effektive Nutzung neuer Technologien ohne komplementäre Innovationsbereitschaft der Belegschaften nur unter hohen Folgekosten zu realisieren ist. In dem Maße wie der informationelle Innovationszyklus Entwicklung-Herstellung-Nutzung-Weiterentwicklung zu informations<u>technologischen</u> Regelkreisen vernetzt wird, wird eine komplementäre Verdichtung <u>sozialer</u> Kommunikationsprozesse notwendig. Um das mit der computerisierten Systemintegration gegebene Innovations- und Rationalisierungspotential zu erschließen, ist der "denkende Benutzer" gefragt, und dieser denkende Benutzer wiederum kann ohne eine nicht-restriktive Organisationskultur nicht gedeihen. Im nächsten Abschnitt soll untersucht werden, ob und in welchem Umfang sich in der Automobilindustrie die Voraussetzungen für ein entsprechendes nicht-tayloristisches Rationalisierungsmodell herausbilden.

II.

Hinsichtlich der Entwicklungsperspektiven der Automobilindustrie ist zunächst einmal anzumerken, daß die soziale Situation der Automobilarbeiter noch weit entfernt ist von der eines "denkenden Benutzers". Vielmehr dominiert nach wie vor der traditionelle Massenarbeiter am Fließband und daran wird sich erst auf längere Sicht etwas ändern. Müßig zu betonen, daß das Beharrungsvermögen hierarchisch-tayloristischer Sozialintegration hier seine Wurzeln hat und starke Motive für die Beibehaltung tayloristischer Formen des Arbeitseinsatzes mobilisiert. Dennoch ist schon heute absehbar, daß sich in denjenigen Produktionsbereichen des Automobilbaus, in denen die Fertigungsautomation in den 80er Jahren am schnellsten vorangekommen ist, ein neuer Arbeitstypus herauszukristallisieren beginnt. Dieser neue Typus der Automationsarbeit gewinnt langfristig zweifellos an Bedeutung. Dabei zeichnen sich neue Anforderungsprofile und Qualifikationsmuster ab, die einerseits durch relativ hohe Handlungsautonomie (gemessen am Massenarbeiter!), andererseits durch neue informationstechnologische Kontrollformen und Restriktionen charakterisiert sind. Um diese Ambivalenz von Kontrolle und Handlungsautonomie besser verstehen zu können, ist es notwendig, genauer zu bestimmen, wie sich System- und Sozialintegration im gegenwärtigen Rationalisierungsprozeß der Automobilindustrie miteinander verschränken.

Um diese Verschränkung zu untersuchen, wählen wir den Produktzyklus als analytischen Ausgangspunkt. Der Produktzyklus im Automobilbau übergreift die gesamte Modelllaufzeit eines bestimmten Automobiltyps von der Entwicklung und Konstruktion bis zum Modellwechsel, zu dem der betreffende Automobiltyp vom Produktionsplan endgültig abgesetzt wird. Dieser Produktzyklus dauert z.Zt. etwa fünf bis zehn Jahre. Dabei lassen sich vor dem Hintergrund der beschleunigten Mikroelektronisierung von Produkt- und Prozeßtechnologien zwei Phänomene beobachten:

- Beschleunigung des Innovationstempos und damit Verkürzung des Produktzyklus;
- Produktentwicklung und die Entwicklung neuer Fertigungssysteme verschmelzen tendenziell zu einem einheitlichen Innovationsprozeß.

Diese beiden Tendenzen zur Beschleunigung des Innovationsprozesses und zur Verschmelzung von Produkt- und Prozeßinnovation prägen den unterschiedlichen Phasen des Produktzyklus in charakteristischer und je unterschiedlicher Weise ihren Stempel auf. Innerhalb des Produktzyklus lassen sich drei Phasen mit je eigenem Rationalisierungspotential unterscheiden:

1. Entwicklung/Konstruktion,
2. Fertigungsüberleitung/Modellanlauf,
3. Fertigungsoptimierung/Normalbetrieb.

1. Entwicklung und Konstruktion

Daß Produkt- und Prozeßinnovation sich wechselseitig konditionieren, ist im Prinzip nichts neues. Insbesondere für die chemische Industrie hat schon immer gegolten, daß die Entwicklung neuer Stoffe aufs engste an komplementäre Entwicklungsfortschritte in der Verfahrenstechnik gekoppelt war. Prominentestes Beispiel für die Einheit von Produkt- und Prozeßinnovation sind derzeit die Milliardenprogramme, die in die Entwicklung des "Megachip" investiert werden. Auch in der Automobilindustrie ist die Komplementarität neuer Fertigungsprozesse und neuer Modelle eigentlich nichts neues. Auch hier galt in der Vergangenheit stets, daß Sachkapitalinvestitionen weitgehend "typgebunden" waren und daß typgebundene Fertigungstechnologien am Ende des Produktzyklus beim Modellwechsel weitgehend verschrottet und durch Neuanlagen ersetzt werden mußten. Diesbezüglich hat sich die Automobilindustrie stets von anderen Industriezweigen wie der Elektroindustrie oder dem Maschinenbau unterschieden. Denn für den Maschinenbau und die Elektroindustrie war stets eine weitgehende Entkopplung des Produktzyklus von den Innovationen der Fertigungstechnik charakteristisch.

Mit der Einführung flexibler Automationssysteme scheint sich nun auch in der Automobilindustrie eine Entwicklung abzuzeichnen, die zu einer tendenziellen Abkopplung von Produkt- und Prozeßinnovation führen könnte. Auf jeden Fall ist es das erklärte Ziel der Automobilunternehmen, durch flexible Automation die Modellabhängigkeit bzw. Typgebundenheit von Produktionsanlagen zu minimieren. Angesichts einer Marktentwicklung, die von immer kürzeren Modellaufzeiten beherrscht wird - "Dauerläufer" wie der VW-Käfer oder das legendäre Modell-T von Ford gehören endgültig der Vergangenheit an - scheint sich die Wiederverwendbarkeit flexibler Fertigungssysteme nach einem Modellwechsel als entscheidender Vorteil gegenüber der konventionellen typabhängigen Fertigungstechnik zu erweisen. Auch wenn man einschränkend sagen muß, daß flexible Robotersysteme keineswegs komplett wiederverwendbar sind, so erreicht der Anteil wiederverwendbarer Fertigungsanlagenkomponenten immerhin schon bis zu 80 %.

Ob die Verbreitung flexibler Fertigungssysteme tatsächlich zu einer Entkopplung von Produkt- und Prozeßinnovation führen kann, ist allerdings ernsthaft zu bezweifeln. Tatsächlich wird die Wiederverwendbarkeit modellunabhängiger Systemkomponenten nämlich durch die beschleunigte Weiterentwicklung der Mikroelektronik selbst in Frage gestellt. Denn bevor die technische Lebensdauer neuer Systeme erschöpft ist, werden sie bereits durch leistungsfähigere Nachfolgegenerationen ersetzt. Beispiel: Die überholte Generation der mit Punktsteuerungen ausgerüsteten Industrieroboter werden breitflächig gegen leistungsfähigere bahngesteuerte Roboter ausgetauscht, weil eine Umrüstung der alten Roboter auf Bahnsteuerung zu kostspielig wäre. Aus diesem rapiden Generationswechsel neuer Technologien ergibt sich die Paradoxie, daß Produkt- und Prozeßinnovation noch enger als bisher aufeinander abgestimmt werden müssen als in der Vergangenheit. Dies gilt insbesondere für die in der Automobilindustrie bevorstehenden Wellen der Montageautomation. Hier sind völlig neuartige Abstimmungsprobleme und Präzisionsanforderungen von Modellkonstruktion und Sensortechnologie zu bewältigen. Gleichzeitig wachsen Modellentwicklung und Fertigungsplanung durch Computerintegration zu einem einheitlichen Gesamtprozeß zusammen, dessen Rationalisierungspotential sich erst in Umrissen abzuzeichnen beginnt.

2. Fertigungsüberleitung und Modellanlauf

Hervorstechendes Merkmal des neuen computergestützten Integrationsniveaus von Produkt- und Prozeßinnovation ist eine enorme Beschleunigung von Produktentwicklung und Fertigungsüberleitung. So läßt sich die Entwicklungsdauer eines neuen Wagentyps vom Planungsbeginn bis zur Serienreife beträchtlich verkürzen, und zwar von derzeit etwa noch drei Jahren auf anderthalb Jahre. Der Modellanlauf selbst läßt sich mit Hilfe der computergestützten Logistik ebenfalls abkürzen, und zwar von fünf auf gut zwei Wochen. Für die Beschäftigten brisant ist der Umstand, daß Sachkapitalinvestitionen und Modellentwicklungskosten zeitlich und sachlich auf den Modellwechsel hin synchronisiert werden. Damit kommt es beim Modellwechsel zu einem regelrechten "Rationalisierungssprung". Jüngstes Beispiel in der Automobilindustrie ist hier die Rohbaumodernisierung. Dabei wird der Umfang von Schweißoperationen und damit der Arbeitskräftebedarf durch zwei ineinandergreifende Rationalisierungsmaßnahmen beträchtlich verringert:

- durch konstruktive Einsparung von Schweißungen durch vereinfachten Karossenbau;
- durch Mechanisierung und Automation von Schweißoperationen.

Wie die folgende Tabelle anhand von drei Fallbeispielen veranschaulicht, kommt es beim Modellwechsel zu einer Kumulation von Rationalisierungseffekten auf der Grundlage der sprunghaften Mechanisierung und Roboterisierung manueller Schweißarbeiten.

Technisierungssprung im Karosserierohbau beim Modellwechsel

Schweißoperationen pro Karosse	BMW-München Modellwechsel 1982 vorher	nachher	Ford-Dagenham Modellwechsel 1982 vorher	nachher	BL-Longbridge Modellwechsel 1980 vorher	nachher
manuell	50%	10%	68%	12%	90%	19%
mechanisiert	50%	30%	32%	47%	10%	71%
roboterisiert	--	60%	--	41%	--	10%
insgesamt	100%	100%	100%	100%	100%	100%

Quelle: Malsch/Dohse/Jürgens 1984

Man kann sich unschwer vorstellen, daß solche an den Modellwechsel gekoppelten Automationssprünge einschneidende Folgen für die betroffenen Belegschaften haben. Denn ein derartiger plötzlicher Technisierungsschub ist in ein Geflecht von arbeitsorganisatorischen Veränderungen und Rationalisierungsmaßnahmen eingewoben, die im Regelfall eine ebenso plötzliche Problemverschärfung für die Beschäftigten nach sich ziehen. Durch massive Freisetzungen und Umsetzungen kommt es in der Phase des Modellanlaufs zu einer Anhäufung von Problemlagen, die die etablierten Formen des Interessenausgleichs einer rsikanten Belastungsprobe unterziehen. Angesichts verschärfter

Weltmarktkonkurrenz und ungewisser Konjunkturaussichten ist es nämlich weitgehend ungewiß, ob sich die durch den Modellwechsel ausgelösten Freisetzungs- und Umsetzungseffekte in "sozialverträglichen" Bahnen kanalisieren lassen.

Angesichts dieser sicherlich auch für das Management riskanten Problemlage lassen sich unterschiedliche Optionen der Sozialintegration beobachten. Eine dieser Optionen besteht darin, die Innovationsdynamik gemeinsam mit den Belegschaften durch Partizipationsangebote zu meistern und durch einvernehmliche Vorruhestandsregelungen, Weiterbildungs- und Umsetzungsmaßnahmen eine "weiche" Lösung zu finden. Allerdings gibt es auch zahlreiche Beispiele dafür, daß das Management die Systemeffekte des Modellwechsels zur Restaurierung tayloristischer Formen der Sozialintegration und zur Stärkung der eigenen Machtpositionen nutzt. So jedenfalls lassen sich die Ereignisse um den Modellanlauf im Betrieb Longbridge von British Leyland und im Rivalta Werk von FIAT interpretieren.

3. Fertigungsoptimierung im Normalbetrieb

Die dritte und längste Phase des Produktzyklus ist die der Optimierung von Fertigungsabläufen im Normalbetrieb. Diese stellt Management und Belegschaften bei steigendem Automationsniveau vor qualitativ neuartige Anforderungen. Denn die Einführung der flexiblen Automation führt zu einer beträchtlichen Substitution von unqualifizierter direkter Massenarbeit. Gleichzeitig steigt der Bedarf an qualifizierter indirekter Arbeit für Fertigungssteuerung, Überwachung, Instandhaltung und Qualitätssicherung. Wo vorher noch eine beträchtliche Zahl von angelernten Arbeitern im taktgebundenen Arbeitsrhythmus am Fließband eingesetzt war, da sind nach dem Technisierungssprung nur noch wenige Anlagenführer, Fertigungssteuerer und Instandhalter verantwortlich für die Funktionsfähigkeit eines hochautomatisierten Aggregatsystems. Für diese neuen Tätigkeiten ist die strenge Arbeitsplatzbindung aufgehoben. Die neuen Automationsarbeiter sind keine auf wenige Routinehandgriffe reduzierten menschlichen Anhängsel der Maschinerie. Vielmehr müssen sie in technischen Funktionszusammenhängen denken können, um die Leistungsparameter einer Großanlage kontrollieren und nachregeln zu können, um Kleinstörungen zu beseitigen und Produktmängel zu verhindern. Es findet also eine qualitative Verschiebung von der einfachen Massenarbeit zur anspruchsvolleren Automationsarbeit statt.

Dies kommt auch in einer drastischen Verschiebung quantitativer Relationen zum Ausdruck. Bei deutlich reduziertem Beschäftigungsvolumen insgesamt kommt es zu einer Umschichtung der Beschäftigtenstruktur. Dabei nimmt der Anteil der direkten Fertigungsarbeiter ab und der Anteil der indirekten Beschäftigtengruppen steigt an. Diese Umschichtung der Beschäftigtenstruktur wird in der folgenden Tabelle am Beispiel des FIAT-Werks Rivalta deutlich. Hier wird der manuelle Karosserierohbau der 60er Jahre mit dem flexibel automatisierten Robogate der 80er Jahre verglichen. Zwischenstufen der konventionellen Mechanisierung bleiben in diesem Vergleich unberücksichtigt.

Wandel der Beschäftigtenstruktur im Karosserierohbau bei Fiat Rivalta

	traditionelle Fertigung	Robogate System
direkte Fertigungsarbeiter	70%	10%
Instandhaltungs-arbeiter	17%	71,5%
sonstige indi-rekte Arbeiter	13%	18,5%
Arbeiter insgesamt	100% (N=200)	100% (N=53)

Quelle: Negrelli 1984

Es ist klar, daß angesichts des tiefgreifenden Wandels in der Beschäftigtenstruktur allmählich eine Situation entsteht, in der das klassische Instrumentarium des Industrial Engineering nicht mehr greifen kann. Denn dieses Instrumentarium dient der Optimierung von taktgebundener Arbeit mit einfachen, wiederholhäufigen Arbeitselementen. Diese Voraussetzungen sind unter den Bedingungen der flexiblen Automation immer weniger gegeben. Denn erstens wird dadurch die Taktbindung aufgehoben und zweitens sind die neuen Anforderungsprofile "stochastischer" Art, d.h. es werden flexible Eingriffe und Reaktionen verlangt, die grundsätzlich nicht vorausbestimmbar sind.

Automationsgerechte Arbeitsstrukturen haben im wesentlichen zwei Probleme bzw. Produktionsanforderungen zu bewältigen. Das erste Problem besteht in der Gewährleistung eines reibungslosen Materialflusses. Um die mit hoher Lagerhaltung einhergehende hohe Kapitalbindung zu senken und um dennoch den wechselhaften Marktschwankungen flexibel begegnen zu können, ist man in der Automobilindustrie in den letzten Jahren nach japanischem Vorbild dazu übergegangen, unter massivem Einsatz computergestützter Fertigungssteuerung und Logistik die Lagerbestände zu senken und den Materialdurchfluß zu beschleunigen. Wie nicht zuletzt der Arbeitskampf um die 35-Stunden-Woche gezeigt hat, ist die neue Materialflußorganisation (Just-In-Time) erheblich störanfälliger als das alte Konzept der hohen Lagerhaltung (Just-In-Case). Diese Störanfälligkeit kommt aber nicht erst unter den exzeptionellen Bedingungen eines Streiks zum Vorschein. Vielmehr stecken die neuen Systeme der computergestützten Fertigungssteuerung und Logistik noch mitten in ihren "Kinderkrankheiten". Die betrieblichen Erfahrungen mit den neuen Systemen stehen also noch am Anfang. Kompensatorische Eingriffe zur Überbrückung von Materialengpässen erfordern damit eine Verlagerung von Entscheidungskompetenz "nach unten". Einsatzbereitschaft und Erfahrungswissen der Beschäftigten müssen verstärkt genutzt und aktiviert werden, um Störfällen aller Art begegnen zu können.

Der zweite Aspekt ist der, daß bei steigendem Automationsniveau und zunehmender Kapitalintensität die Anlagenverfügbarkeit zunehmend wichtiger wird. Im Interesse einer Erhöhung des Maschinennutzungsgrades wird es erforderlich, technischen Sachverstand und Instanhaltungswissen direkt an den automatisierten Fertigungssystemen zu stationieren. Um die Reagibilität zu erhöhen und um die Effektivität von Störfallstrategien zu verbessern, ist es erforderlich, fachspezifische Grenzen der Arbeitsteilung zu überwinden und die Flexibilität und Austauschbarkeit von Instandhaltungspersonal zu erhöhen. Beide Rationalisierungsstrategien, die Erhöhung des Anlagennutzungsgrades ebenso wie die der Senkung von Lagerbeständen, mobilisieren mithin starke Motive, um die Verantwortung, Einsatzbereitschaft und Problemlösungskompetenz der Beschäftigten vor Ort zu erhöhen. Aus Managementsicht sollen neue Formen der Sozialintegration wie z.B. Teamkonzepte, Problemlösungsgruppen und Qualitätszirkel die motivationalen und qualifikatorischen Voraussetzungen schaffen, um die Optimierungsprobleme im Normalbetrieb lösen zu helfen.

Ob damit allerdings die Signale für eine grundsätzliche Weichenstellung zur Überwindung des Fordismus/Taylorismus gesetzt sind, ist zu bezweifeln. Denn der wachsende Einsatz von computergestützten Organisationssystemen löst neuartige Kontrollkonflikte aus, die zur Restauration oder Beibehaltung traditioneller Hierarchien und Machtstrukturen beitragen könnten. Dies hat seinen Grund nicht zuletzt darin, daß die EDV-Systemintegration eine bisher unbekannte Transparenz betrieblicher Strukturen, Abläufe und Entscheidungsheuristiken herstellt. Bei unveränderter und unvorbereiteter Sozialorganisation birgt diese Transparenz ein erhebliches Konfliktpotential in sich. Die in der Öffentlichkeit breit diskutierte Auseinandersetzung um die Personalinformationssysteme ("totale Überwachung") ist hier nur die Spitze des Eisbergs. Alltägliche Konfliktzonen gewinnen erhöhte Brisanz, z.B. die Verantwortungszuweisung für technische Störungen, Qualitätsmängel und Materialengpässe. Dies gilt jedenfalls dann, wenn die herkömmliche Teilung der Verantwortung bzw. das "Kostenstellendenken" und die entsprechenden Machtspiele beibehalten werden. Hier sind zweifellos neue Formen der Sozialintegration gefordert.

III.

Schlußfolgerungen: Damit kehren wir wieder zu der Ausgangsfrage zurück: Läßt sich der gegenwärtige Wandel von Fertigungsstrukturen und Rationalisierungsmodellen in der Automobilindustrie im Sinne einer Überwindung tayloristischer Produktionskonzepte interpretieren? Bildet sich ein neues Rationalisierungsmodell heraus, in welchem sich dezentralisierte Systemintegration und partizipative Sozialintegration miteinander verbinden? Eine eindeutige Antwort wäre hier sicherlich verfrüht. Die Problemlagen und Problemlösungen, die anhand der drei Phasen des Produktzyklus analysiert worden sind, deuten eher auf einen Suchprozeß hin, der gerade erst begonnen hat. Dabei ist es offensichtlich, daß alte Produktionskonzepte und Fertigungsstrukturen noch auf lange Sicht eine herausragende Rolle spielen werden. Damit ist es wahrscheinlich, daß es kurzfristig nicht zu einer Überwindung der beobachtbaren "Ungleichzeitigkeiten" von klassischem Industrial Engineering und neuen Modellen der flexiblen Optimierung kommen wird. Den gegenwärtigen Wandel darf man sich also nicht als einen plötzlichen Übergang von alten zu neuen Produktionskonzepten vorstellen.

Es gibt aber noch einen zweiten Gesichtspunkt, der die These der neuen Produktionskonzepte als fragwürdig erscheinen läßt. Es stellt sich nämlich die Frage, ob nicht schon aus systematischen Gründen mit einer prinzipiell widersprüchlichen Entwicklungsdynamik zu rechnen ist. Denn neue Organisations- und Rationalisierungsmodelle bedeuten keineswegs eine gradlinige Verschiebung von zentralistisch-tayloristischen Kontrollformen zu dezentralisierter Steuerung und partizipativer Sozialintegration. Demgegenüber scheint die gegenwärtige Entwicklung in der Automobilindustrie eher durch organisationsinterne Spannungsstrukturen charakterisiert zu sein. Dabei gibt es gute Gründe für die Annahme, daß sich dieses Spannungsverhältnis zwischen Zentralisierung und dezentraler Selbstregulation, Hierarchie und Partizipation auf mittlere Sicht eher noch verschärft.

Diese Problemskizze läßt sich nun anhand der eingangs eingeführten Dimensionen Sozialintegration und Systemintegration analytisch präzisieren. Oben war ja bereits von alternativen Entwicklungspfaden, von Weggabel, strategic choice etc. die Rede. Die unterschiedlichen Optionen dieser strategischen Wahl können anhand der beiden Dimensionen Systemintegration und Sozialintegration mit Hilfe der Kreuztabelliertechnik folgendermaßen dargestellt werden:

Systemintegration

Sozialintegration	zentral	dezentral
partizipativ	2	4
hierarchisch	1	3

Diesem stark vereinfachten Schema zufolge gibt es neben den "neuen Produktionskonzepten" (Feld 4) also mindestens drei weitere Merkmalskombinationen bzw. Entwicklungspfade. Obwohl es sich dabei zunächst bloß um formalanalytisch gewonnene Konstrukte handelt, kann deren Realitätsbezug nicht von vornherein betritten werden. Dabei käme die Kombination von Feld 1 dem klassischen Fordismus/Taylorismus am nächsten, während in den Feldern 2 und 3 widersprüchliche Kombinationen auftreten. Um Aussagen über die Entwicklungs- und Durchsetzungschancen der jeweiligen "Kombination" treffen zu können, käme es nicht zuletzt darauf an, die turbulenten Zukunftsaussichten der Automobilmärkte sowie die Entwicklung der industriellen Beziehungen in die Untersuchung einzubeziehen.

Literatur:

G. de Bonnafos/J.-J. Chanaron/L. de Mautort,
L'Industrie Automobile
Paris 1983

H. Kern/M. Schumann
Das Ende der Arbeitsteilung?
Rationalisierung in der industriellen Produktion
München 1984

Th. Malsch/K. Dohse/U. Jürgens
Industrieroboter im Automobilbau.
Auf dem Sprung zum "automatisierten Fordismus"?

S. Negrelli
The Robogate System at FIAT.
Technology, Organization of Work and Industrial Relations
unveröffentl. Manuskript
Dezember 1983

M.J. Piore/Ch. F. Sabel
The Second Industrial Divide.
Possibilities for Prosperity
New York 1984

Tendenzen in der Entwicklung computerunterstützter Fertigungssteuerungssysteme

F. Manske
SOFI Göttingen

Einführung: Die Entwicklung von Fertigungssteuerungssystemen als Entwicklung von Herrschaftstechnik

Der Entwicklungsstand rechnerunterstützter Fertigungssteuerungssysteme wird wohl auch noch heute durch ein Zitat von Wiendahl aus dem Jahre 1982 zutreffend beschrieben:

"Trotz umfangreichem Einsatz der Datenverarbeitung für Planungs-, Rückmelde- und Durchsetzungssysteme, wie z.B. elektronische Leitstände, und großem Rechenaufwand für die Kapazitätsterminierung und Feinsteuerung wird eine geringe Übereinstimmung des tatsächlichen mit dem vom Rechner vorgegebenen "optimalen" Fertigungsablauf festgestellt" (1, S. 2 f.).

Auch Scheel, ein weiterer prominenter Entwickler von Fertigungssteuerungssystemen, betont den "wenig befriedigenden" Zustand der Entwicklung (2). Beide haben je unterschiedliche Mängel an den vorhandenen Systemen kritisiert,die vielleicht von Scheel am deutlichsten auf ihren allgemeinen Punkt gebracht worden sind. Er schätzte, daß vermutlich nur ca. 5 % der Betriebe in der Bundesrepublik Produkte in Serien-bzw. Massenfertigung herstellen und daß just für diese Betriebe die meisten EDV-Programme zur Fertigungssteuerung geschrieben worden seien. Für 95 % der Betriebe, die eher eine (kundenbezogene) Einzel- bzw. Kleinserienfertigung aufwiesen, seien diese Programme ungeeignet. Denn der Fertigungsablauf sei bei den Einzelfertigern nicht derart festgelegt wie bei den Serienfertigern - wo ein "mustergültiger Materialfluß" bestehe, der "Ablauf (...) bereits durch das Layout festgelegt" werde (2, S. 41). Scheel spricht kurz und gut von einer "fehlgeleiteten Software-Entwicklung, die versucht hat, den organisatorischen Ablauf im Fertigungsbetrieb starren Regeln zu unterwerfen, um ihn 'EDV-gerecht' zu machen" und davon, daß man versucht habe, der großen Gruppe von Unternehmen mit kundenauftragsgebundener Einzel- und Kleinserienfertigung "die starren organisatorischen Konzeptionen und Programme für die Serienfertigung aufzuzwingen" (2., S. 41).

Diesen Aussagen können wir nach umfangreichen Untersuchungen in insgesamt ca. 40 Betrieben des Maschinenbaus, darunter kleineren Betrieben mit ca. 100 - 300 Beschäftigten und größeren Betrieben mit 500 bis über 1.000 Beschäftigten, voll und ganz zustimmen (3, 4). Ebenso ist Scheel zuzustimmen, wenn er auf prinzipielle Defizite von Hard- und Software hinweist und einen Weg andeutet, der beschritten werden müßte, um die Defizite tendenziell abzubauen:

"Ursprünglich ging man davon aus, daß ein schneller Rechner und ein perfektes Programm alle Probleme lösen kann. Dieses ist jedoch ein grundsätzlicher Irrtum. Ein Rechner kann noch so schnell sein, ein Programm noch so umfangreich, es wird immer Situationen geben, die nicht vorausgedacht worden sind, die die Berechnungen verfälschen oder die Ergebnisse der Berechnungen unbrauchbar sein lassen. Der Computer und das Programm reichen allein noch nicht aus. Der sachverständige Mensch und Mitarbeiter ist als drittes Element erforderlich. Im Dialog muß der Computer mit hoher Geschwindigkeit Berechnungen durchführen, während der Mensch im Programmablauf entsprechend den Ergebnissen Entscheidungen fällt und steuernd eingreift. Es ist nicht möglich, alles vorauszudenken und zu programmieren, der sachkundige Mitarbeiter kann in Abhängigkeit von der jeweiligen Situation bessere Entscheidungen fällen. Der Computer kann ihm allerdings die Konsequenzen aus solchen Entscheidungen in kürzester Zeit aufzeigen" (2, S. 42).

Natürlich ist aus dieser allgemeinen Programmatik noch nicht abzuleiten,

- wo die berühmten Schnittstellen zwischen Mensch und Computer sind: Was macht "der" Mensch und was der Computer?

- Und es liegt noch viel weniger fest, "welcher" Mensch im Betrieb was macht.

Die erste Frage ist von Scheel sowie von Wiendahl u.a. (am Institut für Fabrikanlagen in Hannover) bei der Konzeptionierung der von ihnen angebotenen Steuerungssysteme im Ansatz so gelöst worden, daß im Sinne einer Verlagerung von Entscheidungsprozessen aus dem Computer auf den Menschen von einer gewissen Dezentralisierung gesprochen werden kann (2,5).

Über die zweite Frage wird von Technikern und Systemanbietern im allgemeinen sehr viel weniger gesagt. Gerade an der Frage der <u>Verteilung von Steuerungskompetenzen</u>, und darum geht es hierbei, wird aber deutlich, daß und in welchem Maße durch den Einsatz von Fertigungssteuerungssystemen innerbetriebliche Herrschaftsverhältnisse verändert werden können. Bei der Entwicklung von Steuerungssystemen geht es zwangsläufig auch um die Entwicklung neuartiger Herrschaftstechniken, die geeignet sind, bestehende innerbetriebliche Machtgefüge zu sprengen. Diese Seite der Entwicklung EDV-gestützter Fertigungssteuerungssysteme steht im Zentrum meines Referats. Behandelt werden die Fragen:

- Welche Konzeptionen sind erkennbar, nach denen die EDV zur Fertigungssteuerung genutzt wird?
- Welche potentiellen Folgen haben die jeweiligen Einsatzformen für das Personal in der Werkstatt (Meister, Steuerungspersonal, Arbeiter)?
- Welche Konzeption hat die größeren "Chancen", sich langfristig durchzusetzen?

Basis der Ausführungen sind die erwähnten Untersuchungen in etwa 40 Betrieben des Maschinenbaus.

Warum ist ein Steuerungssystem Herrschaftstechnik, und zwar eine neuartige Herrschaftstechnik? Ich möchte versuchen, das an einer Skizze der sozialen Probleme zu verdeutlichen, um die es bei der Einführung von Fertigungssteuerungssystemen im Maschinenbau geht.

Wie Sie wissen, werden im "typischen" Maschinenbaubetrieb komplexe Produkte in Einzel- und Kleinserienfertigung hergestellt. Es ist diese Kleinserigkeit, die im Maschinenbau jedem Versuch, die Produktion mit konventionellen Mitteln zentral zu planen, zu steuern und zu kontrollieren bisher schier überwindbare Grenzen gesetzt hat. Auch in größeren Betrieben des Maschinenbaus, die sich eine Arbeitsvorbereitung leisten können, bestand die traditionelle Organisationsform der Auftragsabwicklung in der Werkstatt (und in der Montage) wegen dieser <u>Grenzen der Planbarkeit des Produktionsprozesses</u> in der Form der sogenannten <u>Meisterwirtschaft</u>.Von der Arbeitsvorbereitung wurden die Fertigungsabläufe, d.h. welche Maschinen in welchem Ablauf bei der Teilebearbeitung verwendet werden sollen, nur grob vorgegeben. Ebenso grob war im allgemeinen die Bestimmung von Vorgabezeiten. Die Arbeitsweise an den einzelnen Maschinen war und ist zum Teil noch heute den Maschinenarbeitern, in der Regel erfahrene Facharbeiter, kaum vorgeschrieben. Dieser Facharbeiter arbeitet in der Regel nach Zeichnung.

In diesem System hatten die Meister (bzw. in Kleinbetrieben Betriebsleiter, die dort die Meisterfunktion übernehmen (4) in den Mechanischen Werkstätten die Arbeitszuteilung vorzunehmen, was ihre starke betriebliche Stellung begründete. Die Arbeiter erhielten im allgemeinen größere Auftragsbündel, die sie, wenn nicht Eilteile dazwischen kamen, relativ selbständig abarbeiten konnten. Arbeiter wurden im Grunde indirekt über das Akkordsystem "gesteuert". Dies System legt eine Abarbeitungsordnung von Einzelaufträgen nahe, bei der durch Einsparen von Rüstzeiten die eigene Maschine optimal beplant wird.

Meister (bzw. Betriebsleiter) und Arbeiter handelten nach jeweils eigenen, auf den Meisterbereich bzw. auf die Einzelmaschine bezogenen Detailstrategien. Der Gesamtprozeß der Erstellung des Produkts war ihnen prinzipiell gleichgültig, wenn es natürlich auch eine Koordination zwischen Montage und Mechanischer Fertigung geben mußte. Ein gewisses Chaos war bei dieser Art der Steuerung aber allgegenwärtig. Typisch war etwa, daß immer wieder Teile fehlten, die dringend zur Montage benötigt wurden. Integraler Bestandteil der Meisterwirtschaft war denn auch der Teileverfolger, der fehlende Teile zu suchen oder eilige Teile zu verfolgen hatte.

Wobei es mir bei dieser Skizze ankommt ist, Ihnen zu verdeutlichen, wie stark die betriebliche Stellung von Betriebsleitern bzw. Meistern und von Arbeitern im traditionell organisierten Maschinenbaubetrieb war. Vor allem in Kleinbetrieben kann man dieses Modell der Meister- bzw. Betriebsleiterwirtschaft heute noch studieren (4).

Die Etablierung von EDV-gestützten Fertigungssteuerungssystemen führt dazu, daß zum ersten Mal der wirklich erfolgversprechende Versuch gestartet wird, die Grenzen der zentralen Planbarkeit des Produktionsprozesses in der kleinserigen Maschinenfertigung aufzuheben. Es geht zwangsläufig nicht allein um technische Probleme, etwa der "richtigen" Konfiguration von Hard- und Software. Auf der Tagesordnung steht vielmehr auch die Umwälzung der Kompetenzverteilung im Betrieb, und zwar letztlich zwischen Unternehmensleitung auf der einen und Betrieb (Betriebsleiter, Meister, Arbeiter) auf der anderen Seite. Es geht im Kern um den Versuch der Unternehmensleitungen, den <u>Produktionsprozeß zentral besser zu beherrschen</u> als das bei der Meisterschaft der Fall war. Das Medium dafür ist die EDV, sind umfassende Datenbanken, in denen das Produktionswissen von Betriebsleitern, Meistern und Arbeitern abgebildet und der Zentrale verfügbar gemacht wird. Übersetzt in die Begriffe der Fertigungssteuerung heißen die letzten beiden Sätze: Der Produktionsprozeß soll zentral beherrscht werden, indem er zentral gesteuert und kontrolliert wird. Das dazu notwendige Produktionswissen sind die Daten, die das Mengengerüst der Fertigung ausmachen sowie diejenigen, die das Termingerüst bilden.

Da es um die Reorganisation der Kompetenzverteilung geht, um Veränderungen langfristig gewachsener und austarierter Machtverteilungen im Betrieb, ist es wenig verwunderlich, daß die Einführung von Fertigungssteuerungssystemen einen langwierigeren Prozeß darstellt, bei dem ein neues Gleichgewicht der Kompetenzverteilung gefunden werden muß.

Totalplanung versus Rahmenplanung: Unterschiedliche Managementkonzepte zur Entwicklung von Steuerungssystemen

Nach den von uns durchgeführten Untersuchungen können zwei Managementkonzepte identifiziert werden, die die Ausgestaltung von Fertigungssteuerungssystemen anzuleiten scheinen. Auf der einen Seite die Absicht, die Fertigung von oben zentral und total vorzuplanen und die Planungen rigide in die Praxis umzusetzen. Wir nennen das zentralisierte Totalplanung. Auf der anderen Seite besteht die Gegenkonzeption aus einer Mischung von zentraler Rahmenplanung und bewußt dezentral, in der Werkstatt, verteilten Steuerungskompetenzen.

(a) Zentralisierte Totalplanung

Die zentralisierte Totalplanung ist als Versuch zu kennzeichnen, die komplexe Kleinserienfertigung analog zur Großserienfertigung zu organisieren. Gerade die neuen EDV-Potentiale scheinen Vertretern dieser Konzeption geeignet, die Übersichtlichkeit, die in der Massenproduktion durch den technisch realisierten Zwangsablauf in der Fertigung oder durch extreme Arbeitsteilung in der Montage erreicht werden kann, durch akribische Terminplanung und durch das zwanghafte Vorschreiben von Bearbeitungsreihenfolgen im Ansatz ebenfalls herzustellen.

Doch zeigte sich in den meisten Betrieben, in denen mit einem solchen Ansatz Versuche unternommen wurden, sehr bald, daß gerade Reihenfolgeplanungen bereits nach kurzer Zeit nur noch beschränkt verwendbar sind. Der Grund dafür liegt in den EDV-Programmen, die der Maschinenproduktion in aller Regel nicht gewachsen sind. Ich verweise hier als Beispiel auf die Versuche, mit dem Programm CAPOSS-E Bearbeitungsreihenfolgen bis ins Detail zu planen und der Werkstatt die Abarbeitungsreihenfolge damit vorzuschreiben.(vgl. 6).

Trotz der auftretenden Mängel hat die zentralisierte Totalplanung als Orientierung auch heute noch Bedeutung: Durchstarten ist die Devise der Vertreter dieser "Philosophie". Die erkennbaren Defizite der deterministischen Vorgabe von Auftragsreihenfolgen sollen durch verstärkten

Planungseinsatz ausgeglichen werden. Durch den Ausbau der Betriebsdatenerfassung (BDE) und den Übergang zu einer Real-time-Verarbeitung der anfallenden Daten glaubt man, die Planung hinreichend genau und schnell an die sich ständig ändernde Fertigung anpassen zu können. Es bleibt der Anspruch aufrechterhalten, daß die Werkstatt keinen Auftrag ausführt, für den nicht vorher eine gleichsam minutiöse terminliche Einplanung vorgenommen wurde.

In ihrer "reinen Form" führt diese Konzeption dazu, daß Meister und Arbeiter keinerlei Steuerungsbefugnisse mehr besitzen. Es ist nicht übertrieben, wenn behauptet wird, es werde "sogar die Arbeitsverteilung vorweggenommen, so daß dem Betrieb nur Ausführungs- und Rückmeldefunktionen verbleiben" (7, S. 25).

(b) Zentrale Rahmenplanung

Die zentrale Rahmenplanung stellt die "Suche nach dem mittleren Weg" bei der Gestaltung der Fertigungssteuerung dar. Bezogen auf die Werkstatt begnügt sich die Zentrale mit einer grobmaschigen Rahmenplanung, die in der Werkstatt detailliert wird. Meister und auch Arbeiter sind bei dieser Konzeption aktive Bestandteile des Steuerungssystems, sie erfüllen also bestimmte Steuerungsfunktionen und exekutieren nicht nur eine vorgegebene Planung. Die Zentrale konzediert damit, daß der Produktionsprozeß nicht zur Gänze zentral beherrschbar ist: Das "Erfahrungswissen" der Beschäftigten vor Ort soll mobilisiert werden, damit der Produktionsprozeß läuft.

Ein wesentlicher Unterschied bei der EDV-Anwendung besteht beim Konzept Rahmenplanung im Vergleich zur Totalplanung darin, daß auf die aufwendige Errechnung von Auftragsreihenfolge je Arbeitsplatz verzichtet wird. Mittels EDV werden Terminlisten erstellt und es wird auch noch maschinell ermittelt, wie hoch die Auslastung ist. Die Reihenfolgeplanung wird dann aber in der Werkstatt durch Steuerungspersonal, Meister und Arbeiter vorgenommen. Terminplanung und Arbeitsverteilung vermischen sich hierbei.

Fassen wir zusammen: Die "Philosophie" der Totalplanung impliziert, daß es einen zentral außerhalb und vor der Fertigung erstellten Plan geben kann und daß die personelle Steuerung in der Werkstatt nichts ist als detaillgenaue Ausführung des Plans. Nach dem Ansatz Rahmenplanung ist Planung dagegen ein Prozeß, der nicht allein zentral und mit Hilfe der EDV durchgeführt werden kann, sondern der die Kompetenzen der Werkstatt miteinzubeziehen hat. Der Plan existiert nicht schon zur Gänze vor der Fertigung, er entsteht vielmehr sukzessiv und niemals so vollständig, daß er eine völlig verbindliche Handlungsanleitung für die Werkstatt sein könnte. Fertigungssteuerung ist nach diesem Ansatz eine Synthese aus EDV-Leistung und personeller Leistung - die personelle Leistung ist gerade nicht als bloße Ausführung eines mittels EDV erstellten Plans charakterisierbar.

Diese unterschiedlichen Managementkonzepte der Entwicklung von Steuerungssystemen sind auf der Ebene von Meistern/Steuerungspersonal und auf der Arbeiterebene in sehr unterschiedlichen, konkreten Systemausprägungen identifizierbar (vgl. Übersicht 1).

Übersicht 1: Managementkonzepte der Fertigungssteuerung und ihre Ausprägungen auf der Ebene von Meistern/Steuerungspersonal und Arbeitern

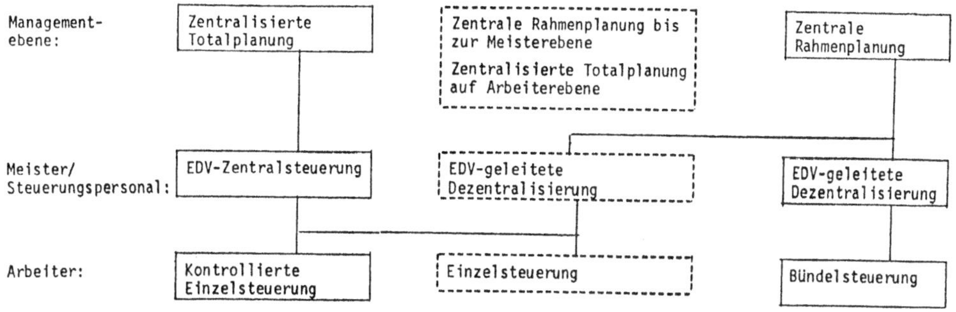

Der zentralisierten Totalplanung entspricht auf der Ebene Meister/Steuerungspersonal die sog. EDV-Zentralsteuerung und auf der Arbeiterebene eine (kontrollierte) Einzelsteuerung: Meister und Arbeiter haben nach dieser Systemkonfiguration keinerlei Steuerungsbefugnisse. Der Rahmenplanung entspricht auf der Meister-/Steuerungspersonalebene die EDV-geleitete Dezentralisierung und auf der Arbeiterebene eine Bündelsteuerung. In der Übersicht ist auch eine wichtige Variante aufgeführt: Es ist möglich bis zur Meisterebene in etwa ein Rahmenplanungsmodell zu fahren, die Arbeiter aber von der Steuerung auszuschließen - für Arbeiter führte dies zur Einzelsteuerung.

Konsequenzen der unterschiedlichen Steuerungskonzepte für Meister und Steuerungspersonal

Die Konsequenzen von Steuerungssystemen sind für Meister und Steuerungspersonal vor allem davon abhängig, wer über die Kompetenz der Arbeitszuteilung verfügt, wie Kontrollfunktionen ausgestaltet sind und wer sie ausübt. Nehmen wir die sehr wichtige Kompetenz der Arbeitszuteilung als Kriterium zur Unterscheidung von Steuerungssystemen auf der Ebene von Meistern und Steuerungspersonal, so können wir zwischen EDV-Zentralsteuerung und EDV-geleiteter Dezentralisierung unterscheiden.

(a) EDV-Zentralsteuerung

Bei der EDV-Zentralsteuerung ist der auf Basis der detaillierten EDV-Vorgaben tätigen EDV-geleiteten Arbeitsverteiler die neue Instanz, die im Auftrag der Steuerungszentrale die noch verbleibenden Steuerungsfunktionen vor Ort vollzieht (vgl. Übersicht 2). Alle Steuerungsfunktionen sind somit formal "außerhalb" der Werkstatt konzentriert; Meister und Arbeiter haben keine Steuerungsbefugnisse.

Übersicht 2: Meister und Steuerungspersonal: Steuerungssysteme und Tätigkeitstypen

Systeme		Meistertyp	Tätigkeitstyp des Steuerungspersonals
Dezentrale Systeme	Meisterwirtschaft	autonomer Meister	Terminjäger (Teileverfolger)
	EDV-geleitete Dezentralisierung	EDV-geleiteter Meister	EDV-Terminsachbearbeiter
Zentrales System	EDV-Zentralsteuerung	Teilentmachteter Meister	EDV-geleiteter Arbeitsverteiler

Bei der EDV-Zentralsteuerung sind vor allem die planenden Funktionen in hohem Maße in die EDV verlagert: Ein wesentliches Feld potentieller dispositiver Qualifikationen geht dem EDV-geleiteten Arbeitsverteiler somit verloren. Was zu leisten bleibt, ist die personelle Umsetzung zwischen Planungsleistung und Realität, eine inhaltlich eingeschränkte Tätigkeit, die sich außerdem auf einen relativ kleinen Zeithorizont beschränkt. Der teilweise dispositive Arbeitsverteiler unterliegt außerdem einer starken Kontrolle, weil seine Arbeitsausführung anhand der

Vorplanung überprüft wird. Trotzdem handelt es sich bei der Arbeit des teilweise dispositiv tätigen Arbeitsverteilers um eine relativ qualifizierte Tätigkeit.

Nach unserer Untersuchung hängt die jeweilige betriebliche Stellung dieser Arbeitsverteiler und der Meister entscheidend davon ab, wie die Arbeitszuteilung de facto abläuft. Es sei daran erinnert, daß die Arbeitszuteilung traditionell eine wichtige Herrschaftsquelle der Meister darstellt. Durch den Entzug der Arbeitszuteilung büßen die Meister zunächst einmal an Autorität ein. Nach unserer Ansicht ist gerade dadurch bei den zentralisierten Systemen der Konflikt zwischen Meistern und Steuerungspersonal vorprogrammiert. Der Konflikt zeigt sich in den Betrieben an einer weithin gängigen Praxis: Die Zentralsteuerung sieht im Prinzip vor, daß die Meister die Arbeitszuteilung der Zentrale technisch-fachlich noch einmal "gegenzeichnen", sie also überprüfen. Die Meister nutzen die im Grunde durch die "fachliche" Prüfung angebotene Kooperation typischer Weise aber häufig als ein "Vetorecht", mit dem sie ihre Rolle aufwerten oder aufwerten wollen. Die Arbeiter erhalten als Folge davon oft widersprüchlichen Anweisungen, was die Konflikte zwischen Meister und Steuerungspersonal verschärfen kann.

Nach unserer Untersuchung entscheiden über die "tatsächliche", d.h. inhaltlich begründete Arbeitszuteilungskompetenz in erheblichem Maße die technisch-fachlichen Anforderungen bzw. Qualifikationen von Meistern und Steuerungspersonal. Je besser die Arbeitsverteiler in den zentralisierten Systemen in technisch-fachlicher Hinsicht und je niedriger die betreffenden Anforderungen an sie sind, was für die Kleinteilefertigung typisch ist, desto wahrscheinlicher ist es, daß die Arbeitsverteiler die Rolle der Meister in einem Maße übernehmen, daß man von teilentmachteten oder sogar randständigen Meistern sprechen kann. Dort, wo erhebliche technisch-fachliche Qualifikationen gefordert sind - typischerweise in der Großteilefertigung - können sich die Meister dagegen gegenüber den Arbeitsverteilern soweit durchsetzen, daß diese faktisch ihre Weisungsbefugnis einbüßen. In den von uns untersuchten Betrieben zeichnete sich insgesamt die Tendenz ab, daß letztlich doch die Meister (und Arbeiter!) angesichts einer komplexer werdenden Fertigungstechnologie diejenigen sein dürften, die kompetent und schnell reagieren können, wenn allfällige Planungsänderungen vorzunehmen sind, mit denen die Mängel der EDV-Reihenfolgevorgaben ausgeglichen werden müssen. So gesehen ist der EDV-geleitete

Arbeitsverteiler auch das Opfer eines offenbar weitgehend verfehlten Managementansatzes: Die Mängel der Totalplanung müssen zuerst vom Steuerungspersonal vor Ort "ausgebadet" werden.

(b) EDV-geleitete Dezentralisierung

Es gibt zwei Gründe dafür, daß die EDV-Zentralisierung als Systemgestaltung auf Meister- bzw. Steuerungspersonalebene längerfristig durch die EDV-geleitete Dezentralisierung abgelöst werden könnte: Erstens scheint die Stellung des EDV-geleiteten Arbeitsverteilers dadurch ausgehöhlt, daß die eher routinisierten, aber dennoch schwierigen Planungsfunktionen auf die EDV verlagert sind. Und zweitens ist der Meister in der Regel dem Arbeitsverteiler in technisch-fachlicher Hinsicht überlegen.

Es gibt deshalb eine "elegante" Lösung des skizzierten Konflikts: Die Meister erhalten die nunmehr durch die EDV angeleitete Arbeitsverteilungskompetenz zurück. Der Betrieb spart dadurch an Steuerungspersonal "vor Ort" und das verbleibende Steuerungspersonal "steigt auf" zum EDV-Terminsachbearbeiter - aus dem Konflikt in der EDV-Zentralsteuerung wird Kooperation in der EDV-geleiteten Dezentralisierung.

Der entscheidende neue Typ des Steuerungspersonals ist in diesen Systemen der EDV-Terminsachbearbeiter. Wichtig ist, daß sich seine Tätigkeit im allgemeinen auf mehr als eine Meisterschaft der Mechanischen Fertigung und auf die Montage (oder Teile davon) bezieht. Außerdem bezieht sich seine Arbeit auf eine längere Planungsperiode. Er "übersieht" also sachlich und zeitlich mehr als der einzelne Meister. Der EDV-Terminsachbearbeiter geht vom aktuellen Produktionsprogramm aus und strukturiert die Arbeitszuteilung vor, indem er z.B. die EDV-Vorgabe mit aktuellen Fehlteillisten verknüpft. Er betreut außerdem terminproblematische Aufträge, überprüft den Fertigungsfortschritt und stößt Eilteile an. Insgesamt handelt es sich um eine qualifizierte Tätigkeit, die antizipatives Problemlösungsvermögen, kommunikative und kooperative Fähigkeiten verlangt.

Die Meister der dezentralen Systeme weisen einen im Vergleich zu den zentralen Systemen höheren Grad an Eigenständigkeit auf, der allerdings durch die Vorgaben der Terminsachbearbeitung bzw. der EDV eingeschränkt wird. Es handelt sich um EDV-geleitete Meister, die gegenüber den Arbeitern sämtliche Anweisungsrechte des Personaleinsatzes und der Arbeitszuteilung beibehalten, jedoch sind die EDV-Vorgaben für die Meister bindend. Ihre betriebliche Stellung ist außerdem dadurch geprägt, daß sie - wie auch die Arbeiter - mehr oder minder stark kontrolliert werden können.

Konsequenzen der unterschiedlichen Steuerungskonzepte für die Arbeiter

(a) Einzelsteuerung

Die Einzelsteuerung zeichnet sich dadurch aus, daß den Arbeitern prinzipiell jeweils nur ein Auftrag zugeteilt wird. Die Reihenfolge der Zuteilung wird durch das EDV-System und sporadische Eingriffe des Steuerungspersonals festgelegt. Typischerweise ist das Zuteilungssystem auch so geregelt, daß den Arbeitern sämtliche zur Arbeitsabwicklung erforderlichen Dinge vorbereitet und an die Maschine gebracht werden. Die Einzelsteuerung impliziert somit eine weit getriebene Arbeitsteilung.

Die Meldungen sind so geregelt, daß jeder einzelne Auftrag zeitnah an- und abzumelden ist. Das Meldesystem kann sich darauf aber nicht beschränken. Wie beobachtet werden konnte, führt die Einzelsteuerung geradezu zwanghaft zu einem immer weiter getriebenen Ausbau des Planungs- und Meldesystems. Exaktere Planung verlangt exaktere Meldungen. Versuche, exaktere Meldungen zu erhalten, führen zum Ausbau von Kontrollsystemen, die in der Tendenz darauf gerichtet sind, den gesamten Arbeitstag jedes Arbeiters "genau" abzubilden. Die Einzelsteuerung wird damit zur "kontrollierten Einzelsteuerung".

Für die tagtägliche Regulation von physischen und psychischen Belastungen wird bei der Einzelsteuerung der einzelne Auftrag zur entscheidenden Variablen. Ist er so groß, daß je Tag zum Beispiel nur ein Auftrag abzuarbeiten ist oder die Abarbeitung sogar einen Arbeitstag (oder eine Schicht) übersteigt, ist auch die Einzelsteuerung unter dem Aspekt Belastungsregulation aus Arbeitsicht dann akzeptierbar, wenn die Zeiten so kalkuliert (und ausgehandelt) sind, daß genügend Regulationsspielräume verbleiben. Das dürfte z.B. im allgemeinen bei der Großteilefertigung der Fall sein und auch bei Serienfertigern.

Trotz dieser und gewisser anderer Relativierungen hätte eine Einzelsteuerung in weiten Bereichen des Maschinenbaus negative Auswirkungen für die Arbeitssituation der Maschinenbediener. In einem der untersuchten Betriebe wurden immerhin fast zwei Drittel der Maschinenbediener von der Einzelsteuerung erfaßt und ihre Regulationsspielräume sind außerordentlich stark eingeengt.

Ein ebenso wichtiges Ergebnis der Untersuchung sehen wir darin, daß die zentralisierte Totalplanung und ihr Anwendungsfall Einzelsteuerung Arbeiter geradezu zum Unterlaufen der Planungen provoziert, daß Arbeiter mit vielfältigen Tricks versuchen, sich Freiräume zu schaffen, so daß sie bezeichnenderweise immer noch "Vorderwasser" von Stunden (zum Teil gar Tagen) haben können, obwohl doch jeder Auftrag an- und abgemeldet wird. Diese Verstöße gegen das System sind Resultat des Systems: Weil das System rigide ist, verstößt der Arbeiter dagegen, um sich Regulationschancen zu schaffen.

Die Verstöße zeigen aber noch mehr. Es geht nicht allein um die tägliche Belastungsregulation (oder um die Einkommensregulation). Die Arbeiter finden sich mit dem "Eingesperrtsein in das Zwangskorsett von Planung und Kontrolle" nicht ab. Die Tricks, mit denen das System aufgeweicht wird, signalisierten den Wunsch nach "Selbstbestimmung" in der Arbeit.

(b) Bündelsteuerung

Die Bündelsteuerung weist zwei entscheidende Unterschiede zur Einzelsteuerung auf. Erstens wird darauf verzichtet, den Arbeitern die Reihenfolge, in der sie Aufträge abzuarbeiten haben, im Detail vorzugeben. Vielmehr erhalten sie Auftragsbündel für einen bestimmten Zeitraum - in den untersuchten Betrieben für etwa einen bis zwei, zum Teil auch mehr Tage -, und sie können im Bündel beliebig "mischen".

Der zweite Unterschied zur Einzelsteuerung ist in der Bündelzuteilung angelegt: Die Kontrolle ist weitmaschiger als bei der Einzelsteuerung. In keinem Fall ist es möglich, den Ablauf der Einzelaufträge im Bündel hart zu kontrollieren, das wäre geradezu "systemwidrig". Für die Planung des weiteren Produktionsablaufs ist es bei Bündelzuteilung auch kaum sinnvoll, daß jeder einzelne Auftrag des Bündels unmittelbar dann zurückgemeldet wird, wenn er beendet ist. Da die Arbeiter bei der Einteilung der Aufträge im Spielraum des Bündels frei sind, wäre niemals sicher, welcher Auftrag als nächster fertig und damit zurückgemeldet wird. Sichere neue Planung ist deshalb erst nach Beendigung des gesamten Bündels oder nach einer entsprechenden Rückmeldung des

Bündels möglich.

Für den Arbeiter hat die Bündelsteuerung, die mit einer angemessen weitmaschigen Kontrolle verbunden ist, zunächst den Vorteil der größeren Chancen zur Belastungsregulation. Es ist vor allem auch möglich, Zeiten, die man bei einem Problemfall verliert, bei anderen Aufträgen wieder hereinzuholen, ohne daß dies überhaupt auffallen könnte - weil der Ablauf des einzelnen Auftrags nicht erfaßt wird. Dieser Tatbestand kann viel zur Beruhigung des Arbeitsablaufs beim einzelnen Maschinenbediener beitragen, und Konflikte und "Systemverstöße" verhindern, die bei der Einzelsteuerung angelegt sind.

Darüber hinaus sieht die Bündelsteuerung den Maschinenbediener im Prinzip auch als einen "Agenten" des Steuerungssystems an, als denjenigen, der an der Maschine dasjenige an personeller Leistung zur Steuerungsplanung hinzufügt, das weder von der EDV noch vom Steuerungspersonal oder vom Meister allein vorgedacht werden kann.

Die wesentlichen Differenzen zwischen der Einzel- und Bündelsteuerung sind in der folgenden Übersicht zusammengefaßt worden.

Übersicht 3: Charakteristika der Einzel- und Bündelsteuerung

	Einzelsteuerung	Bündelsteuerung
Arbeitszuteilung	Jeweils ein Auftrag bei Rückmeldung des vorherigen; Reihenfolge durch EDV und Steuerung bestimmt	Aufträge für 1-2 Tage; Arbeiter bestimmen Reihenfolge der Abarbeitung im Bündel
Melde-Regelung	An- und Abmelden jedes Auftrages zeitgenau am Terminal beim Meister (ebenso Melden jeder Störzeit usw.)	Rückgabe der Lohnscheine 1-2 Tage nach Erhalt des Auftragsbündels; Trennung Rückmeldung und Lohnabrechnung
Mitlaufende Kontrollen	Plausibilitätskontrolle der Eingaben; Leistungsgradkontrolle	Keine Kontrolle des Leistungsgrads beim einzelnen Auftrag; Prüfung rechtzeitiger Rückmeldung ist möglich
Ex-post-Kontrollen	Je Arbeiter und je Meisterschaft Kontrolle von Leistung, Ausschuß, Störungen, Anwesenheitszeit, Maschinennutzung usw.	Monatliche Überprüfung des Leistungsgrads je Arbeiter und Meisterschaft; ebenso Kontrolle von Ausschuß, Störungen, Anwesenheitszeit usw.

Diese im Vergleich zur Einzelsteuerung relativ positive Einschätzung der Wirkungen der Bündelsteuerung auf die Arbeitssituation von Maschinenarbeitern soll nicht verschleiern, daß jedes System der Fertigungssteuerung für die Arbeiter negative Auswirkungen haben kann. So ist jede Fertigungssteuerung grundsätzlich zentralistisch und beschneidet deshalb zu einem gewissen Grad Handlungsspielräume der Arbeiter. Dies liegt im Anspruch von "Steuerung" begründet, da mit deren Einführung immer versucht wird, eine vormals eher disparate Fertigung nunmehr zu einem aufeinander abgestimmten Prozeß zu integrieren. Für die Arbeiter in den Betrieben mit Bündelsteuerung bedeutet dies beispielsweise, daß ihnen heute weitaus kleinere Auftragsbündel als früher, zur Zeit der Meisterwirtschaft, zugeteilt werden.

Desweiteren ist bei allen Fertigungssteuerungssystemen eine Zunahme von Kontrollen festzustellen. Jeder Betrieb, der mit BDE Auftragsdaten z.B. auch nur erfaßt, um eine Kontrolle über die Kosten zu erhalten, die je Auftrag und jeweils durch bestimmte Kostenträger verursacht werden, steht dem Problem der Datenkoppelung gegenüber. In der Regel ist es möglich, die Leistung des einzelnen auch dann zu kontrollieren, wenn das im Ansatz nicht beabsichtigt ist. Mit BDE wird allerdings nur kontrolliert, was vorher in Form von Vorgabezeiten im Betrieb zwischen Unternehmensleitung und Beschäftigten oder deren Vertretern ausbalanciert wurde; denn die Arbeitsleistung ist nicht rein technisch bestimmbar. Mit der EDV wird demnach niemals eine "tatsächliche" Leistung abgebildet werden können. Aber dennoch: Die EDV wird ganz offensichtlich in vielen Betrieben - auch mit Bündelsteuerung - dazu genutzt, durch verschiedene Auswertungen der gewonnenen Daten nach und nach die Vorgabezeiten zu drücken.

Totalplanung oder Rahmenplanung: Was setzt sich durch?

Wenn die im Rahmen der Untersuchung gemachten Beobachtungen richtig sind, so ist nach einer ersten Phase der fast euphorischen Einführung von EDV-Steuerungssystemen in Maschinenbaubetrieben Heute eine Phase der Ernüchterung eingetreten. Die hier beschriebenen entgegengesetzten Konzeptionen markieren zwei Wege, in die die weitere Entwicklung gehen könnte. Was ist wahrscheinlicher? Einer Antwort auf diese Frage kommt man näher, wenn man sich vor Augen führt, daß es im Maschinenbau Rationalisierungsbarrieren gibt, die der Vorplanung des Produktionsablaufs und damit den Versuchen einer zentralen Prozeßbeherrschung kaum berwindbare Grenzen setzt. Die Maschinenproduktion ist nur begrenzt vorplanbar, weil

- Arbeitsabläufe der mechanischen Bearbeitung nicht immer exakt und detailliert vorherzubestimmen sind;

- Vorgabezeiten nicht exakt bestimmbar sind und "gebrauchte" Zeiten in nicht kalkulierbarer Weise von vorgegebenen Richtwerten abweichen können;

- Marktanforderungen in der Weise wirken können, daß mit der Fertigung begonnen wird, obwohl das Produkt noch nicht exakt durchkonstruiert ist und/oder noch keine oder nur grobe Arbeitspläne für die mechanische Bearbeitung erstellt sind;

- Marktanforderungen im nachhinein Änderungen unumgänglich machen;

- Marktanforderungen immer wieder Eilaufträge hervorrufen - etwa für die Ersatzteilefertigung -, die nicht aufschiebbar sind und für die nur begrenzte Lagerbestände vorgehalten werden können;

- technische Probleme, etwa Maschinenausfälle, nur im Durchschnitt, aber nicht spezifisch vorher kalkuliert werden können: Fällt eine bestimmte Maschine einmal ein oder zwei Tage aus, dann nützt es nichts, wenn der Ausfall auf längere Frist als "Durchschnitt" richtig kalkuliert ist;

- Planungsmängel (zum Beispiel falsche Konstruktion) und Organisationsmängel (zum Beispiel Material nicht rechtzeitig verfügbar) bei der Komplexität der Maschinen und Arbeitsabläufe nicht ausgeschaltet und nicht exakt antizipiert werden können;

- die Reihenfolgeplanung weder auf akute Befindlichkeiten von Arbeitern Rücksicht nehmen kann noch auf bekannte Verhaltensweisen oder auf akzeptierte Ansprüche. Akute Befindlichkeiten beeinflussen die Leistungsfähigkeit eines Arbeiters zu einem bestimmten Zeitpunkt: Der Arbeiter ist keine Maschine, die eine kontinuierliche, immer gleiche Leistung bringen könnte. Zu den bekannten Verhaltensweisen gehört beispielsweise, daß Arbeiter morgens häufig eine Anlaufzeit benötigen - da kann es schlecht sein, wenn der erste Auftrag in einer deterministisch vorgeplanten Reihenfolge gleich ein "Problemfall" ist. Ein Bestandteil akzeptierter Ansprüche ist zum Beispiel, daß Arbeiter nach einem "schlechten" Auftrag auch wieder einmal einen "guten" zugeteilt bekommen;

- Arbeiter nur begrenzt an verschiedenen Maschinen einsetzbar sind: Die Maschinen erfordern in der Regel eine Einarbeitungszeit, die jene Vertrautheit herstellt, die die Basis einer effizienten Maschinennutzung ist; der Einsatz von Springern stößt in der kleinserigen Mechanischen Fertigung an Grenzen, die die personelle Anpassung an einen starren Ablaufplan aus ökonomischen Gründen nur bedingt möglich machen.

Was bleibt als Argument für die Konzeption Totalplanung? Die skizzierten Planungsbarrieren sprechen eher dafür, daß sich die Fertigung von Maschinen im allgemeinen nicht in das Prokrustes-Bett einer deterministischen Totalplanung zwängen läßt.

Es sind im Kern technische Gründe (die Komplexität des Produkts und die Grenzen technischer Autonomisierung) und Marktgegebenheiten (die Tendenz zur Fertigung je einzelner Problemlösungen), die die zentrale Planbarkeit und Steuerbarkeit der Maschinenproduktion begrenzen. Die Komplexität der Fertigung führt dazu, daß die Betriebe auf die technisch-fachlichen Kompetenzen der Arbeiter - und der Meister, kurz: der Werkstatt insgesamt - ebenso angewiesen bleiben wie auf deren Motivation: Die Arbeiter sind vom Betrieb als "Produzenten" ernst zu nehmen, weil ihr Einsatz für eine funktionsfähige Fertigung unabdingbar ist.

Die Betriebsleitungen müssen also Konzessionen an die Belegschaft machen. Tun sie das nicht, folgen sie also etwa dem Konzept Totalplanung, so werden Gegenreaktionen geradezu provoziert. Die Planung kann dann im Ergebnis schnell zur "Scheinwelt" werden, die von den realen Abläufen erheblich abweicht. Zudem wird mit dem mangelhaften Eingehen auf die sozialen Belange der Werkstatt bürokratisches Verhalten und demotivierter Dienst nach Vorschrift geradezu provoziert.

LITERATURVERZEICHNIS

(1) Wiendahl, H.-P., Stand und Entwicklungstendenzen der Fertigungssteuerung, in: Institut für Fabrikanlagen der Universität Hannover, Seminarunterlagen zur Veranstaltung: Neue Wege der Fertigungssteuerung, Hannover, März 1982.

(2) Scheel, J., Einsatz der EDV in der Fertigungsplanung und Fertigungssteuerung, in: AV 17 (1980) Heft 2, S. 40 ff. und AV 17 (1980) Heft 3, S. 63 ff.

(3) Manske, F., Wobbe-Ohlenburg, W., Rechnerunterstützte Systeme der Fertigungssteuerung in der Kleinserienfertigung, Karlsruhe 1984 (KfK-PFT Bericht 90).

(4) Manske, F., Auswirkungen von Produktionsplanungs- und -steuerungssystemen in Klein- und Mittelbetrieben (erscheint 1986).

(5) Kettner, H., Bechte, W., Neue Wege der Fertigungssteuerung durch belastungsorientierte Auftragsfreigabe, in: VDI-Z 123 (1981) Nr. 11, S. 459 ff.

(6) Pabst, H.-J., Analyse der betriebswirtschaftlichen Effizienz einer computergestützten Fertigungssteuerung mit CAPOSS-E, Frankfurt/Bern/New York 1985.

(7) Bechte, W., Steuerung der Durchlaufzeit durch belastungsorientierte Auftragsfreigabe bei Werkstattsteuerung. Dissertation, Universität Hannover 1980.

Arbeitsorientierte Gestaltung von PPS-Systemen
Ein Beitrag zur Qualifikationssicherung in der Werkstatt

Karl-Heinz Rödiger (*) und Erhard Nullmeier (**)
(*) Technische Universität Berlin
Institut für Angewandte Informatik
(**) Institut für Sozialforschung, Frankfurt

Zusammenfassung: Zunächst werden einige Probleme in Systemen der Produktionsplanung und -steuerung (PPS-Systemen) sowie Lösungsansätze dafür diskutiert und noch offene Problemstellungen herausgearbeitet. Für diese bisher noch nicht zufriedenstellend bearbeiteten Fragestellungen (Planungskonzepte, Dezentralisierung der Planung, Dialogschnittstelle) werden Lösungsvorschläge unterbreitet, die, da an der qualifizierten Facharbeit orientiert, gleichzeitig einen Beitrag zur Qualifikationssicherung in der Werkstatt leisten sollen.

1 Ablösung der Planung vom Fertigungsprozeß

Mit der zunehmenden Komplexität der Produktion wird begründet, warum die Produktionsplanung und -steuerung aus der Werkstatt in arbeitsvorbereitende Bereiche ausgelagert und dort zentralisiert wird. Hierfür müssen Planungskonzepte entwickelt werden, die es erlauben, die Produktion losgelöst von den stofflichen Vorgängen zu planen und zu steuern. Mit dieser Ablösung der Planungs- von den unmittelbaren Produktionsprozessen werden folgende Maßnahmen notwendig:

1. Es muß ein der Realität angemessenes Modell entwickelt werden.
2. Dieses Modell muß den realen Prozessen entsprechend mit oder ohne DV manipuliert werden können.
3. Die gefundenen Lösungen müssen auf den Produktionsprozeß übertragen werden.
4. Die Ausführung dieser Lösungen im Produktionsprozeß ist zu kontrollieren.

Solange Planer diese Schritte ausführen, können sie diese jederzeit an der Realität spiegeln, die Sinnhaftigkeit des Vorgehens prüfen, Fehler unmittelbar korrigieren und veränderte Umweltbedingungen schnell in neue Lösungen einfließen lassen. "Sobald aber diese Tätigkeit (das Bilden und Operieren mit Begriffen oder Objekten, die Verf.) auf Maschinen übertragen wird, die nur Logik, aber keine Hermeneutik, keine Methode des Verstehens, kennen, ist der Interpretationsspielraum auf Null zu bringen" (/15/, S. 439). Mit der Ablösung der Planung vom Prozeß, mit deren Zentralisierung und Übertragung auf Rechner treten Probleme auf, die bis heute nicht beherrschbar sind und die in den Anwenderbetrieben unterschiedlich große Friktionen verursachen. Einige dieser Probleme werden im folgenden mitsamt den Vorschlägen, die zu ihrer Lösung entwickelt wurden, diskutiert.

2 Flexibilität von PPS-Systemen

Die meisten der heute eingesetzten PPS-Systeme wurden aus Kostengründen als Standardsysteme entwickelt, d. h., orientiert an einem fiktiven, idealtypischen Unternehmen wird in solchen Softwaresystemen festgelegt, wie eine Anwenderorganisation zukünftig unabhängig vom Produktspektrum, dem Fertigungstyp, der Unternehmensgröße etc. zu planen hat. Abgesehen davon, daß in allen Unternehmen auch vor der Einführung eines rechnergestützten PPS-Systems die Produktion schon betriebsspezifisch geplant wurde, existieren in vielen Betrieben rechnergestützte Teilsysteme, z. B. für Bestellschreibungen, Einkauf, Materialwirtschaft etc., die nicht ohne weiteres in das neu eingeführte System integriert werden können. Damit sind Reibungsverluste vorprogrammiert: das PPS-System, als Paket gekauft, zwingt die Anwenderorganisation zu mehr oder minder großen Anpassungsleistungen.

Diesen Problemen, die zum einen als Grundsatzproblem jeglicher Standardsoftware immanent sind, zum anderen aber auch von falschen Grundannahmen ausgehen, ist man in der Vergangenheit mit verschiedenen Lösungsansätzen begegnet: in einer Richtung ist es sehr wohl möglich, PPS-Systeme für unterschiedliche Fertigungstypen zu entwickeln und einzusetzen; ein System, das die Anforderungen eines Auftragsfertigers befriedigt, ist mit entsprechenden Modifikationen auch in der Massenfertigung einsetzbar. Die umgekehrte Richtung gilt nicht, es sei denn, man akzeptiert Restrukturierungskosten bei der Software, die einer Neuentwicklung nahekommen.

Andere Anpassungsprobleme an unterschiedliche betriebliche Bedingungen können durch Spezifizierung der betriebstypischen Merkmale

(Abb. 1) und darauf aufbauender Modularisierung der Software gelöst werden.

MERKMAL	MERKMALSAUSPRÄGUNGEN			
1 ERZEUGNIS-SPEKTRUM	Erzeugnisse nach Kundenspezifikation	Typisierte Erzeugnisse mit kundenspezifischen Varianten	Standarderzeugnisse mit Varianten	Standarderzeugnisse ohne Varianten
2 ERZEUGNIS-STRUKTUR	Einteilige Erzeugnisse	Mehrteilige Erzeugnisse mit einfacher Struktur	Mehrteilige Erzeugnisse mit komplexer Struktur	X
3 AUFTRAGSAUS-LÖSUNGSART	Produktion auf Bestellung mit Einzelaufträgen	Produktion auf Bestellung mit Rahmenaufträgen	Produktion auf Lager	X
4 DISPOSITIONS-ART	Disposition kundenauftragsorientiert	Disposition überwiegend kundenauftragsorientiert	Disposition überwiegend programmorientiert	Disposition programmorientiert
5 BESCHAFFUNGS-ART	Fremdbezug unbedeutend	Fremdbezug in größerem Umfang	Weitestgehender Fremdbezug	X
6 FERTIGUNGS-ART	Einmalfertigung	Einzel- und Kleinserienfertigung	Serienfertigung	Massenfertigung
7 FERTIGUNGS-ABLAUFART	Baustellenfertigung	Werkstattfertigung	Gruppen-/ Linienfertigung	Fließfertigung
8 FERTIGUNGS-STRUKTUR	Fertigung mit geringer Tiefe	Fertigung mit mittlerer Tiefe	Fertigung mit großer Tiefe	X

Abb. 1: Zusammenstellung der betriebstypologischen Merkmale zu einem morphologischen Kasten (/6/, S. 138)

Ist ein PPS-System entsprechend modular aufgebaut, und erlaubt es die Integration vorhandener Teilsysteme, kann ein Anwenderunternehmen die Bausteine aus dem Gesamtsystem erwerben und im Betrieb implementieren, die seinen Anforderungen genügen. Ein modularer Systemaufbau ist in der Praxis heute keineswegs selbstverständlich, seitens der Softwaretechnik bestehen jedoch keine grundsätzlichen Probleme. Systeme wie PSK-2000 /9/ und PIUSS-0 /13/ stellen Modularisierung und Einpaßbarkeit in beliebige Anwenderorganisationen als Entwurfsprinzipien in den Vordergrund. Sie sind so konzipiert, daß einzelne Moduln entsprechend den betriebstypischen Merkmalsausprägungen ausgewählt und ggf. angepaßt werden können.

3 Planungskonzepte in PPS-Systemen

Bei frühen PPS-Systemen - wie z. B. CAPOSS - wurde davon ausgegangen, daß es möglich sein müsse, für einen begrenzten Zeitraum einen optimalen Maschinenbelegungsplan aufzustellen, wenn nur alle Daten zu Beginn des Planungsintervalls bekannt seien. Mit Methoden des Operations-Research wie der Linearen oder der Dynamischen Programmierung wurden aufwendige Modelle formuliert, für die die benötigten Daten oft nicht zur Verfügung standen, die zudem wegen ihrer Größe oft nicht zu berechnen waren (und es auch heute noch nicht sind). Konnte jedoch eine Lösung ermittelt werden, war sie in der inzwischen veränderten Realität nicht mehr anwendbar. Bei diesen deterministischen Modellen verbleibt dem Planer lediglich die Aufgabe, Daten zu sammeln, aufzubereiten und in das Modell einzugeben.

Wegen dieser Mißerfolge wurden detaillierte deterministische Modelle zugunsten eines stochastischen Ansatzes aufgegeben. Mit der Betrachtung des Produktionsprozesses als stochastischem Prozeß konnte die Menge der zu verarbeitenden Daten entscheidend vermindert werden. So können beispielsweise im Rahmen der Belegungsplanung die vor einer Maschine wartenden Aufträge durch den Erwartungswert der Warteschlangenlänge vor dieser Maschine beschrieben werden. Daneben veränderte sich auch die Erwartungshaltung der Planer: aus einem stochastischen Ansatz kann nicht abgeleitet werden, wann ein bestimmter Auftrag fertig wird, sondern allenfalls die Wahrscheinlichkeit, mit der er vor einem bestimmten Termin fertig wird. Der Durchlauf der Aufträge durch den Betrieb wird nicht mehr durch Einzelentscheidungen, sondern durch Festlegen von Strategien bestimmt.

Der in dieser Richtung am weitesten entwickelte und auch in PPS-Systemen wie PSK-2000 und PIUSS-O implementierte Warteschlangenansatz ist die belastungsorientierte Auftragsfreigabe /8/. Der Grundgedanke dieses Verfahrens besteht darin, Aufträge erst dann in die Werkstatt einzuschleusen, wenn die aktuelle Belastung der Maschinen dies zuläßt. Durch 'Vollstopfen' der Fertigungskapazitäten können sich andernfalls Aufträge gegenseitig blockieren und Durchlaufzeiten verlängern. Der Planer steuert den Auftragsdurchlauf in der Fertigung dadurch, daß er Grenzwerte, hier Belastungsschranken, vorgibt.

So plausibel diese Ansätze sind, verbleiben doch viele Probleme (vgl. /10/):

- Wenn ein Planer einen bestimmten Auftrag in einer vorgegebenen Zeit durch die Werkstatt schleusen will, nützen ihm stochastische Ansätze wenig.
- Alle stochastischen Ansätze gehen von einem Gleichgewicht der Zu- und Abflüsse und im Fall der belastungsorientierten Auftragsfreigabe zusätzlich des Auftragsmixes aus; diese Bedingungen sind in der Praxis jedoch kaum anzutreffen. Eine Aussage allein über den Gleichgewichtszustand nützt dann wenig, wenn sich beispielsweise gerade eine Warteschlange aufbaut.
- Bei hoher Fertigungstiefe sind die Abhängigkeiten zwischen einzelnen Maschinen, die Übergangsmatrizen der Aufträge, so groß, daß die meist einfachen statistischen Annahmen in den Modellen nicht mehr ausreichen. Ein differenzierteres Modell würde sehr schnell eine ähnliche Komplexität annehmen wie deterministische Modelle.

4 Dialogschnittstellen in PPS-Systemen

Masken und Kommandosprachen sind für die Interaktion zwischen Benutzer und PPS-System weit verbreitet. Die Syntax der Befehlssprachen erlaubt oft die Formulierung komplexer Kommandos, die man lernen oder bei der Benutzung reaktivieren muß. Eine Alternative hierzu stellen Menüs dar. Viele PPS-Systeme arbeiten mit Menüs, die einen baumartigen Zugriff auf einzelne Funktionen erlauben. Da diese Interaktionsform für geübte Benutzer sehr zeit- und eingabeaufwendig ist, kann man in einigen Systemen eine Funktion oder ein bestimmtes Menü mittels eines Kommandos auch direkt aufrufen.

In der Vergangenheit sind Anstrengungen unternommen worden, Masken zu strukturieren (vgl. /4/), Kommandos mnemotechnisch und semantisch korrekt zu gestalten, den Wechsel zwischen unterschiedlichen Funktionen des PPS-Systems zu flexibilisieren. In dieser Hinsicht sind gerade mit den neuen, zuvor erwähnten Systemen Fortschritte für die Gestaltung benutzerfreundlicher Dialogschnittstellen erzielt worden. Legt man jedoch den gesamten DIN-Entwurf zur Dialoggestaltung /3/ und den Stand softwareergonómischer Erkenntnisse als Maßstab an, sind die Schnittstellen der eingesetzten Systeme, gerade bezogen auf die Kriterien Steuerbarkeit und Selbstbeschreibungsfähigkeit, noch verbesserungsbedürftig.

5 Offene Probleme und Vorschläge zu deren Lösung

Gewinnt man aus den Bemühungen um angemessene Planungskonzepte die Einsicht, daß keines der bisher implementierten Modelle alle Ansprüche befriedigen kann, die sich aus kurzfristig veränderten Anforderungen des Marktes und der Produktion ergeben, bleibt als Konsequenz, die menschliche Planungskompetenz in den Vordergrund zu rücken, menschliche Erfahrung und Flexibilität zu nutzen (vgl. /2/). Dies erfordert eine grundlegende Änderung des Planungskonzeptes: PPS-Systeme müssen als Informationssysteme ausgelegt werden, in denen auf Planungsalgorithmen verzichtet wird. Durch eine Verlagerung der Planungskompetenz auf den Facharbeiter, der den Überblick über kurzfristig auftretende Probleme hat und über aktuelle und valide Fertigungsdaten aus seinem Bereich verfügt, kann der Umfang des Informationssystems begrenzt werden; die zur Planung noch fehlenden Daten werden vom System zur Verfügung gestellt. Eine solche Dezentralisierung der Planung wiederum erfordert, daß die Dialogschnittstelle des Systems für den Facharbeiter ausgelegt wird. Für diese drei Punkte - Planungskonzept, Dezentralisierung, Dialogschnittstelle - werden im folgenden Vorschläge entwickelt.

5.1 Planungskonzept

Der Facharbeiter in der Werkstatt benötigt Arbeitsmittel, mit denen er sich die für die Erledigung seiner Arbeitsaufgabe benötigten Informationen beschaffen kann, ohne durch implementierte Verfahren eingeengt zu werden. Planung kann dadurch erleichtert werden, daß Auswirkungen von Entscheidungen vom System simuliert und in geeigneter Form angezeigt werden. So kann der Benutzer sein heuristisches Vorgehen überprüfen und verbessern.

Die Arbeit mit solchen Planungswerkzeugen kann durch Objektorientierung des Dialogs unterstützt werden. Darunter wird verstanden, daß auf dem Bildschirm alle Objekte in ikonischer oder begrifflicher Form dargestellt und verfügbar sind, die auch in der realen Arbeitsumgebung des Benutzers vorkommen. Auf diese, beispielsweise ständig in einer Menüleiste angezeigten Objekte,kann der Benutzer zugreifen, er kann sie modifizieren, oder er kann sich neue Objekte generieren.

Objekte der Planung sind Aufträge, Maschinen, Kapazitäten, oder ein Postkorb, der die Kommunikation mit anderen Benutzern unterstützen soll. Zu jedem Objekt gibt es eine Menge von zulässigen Operationen, mit denen diese Objekte manipuliert werden können. Für ein Objekt vom Typ 'Aufträge' sind die Operationen 'Zeigen', 'Übernehmen', 'Verschieben', 'Suchen', 'Abschließen', 'Stornieren' und 'Beiseite legen' definiert (Abb. 2).

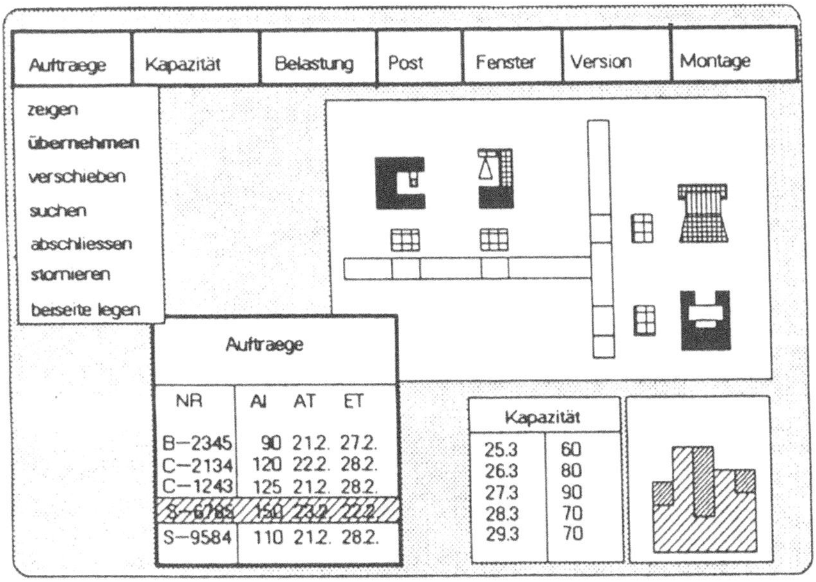

Abb. 2: Zulässige Operationen auf dem Objekt 'Auftrag' (nach /7/, S. 262)

Um den Dialog derart gestalten zu können, müssen alle benötigten Objekte und darauf zulässigen Operationen ermittelt werden. Regeln lassen sich hierfür zur Zeit nicht angeben; weiterhin existieren bisher kaum Methoden und Hilfsmittel, die alle Anforderungen an ein solches System sicherstellen. Da es nicht darum gehen kann, Arbeiten mit dem Rechner wieder auf binäre Zustände oder arithmetische Operationen zu reduzieren, müssen Operationen pragmatisch aus dem Arbeitskontext eines Planers im Umgang mit den Objekten, die er vor dem Rechnereinsatz zur Planung benötigte, bestimmt werden.

Die Verfolgung eines solchen Konzepts als Modularisierungsprinzip ist geeignet, Informationssysteme an beliebige Organisationen anpaßbar zu machen. Des weiteren kann damit die Forderung nach individueller Anpaßbarkeit der Software als Voraussetzung für differentielle Arbeitsgestaltung /14/ eingelöst werden.

5.2 Dezentralisierung

Planung dadurch zu dezentralisieren, daß Planungsanteile in die Werkstatt reintegriert werden, erfordert, daß lokal, an der Fertigungsinsel oder an der Maschine, alle benötigten Daten zur Verfügung stehen. Damit entfällt weitgehend die Notwendigkeit, Daten aus der Werkstatt mittels einer zeitlich engen Betriebsdatenerfassung an eine zentrale Planungsabteilung zurückzumelden; der Facharbeiter selbst kann die Fertigung überwachen, denn viele der bei ihm anfallenden Daten werden lediglich für weitere Planungen in der Werkstatt benötigt.

Eine Planungsphilosophie, Grobplanung, z. B. der Liefertermine, zentral und Feinplanung, z. B. der Maschinenbelegung, dezentral vorzunehmen, liegt dem KANBAN-Prinzip (Abb. 3) zugrunde.

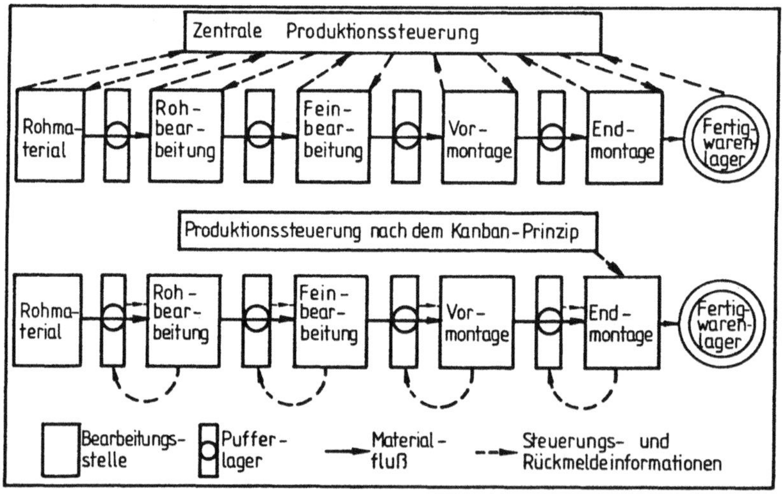

Abb. 3: Produktionssteuerung nach dem KANBAN-Prinzip/10/

Zentral werden einige Steuerungsparameter zur Dimensionierung der KANBAN-Kreise festgelegt; alle Entscheidungen zur Fertigungssteuerung hingegen werden dezentral getroffen. Als Erweiterung der KANBAN-Technik, bei der mit Karteikarten gearbeitet wird, können für dezentrale Planungsvorgänge auch Personal Computer eingesetzt werden. Dies ist besonders dann sinnvoll, wenn zur Teilebeschreibung viele Daten benötigt werden, die auf einer Karteikarte keinen Platz finden.

Die notwendigen Daten können zwischen den dezentralen Rechnern über ein Local Area Network (LAN) übermittelt werden, das topologisch als Bus oder Baum ausgelegt sein kann. Topologie und Auslegung des LAN sind durch die Struktur und Anzahl der KANBAN-Kreise teilweise vorgegeben. Die Verbindung zwischen Zentralrechner mit der darauf installierten Datenbank und dem LAN stellt den Zugriff des jeweils ersten dezentralen Rechners eines KANBAN-Kreises sicher. Die Verbindung zwischen Datenbankrechner und LAN kann mit einem Gateway realisiert werden.

Die zentrale Grobplanung kann im Batch-Betrieb erfolgen, da sie zeitraumbezogen ist und große Datenbestände zu verarbeiten sind. Dezentrale Planungs- und Steuerungsvorgänge sollten auf jeden Fall im Dialog durchgeführt werden, um zu jedem Zeitpunkt sicherzustellen, daß auch bei unvorhergesehenen Ereignissen, wie Materialausfällen oder Eilaufträgen, der dezentrale Rechner als Planungshilfsmittel eingesetzt werden kann.

5.3 Dialogschnittstelle

Verfolgt man das Konzept der Werkstattprogrammierung bei CNC-Maschinen und will zudem Teile der Planung unmittelbar an die Maschine zurückholen, so könnte dieses Konzept daran scheitern, daß der Facharbeiter, dessen Hauptaufgabe die Bearbeitung von Werkstücken ist, durch die unterschiedlichen Dialogschnittstellen von CNC-Maschine, Maschinen- oder Inselrechner sowie PPS-Rechner überfordert wird, weil er auf beiden Rechnern nur gelegentlicher Benutzer ist, der unter Umständen sein Wissen über die Interaktionsformen bei jeder Benutzung über Bedienungsanleitungen oder Hilfetexte reaktivieren muß. Die Dialogschnittstelle eines dezentralen PPS-Systems sollte jedoch so klar strukturiert sein, daß sie weder den DV-Fachmann oder den Systemspezialisten voraussetzt noch Lesen von Handbüchern oder von langen Hilfetexten auf dem Bildschirm erfordert. Einlösen läßt sich dies mit Fenstertechnik und direkter Manipulation als Interaktionsform.

Wesentliche Charakteristika der direkten Manipulation sind kontinuierliche Darstellung aller interessierenden Objekte, physikalische Aktionen oder Funktionstasten anstelle komplexer Syntax, schnelle inkrementelle und reversible Schritte, deren Auswirkungen auf das jeweils interessierende Objekt sofort sichtbar sind (vgl. /5/). Bei der direkten Manipulation wird ein der Realität entlehntes Bild wie eine Schreibtischoberfläche durch Objekte simuliert. Direkt manipuliert wird ein Objekt durch die syntaktische Reihung Objekt - Operation, auf die ein unmittelbares Feedback durch Anzeige des manipulierten Objekts erfolgt. Aufgaben werden durch die inkrementelle Aneinanderreihung elementarer Benutzeraktionen bearbeitet. Hiermit wird dem Prinzip Rechnung getragen, daß Sehen und Zeigen von Objekten und Operationen leichter ist, als sich an diese zu erinnern und anschließend einen Befehl über eine alphanumerische Tastatur einzugeben.

Ein Auftrag vor einer Maschine wird auf die folgende Woche verschoben, indem zunächst der Auftrag und die dazugehörige Kapazität aus der Menge aller Aufträge in ein Fenster des Bildschirms geholt wird. Zu jedem Auftrag gehört neben der Identifikation der Arbeitsinhalt sowie der Anfangs- und Endtermin für die gegebene Kapazität. Wird jetzt der Anfangstermin durch Überschreiben nach hinten verschoben, so werden die kapazitiven Auswirkungen für beide Perioden sofort grafisch angezeigt (vgl. /7/).

Mit der Technik der direkten Manipulation wird die Differenzierung zwischen Dialogformen für ungeübte und geübte Benutzer in der Tendenz hinfällig; direkte Manipulation ist für beide Benutzerklassen selbstbeschreibend (vgl. /3/) und einfach handhabbar, da keine langen Hilfetexte am Bildschirm oder im Handbuch notwendig sind.

6 Expertensysteme

Entgegen Vorstellungen von der vollautomatischen Fabrik und von der Lösung aller PPS-Probleme mittels Expertensystemen intendieren die hier skizzierten Vorschläge, dem Facharbeiter in der Werkstatt einen möglichst großen Handlungs- und Entscheidungsspielraum zurückzugeben, um damit seine Qualifikation zu sichern und auszubauen. Das mit

Expertensystemen verfolgte Ziel ist, das Fachwissen von Experten in DV-Systemen zu vergegenständlichen, um es damit allen zugänglich zu machen. Unabhängig davon, ob das eigentliche Expertenwissen nicht gerade im tacit knowledge /12/ liegt, und unabhängig davon, ob es je gelingt, eben dieses, auch von Experten nicht beschreibbare, implizite Wissen in Algorithmen und Datenstrukturen einzufangen, bleibt bei Expertensystemen das Problem des model monopoly /1/, der zwanglose Zwang des besseren Arguments, der alle mit einem solchen System Arbeitenden dazu bringen wird, sich den angebotenen Lösungen zu unterwerfen. Expertensysteme hingegen, wie sie Braten /1/ vorschlägt, können unter Umständen die zuletzt geäußerten Bedenken ausräumen; die grundsätzlichen Bedenken bezüglich dessen, was Expertentum ausmacht, werden damit ebenfalls in den Hintergrund gedrängt; schließlich kann der Experte, der mit einem solchen System arbeitet, alle Lösungsvorschläge überprüfen, modifizieren und eigene einbringen.

7 Literatur

/ 1/ Braten, S., The third position: beyond artificial and autopoietic reduction, in: Geyer, F. and J. van der Zouwen, Sociocybernetic Paradoxes, London 1986, S. 193-205

/ 2/ Brödner, P., Fabrik 2000, Berlin 1985

/ 3/ Deutsches Institut für Normung e.V., DIN 66 234 - Bildschirmarbeitsplätze, Teil 8: Grundsätze der Dialoggestaltung, Entwurf, Berlin Dezember 1984 mit Revisionen bis einschl. Januar 1986

/ 4/ Döbele-Berger, C., H. Martin und P. Martin, Arbeitswissenschaftliche Begleitforschung bei der Entwicklung und Einführung des computergestützten Informationssystems PSK 2000, in: /9/, S. 137-257

/ 5/ Fähnrich, K.P. und J. Ziegler, Direkte Manipulation als Interaktionsform an Arbeitsplatzrechnern, in: Bullinger, H.-J. (Hrsg.), Software Ergonomie '85, Stuttgart 1985, S. 75-85

/ 6/ Hackstein, R. und G. Speith, Verfahren zur Beurteilung und Auswahl von Produktionsplanungs- und -steuerungssystemen, ZwF 78 (1983), S. 137-143

/ 7/ Jahn, S. und H. Kalb, Arbeiten am PPS-Facharbeitsplatz: Interaktion mit Werkzeugen, in: Bullinger, H.-J. (Hrsg.), Software Ergonomie '85, Stuttgart 1985, S. 260-269

/ 8/ Kettner, H. und W. Bechte, Neue Wege der Fertigungssteuerung durch belastungsorientierte Auftragsfreigabe, VDI-Z 123 (1981) Nr. 11, S. 459-465

/ 9/ Kölle, J. et al., Entwicklung des Informationssystems PSK 2000 zum Planen-Steuern-Kontrollieren mittelständischer Fertigungsunternehmen, Forschungsbericht KfK-PFT 85, Karlsruhe 1984

/10/ Mertens, P. und M. Heigl, Neue Wege bei computergestützter Produktionsplanung, ÖVD/Online (1984) Nr. 11, S. 46-53 und Nr. 12, S. 62-72

/11/ Nullmeier, E., und K.-H. Rödiger, Arbeitsorientierte Anforderungen an die Gestaltung von PPS-Systemen, in: Hirsch-Kreinsen, H. und R. Schultz-Wild (Hrsg.), Rechnerintegrierte Produktion - Zur Entwicklung von Technik und Arbeit in der Metallindustrie, Frankfurt am Main 1986

/12/ Polanyi, M., Implizites Wissen, Frankfurt am Main 1985

/13/ PSI, PIUSS-0 - Das Produktionsinformations- und -steuerungssystem, PSI Gesellschaft für Prozeßsteuerungs- und Informationssysteme mbH, Berlin 1985

/14/ Ulich, E., Über das Prinzip der differentiellen Arbeitsgestaltung, Industrielle Organisation 47 (1978), S. 566-568

/15/ Wedekind, H., Was heißt und zu welchem Ende studiert man Betriebsinformatik?, Angewandte Informatik 22 (1980), S. 439-442

DIE VERÄNDERUNG DER PLANUNGS- UND DENK-ANFORDERUNGEN DURCH DEN EINSATZ VON CAD IM KONSTRUKTIONSBÜRO

Martin Resch
Institut für Humanwissenschaft
in Arbeit und Ausbildung
Technische Universität Berlin

Die neuen Informations- und Kommunikationstechniken kommen auch in den Bereichen der Produktion zum Einsatz, in denen sich die Arbeitsmittel in den letzten 100 Jahren nicht sehr wesentlich verändert haben. Es sind dies vor allem die der Fertigung vorgelagerten Bereiche Konstruktion und Arbeitsplanung sowie Verwaltung und Vertrieb. Gerade der - bisher zahlenmäßig eher geringe Einsatz von Computersystemen in Konstruktion und Arbeitsplanung hat eine breite Diskussion über die sozialen und psychischen Folgen hervorgerufen. Ausschlaggebend dafür sind zwei Gründe: zum einen ist der Einsatz von Computersystemen in der Konstruktion ein Baustein für die geplante Integration von Planung und Fertigung durch Computernetze, eine Zielstellung, die sich in dem Schlagwort "CIM" (computer integrated manufacturing = Computergestützte integrierte Fertigung) ausdrückt. Zum anderen aber stellt gerade der Einsatz des Computers in einem Bereich, der wie die Konstruktion als "kreative Insel" in der sonst weitgehend standardisierten und formalisierten Produktion gilt, eine deutliche Herausforderung dar.

Der vorliegende Beitrag beschäftigt sich mit der zuletzt genannten Veränderung der Arbeit im Konstruktionsbüro durch den Einsatz von Computer Aided Design (CAD = Computergestütztes Konstruieren). Am Beispiel CAD soll eine generelle Antwort gefunden werden auf die Frage, wie die Einführung des Computers die geistige Arbeit verändert. Dabei soll, ausgehend von den Grundannahmen der Handlungsregulationstheorie von HACKER und VOLPERT, eine Erweiterung dieses in der Analyse industriell gewerblicher Arbeiten erfolgreichen Ansatzes auf die Analyse geistiger Arbeiten versucht werden.

1. Gibt es eine "Taylorisierung geistiger Arbeit"?

BRAVERMAN zitiert in seinen Ausführungen über die Veränderung geistiger Arbeit Charles BABBAGE, der schon 1832 formulierte, daß "die Arbeits-

teilung mit gleichem Erfolg auf geistige wie auf mechanische Verrichtungen angewandt werden kann und daß sie bei beiden die gleiche Zeitersparnis garantiert" (zit. nach /2/, S. 243).
Dies gilt BRAVERMAN als ein Beleg dafür, daß der Taylorismus, d. h. im wesentlichen die Trennung von Konzeption und Ausführung, gleichermaßen in Büro und Fertigung eingesetzt werden kann. Neuere Arbeiten beschreiben die Veränderung der geistigen Arbeit ebenfalls in Begriffen, die aus der Fertigung entlehnt sind. Es ist die Rede von der "Maschinisierung der Kopfarbeit" /8, 9/, einer "Mechanisierung geistiger Arbeit" /11/ oder "Automatisierung" /6/. Diese Begriffe unterstellen, daß die geistige Arbeit der gleichen Veränderung unterworfen wird, die vorher für körperliche Arbeit bestimmend war. Ob diese Analogie dazu beiträgt, den Veränderungsprozeß in der Konstruktion richtig zu beschreiben, kann nur beantwortet werden, wenn Unterschiede und Gemeinsamkeiten von körperlicher und geistiger Arbeit bestimmt werden. Dazu liegen jedoch noch keine befriedigenden Konzepte vor.

2. Die Verdoppelung des Produktionsprozesses

Grundsätzlich beinhaltet jede Arbeit Kopf- und Handarbeit: Auch der Konstrukteur fertigt wenigstens grobe Skizzen an und verfügt hierzu über eine gewisse Handfertigkeit. Selbst, wenn er nur noch am Computer sitzen sollte, wandern die Finger seiner Hand mit mehr oder weniger Geschick auf dem Tastenfeld umher. Andererseits ist auch die einfachste Arbeit am Fließband ohne über den Kopf verlaufende Wahrnehmungen und einfache Kenntnisse "im Kopf" nicht ausführbar.

Trotzdem spricht man von einer "Trennung von Hand- und Kopfarbeit". Damit ist der folgende Zusammenhang angesprochen: Es gibt zwei (oder mehr) Arbeitstätigkeiten, die früher einmal zusammengehörten, dann aber so getrennt wurden, daß nachträglich der eine Teil eher der früheren Kopfarbeit, der andere eher der früheren Handarbeit zugeordnet werden kann. Dies veranschaulicht Abb. 1, aus der deutlich wird, daß auch die neuen Arbeitstätigkeiten sowohl Hand- wie Kopfarbeit enthalten.

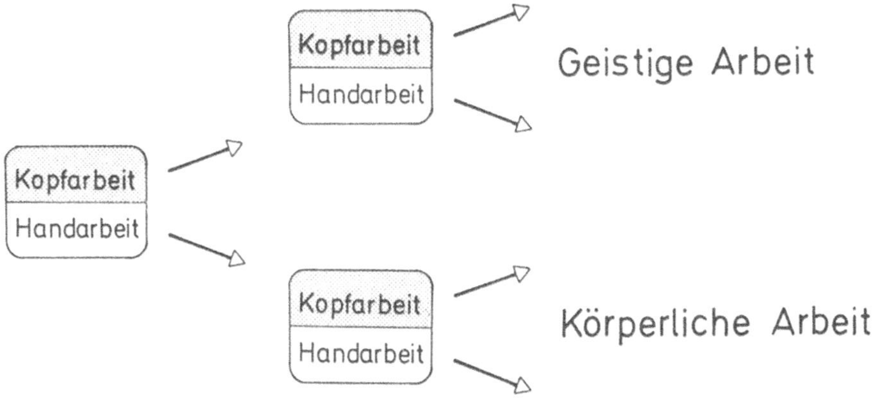

Abb. 1: Die Herausbildung der Trennung von Hand und Kopf

Dennoch gibt es einen bedeutenden Unterschied zwischen den beiden neu entstandenen Tätigkeiten: Die der früheren Kopfarbeit zuzurechnende Tätigkeit besteht in der Planung bzw. Vorbereitung der von anderen auszuführenden Arbeit. Diese Arbeit soll als geistige Arbeit bezeichnet werden. Als körperliche Arbeit soll dagegen die Arbeit bezeichnet werden, welche die von anderen geplante Arbeit ausführt. BRAVERMAN verweist darauf, daß durch die Trennung von Hand und Kopf eine eigentümliche Verdoppelung des Produktionsprozesses eintritt. Für jede Produktionstätigkeit gibt es verschiedene parallele Tätigkeiten in der Betriebsleitung:
"... jede muß erdacht, vorausberechnet, geprüft, geplant, zugewiesen und angeordnet, überprüft und überwacht und während der Dauer der Ausführung wie auch nach Fertigstellung schriftlich aufgezeichnet werden. Das Ergebnis ist, daß der Produktionsprozeß vor, während und nach seinem physischen Ablauf in Papierform reproduziert wird" (/ 2/, S. 101).

Der Konstrukteur verrichtet geistige Arbeit, denn er erstellt Pläne, nach denen andere arbeiten. Was aber unterscheidet die Arbeit des Konstrukteurs von der eines Facharbeiters, und wie wirkt die Automatisierung bei den unterschiedlichen Arbeitstätigkeiten?

Es ist nicht leicht, den Unterschied von geistiger und körperlicher Arbeit an den konkreten Handlungen des Arbeitenden wiederzufinden. Manche Autoren gehen daher davon aus, daß eine handlungstheoretische

Analyse der Konstrukteurstätigkeit nicht möglich sei /17/ oder zusätzliche Annahmen erfordere /12/. Im folgenden möchte ich zeigen, daß sich die Besonderheit geistiger Arbeit auch mit den Mitteln der Handlungsregulationstheorie darstellen läßt. Die zu zeigenden Unterschiede haben zur Folge, daß der Computereinsatz in dem Bereich der geistigen Arbeit spezifische Konsequenzen nach sich zieht.

Die Handlungsregulationstheorie /5, 13/ geht von der Grundannahme aus, daß menschliches Handeln bewußt und zielgerichtet ist. Es bewirkt Veränderungen der objektiven Bedingungen der Umwelt. Diese "nach außen" gerichtete, konkrete Aktivität ist ein zentraler Gegenstand der Theorie. Planen (also Denken) und Ausführen von Aktivitäten werden in einer einheitlichen Konzeption behandelt. Die psychischen Prozesse, mit denen das Handeln an die äußeren Bedingungen angeglichen werden, um diese nach den eigenen Zielen zu verändern, werden als Handlungsregulation bezeichnet.

In der Planung seiner Handlungen berücksichtigt der Handelnde verschiedene mögliche Handlungswege. Die Summe aller ihm potentiell offenstehenden Handlungswege kann mit OESTERREICH /10/ als Handlungsfeld bezeichnet werden. Das Handlungsfeld ist sowohl objektiv vorhanden als auch intern im Menschen repräsentiert, es existiert also außen und innen (vgl. Abb. 2). Dies soll an einem Beispiel aus der Produktion verdeutlicht werden:
Unterstellt sei ein Arbeitender, der ein Produkt, z. B. ein spezielles Schnittwerkzeug für eine Stanzmaschine, selbst entwirft und herstellt. Im Prinzip geht er dabei so vor: er vergegenwärtigt sich das ihm offenstehende Handlungsfeld, d. h., er überlegt sich, welche Handlungsmöglichkeiten er hat. Diese sind bestimmt z. B. durch die vorhandenen Werkzeuge und Maschinen, durch das Rohmaterial, durch die vorgegebenen Zeitspielräume usw. Bevor der Arbeitende mit den äußeren Aktivitäten beginnt, bedenkt er erst einmal verschiedene Wege. Z. B. muß er berücksichtigen, daß eine bestimmte Reihenfolge der Arbeitsschritte notwendig ist, zunächst die Grobbearbeitung, dann der Feinschliff, dann muß das Teil am Werkzeugträger befestigt werden usw. Sein Denkprozeß besteht also in einem antizipatorischen Durchspielen von Handlungswegen. Dies kann als Probehandeln oder inneres Handeln bezeichnet werden.

Dem Betrachter fällt dies normalerweise nicht weiter auf, denn unmittelbar nach dem inneren Handeln vollzieht der Handelnde im äußeren

Handlungsfeld die geplanten Handlungen. Resultat ist eine Veränderung der objektiven Bedingungen der Umwelt. Damit verändert sich zugleich das äußere Handlungsfeld, denn dem Handelnden stehen nun neue Handlungswege zur Verfügung. Er kann etwa das gefertigte Teil jetzt erproben oder sich einem neuen Auftrag zuwenden.

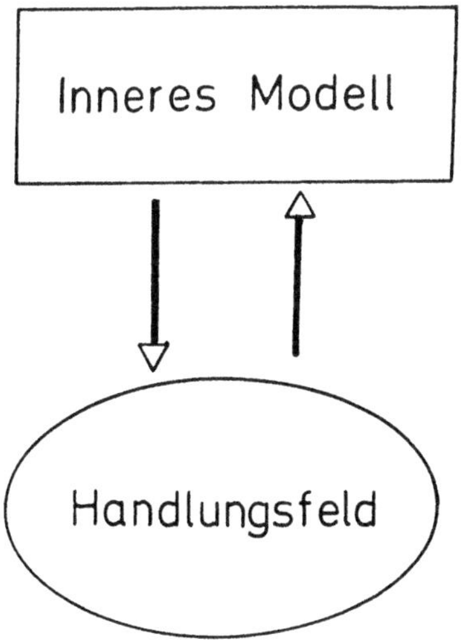

Abb. 2: Das Handlungsfeld einer ganzheitlichen Arbeitstätigkeit

Diese Handlungsregulation des Schnittwerkzeugherstellers soll jetzt in Bezug gesetzt werden zur Handlungsregulation des Konstrukteurs, der ein Schnittwerkzeug entwirft. Ganz offensichtlich verrichtet er geistige Arbeit, denn er entwirft einen Plan, den andere ausführen. Es stellt sich hier die Frage, in welchem Handlungsfeld der Konstrukteur handelt. Denn so weit er für andere plant, muß er in seiner Antizipation zumindestens einen Teil der Bedingungen berücksichtigen, die sich für den Arbeitenden stellen, der den Plan ausführt. Zugleich muß er die Bedingungen berücksichtigen, unter denen das von ihm entworfene Teil eingesetzt wird.

In diesem Handlungsfeld, das durch die Bedingungen bei der Anwendung seines Plans gekennzeichnet ist, handelt der Konstrukteur nicht selbst: Weder baut er das Schnittwerkzeug noch bedient er die Stanzmaschine. Er muß dieses Handlungsfeld jedoch prinzipiell kennen, und seine Pläne müssen darauf beziehbar sein. Dieses Handlungsfeld, auf

das sich der Plan bezieht, soll als Referenz-Handlungsfeld bezeichnet werden. Der besseren Verständlichkeit wegen möchte ich es in diesem Beitrag - im alleinigen Zusammenhang mit Konstrukteursarbeit - "Produktions-Handlungsfeld" nennen.
Das Handlungsfeld, in dem der Konstrukteur wirklich handelt, soll als faktisches Handlungsfeld bezeichnet werden. Hier fixiert der Konstrukteur seine Pläne in Form von Zeichnungen oder als schriftliche Anweisung bzw. als Befehlssatz für den Computer. Wiederum der Verständlichkeit wegen will ich dieses Handlungsfeld hier "Büro-Handlungsfeld" nennen, da es durch die Bedingungen im Konstruktionsbüro gekennzeichnet ist. Der Konstrukteur produziert hier keinen realen Gegenstand (z. B. ein Schnittwerkzeug), sondern einen symbolischen Gegenstand (z. B. eine Zeichnung), dessen Gebrauchswert darin liegt, daß er von anderen als Handlungsplan gelesen und verstanden werden kann. Allerdings erfordert auch die Herstellung eines symbolischen Gegenstandes äußere Aktivitäten, z. B. zeichnen, schreiben usw. Diese äußeren Aktivitäten finden nicht im Produktions-Handlungsfeld statt, sondern im Büro des Konstrukteurs. Die Summe der ihm zur Verfügung stehenden Handlungsmöglichkeiten an seinem Arbeitsplatz bildet das Büro-Handlungsfeld (vgl. Abb. 3).

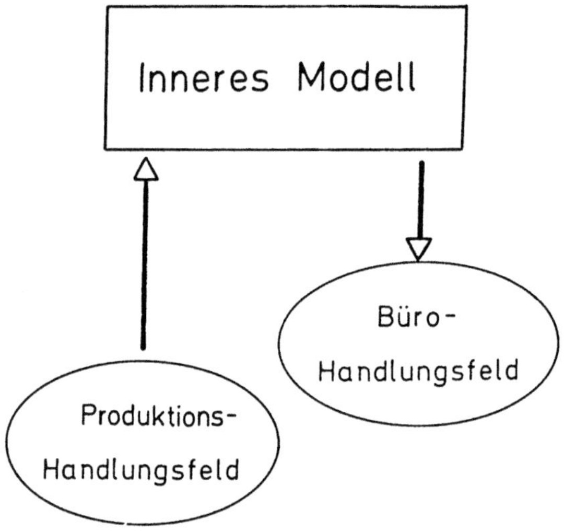

Abb. 3: Die zwei Handlungsfelder in der geistigen Arbeit

3. Die zweifache Partialisierung geistiger Arbeit

Aus handlungstheoretischer Sicht kann die Auswirkung der kapitalistisch betriebenen Rationalisierung als Partialisierung bezeichnet werden. "Dem Arbeiter wird die Entscheidung darüber, was er herstellt und wie er das tut, bis in den kleinsten Handgriff hinein entzogen, ... seine Tätigkeit wird vereinfacht, zerstückelt, der schöpferischen und planerischen Momente beraubt. Wir nennen dies die Partialisierung der Handlungen" (/14/, S. 35). Die Folgen dieser Entwicklung im Bereich der körperlichen Arbeit sind bekannt, aber was geschieht, wenn die geistige Arbeit der gleichen Entwicklung unterworfen wird? Anfangs wurde eingewandt, daß die These von der "Taylorisierung geistiger Arbeit" noch nicht ausgefüllt sei. Mit den im 2. Kapitel dargestellten Überlegungen läßt sich zeigen, welchen Veränderungsprozessen die geistige Arbeit unterworfen ist. Sie unterscheiden sich in der Tat von der Taylorisierung körperlicher Arbeit.

Partialisierung kann auch so beschrieben werden, daß durch die Arbeitsteilung das Handlungsfeld des Arbeitenden immer stärker eingeschränkt wird. Im Extremfall enthält sein Handlungsfeld nur noch einen einzigen vorgegebenen Handlungsweg, d. h., die Abfolge seiner Arbeitsschritte ist vollständig von außen festgelegt. Das Ausmaß der Partialisierung läßt sich anhand der verbleibenden Planungs- und Denkanforderungen, oder in unserer Begrifflichkeit: der verbleibenden Regulationserfordernisse messen /16/. Der geistig Arbeitende hat jedoch zwei Handlungsfelder, in denen er planen muß. Folglich kann die Partialisierung an beiden Handlungsfeldern ansetzen. Die beiden Fälle sind getrennt zu betrachten, wenngleich sie in der betrieblichen Realität eng miteinander zusammenhängen.

3.1 Partialisierung im faktischen Handlungsfeld

Mit der Partialisierung im faktischen Handlungsfeld ist eine Veränderung des Büro-Handlungsfeldes gemeint. Die Mittel der Taylorisierung körperlicher Arbeit finden auch im Büro-Handlungsfeld der geistigen Arbeit Anwendung. Dies läßt sich exemplarisch zeigen an der Zeichentätigkeit. Einerseits werden verbindliche Standards gesetzt, die jede Überlegung, wie ein bestimmtes Teil dargestellt werden soll, unnötig machen. Format, die verschiedenen Ansichten, die Bemaßung und die Schrifttypen sind festgelegt. Andererseits werden auch die manuellen Anteile des Zeichnens vereinfacht. Abreibezeichen ersetzen manuelles

Zeichnen; Perspektivzeichenmaschinen ersetzen das räumliche Vorstellungsvermögen usw. Die Vereinfachung und Standardisierung des Zeichenprozesses ist Voraussetzung seiner Maschinisierung. In der Tat ist die Anwendung von CAD zur Erstellung technischer Zeichnungen heute weitgehend problemlos. Sie bringt jedoch relativ monotone Bildschirmarbeit mit sich. Dies verweist auf den eng mit dem ersten verbundenen zweiten Partialisierungsaspekt.

3.2 Partialisierung im Referenz-Handlungsfeld

Mit der Partialisierung im Referenz-Handlungsfeld ist eine Veränderung des Produktions-Handlungsfeldes gemeint. Mit den oben genannten Mitteln allein läßt sich ein wesentliches Ziel des Taylorismus, die Trennung von Planung und Ausführung, nicht erreichen. Wäre das Büro-Handlungsfeld vollständig vereinfacht und wären alle wesentlichen Verrichtungen maschinisiert, so hätten wir das Idealbild erreicht, das von der CAD-Werbung vermittelt wird. Der kreative Konstrukteur sitzt vor einem höchst komfortablen Bildschirm. Er produziert fortlaufend neue Ideen, die von dem System automatisch zu Werkstattzeichnungen, NC-Programmen usw. verarbeitet werden. Daß diese Fiktion nicht zur Wirklichkeit wird, liegt nicht nur daran, daß hier menschliche Fähigkeiten total überfordert werden. Niemand kann acht Stunden am Tag, Woche für Woche, nur neue Ideen produzieren. Die Fiktion scheitert in der betrieblichen Realität auch daran, daß die taylorsche Trennung von Planung und Ausführung längst auch im Konstruktionsbüro Wirklichkeit geworden ist. Dies läßt sich als eine Partialisierung des Produktions-Handlungsfeldes darstellen. Der oben erwähnte Konstrukteur von Schnittwerkzeugen muß keineswegs alle Bedingungen der Herstellung und Anwendung des von ihm zu konstruierenden Teils kennen. So ist es für ihn uninteressant, auf welchen Maschinen in welcher Reihenfolge das Teil hergestellt wird, er muß nur wissen, über welche Herstellungsmöglichkeiten der Betrieb überhaupt verfügt. Die Form des mit dem Schnittwerkzeug herzustellenden Produkts ist ihm ebenso vorgegeben wie die Form des Werkzeugträgers. Das von ihm zu berücksichtigende Produktions-Handlungsfeld ist also nur ein Ausschnitt aus der Realität. In dem geschilderten Fall wird es noch eine ausreichende Anzahl unterschiedlicher Handlungsmöglichkeiten und -wege enthalten, so daß der Konstrukteur bestimmte Vorgaben eher als Entlastung erlebt. Die Rationalisierung im Konstruktionsbüro läuft jedoch darauf hinaus, das Produktions-Handlungsfeld für möglichst viele Arbeitende zu verkleinern. Ähnliche Bauteile werden zu Gruppen zusammengefaßt und standardisiert. Der Konstrukteur muß lediglich noch Varianten konstruieren, bei denen die Funktionsstruktur und die Anordnung aller Elemente bereits festliegt. Verschiedene Handlungswege ergeben sich nur noch bei der Gestaltung und Detaillierung des Entwurfs. Der Verwendungszweck dieses Teils braucht den Konstrukteur nicht weiter zu interessieren, dies wird von dem ihm übergeordneten Konstrukteur entschieden. Die Zerlegung einer Konstruktionsaufgabe in Teilaufgaben, die parallel und voneinander entkoppelt erledigt werden, ist eine der gebräuchlichen Methoden, um das zu berücksichtigende Produktions-Handlungsfeld zu reduzieren (vgl. / 4/).

Für den Technischen Zeichner reduziert sich das Produktions-Handlungsfeld auf einen einzigen, genau vorgeschriebenen Handlungsweg. Er muß nach wie vor ungefähr wissen, was für ein Teil er gerade zeichnet, aber er hat keinerlei Einflußmöglichkeiten mehr auf das Produkt. Betrachtet man sein Produktions-Handlungsfeld, so stellen sich ihm dort nur äußerst geringe Regulationserfordernisse, sein Produktions-Handlungsfeld ist weitgehend partialisiert. Deshalb möchte ich diesen Typ von Arbeit "ausführende geistige Arbeit" nennen. Trotz der Reduzierung des Produktions-Handlungsfeldes kann die Arbeit des Technischen Zeichners noch höhere Regulationserfordernisse in seinem Büro-Handlungsfeld stellen. So könnte das fertig konstruierte Teil besonders schwierig darzustellen sein oder ausnahmsweise eine neue Darstellungsform erfordern. Das ändert jedoch nichts daran, daß der Technische Zeichner lediglich ausführende geistige Arbeit verrichtet, und dies gilt bereits unabhängig von jedem Computereinsatz.
Die Partialisierung des Produktions-Handlungsfeldes bereitet den Boden für andere Einsatzmöglichkeiten von CAD, z. B. von Berechnungsprogrammen oder Variantenkonstruktionsprogrammen. Auch hier gilt, daß nur solche geistige Arbeiten automatisiert werden können, deren Produktions-Handlungsfeld bereits vollständig partialisiert ist. Variantenprogramme können nur dort angewendet werden, wo alle möglichen Beziehungen, die das Produktions-Handlungsfeld enthält, in Berechnungsalgorithmen ausgedrückt werden können. Anstatt im Probehandeln verschiedene Wege antizipatorisch zu erproben, kann der Konstrukteur den besten Weg einfach errechnen.

4. Gestaltungsziele

VOLPERT /15/ hat darauf hingewiesen, daß die Arbeitsgestaltung an Computersystemen darauf abzielen sollte, eine sinnvolle Verteilung zwischen den Aufgaben, die der Rechner übernehmen sollte, und den Aufgaben, die besser beim Menschen bleiben sollten, herzustellen. Diese "kontrastive Aufgabenanalyse" ist ein wichtiges Grundprinzip eines nicht-tayloristischen System-Designs, in dem die Stärken des Menschen gegenüber dem Computer erhalten bleiben. Die vorangestellte handlungstheoretische Analyse geistiger Arbeit hat gezeigt, daß eine der spezifischen menschlichen Stärken darin liegt, durch Probehandeln im Referenz-Handlungsfeld Handlungspläne zu erstellen. In gewissem Sinne läßt sich dies als das Charakteristikum der menschlichen Informationsverarbeitung bezeichnen (vgl. /7/). Ein System-Design sollte also darauf zielen, das Referenz-Handlungsfeld aller Arbeitenden zu erweitern oder zumindestens zu erhalten. Der Einsatz von maschinellen Prozeduren ist nur da sinnvoll, wo es um die Gewinnung von Informationen (z. B. Kataloge, Normen, Wiederholteile) und um die Zeichnungserstellung geht, also so lange es sich alleine um Verrichtungen im faktischen Handlungsfeld (Büro-Handlungsfeld) handelt. Maschinelle Prozeduren, die das Referenz-Handlungsfeld (Produktions-Handlungsfeld) verkleinern (z. B. über Variantenkonstruktionsprogramme), sind im Sinne einer kontrastiven Aufgabenanalyse und -gestaltung abzulehnen.

Organisatorisch ließe sich ähnlich wie in der Fertigung auch in der Konstruktion nach Teilefamilien organisierte Konstruktionsinseln bilden /3/. Die Konstrukteure sollten über eine möglichst breite und einheitliche Qualifikation verfügen, um Konstruktionsaufträge nicht arbeitsteilig, sondern mengenteilig durchzuführen. Im Zusammenhang mit flexiblen Fertigungsinseln könnte sich die Ausdehnung des Produktions-Handlungsfeldes der Konstrukteure auch in höhere Produktivität umsetzen, denn eine genaue Kenntnis der Bedingungen, für die sie planen, verringert die Möglichkeit der Fehlplanung.

Für Technische Zeichner ist zu überlegen, ob in Übertragung von in der Büroarbeit entwickelten Konzepten eine Weiterbildung zum qualifizierten Sachbearbeiter möglich ist. Die durch die Maschinisierung der Zeichnungserstellung gewonnene Zeit könnte genutzt werden, um Kompetenzen wie Detaillierung, Absprache mit der Fertigung usw. auf den Technischen Zeichner zu übertragen. Das Ziel einer solchen Gestaltungsmaßnahme ist auch hier die Erweiterung des Produktions-Handlungsfeldes.

5. Literatur

/ 1/ BECHMANN, G., R. VAHRENKAMP und B. WINGERT, Mechanisierung geistiger Arbeit. Eine sozialwissenschaftliche Begleituntersuchung zum Rechnereinsatz in der Konstruktion, Frankfurt am Main 1979

/ 2/ BRAVERMAN, H., Die Arbeit im modernen Produktionsprozeß, Frankfurt am Main 1977

/ 3/ BRÖDNER, P., Fabrik 2000. Alternative Entwicklungspfade in die Zukunft der Fabrik, Berlin (West) 1985

/ 4/ EKARDT, H.P., Entwurfsarbeit. Organisations- und handlungstheoretische Ansätze zur soziologischen Analyse der Arbeit von Bauingenieuren im Tragwerksentwurfsbereich, Darmstadt 1978

/ 5/ HACKER, W., Allgemeine Arbeits- und Ingenieurpsychologie. Psychische Struktur und Regulation von Arbeitstätigkeiten, Berlin (DDR) 1980[3]

/ 6/ HESS, K.-D., Automatisierung geistiger Prozesse - Was bedeutet: Menschliche Fähigkeiten verschwinden im Computer? Technologie und Politik 19, 1982, S. 124-145

/ 7/ KRÄMER-FRIEDRICH, S., Information und Verhalten, in: SCHAUER, H. und M.J. TAUBER (Hrsg.), Informatik und Psychologie, Wien 1982

/ 8/ KÜHN, M., CAD und Arbeitssituation. Untersuchungen zu den Auswirkungen von CAD sowie zur menschengerechten Gestaltung von CAD-Systemen, in: BRAUER, W. (Hrsg.), Informatik-Fachberichte, Bd. 32, Berlin (West) 1980

/ 9/ NAKE, F., Schnittstelle Mensch-Maschine, Kursbuch 75, 1984, S. 109-118

/10/ OESTERREICH, R., Handlungsregulation und Kontrolle, München 1981

/11/ TESCHNER, E. und K. HERMANN, Zur Taylorisierung technisch-geistiger Arbeit, in: INSTITUT FÜR SOZIALFORSCHUNG (Hrsg.), Gesellschaftliche Arbeit und Rationalisierung. Neuere Studien aus dem Institut für Sozialforschung in Frankfurt am Main - Leviathan Sonderheft 4, Opladen 1981, S. 118-135

/12/ TROY, N. und H. SCHÜPBACH, Handlungstheoretische Anmerkungen zur Tätigkeit von Produktionsingenieuren. Zeitschrift für Arbeitswissenschaft 38, 1984, S. 12-17

/13/ VOLPERT, W., Die Lohnarbeitswissenschaft und die Psychologie der Arbeitstätigkeit, in: GROSKURTH, P. und W. VOLPERT, Lohnarbeitspsychologie. Berufliche Sozialisation: Emanzipation zur Anpassung. Frankfurt am Main 1975, S. 11-196

/14/ VOLPERT, W., Der Zusammenhang von Arbeit und Persönlichkeit aus handlungspsychologischer Sicht, in: GROSKURTH, P. (Hrsg.), Arbeit und Persönlichkeit: berufliche Sozialisation in der arbeitsteiligen Gesellschaft, Reinbek 1979, S. 21-46

/15/ VOLPERT, W., Kontrastive Analyse des Verhältnisses von Mensch- und Rechner als Grundlage des System-Design. Vortrag auf der Konferenz "System Design for Human Development and Productivity: Participation and Beyond", Mai 1986, IfHA-Bericht Nr. 11 der TU

Berlin, Berlin (West) 1986

/16/ VOLPERT, W., R. OESTERREICH, S. GABLENZ-KOLAKOVIC, T. KROGOLL und M. RESCH, Verfahren zur Ermittlung von Regulationserfordernissen in der Arbeitstätigkeit (VERA). Handbuch und Manual, Köln 1983

/17/ WINGERT, B., Ist Konstruieren ein eigener psychologischer Handlungstyp? in: HUBKA, V. (Hrsg.), Internationale Konferenz über Konstruktion, Hamburg 1985, S. 884-892

"ZUR BETRIEBLICHEN GESTALTUNG VON CAD-ANWENDUNGEN"

M. Rader, B. Wingert, U. Riehm
Kernforschungszentrum Karlsruhe
Abteilung für Angewandte Systemanalyse

1. Einleitung

Vor kurzem wies BURKHART LUTZ, der Leiter des Instituts für sozialwissenschaftliche Forschung, darauf hin, daß eine der wichtigsten Erkenntnisse der deutschen Industriesoziologie der 70er Jahre die des Fehlens eines deterministischen Zusammenhangs zwischen Technik und organisatorischen Auswirkungen sei /1/.

Bei einer Technik wie CAD kommt hinzu, daß sie nicht einheitlich und umfassend ist, sondern derzeit noch in "Inseln" zerfällt. Dies läßt sich beispielsweise durch die französische Unterscheidung zwischen DAO (dessin assisté par ordinateur) und CAO (conception assistée par ordinateur) verdeutlichen. In unserer 1984 abgeschlossenen Studie /2/ haben wir folgende "CAD-Varianten" unterschieden:

- Zeichnungserstellungsprogramme;
- Automatische Variantenkonstruktion;
- Interaktiv graphische Variantenkonstruktion (hier noch unterschieden nach Anwendungen in der mechanischen und der Elektrokonstruktion)
- Berechnungsprogramme.

Diese Programmarten stellen teilweise Alternativen zueinander dar, teilweise könnten sie sich in Richtung auf die voll-rechnerintegrierte Konstruktion ergänzen.

Im folgenden soll versucht werden, die organisatorischen Gestaltungsalternativen im Zuge des Einsatzes verschiedener CAD-Programme bzw. -Systeme aufzuzeigen und insbesondere auf die Faktoren hinzuweisen, die Auswirkungen auf die Aufgaben und Qualifikationen der Benutzer haben können. Zunächst werden Hypothesen zu einer zwei-gleisigen Entwicklung der Technik vorgestellt. Im nächsten Abschnitt wird der Versuch unternommen, die Bedeutung der Qualifikation für die Wettbewerbsfähigkeit von Unternehmen darzustellen. Es folgt eine Darstellung der organisatorischen Faktoren, die bei einer CAD-Einführung berücksichtigt werden sollten. Alternative Organisationsformen für CAD-Anwendungen werden an Hand empirischer Beispiele aus unserer mehrjährigen CAD-Studie aufgezeigt. Zum Abschluß wird der Frage nachgegangen, ob es möglich ist, durch gezieltes Vorgehen bei der CAD-Einführung bestimmte, gewünschte Auswirkungen zu erzielen.

2. Entwicklungstendenzen der Technik

In jüngerer Zeit haben verschiedene Autoren (z.B. /3/, /4/, /5/) auf eine geteilte Entwicklung der Technik hingewiesen, die sich vielleicht am besten an den klassischen Etiketten "tayloristisch" und "nicht-tayloristisch" festmachen läßt. BRÖDNER /4/ spricht dagegen von einem "anthropozentrischen" und einem "technozentrischen" Entwicklungspfad der Technik. Nach "tayloristischen" oder "technozentrischen" Leitmotiven entwickelte Techniken stellen nur geringe Anforderungen an den Benutzer, ja sie zielen darauf ab, Qualifikationen so weit wie möglich überflüssig zu machen. Techniken dieser Art streben an, möglichst viel Wissen in der "Maschine" festzuhalten, damit das sie einsetzende Unternehmen unabhängig von teuren Fachqualifikationen wird. Darüber hinaus wird damit eine größere Gleichmäßigkeit der Produktion angestrebt.

"Anthropozentrische" oder "nicht-tayloristische" Entwicklungen greifen dagegen auf die Qualifikationen des Benutzers zurück. Teilweise erfolgt dies bewußt, aus der Erkenntnis des großen kreativen Potentials des Menschen heraus. Teilweise stellen diese Entwicklungen jedoch heute in den Augen ihrer Entwickler und Verwender eine "Notlösung" dar, bis man die Algorithmen entdeckt hat, die für die Erfüllung der damit abgedeckten Aufgabe erforderlich sind.

Betrachtet man die Entstehungsgeschichte der ersten CAD-Systeme, so wurden diese häufig hausintern für die spezifischen Bedürfnisse eines einzigen Unternehmens entwickelt und erst später allgemein vermarktet /6/, /7/. Die gängigen Turn-Key-Systeme wurden meistens in Großunternehmen der Automobil- und Luftfahrtindustrie entwickelt und erst dann von EDV-Unternehmen vermarktet. Da solche Unternehmen weiterhin die Großabnehmer für die Systeme sind, können sie ihre Wünsche bezüglich der Gestaltung der Systeme besser zur Geltung bringen als Klein- und Mittelunternehmen, die ausschließlich auf marktverfügbare Produkte angewiesen sind. Großunternehmen sind aber meistens stärker arbeitsteilig gegliedert und verfolgen eine Personalentwicklungsstrategie, die mit dieser Orientierung einhergeht, so daß ihre Bedürfnisse mehr in der Richtung einer tayloristisch ausgerichteten Technik liegen.

In Verbindung damit sind auch die Bestrebungen zu sehen, die Konstruktionsarbeit auf ein "wissenschaftliches" Fundament zu stellen. Konstruktionsarbeit sei unwissenschaftlich, da sie sich auf Faktoren wie Intuition und Erfahrung stütze. Eine Steigerung der Produktivität des Konstruktionsbüros werde es durch die neue entstehende "Konstruktionswissenschaft" geben. RIEHM und WINGERT /8/, /9/, /10/ haben sich mit den Versuchen der Verwissenschaftlichung von Konstruktionsarbeit auseinandergesetzt. Vor diesem Hintergrund kann CAD als logische Weiterführung mancher Ansätze dieser Verwissenschaftlichung betrachtet werden, wie der Zerlegung von Entwurfsprozessen in Elemente oder Algorithmen. Die Prinzipien der Konstruktionswissenschaft sind aber nicht das Ergebnis einer systematischen empirischen Analyse oder einer Rekonstruktion des Entwurfsprozesses, sondern des Versuches, normativ gesetzte Konstruktionsregeln vorzugeben. Will man diese Tradition der Konstruktionswissenschaft in den Kontext des "Taylorismus" einordnen - und gewisse Bezüge sind sicherlich gegeben - so gibt es allerdings doch einen grundlegenden Unterschied. Taylor sah als eine wesentliche Basis seiner "wissenschaftlichen Betriebsführung" die empirische Fundierung mittels Bewegungs- und Zeitstudien an. Über die Grenzen dieser Methoden braucht man heute nicht mehr zu streiten. Über die Notwendigkeit empirischer Analysen bei der Gestaltung von Arbeitsprozessen kann es u.E. keinen Zweifel geben. Daß dies mittlerweile auch innerhalb der Konstruktionswissenschaft gesehen wird, zeigt die Diskussion auf der ICED 1985 in Hamburg, wo in der Sektion "New Inpulses for Systematic Engineering Design" im Grunde alle Vortragenden die Notwendigkeit empirischer Analysen des Konstruktionshandelns betonten /11/. Wohl ist es gelungen, Algorithmen für Teilaufgaben in Entwurfsprozessen zu formulieren, aber es erscheint ausgeschlossen, daß es je gelingen könnte, den gesamten Prozess zu algorithmisieren /12/.

3. Die Bedeutung der Qualifikation

Einer der ersten Autoren, der sich mit den Entwicklungstendenzen und möglichen Auswirkungen von CAD beschäftigt hat, war MIKE COOLEY /13/. COOLEY wies zwar darauf hin, daß CAD-Systeme mit dem Ziel entwickelt werden könnten, die Qualifikationen und Kreativität ihrer Benutzer zu unterstützen, hielt aber die Tendenz der Dequalifikation der Konstrukteure und der Taylorisierung für wahrscheinlicher, da vordergründig ökonomisch attraktiver. Dementsprechend spielte die "Polarisierungsthese", wonach ein geringer Teil der Konstrukteure infolge des CAD-Einsatzes künftig anspruchsvollere Aufgaben zu erfüllen hätte, während die große Mehrzahl dequalifiziert werde, bei der frühen sozialwissenschaftlichen Diskussion über die Auswirkungen des CAD-Einsatzes eine große Rolle. Empirisch ließ sich die Hypothese jedoch nicht im erwarteten Ausmaß bestätigen, so daß man nach den Gründen hierfür gesucht hat.

Parallel dazu fand in der Öffentlichkeit der westlichen Industrieländer eine Auseinandersetzung mit dem wirtschaftlichen Erfolg Japans statt. Ein Ergebnis dieser Diskussion ist sicher in einem Teil der Industrie das wachsende Bewußtsein vom Wert vorhandener Qualifikationen /14/.

SCHON hat auf einen Unterschied zwischen handwerklich orientierten und wissenschaftlich orientierten Branchen der Wirtschaft hingewiesen, der sich bis in die industrielle Produktion hinein bemerkbar mache. Handwerklich orientierte Industrien hängen stärker als wissenschaftlich orientierte von den Qualifikationen und den langjährigen Erfahrungen der Mitarbeiter ab /15/. Der Maschinenbau gehört zu den Industrien, die stark von handwerklichen Traditionen geprägt sind, während etwa Elektrotechnik oder Elektronik von vornherein eher wissenschaftlich orientiert waren und es noch sind. In den Konstruktionsbüros der Maschinenbauunternehmen, die wir im Zuge unserer Untersuchung analysiert haben, stammte ein Großteil der Konstrukteure aus der Produktion: es waren häufig ehemalige Facharbeiter, deren Hauptkapital Wissen und Erfahrung hinsichtlich der Produktionstechnik ist. Allerdings gibt es in den letzten Jahrzehnten einen deutlichen Trend zum Ingenieur als Konstrukteur. Eine Ursache hierfür mag die steigende Nachfrage nach kompletten technischen Systemen statt isolierten Einzelaggregaten als Folge zunehmender Mechanisierung in der Industrie sein: das Maschinenbauunternehmen wandelt sich zum Dienstleistungsunternehmen für Engineering mit einer angegliederten Produktion. Die Konstruktion derartiger Komplettlösungen setzt zunehmend wissenschaftliche und mathematische Kenntnisse voraus, die auf Hochschulen und nicht durch Produktionserfahrung gewonnen werden können. Verfügten früher die Absolventen der Fachhochschulen in aller Regel außerdem noch über solche Produktionserfahrung, beschränkt sich diese Erfahrung durch den Andrang von Abiturienten an die Fachhochschulen zunehmend auf die obligatorischen Betriebspraktika. Diese Umschichtung im Konstruktionsbüro begünstigt sicher auch die Einführung von Techniken wie CAD.

Man muß allerdings stark danach unterscheiden, ob wissenschaftliche und mathematische Methoden und CAD mit dem Ziel eingeführt werden, den Konstrukteur bei der Bewältigung schwieriger Probleme zu unterstützen oder ob hiermit die Notwendigkeit menschlicher Fähigkeiten und Erfahrungen zurückgedrängt werden soll, wie es etwa das Bestreben des "wissenschaftlichen Managements" in der Tradition F. W. Taylors ist. HOWARD ROSENBROCK bezeichnete aber eben aus diesem Grund "wissenschaftliches Management" als unwissenschaftlich: "Ohne das enge Zusammenspiel von Handarbeit bei der Durchführung von Experimenten und von geistiger Arbeit bei ihrer Interpretation ist es unvorstellbar, daß Wissenschaft je entstanden wäre. Keine Gesellschaft, die Handarbeit abgetrennt hätte, hätte sie hervorbringen können. Die Wissenschaft könnte eine solche Totalabtrennung auch nicht lange überleben" /16/. Als Fazit läßt sich diesbezüglich festhalten, daß es sicher notwendig ist, wissenschaftliche Methoden in den Entwurfsprozeß einzubeziehen (und zwar als Gegenstandsmodelle), aber riskant, das Konstruktionshandeln alleine auf "rationale" Ablaufmodelle (als Prozeßmodell) abzustützen.

COOLEY zeigt anschaulich an Hand des Beispiels eines Systems namens "Harness" (Geschirr) die Gefahren für die Qualifikationen der Benutzer von CAD-Systemen auf, die nach den Kriterien des wissenschaftlichen Managements gestaltet sind. "Harness" ist ein Architektursystem, das mit standardisierten Elementen nach Art eines "Lego-Kastens" arbeitet. Diese Elemente lassen sich weder in Form noch Inhalt variieren. Nach zwei Jahren Arbeit mit dem System, wurde man in der Branche als dequalifiziert betrachtet und hatte Schwierigkeiten, die Stelle zu wechseln /17/. Neuere Studien legen nahe, daß die Auswirkungen auf Qualifikationen jedoch nicht nur das Ergebnis der Gestaltung des CAD-Programms sind, sondern daß andere Faktoren eine Rolle spielen, die eher unternehmensspezifisch sind.

4. Die organisatorische Komponente

Ein Merkmal der Stichprobenzusammensetzung für unsere Studie war es, den Vergleich von Anwendungen des gleichen Programms bzw. Programmsystems in unterschiedlichen organisatorischen Kontexten zu ermöglichen. Es ist ja keineswegs so, daß ein CAD-System in einen beliebig gestaltbaren organisatorischen Raum eingeführt wird, und auch nicht so, daß das System quasi die Anlage zu einer optimalen organisatorischen Gestaltung der Anwendung in sich trägt, die sofort auf den Konsens aller von der CAD-Einführung Betroffenen stoßen würde. Die prinzipielle Innovationsentscheidung, die Systemauswahl, die Implementation und die konkrete Anwendung sind auch Ergebnisse von Aushandlungsprozessen.

In fast allen Unternehmen gab es eine entscheidende Figur, meist der von uns so genannte "CAD-Experte", der weitgehend verantwortlich für die CAD-Einführung war. Dies bedeutet natürlich nicht, daß dieser mit allen Vollmachten ausgestattet gewesen wäre, um seine eigene Vorstellung von CAD umzusetzen. Er war vielmehr darauf angewiesen, mit den von der Einführung betroffenen Stellen des Unternehmens eine möglichst für alle Beteiligten annehmbare Lösung zu finden. Bereits die Entscheidung darüber, wer als "betroffen" anzusehen ist und wer an weiteren Entscheidungen beteiligt werden soll, prägt das Ergebnis und die Akzeptanz des Prozesses. Dabei gilt es zu berücksichtigen, daß die an den Entscheidungsprozessen Beteiligten jeweils sehr unterschiedliche innerbetriebliche Interessen verfolgen können, wie etwa die eigene Machtposition zu verteidigen oder auszubauen. So wird ein Konstruktionsleiter bestrebt sein, nur solche CAD-Systeme zuzulassen, die er als angemessen für die Aufgabenstellung seiner Abteilung betrachtet und die seine eigene Position nicht etwa durch Schaffung einer eigenen CAD-Abteilung aushöhlen. Der EDV-Leiter wird die mögliche Einführung von EDV-Systemen argwöhnisch betrachten, die seinem Zugriff entzogen werden könnten. Er wird dabei vielleicht mit technischen Sachzwängen argumentieren, d.h. damit, daß die neue Anlage mit dem Hauptrechner des Unternehmens kompatibel sein müsse, dies besonders im Hinblick auf eine später angestrebte Integration von Rechneraufgaben. Die potentiellen Anwender machen sich schließlich Sorgen um die Dauerhaftigkeit ihrer Arbeitsplätze - und - wenn sie weitblickend sind - um den künftigen Wert ihrer in langjährigen Erfahrungen gewonnenen Qualifikationen.

Ferner kann man sich nicht einfach über betriebliche Traditionen und langjährige Entwicklungstendenzen hinwegsetzen. So wird es sicher nicht möglich sein, seit Jahrzehnten eingeleitete Taylorisierungsbestrebungen durch die Einführung eines "anthropozentrischen" CAD-Systems schlagartig rückgängig zu machen. Die Einführung einer neuen Technik erfolgt vielmehr meist mit dem Ziel, vorhandene Tendenzen fortzuführen, wie mit den empirischen Beispielen verdeutlicht werden soll.

5. Beispiele für die alternative Organisation von CAD-Anwendungen

An Hand der Beispiele der organisatorischen Einbettung von Anwendungen gleicher oder ähnlicher CAD-Programme bzw. -Systeme soll aufgezeigt werden, welche Bandbreite von Alternativen bereits bei einfachen Anwendungen besteht. Betrachtet werden:

- die Anwendung eines Zeichnungserstellungsprogramms;

- die Anwendung von Berechnungsprogrammen;
- die Anwendung von Variantenprogrammen.

Das Zeichnungserstellungsprogramm war auf rotationssymetrische Teile beschränkt, die für die Eingabe in bestimmte, vorgeschriebene Elemente zerlegt werden mußten. Variationen waren bezüglich gewisser Parameter möglich. Da es sich um eine frühe, nicht vollausgetestete Version des Programmes handelte, stellten sich gewisse Mängel heraus. Insbesondere ließen sich nicht alle Rotationsteile vollständig mit dem Programm zeichnen. Die Programmanwendung wurde in drei Unternehmen angetroffen und jedes dieser Unternehmen hatte für das Problem eine andere Lösung gefunden. (s. Abb. 1)

Im ersten Unternehmen traf der Leiter einer Detaillierungsgruppe, in der die Anwendung angesiedelt war, die Entscheidung darüber, welche Teile mit dem Programm gezeichnet wurden und welche zurück an den Konstrukteur gingen. Im zweiten Unternehmen ging man den Weg, die Zeichnungen so weit wie möglich mit dem Programm zu erstellen und gegebenenfalls manuell zu ergänzen. Schließlich entschied im dritten Unternehmen die CAD-Anwenderin darüber, welche Teile mit dem Programm zu erstellen seien und sandte die übrigen Vorlagen zurück an die bearbeitende Konstruktionsgruppe.

Die Zeichnungserstellung mit dem Programm setzte auch eine sorgfältigere Vorarbeit voraus in dem Sinne, daß die Vorlagen sämtliche für die Anwendung erforderlichen Daten enthalten mußten. Im Unternehmen, das die Anwendung in der Detaillierungsgruppe angesiedelt hatte, mußten die Konstrukteure vollständige Vorentwürfe abliefern. In einem anderen Unternehmen, mußte sich die CAD-Anwenderin um die Vervollständigung ihrer Unterlagen bemühen.

In zwei Unternehmen war die CAD-Anwendung nur ein Teil der Gesamtaufgabe der Benutzer: sie fertigten außerdem vollständige manuelle Zeichnungen an. Die Anwenderin im dritten Unternehmen war dagegen voll auf CAD spezialisiert, mußte aber im Rahmen dieser CAD-Tätigkeit die unvollständigen Zeichnungen manuell ergänzen. Schließlich gab es aus einem der Unternehmen einen Hinweis auf eine mögliche weitere organisatorische Veränderung infolge des CAD-Einsatzes: die Zeichnerin sammelte fünf zu einem Gesamtkomplex gehörige Einzelteile für die CAD-Bearbeitung an, statt sie wie bisher hintereinander zu zeichnen, weil die Vorbereitung des Plotters für ein Teil alleine zu aufwendig wäre.

Die vorgefundenen organisatorischen Lösungen sind offensichtlich zum Teil das Ergebnis der angesprochenen Progammrestriktionen und -mängel. Zum Teil sind sie aber auch auf die vor der CAD-Einführung bestehende organisatorische Traditionen zurückzuführen. So hatte z.B. die Detaillierungsgruppe in einem der Unternehmen bereits vor der CAD-Einführung mit prinzipiell gleichen Aufgaben bestanden: CAD wurde lediglich als neues Arbeitsmittel betrachtet. In den anderen Unternehmen hielt man ebenfalls an der traditionell vorgegebenen Arbeitsteilung zwischen Konstrukteur und Detailzeichner fest, obwohl andere Lösungen prinzipiell denkbar sind. Diese Tendenz, bestehende Strukturen zu erhalten, läßt sich auf eine Reihe möglicher Faktoren zurückführen:

Abb. 1: Gegenüberstellung der Fallbeispiele

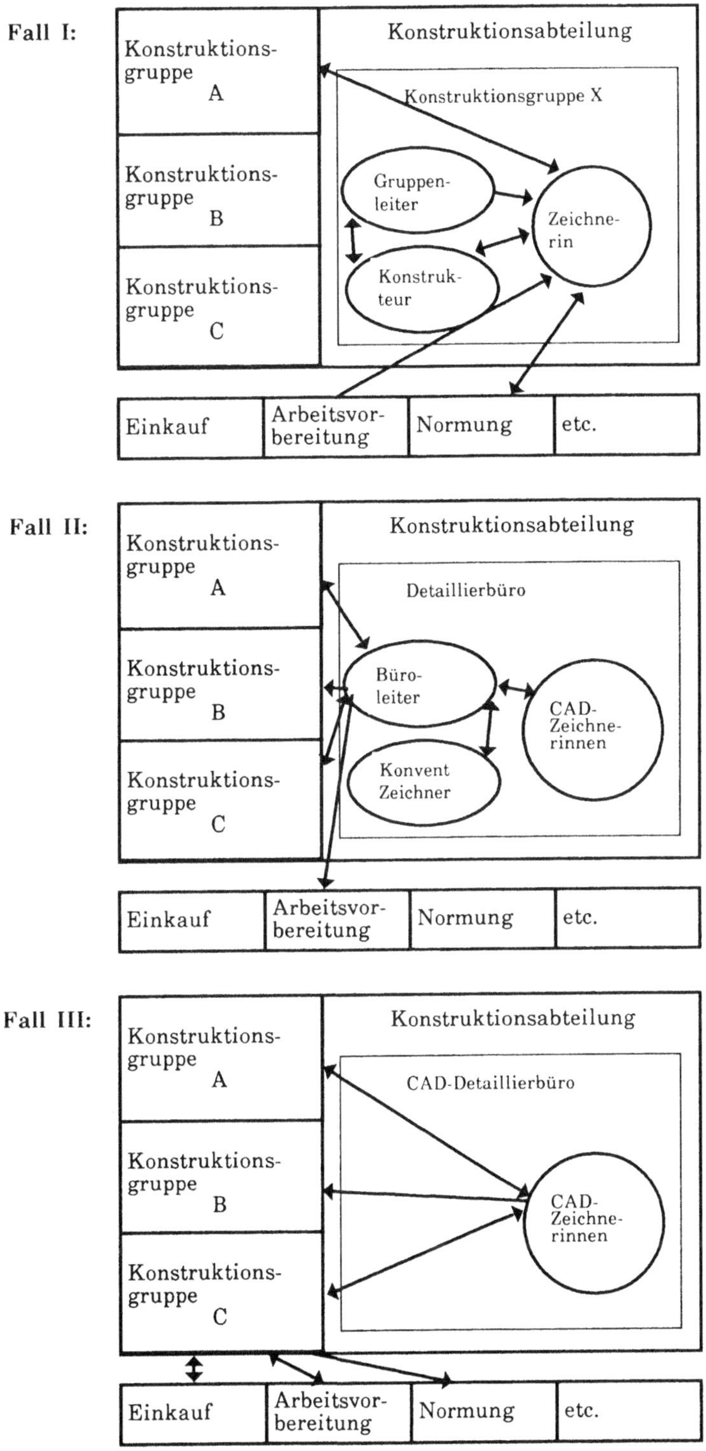

- Die neu eingeführte Technik läßt sich in den bestehenden organisatorischen Ablauf einfügen, sprengt also den bestehenden Rahmen nicht.
- Weil dies so ist, wird kein Zusammenhang zwischen Technik und Organisation innerhalb des Unternehmens erkannt.
- Aus Rücksicht auf im Unternehmen vorhandene Interessen wird CAD mit so wenig organisatorischem Aufwand wie möglich eingeführt.
- Die Technikeinführung erfolgt z.T. aus Kostengründen inkremental und nicht nach einem längerfristigen Plan.

Bei den Anwendungen der Berechnungsprogramme ging es um zwei unterschiedliche Programme, die denn auch unterschiedliche Anforderungen an ihre Benutzer stellten. Zum einen ging es um ein Programm für die Auslegung von Kurven-Koppel-Getrieben, das im besuchten Unternehmen von 3 Konstrukteuren benutzt wurde. Zwei der Konstrukteure bearbeiten damit im wesentlichen Problemstellungen, die in ihren eigenen Aufgabenbereich fallen, während der dritte neben der Systembetreuung auch Berechnungen für andere Konstrukteure durchführt. Diese organisatorische Lösung ist teilweise auf die persönlichen Neigungen und Qualifikationen der beteiligten Konstrukteure zurückzuführen, teilweise auf die Programmanforderungen, die ohne zusätzliche Kenntnisse von herkömmlich ausgebildeten Konstrukteuren nicht zu erfüllen sind. Beim zweiten Berechnungsprogramm handelt es sich um ein weit verbreitetes Paket nach der Methode der Finiten Elemente. Diese Methode läßt sich sachgerecht eigentlich nur in einer Arbeitsteilung zwischen Konstrukteur und Methodenspezialist anwenden, die denn auch in der Regel anzutreffen ist. Allerdings schafft diese Arbeitsteilung Kommunikationsanforderungen an den Konstrukteur, der dem Berechnungsspezialisten sein Problem vermitteln muß sowie an den Spezialisten, der die häufig nicht eindeutigen Ergebnisse so aufbereiten muß, daß der Konstrukteur die adäquate Lösung seines Problems finden kann. Bei derartigen arbeitsteiligen Anwendungen muß auch betrieblich für die Anwendung geworben werden. Die Art und Weise der Kooperation entscheidet mit über die Angemessenheit der Anwendung für die damit zu lösenden Probleme und dies hat wiederum wesentlichen Einfluß auf die Akzeptanz der angewandten Verfahren durch die Konstrukteure.

Bei den interaktiv-grafischen Variantenprogrammen geht es um Software-Pakete, die eine Basissoftware für die Grafikverarbeitung enthalten. Sie können damit für die Variantenkonstruktion eingesetzt werden, aber auch als Zeichnungsprogramm. Sie sind damit im Sinne der anfänglichen Ausführungen auch "offen" für verschiedene organisatorisch-qualifikationsstrategische Lösungen. An Hand zweier Beispiele soll die Bandbreite der möglichen Lösungen hierbei aufgezeigt werden. In einem der Unternehmen konnte der Konstrukteur, in diesem Fall ein Fachhochschulingenieur, Konstruktions- und Detaillierungsarbeiten interaktiv am Bildschirm zur Erstellung des Entwurfs durchführen. Er hatte auch die Möglichkeit, bereits abgespeicherte Varianten bzw. Ansichtszeichnungen abzurufen, um an ihnen auftragsgerechte Veränderungen vorzunehmen.

Im zweiten Unternehmen hat man sich zum Ziel gesetzt, sukzessive die elektrischen Grundpläne der dort gebauten Maschinen abzuspeichern, so daß sie später nur noch abgerufen und geändert zu werden brauchen. Da diese Änderungen aber nach Vorgaben von einer technischen Zeichnerin vollzogen wurden, handelt es sich bei ihrer Tätigkeit nicht mehr um eine Variantenkonstruktion, sondern mehr oder weniger um die einer Datentypistin. In diesem Fall wäre also die Polarisierungsthese bestätigt. Bei einer ähnlichen Anwendung im Bereich der Elektrokonstruktion war man den Weg gegangen, für diese Aufgabe angelernte Kräfte einzusetzen, die ihre neue EDV-Tätigkeit als Aufwertung ihrer betrieblichen Stellung empfanden. Allerdings ist hier denkbar, daß diese Aufgabe später schlicht in das Tätigkeitsbild der Konstrukteure integriert wird.

Wenn auch die Aufwertung in diesem letzten Fall von kurzer Dauer sein könnte, zeigt sich, daß die Effekte der Organisation auf die Qualifikationen mit davon abhängen, wie die Situation vor der EDV-Einführung war.

6. Zielgerichteter Einsatz von CAD, um bestimmte Auswirkungen zu erzielen?

Nach diesen Ausführungen schließt sich die Frage an, die als Leitmotiv für diese Sektion steht: ist es möglich, die Technik für den Menschen einzusetzen? Das heißt auch, kann man durch gezielte Maßnahmen eine Technik so einsetzen, daß die gewünschten Effekte erzielt werden? Uns ist kein Fall bekannt geworden, in dem man die Ziel-Mittel-Relation so explizit dargelegt hätte, daß sie den empirischen Nachweis des Eintretens der Effekte erlaubt hätte. Nach der Erfahrung erscheint es auch als wenig wahrscheinlich, daß ein CAD-Verantwortlicher mit der notwendigen Kompetenz für ein derartiges Vorgehen ausgestattet würde. Zusätzlich ist anzuzweifeln, daß eine weitgehende Machtausstattung wünschenswert wäre, da sie fast unweigerlich zu Entscheidungen führen muß, die nicht von allen Betroffenen akzeptiert werden. Partizipative Ansätze zur Entscheidungsfindung führen dagegen meist zu Kompromissen, die eine Abwägung zwischen verschiedenen Zielen und Interessen darstellen. Eine Arbeitsgruppe müßte auch mögliche organisatorische Veränderungen infolge des Programm- bzw. Systemeinsatzes in ihre Überlegungen einbeziehen.

Wenn anhand artikulierter Ziele künftige Auswirkungen nur bedingt erkannt werden können (es sei denn, man unterstellt die Möglichkeit einer vollständigen zieladäquaten Umsetzung), dann erscheint ein realistischeres Vorgehen darin zu liegen, zunächst einmal das betriebliche Bewußtsein für den Zusammenhang zwischen CAD-Anwendung und organisatorischen Wirkungen zu schärfen. Zum zweiten liegt es nahe, mögliche Auswirkungen nicht über die Ziele abzugreifen, sondern - näher an der Technologie bleibend - nach tätigkeitsbezogenen Implikationen der Programmbenutzung und nach absehbaren Veränderungen zu fragen. So wäre eine kritische Prüfung von CAD-Programmen bzw. -Systemen dahin zu empfehlen, ob zugrundeliegende "Benutzermodelle" zu erkennen sind und, allgemeiner gefaßt, welche Anforderungen an Programmhandhabung, Modellverständnis und Aufgabenbearbeitung für einen effektiven Umgang mit einem Programm vorausgesetzt werden müssen. Auf diesem Wege lassen sich auch längerfristige Auswirkungen auf die Qualifikationen abschätzen.

Eine kritische Prüfung läßt sich wahrscheinlich am besten vornehmen, wenn eine Arbeitsgruppe mit Beteiligung der betroffenen Bereiche zur Systemauswahl und -einführung eingerichtet wird. Das Ausmaß der Übereinstimmung zwischen Programmablauf und konventioneller Arbeitsweise ist am besten durch die Konstrukteure zu ermitteln, deren Aufgabe vom System unterstützt werden soll.

Eine wichtige Entscheidung im Zuge der Einführung des Systems ist die über Art und Ausmaß der Spezialisierung von Benutzern für die Anwendung. Auch dieses Problem läßt sich nicht auf einfache Art und Weise lösen, sondern muß sorgfältig abgewogen werden. Dabei geht es u.a. um folgende Probleme:

- Die auf CAD spezialisierten Mitarbeiter sind nach einer längeren Zeit nur noch eingeschränkt für umfassendere Aufgaben verwendbar; sie entwickeln zwar ihre programmtechnische Kompetenz weiter (was man als "Interaktionskompetenz" bezeichnen könnte), dafür weniger die inhaltliche Kompetenz, konstruktive Aufgaben zu lösen und ihr konstruktionsbezogenes Wissen weiterzuentwickeln (was man "Aufgaben- oder Sachkompetenz" nennen könnte) (vgl. hierzu Streitz /18/).

- Die Spezialisierung hat Folgeprobleme der Abstimmung zwischen jenen Abteilungen, Gruppen bzw. Mitarbeitern, die mit CAD arbeiten, und denen, die dies nicht tun. Wenn sich CAD langfristig zu einer einheitlichen Konzeption entwickeln soll, dann bedeutet das für die Arbeitsteilung, daß nur solche Teile verselbständigt werden sollten, die eine klare inhaltliche Teilfunktion haben, wie z.B. Berechnungen durchführen mit komplizierten Modellen.

- Arbeitsteilung kann ein sinnvolles Prinzip sein. So ist die Gesamtkonstruktion von Maschinen von einem alleine heutzutage sowieso nicht zu bewältigen, insofern muß der Betrieb zu einer Arbeitsteilung greifen. CAD führt aber insofern zu einer neuen, problematischen Arbeitsteilung als diese entlang einer Maschinenbedienung erfolgt und nicht entlang von Objektbereichen, wie dies bereits traditionell geschieht. Wenn nun beabsichtigt ist, den CAD-Einsatz auf neue Bereiche der Konstruktionsarbeit auszudehnen, kann es zu der Situation kommen, daß sich ein größer werdender Teil der Konstrukteure auf CAD-Benutzung spezialisiert, während ein immer geringer werdender Teil weiterhin konventionell arbeitet. Der Charakter der den Konstrukteuren verbleibenden Tätigkeit würde von der Weiterentwicklung von CAD abhängen, so daß sie im Extremfall stark fragmentiert und aus dem Zusammenhang gerissen ist. Die Folgen für die Qualifikation der Konstrukteure wären unabsehbar.

Bevor ausgewählte Mitarbeiter für eine CAD-Benutzung/Anwendung spezialisiert werden, sollte man sich als Mitverantwortlicher darum folgende Fragen vorlegen:

- Ist eine Arbeitsteilung entlang der CAD-Anwendung sinnvoll oder sollten CAD-Benutzer nicht immer zusätzlich andere Tätigkeiten ausführen?

- Welche Folgen hat CAD für die Qualifikationen der CAD-Anwender?
- Werden nur die programmbezogenen Qualifikationen gefördert oder auch die inhaltlich-konstruktiven?
- Welche Auswirkungen hat CAD auf die Qualifikationen der nicht mit CAD Arbeitenden?
- Welche Folgen hätte es, wenn die CAD-Anwendung gestoppt und die Spezialisierung rückgängig gemacht werden müßte?

Eng mit dieser Frage verbunden ist die Frage, ob und in welchem Maße die CAD-Anwendung zentralisiert werden soll. Zwar war in den meisten Unternehmen die Idealvorstellung, die des "CAD am Arbeitsplatz", doch ging bei den von uns beobachteten Anwendungen die Tendenz eher in Richtung einer Zentralisierung in den Händen weniger CAD-Spezialisten. Ein wichtiger Faktor, der zu dieser Entwicklung beigetragen hat, ist sicher der hohe Preis, der für einen CAD-Arbeitsplatz bezahlt werden muß. Die Kosten dürften aber nicht der alleinige Grund für die Zentralisierung sein: der Gesichtspunkt, die Entwicklung der EDV unter Kontrolle zu halten, eine einheitliche Linie zu fahren, um eine spätere Integration zu ermöglichen, spielt sicher eine ebenso bedeutende Rolle.

Die, gerade für europäische Industrieländer, damit verbundene Gefahr der Dequalifikation der Mitarbeiter und Behinderung innovativer Leistungen hat bereits zu Projekten geführt, die etwa die Entwicklung von CAD-Systemen für die Bedürfnisse von Klein- und Mittelbetrieben führen werden /6/. Dieses Projekt bezieht die sozialwissenschaftliche Analyse der Organisation von Konstruktion und der Produktionsplanung ein. Ausgangspunkt ist die Hypothese, daß Kleinbetriebe "teilweise aufgrund ihrer Flexibilität bei der Organisation derartiger Aufgaben überleben, und daß CAD/CAM-Systeme auf eine Weise gestaltet sein sollten, die eine fruchtbare Ausnutzung der Flexibilität gestattet ohne die strengeren Organisationsmuster der größeren Anwenderfirmen übernehmen zu müssen, für die solche CAD/CAM-Systeme ursprünglich entwickelt wurden". /6/ Im Rahmen eines ESPRIT-Projekts ist u.a. beabsichtigt, ein "elektronisches Zeichenbrett" sowie ein rechnergestütztes Planungssystem zu entwickeln, die beide nach "anthropozentrischen" Kriterien entstehen sollen /6/.

Da der Verweis auf künftige Entwicklungen für die Anwender nur ein schwacher Trost ist, muß und kann bei der betrieblichen Implementierung sehr viel stärker auf den thematischen, technischen und organisatorischen Zusammenhang geachtet werden, in der die individuelle Tätigkeit eingebettet wird. Eine Nichtberücksichtigung kann für die Qualifikation der Anwender und für die Wettbewerbsfähigkeit der Unternehmens unabsehbare Folgen haben.

Hinweise

/1/ LUTZ, B.: Beitrag zum PFT-Fachgespräch "Integrativer Einsatz rechnergestützter Technik und Qualifikationsstruktur in der mechanischen Fertigung - Qualifikationssicherung in der Werkstatt", Karlsruhe 20.02.1986

/2/ WINGERT, B., DUUS, W., RADER, M., RIEHM, U.: CAD im Maschinenbau - Wirkungen, Chancen, Risiken. Berlin u.a.: Springer 1984

/3/ KUBICEK, H.: Die Automatisierung der betrieblichen Informationsverarbeitung im Spannungsverhältnis zwischen Rationalisierung und Humanisierung der Arbeit. In: FRESE, E., SCHMITZ, P., SZYPERSKI, N. (Hrsg.): Organisation, Planung, Informationssysteme. Stuttgart: Poeschel 1981

/4/ BRÖDNER, P.: Fabrik 2000. Alternative Entwicklungspfade in der Zukunft der Fabrik. Berlin: Edition Sigma 1985

/5/ HIRSCH-KREINSEN, H.: Vortrag beim PFT-Fachgespräch, s. Anm. 1. Eine Publikation ist beabsichtigt

/6/ FINNE, H.: CAD/CAM and Social Science in Scandinavia. Proceedings "Workshop on Social Science Studies on CAD/CAM in Europe", Karlsruhe 28. bis 30. Oktober 1985 (in Vorbereitung)

/7/ POITOU, J.-P.: CAD/CAM: Why, When, How? Some Examples in the French Industry. Proceedings: "Workshop on Social Science Studies ...", s. Anm. 6

/8/ RIEHM, U.: Der Beitrag der Konstruktionswissenschaft zum Einsatz des Rechners in der Konstruktion. Unveröffentlichtes Manuskript, Karlsruhe 1982

/9/ RIEHM, U.: Einige konzeptuelle Mängel der Konstruktionswissenschaft und ihre Auswirkungen auf CAD. In: Schweizer Maschinenmarkt 83 (1983), Heft 25, S. 27-31

/10/ WINGERT, B., RIEHM, U.: Computer als Werkzeug. Anmerkungen zu einem verbreiteten Mißverständnis. In BECHMANN, G. u.a. (Hrsg.). Technologie-Jahrbuch 3. Frankfurt/Main: Campus 1985

/11/ HUBKA, V. (Hrsg.): Proceedings of ICED '85, VII, S. 817 ff. Zürich: Heurista 1985

/12/ FRANKE, H.-J.: Untersuchungen zur Algorithmisierbarkeit des Konstruktionsprozesses. Düsseldorf; VDI-Verlag 1976

/13/ COOLEY, M.J.E.: Computer Aided Design - Sein Wesen und seine Zusammenhänge: Stuttgart: Alektor 1978 (Original 1972)

/14/ KERN, H., SCHUMANN: Das Ende der Arbeitsteilung? Rationalisierung in der industriellen Produktion, München: Beck 1984

/15/ SCHON, D.A.: Technology and Change. New York: Delacorte 1967, S. 50

/16/ ROSENBROCK, H.H.: The Redirection of Technology. IFAC-Symposium, Bari, 21.-23. Mai 1979, S. 16f, Übersetzung d. Ref.

/17/ COOLEY, M.J.E.: Architect or Bee? The Human/Technoplogy Relationship. Slough: Handard Brain 1980. S. 24, deutsch: Produkte für das Leben statt Waffen für den Tod. Reinbek: Rowohlt 1982

/18/ STREITZ, N.: Die Rolle von mentalen und konzeptuellen Modellen in der Mensch-Computer-Interaktion: Konsequenzen für die Software-Ergonomie? In: H.-J. BULLINGER (Hrsg.), Software-Ergonomie '85, Mensch-Computer-Interaktion, Berichte des German Chapter of the ACM Bd. 24, Stuttgart: Teubner 1985, S. 280-292

SEKTION 3

Die Arbeit innerhalb der neuen informationstechnologischen Infrastrukturen

Programmkomitee:
H. Brinckmann (Gesamthochschule Kassel), R. Günther (Siemens AG, München), H.-W. Heibey (Amt des Berliner Datenschutzbeauftragten), K.-H. Rödiger (Technische Universität Berlin).

Das ISDN - Betriebs- und volkswirtschaftliche Aspekte*

Th. Schnöring
Wissenschaftliches Institut für Kommunikationsdienste der Deutschen Bundespost
Bad Honnef

1. Einleitung

Bis vor gut einem Jahr war die Weiterentwicklung der Netzinfrastruktur der DBP in Richtung auf ein digitales und diensteintegrierendes Netz (ISDN) kein Streitpunkt der öffentlichen, politischen und wissenschaftlichen Diskussion. Seitdem wird die ISDN-Planung der DBP von einigen Sozialwissenschaftlern und auch aus dem gewerkschaftlichen Bereich kritisiert. Die Kritik reicht von der Forderung nach Berücksichtigung der sozialen Folgen für die Arbeitnehmer bis zur vollständigen Ablehnung des ISDN. Wegen der (vermuteten) ökonomischen und gesellschaftlichen Risiken der Informations- und Kommunikationstechniken allgemein gilt manchem die zugrundeliegende Netzinfrastruktur als nicht mehr "sozialverträglich" oder nicht mehr "sozial beherrschbar". Diese Kritik ist Teil der allgemeinen Auseinandersetzung um den Einsatz technologischer Großsysteme, die Informatisierung der Gesellschaft, den Datenschutz und um die Folgen des technischen Fortschrittes für den Arbeitsmarkt. In diesem Beitrag wird diese Kritik dargestellt und in ihrer Aussagekraft analysiert. Als Ökonom werde ich mich auf die Bereiche konzentrieren, die mit ökonomischen Kategorien faßbar sind und die übrigen nur kurz streifen. Nicht unerwähnt soll bleiben, daß die ISDN-Pläne der DBP auch aus einer ganz anderen Richtung kritisiert werden. So gibt es Stimmen, die das Investitionstempo der DBP unter industriepolitischen Gesichtspunkten als zu langsam bezeichnen und die eine schnellere Einführung neuer Dienste und Technologien fordern (Arnold 1986).

2. Zur "sozialen Beherrschbarkeit" des ISDN

Die Begriffe "soziale Beherrschbarkeit" und "Sozialverträglichkeit" spielen in der kritischen Diskussion des technologischen Wandels eine große Rolle. Technologien, denen dieses Merkmal abgesprochen wird, sollen nicht oder zumindest so nicht eingeführt werden. Aber was ist unter diesen Begriffen zu verstehen? Wie kann man sie operationalisieren? Bisher hat die Debatte nicht zu einer operationalen und allgemein akzeptierten Definition der Begriffe geführt (Paaschen/Bechmann/Wingert 1981), und dies erschwert die Auseinandersetzung mit dem Thema erheblich.

---

* Der Beitrag basiert auf dem Aufsatz "Das ISDN - Ein Problemfeld aus volkswirtschaftlicher und gesellschaftspolitischer Sicht" von K.-H. Neumann und dem Autor, der als Band 15 der Diskussionsbeiträge zur Telekommunikationsforschung des Wissenschaftlichen Instituts für Kommunikationsdienste der Deutschen Bundespost erschienen ist.

In Verbindung mit dem ISDN werden folgende "Risikobereiche" thematisiert (Kubicek 1984):

(1) Das ISDN sei eine betriebswirtschaftlich leichtfertige Investition, die aus industrie- und technologiepolitischen Motiven die finanzielle Situation der DBP gefährde.

(2) Das ISDN sei volkswirtschaftlich unsinnig, weil es Rationalisierungsmöglichkeiten bei den Anwendern schaffe und weil es eine Abwälzung von Arbeitsvorgängen im Wege des Fernbestellens auf Kunden ermögliche. Diese Entwicklung führe zu einer gravierenden Verschlechterung auf dem Arbeitsmarkt.

(3) Das ISDN mache Teleheimarbeit aus der Sicht der Unternehmen rentabel, und eine Ausbreitung von Teleheimarbeit schränke den Geltungsbereich vorhandener Arbeitnehmerschutzrechte ein.

(4) Die rechnergesteuerte digitale Vermittlungstechnik erhöhe das Risiko einer Überwachung der Kommunikation, weil diese unauffälliger und vor allem kostengünstiger durchgeführt werden könne.

(5) Die "selektive Verstärkungsfunktion" technisch vermittelter Kommunikation im Vergleich zu unmittelbarer interpersonaler Kommunikation habe ungeklärte Wirkungen auf das menschliche Verhalten. Es bestehe die Gefahr, daß die Kreativität und die Kommunikationsfähigkeit der Menschen bei einer schnellen und weitreichenden Verbreitung der technisch vermittelten Kommunikation negativ beeinflußt werde.

3. Betriebswirtschaftliche Betrachtung des ISDN

Das diensteintegrierende Fernmeldenetz (ISDN) entwickelt sich evolutorisch aus dem vorhandenen analogen Fernsprechnetz. Der erste Schritt besteht in dem Übergang von der analogen Übertragungs- und Vermittlungstechnik zur digitalen Technik. Ökonomisch betrachtet handelt es sich bei diesem Vorgang um eine reine Prozeßinnovation, deren Durchführung im Grundsatz bereits 1979 beschlossen wurde. Eine vollständige Digitalisierung des Fernsprechnetzes senkt die Kosten der Bereitstellung des Netzes erheblich und ist betriebswirtschaftlich rentabel, unabhängig von den Diensten, die durch das auf dem digitalisierten Fernsprechnetz aufsetzende ISDN zusätzlich möglich werden. Die Kostensenkung ist vor allem auf folgende Einflüsse zurückzuführen:

(1) Digitale Fernvermittlungsstellen kosten heute wesentlich weniger als vergleichbare analoge Fernvermittlungsstellen. Bei Ortsvermittlungsstellen ist das Verhältnis nicht ganz so günstig.

(2) Die digitale Vermittlungstechnik kommt mit weniger Raum aus als die analoge Vermittlungstechnik, was Einsparungen bei den Bauinvestitionen zur Folge hat.

(3) Die Kapazität des Netzes wächst, weil in einem digitalisierten Netz der Verbindungsaufbau wesentlich weniger Zeit in Anspruch nimmt und die Netzkapazität insgesamt freizügiger genutzt werden kann. Die Kapazitätsersparnisse werden bei gegebenem Verkehrsaufkommen mit 15 - 20 % veranschlagt.

(4) Digitale Systeme sind weniger wartungsintensiv als analoge, wodurch sich die laufenden Kosten der Systeme verringern.

Diese betriebswirtschaftlichen Vorteile sind alleine Grund genug, in den nächsten Jahren über den reinen Ersatzbedarf hinaus analoge Systeme durch digitale zu ersetzen (Schön 1986).

Der zweite Schritt zum ISDN besteht in der Digitalisierung der Teilnehmeranschlußleitung. Er setzt in den Vermittlungsstellen modular auf den dann vorhandenen digitalen Systemen auf. Das ISDN ist sowohl Prozeß- als auch Produktinnovation. Es erhöht die Kapazität der Teilnehmeranschlußleitungen, verbessert die Qualität vorhandener Dienste und ermöglicht das Angebot neuer Dienste. Aufgrund des modularen Aufbaus der Technik kann sie weitgehend flexibel der tatsächlichen bzw. der dann erwarteten Nachfrageentwicklung angepaßt werden. In diesem Sinne erfolgt der Weg zum ISDN nachfrageorientiert. Die Diensteintegration im ISDN hat eine Reihe von Vorteilen für den Netzbetreiber und für die Nachfrager von Telekommunikationsdienstleistungen:

(1) Die zunehmende Verbreitung von Computern hat in den letzten Jahren zu einer stark wachsenden Nachfrage nach den verschiedensten Daten- und Textkommunikationsdiensten geführt. Diese Spezialisierung der Nachfrage verlangt auf seiten des Netzbetreibers eine entsprechende Diversifizierung. Eine Möglichkeit dies zu tun, besteht in der Errichtung spezialisierter Netze. Dieser Weg wurde bisher beschritten. Er erfordert sowohl hohe Investitionen im Netz als auch auf Seiten der Nutzer bei den Endgeräten. Die Integration der Dienste in einem Netz kann für beide Seiten die Kosten senken, weil sich die Set-Up-Aufwendungen des Netzbetreibers für neue Dienste und des Nutzers bei der Nachfrage nach weiteren Diensten verringern. Dies erhöht die Flexibilität und Innovationsbereitschaft des Diensteanbieters und des Nutzers.

(2) Der bisher verfolgte Weg, der Nachfragediversifizierung durch ein diversifiziertes Angebot in verschiedenen Netzen zu begegnen, hat spezifische Probleme und Kosten verursacht. Eines der wichtigsten Probleme resultiert aus den Schwierigkeiten des Netzüberganges bei Diensten, die mehrere Netze in Anspruch nehmen. Solche Netzübergänge sind teuer und treiben die Gebühren in die Höhe. Das ISDN ermöglicht eine Trendumkehr.

(3) Die Mehrfachausnutzung der Anschlußleitungen, in denen ein erheblicher Teil des Wertes des Fernmeldenetzes insgesamt liegt, erhöht die Wirtschaftlichkeit. Bisher war in der Regel für jeden Dienst ein eigener Anschluß mit individueller Rufnummer und entsprechender Gebühr erforderlich. Im ISDN können bis zu acht Endgeräten mit einheitlicher Rufnummer von einem Basisanschluß versorgt werden. Dabei ist der gleichzeitige Betrieb von zwei Endgeräten mit unterschiedlichen Kommunikationspartnern möglich sowie ein Dienstewechsel.

(4) Das ISDN wird eine Vielfalt neuer Dienste ermöglichen, die bisher nur in Umrissen bekannt sind, und vorhandene Dienste werden in ihrer Qualität wesentlich verbessert. Die Übertragungszeiten einer DIN-A4-Seite im Teletex-Dienst wird von acht Sekunden auf weniger als eine Sekunde sinken. Beim Fernkopieren wird die Übertragungszeit einer DIN-A4-Seite von

jetzt eine bis drei Minute(n) auf eine bis zehn Sekunde(n) absinken. Die Digitalisierung des Fernsprechnetzes und seine Fortentwicklung zum ISDN ist eine betriebswirtschaftlich sinnvolle Strategie zur Befriedigung der stark wachsenden Nachfrage nach Telekommunikationsdienstleistungen. Dies belegt nicht zuletzt auch die Entwicklung im Ausland, wo überall an der Einführung eines ISDN gearbeitet wird, auch bei solchen Netzbetreibern, die dem Wettbewerb ausgesetzt sind.

4. Volkswirtschaftliche Betrachtung des ISDN

Ein anderer Aspekt der kritischen Äußerungen zum ISDN sind die vermuteten gesamtwirtschaftlichen Wirkungen der neuen I.- und K.-Techniken (insbesondere des ISDN). Dabei geht es um die Beantwortung der Frage, wie sich die neuen I.- und K.-Techniken auf das gesamtwirtschaftliche Wachstum, die Produktivitätsentwicklung und die Zahl der Arbeitsplätze in der Bundesrepublik auswirken werden. Exakte Antworten auf diese Frage lassen sich auf dem gegenwärtigen Stand der Erkenntnisse sicher nicht machen, wohl aber Tendenzaussagen. Dies gilt besonders für die Wirkungen des ISDN, da die Isolierung gesamtwirtschaftlicher Wirkungen von einzelnen Techniken nahezu unmöglich ist (vgl. Schnöring 1986).

Ganz allgemein gesehen tragen die neuen I.- und K.-Techniken zur gesamtwirtschaftlichen Kostensenkung bei, da sie die Kosten der Informationsgewinnung und -auslese reduzieren. Die gleiche Menge an Produkten und Dienstleistungen kann mit weniger Aufwand erstellt werden, was positiv zu beurteilen ist. Allerdings ist dieser Prozeß mit Umstrukturierungen der Wirtschaft verbunden. Es kommt zu Freisetzungen von Arbeitskräften, die durch eine wachsende Arbeitskräftenachfrage infolge von direkter oder indirekter Nachfragesteigerungen nach Gütern und Dienstleistungen kompensiert werden können. Allerdings erfordern solche Anpassungsprozesse Zeit, und ihr Auftreten hängt von einer Reihe von Faktoren ab.

Die sich aus den Anpassungsprozessen ergebenden Kompensationseffekte sind für die gesamtwirtschaftlichen Wirkungen von zentraler Bedeutung. Daraus ergibt sich, daß Partialanalysen einzelner Sektoren oder Berufe für die Abschätzung der gesamtwirtschaftlichen Wirkungen alleine ungeeignet sind. Das gebräuchliche Verfahren, die Arbeitsplatzeffekte einzelner Technikanwendungen auf vergleichbare Tätigkeiten einzelner Branchen und die Gesamtwirtschaft hochzurechnen, ist gänzlich ungeeignet.

Die Bundesrepublik hat eine sehr offene Volkswirtschaft und ist dementsprechend intensivem internationalen Wettbewerb ausgesetzt. Die Weltmarkteinbindung erhöht die für inländische Betriebe zugängliche Nachfrage, d.h. bei Produktinnovationen oder Preissenkungen infolge von Prozeßinnovation können von der Exportentwicklung kompensierende Beschäftigungseffekte ausgehen. Andererseits führt die Weltmarkteinbindung über die Importkonkurrenz aber auch zur Verdrängung inländischer Produktion und Beschäftigung. Dem können die inländischen Betriebe durch eigene Innovation entgehen. Die Weltmarkteinbindung verringert den Spielraum nationaler Wirtschaftspolitik. Von ihr geht ein Sachzwang zur Einführung neuer I.-und K.-Techniken aus. Für den Herstellerbereich der I.- und K.-Techniken wird dies auch von den Kritikern der ISDN-Entwicklung nicht bestritten, wohl aber für den Anwenderbereich. Dem ist entgegenzuhalten, daß die Anwendung der Technologien in Betrieben, die dem internationalen Wettbewerb direkt ausgesetzt sind, sehr wohl ein Wettbewerbsfaktor ist, und daß auch die übrigen Unternehmen, sofern sie unternehmensbezogene Dienstleistungen erbringen, die internationale Wettbewerbsfähigkeit der Volkswirtschaft beeinflussen. Im übrigen müßten die Kritiker auch für den Bereich der rein haushaltsbezogenen Dienstleistungen, die keinem internationalen Wettbewerb ausgesetzt sind, eine Begründung dafür geben, weshalb sie den Konsumenten höhere Preise zumuten wollen infolge unterlassener Rationalisierung.

Zumindest seit dem Bericht der Enquête-Kommission "Neue Informations- und Kommunikationstechniken" des Deutschen Bundestages aus dem Jahr 1982 wird in den empirisch orientierten Studien häufig zwischen den Hersteller- und Anwenderbereichen von Informations- und Kommunikationstechniken unterschieden. Als Herstellerbereich werden dabei die Produzenten der Informations- und Kommunikationstechniken bezeichnet, während mit dem Anwenderbereich die Branchen bzw. Tätigkeitsbereiche gemeint sind, die die Techniken als Input nutzen. Beide Bereiche sind nicht disjunkt. Diese Trennung leistet dem oben kritisierten patialanalytischen Denken vermutlich Vorschub, weil sie zur mechanischen Saldenbetrachtung verführt und die interdependenten volkswirtschaftlichen Anpassungsprozesse außer acht läßt. Sie erscheint aus analytischen und praktischen Überlegungen aber doch geeignet, um einen Überblick über die empirischen Dimensionen zu gewinnen.

Zum Herstellerbereich werden folgende sechs Wirtschaftsbereiche gerechnet: (1) Nachrichtentechnik, (2) Fernmeldekabel und -leitungen, (3) Büro- und Informationstechnik, (4) Unterhaltungselektronik, (5) elektronische Bauelemente/Mikroelektronik und (6) Luft- und Raumfahrt. Man erkennt sofort, daß der Herstellerbereich sehr unterschiedliche Sektoren umfaßt, deren Entwicklung sich in der Vergangenheit stark unterschieden hat und deren Entwicklungsaussichten ebenfalls erheblich divergieren.[1)] Folgende Charakteristika der Herstellerbereiche sind besonders bemerkenswert (vgl. Tabellen 1 und 2):

- Insgesamt waren 1984 etwa 313 000 Beschäftigte im Herstellerbereich der Informations- und Kommunikationstechniken tätig. Das entsprach einem Anteil von 4,7 % aller im verarbeitenden Gewerbe Beschäftigten bzw. 1,5 % aller Erwerbstätigen. Es handelt sich also um einen vergleichsweise kleinen Teilbereich der gesamten Wirtschaft. Gemessen am Produktionsanteil ist seine Bedeutung ebenfalls gering.

- Von den Herstellerbereichen sind die Nachrichtentechnik, die Informationstechnik (EDV), die Bauelementeindustrie und die Unterhaltungselektronikbranche am bedeutendsten (gemessen an ihren Beschäftigungszahlen). Die Informationstechnik (EDV) hat die höchsten Zuwächse bei Produktion und Beschäftigung. Ihre Produktion hat sich zwischen 1975 und 1984 mehr als verdreifacht und die Zahl der Beschäftigten um über 60 % erhöht.

---

1) Den Sektor Luft- und Raumfahrt blenden wir aus der weiteren Betrachtung aus, weil sich der zu den I.- und K.-Techniken zählende Teil des Sektors empirisch nicht isolieren läßt.

Tabelle 1: Entwicklung der Beschäftigten in den Herstellerbereichen und im Verarbeitenden Gewerbe

	Beschäftigte	jahresdurchschnittliche Wachstumsrate in %		Anteil am Verarbeitenden Gewerbe in %		
	1984	75/80	80/84	1975	1980	1984
(1) Nachrichtentechnik	97 900	2,3	- 1,3	1,2	1,4	1,5
(2) Fernmeldekabel und -leitungen 1)	8 200	- 4,0	2,9	0,1	0,1	0,1
(3) Büro- und Informationstechnik	81 338	2,0	- 0,8	1,0	1,1	1,2
(3.1) Bürotechnik	15 157	- 5,8	- 13,5	0,5	0,3	0,2
(3.2) Informationstechnik (EDV)	66 181	7,5	3,9	0,5	0,8	1,0
(4) Unterhaltungselektronik	61 880	- 3,5	- 9,0	1,4	1,2	0,9
(5) Elektr. Bauelemente	63 920	- 1,8	- 0,5	1,0	0,9	1,0
Insgesamt	313 238	- 0,5	- 2,7	4,8	4,7	4,7
Verarbeitendes Gewerbe	6 646 000	- 0,1	- 2,7	100	100	100

Quelle: Zentralverband der Elektrotechnischen Industrie, die Elektrotechnische Industrie, Statistischer Bericht '81 und '85; VDMA Statistik; eigene Berechnungen

1) Fachverband Kabel und isolierte Drähte (auf Basis der der Fernmeldekabelgemeinschaft angeschlossenen Firmen)

Tabelle 2: Produktionsentwicklung in den Herstellerbereichen und im Verarbeitenden Gewerbe (nominal; zum Absatz bestimmte Bruttoproduktion)*

	absolut in Mio. DM	jahresdurchschnittliche Wachstumsrate in %		Anteil am Verarbeitenden Gewerbe in %	
	1984	75/80	80/84	1980	1984
(1) Nachrichtentechnik	10 536	8,6	3,1	1.0	1,0
(2) Fernmeldekabel und -leitungen	1 548	3,5	1,7	0,2	0,1
(3) Büro- und Informationstechnik	14 631	10,8	14,3	0,9	1,4
(3.1) Bürotechnik	1 424	1,0	- 4,5	0,2	0,1
(3.2) Informationstechnik (EDV)	13 206	14,5	17,8	0,7	1,3
(4) Unterhaltungselektronik	8 396	1,3	- 0,5	0,9	0,8
(5) Elektr. Bauelemente	6 306	5,4	9,6	0,5	0,6
Insgesamt	41 417	6,3	6,4	3,4	3,9
Verarbeitendes Gewerbe	1 071 899	-	3,4	100	100

* Für 1975 gibt es keine Produktionswerte für das Verarbeitende Gewerbe insgesamt

Quelle: vgl. Tabelle 1

- Mit Ausnahme der Nachrichtentechnik und der Fernmeldekabel- und -leitungsbranche handelt es sich um Industriezweige, die einem starken internationalen Wettbewerb ausgesetzt sind.
- In allen Herstellerbereichen waren 1984 45.000 Beschäftigte weniger tätig als noch 1975. Aus dieser Sicht hat der Herstellerbereich der neuen I.- und K.-Techniken seit 1975 keinen positiven Beitrag zur Beschäftigungsentwicklung der bundesdeutschen Wirtschaft geleistet. Ein Ergebnis, das angesichts der weit verbreiteten Hoffnungen, die sich mit den neuen I.- und K.-Techniken verbinden, erstaunlich ist. Man würde erwarten, daß die Informatisierung von Wirtschaft und Gesellschaft auch positive Struktureffekte (gemessen an der Zahl der Beschäftigten) zugunsten des sogenannten Herstellerbereiches auslöst. Dies ist aber bisher für die Wirtschaft der Bundesrepublik nicht der Fall.

Es ist sicher unzulässig, aus diesen Daten den Schluß zu ziehen, daß die Entwicklung des Herstellerbereiches keine positiven gesamtwirtschaftlichen Effekte gehabt hätte. Man kann an dem Investitionsverhalten der Unternehmen in hochindustrialisierten Ländern ablesen, daß die effiziente Gestaltung der Informationsverarbeitungs- und Kommunikationsprozesse der Unternehmen für ihre Wettbewerbsfähigkeit stark an Bedeutung gewinnt (Eliasson 1985), und die Produkte des Herstellerbereiches der neuen I.- und K.-Techniken tragen zum großen Teil unmittelbar oder mittelbar zur Effizienzsteigerung der Informationsverarbeitungs- und Kommunikationsprozesse bei. Eine leistungsfähige Kommunikationsinfrastruktur ist eine sehr wichtige Voraussetzung für die gesamtwirtschaftliche Entwicklung eines Landes. Die mittelfristigen Zukunftsaussichten der nachrichtentechnischen Industrie, der Informationstechnik und auch der Mikroelektronik sind unter Berücksichtigung der Nachfrageentwicklung und der internationalen Wettbewerbsposition als günstig zu beurteilen. Bei entsprechender Anpassung der Produktpalette gilt dies auch für die Unterhaltungselektronik. In dem harten internationalen Wettbewerb um diese Zukunftsmärkte kommt es für die Bundesrepublik Deutschland darauf an, sich frühzeitig diese neuen Marktpotentiale zu erschließen. Allerdings ist im Hinblick auf die derzeitige Arbeitsmarktlage vom Herstellerbereich bis Ende der 80er Jahre nicht mit entscheidenden Entlastungseffekten zu rechnen.

Welchen Beitrag leisten die Innovationen der DBP (Digitalisierung, ISDN) für die mittel- und langfristige gesamtwirtschaftliche Perspektive? Eine Abschätzung ist sehr schwierig. Experten gehen davon aus, daß die Investitionen der DBP auf mittlere Sicht nicht stärker wachsen werden als die Investitionen der Wirtschaft insgesamt. Es wird dementsprechend nicht mit einer Erhöhung des Anteils der Fernmeldeinvestitionen an allen Investitionen gerechnet. Insofern ist von der Nachfrageseite her betrachtet nicht mit zusätzlichen gesamtwirtschaftlichen Impulsen zu rechnen. Diese Einschätzungen basierten allerdings auf einem an der Höhe der Ersatzinvestitionen orientierten Digitalisierungstempo. Da die DBP inzwischen von einer beschleunigten Digitalisierung ausgeht, stellt sich die Situation inzwischen auch mittelfristig positiver dar. Längerfristig werden die Entwicklungschancen ohnehin günstiger eingeschätzt. Hier hängt vieles von der Entwicklung im Endgerätebereich ab.

Lassen sich für den Herstellerbereich im allgemeinen noch recht fundierte Aussagen zu den mittelfristigen Entwicklungsperspektiven machen, so ist dies für den Anwenderbereich aus einer Reihe von Gründen sehr viel schwieriger:

- Die neuen Telekommunikationsdienste im ISDN sind erst in Umrissen bekannt. Die Gebührenstruktur wurde erst vor kurzem veröffentlicht.
- Es gibt noch keine Endgeräte, die die Vorteile der Diensteintegration für die Anwender nutzbar machen.
- Für den effizienten Einsatz der neuen Telekommunikationsdienste sind z.T. erhebliche Veränderungen inner- und zwischenbetrieblicher Kommunikationsstrukturen und Abläufe erforderlich. Die technischen Innovationen werden erst in Verbindung mit sozialen Innovationen nutzbar.

Quantitative Prognosen der vom ISDN induzierten Entwicklung sind unserer Ansicht nach aus diesen Gründen derzeit nicht sinnvoll durchführbar. Dies gilt besonders für den Bereich der von der Telematik induzierten neuen Produkte und Dienstleistungen wie etwa die Erstellung spezieller Software oder von Beratungs- und Datenbankdiensten. Zum Teil ist die Schwierigkeit der empirischen Einschätzung auf die überkommenen Strukturen der Statistiken zurückzuführen, die etwa die Erfassung des Softwarebereiches außerordentlich schwierig machen. Langfristig ist das Wachstums- und Beschäftigungspotential dieser breit gestreuten Effekte unserer Ansicht nach erheblich.

Prognos und das Institut für Arbeitsmarkt- und Berufsforschung haben 1985 in einer Studie zum Arbeitskräftebedarf in der Bundesrepublik Deutschland bis zum Jahr 2000 eine Prognose des Einflusses verschiedener technologischer Entwicklungstrends auf den Arbeitskräftebedarf und auf Veränderungen bei den Qualifikationsanforderungen versucht (von Rothkirch/Weidig 1985). Bei diesem sehr schwierigen Unterfangen sind viele und zum Teil problematische Annahmen gemacht worden, auf die an dieser Stelle aber nicht näher eingegangen werden soll. Die Studie kommt für den Bereich der Nachrichten- und Kommunikationstechniken zu dem Ergebnis, daß bis zum Jahr 2000 über 80 % aller Beschäftigten in der Bundesrepublik Deutschland von den neuen Techniken in irgendeiner Form (positiv oder negativ) betroffen sein werden. Auf die Beschäftigung insgesamt werden sich die neuen Nachrichten- und Kommunikationstechniken dieser Prognose zufolge aber nur wenig auswirken, weil sich die positiv und negativ betroffenen Tätigkeitsbereiche in etwa die Waage halten (Dostal 1986). Soweit zu dem Ergebnis des vorläufig letzten Versuches, empirische Aussagen zu den Arbeitsmarktwirkungen des technischen Fortschrittes im Bereich der I.- und K.-Techniken zu machen.

Zusammenfassend ist festzustellen, daß es sich angesichts des gegenwärtigen Kenntnisstandes trefflich über die gesamtwirtschaftlichen Wirkungen der neuen I.- und K.-Techniken und des ISDN streiten läßt. Bei diesem Streit haben die Skeptiker den strategischen Vorteil, daß die gesamtwirtschaftlichen Kompensationseffekte empirisch schwerer faßbar sind als die Freisetzungseffekte. Deshalb werden die Kompensationseffekte oft einfach ignoriert. Es gibt aber keinen Grund, an ihrer Existenz zu zweifeln.

5. Tele(heim)arbeit

In der öffentlichen Diskussion der neuen I.- und K.-Techniken spielt die Tele(heim)arbeit eine große Rolle. Insbesondere die Gewerkschaften sehen in ihr eine Erosion des Normalarbeitsverhältnisses durch Werkverträge, eine Beeinträchtigung der Tarifautonomie und eine Verletzung des Sozialstaatsgebotes. Einige fordern deshalb ein gesetzliches Verbot von Teleheimarbeit. Auch Frauenrechtlerinnen stehen dieser Arbeitsform sehr kritisch gegenüber, weil sie die traditionelle Frauenrolle in dieser Gesellschaft zementiere. Den Propagandisten der Tele(heim)arbeit auf der anderen Seite ist diese Form der Arbeit ein wichtiges Mittel zur Lösung der Regional-, der Verkehrs- und der Arbeitsmarktprobleme und ein Weg, den im Kern zutiefst ungesunden "Trend zur Arbeitnehmergesellschaft" aufzuhalten und umzukehren. Bemerkenswerterweise kommt diese lautstarke öffentliche Diskussion (fast) ohne jeden empirischen Bezug aus. Zwar gibt es keine amtlichen Zahlenangaben und die Schätzungen divergieren, aber die Einschätzung von Ballerstedt, daß es 1985 wohl mehr als 50, aber weniger als 100 Teleheimarbeiter in der Bundesrepublik gab (Ballerstedt 1985), erscheint plausibel. So wird denn auch in einer Studie zu diesem Thema die sarkastische Bemerkung zitiert, daß auf einen Telearbeiter/in drei Begleitforscher/innen kommen (Huber 1985, S. 62).

Die begriffliche Abgrenzung von Teleheimarbeit variiert. Häufig wird unter Telearbeit die Verrichtung von Arbeit aus der Ferne mit Hilfe von Kommunikationssystemen verstanden. Wenn die Telearbeit in der Wohnung des Erwerbstätigen erbracht wird, dann wird aus Telearbeit Teleheimarbeit. Sie kann die ausschließliche Arbeitsform des Erwerbstätigen sein oder in Kombination mit einer Tätigkeit im Betrieb erfolgen. Für die rechtliche Ausgestaltung des Telearbeitsverhältnisses stehen in der Bundesrepublik Deutschland mehrere Formen zur Wahl - Arbeitnehmerstatus, Heimarbeiterstatus und Werk- bzw. Dienstverträge. Die Negativszenarien zur Telearbeit beziehen sich immer auf die Teleheimarbeit im Status eines selbständigen Auftragnehmers.

In der Literatur sind die Faktoren technischer, organisatorischer, ökonomischer und sozialer Art, die die Telearbeit fördern bzw. erschweren, inzwischen breit diskutiert. Sie reichen von den notwendigen technischen Einrichtungen und ihren Kosten, über die Arbeitsorganisation und die Kontrollmöglichkeiten der Vorgesetzten bis zu den Kosten für Büroflächen und dem Interesse der Erwerbstätigen an flexibleren Arbeitszeiten. Die Fortentwicklung der Telekommunikationsdienste etwa durch das ISDN ist zwar eine Einflußgröße, aber sicher kein Engpaßfaktor. Insofern wird die Rolle der Telekommunikationsinfrastruktur in diesem Themenkomplex zumeist stark überbetont. Huber kommt in einer umfangreichen Studie der Faktoren zu dem plausiblen Ergebnis, daß gegenwärtig Telearbeit von kaum jemanden wirklich gewollt wird und sich deshalb auch bis zum Jahr 2000 nicht nennenswert verbreiten wird. Nur in gewissen Sonderfällen (als Behelf für alleinstehende Mütter, als Wiedereinstiegshilfe ins Berufsleben oder für körperlich Behinderte) und als Privileg für eine kleine Gruppe von Selbständigen wird die Telearbeit, Hubers Einschätzung nach, in Erscheinung treten (Huber 1985, S. 10). Wenn diese Einschätzung zutrifft, und sie ist gut begründet, dann besteht auch kein besonderer rechtlicher Regelungsbedarf. Solange die Gestaltungsmöglichkeiten und -erfordernisse tatsächlich erst im Ansatz erkennbar sind, sollte man das gesellschaftliche Entdeckungsverfahren nicht in unnötiger Weise einengen. Die "Wagenburgmentalität" der Kritiker der Tele(heim)arbeit, die Verbote fordern, ist angesichts der tatsächlich zu erwartenden Gefahren auf der einen Seite und der Möglichkeiten der Telearbeit zur Erweiterung individueller Freiräume für kleine Gruppen gegenwärtig gesamtgesellschaftlich nicht begründbar. Die Gewerkschaften sollten sich auch in diesem Fall darauf besinnen, daß die Entwicklung des technischen Fortschritts langfristig nur durch Mitgestaltung beeinflußt werden kann, nicht aber durch Verbote aufgehalten.

6. Schlußbemerkung

Die Fortentwicklung der Fernmeldedienste ist integraler Bestandteil eines langfristigen Änderungsprozesses unserer Gesellschaft zur sogenannten Informationsgesellschaft, der Chancen und Risiken beinhaltet. Die Chancen und Risiken sind derzeit, ohne weitgehende Erfahrungen mit den Technologien, nicht voll absehbar. Es wird entscheidend darauf ankommen, wie die Gesellschaft den Anpassungsprozeß organisiert, wie sie die Gestaltungsspielräume nutzt. Dabei sollte man die Verteilung der Chancen und Risiken auf die Bevölkerungsgruppen stärker als bisher im Auge haben. Nicht zuletzt deshalb, weil eine sehr ungleiche Verteilung erhebliche Friktionen in dem Anpassungsprozeß auslösen kann. Eine möglichst friktionsfreie Anpassung an die neuen Strukturen entscheidet aber mit über die zukünftige Position der Bundesrepublik Deutschland im internationalen Wettbewerb.

Literaturverzeichnis:

Arnold, K., 1986: Grundsätze und Probleme des Aufbaus neuer Fernmeldenetze, Vortrag, Online '86, Hamburg.

Ballerstedt, E., 1985: Telearbeit, in: Die neue Gesellschaft/Frankfurter Hefte, 32.1985, 3, S. 219 - 226.

Dostal, W., 1986: Informationstechnik und Informationsbereich im Kontext aktueller Prognosen, Nürnberg.

Eliasson, G., 1985: Information Technology, Capital Structure ans the Nature of Technology Change, Industrial Institute for Econimic ans Social Research, Stockholm, Working Paper No. 38.

Huber, J., 1985: Telearbeit - Eine futuristische Fiktion als Politikum

Kubicek, H., 1984: Probleme der sozialen Beherrschbarkeit integrierter Fernmeldenetze, Abwägung der Risiken technischer Alternativen im technologie-politischen Bürgerdialog, in: Frankfurter Rundschau 22./23.08.1984.

Kubicek, H./Rolf, A., 1985: Mit Computernetzen in die "Informationsgesellschaft", Hamburg.

Paaschen, H./Bechmann, G./Wingert, B.: Funktion und Leistungsfähigkeit des Technology Assessment (TA) im Rahmen der Technologiepolitik, in: v. Kruedener, J./v. Schubert, K. (Hrsg.), 1981: Technikfolgen und sozialer Wandel, Köln, S. 57 - 82.

Neumann, K.-H./Schnöring, Th., 1986: Das ISDN - Ein Problemfeld aus volkswirtschaftlicher und gesellschaftspolitischer Sicht, in: Jahrbuch der DBP 1986.

Schnöring, Th. (Hrsg.), 1986: Gesamtwirtschaftliche Effekte der Informations- und Kommunikationstechnologien, Berlin.

Schön, H., 1986: ISDN und Ökonomie, in: Jahrbuch der DBP 1986.

ZUR SOZIALEN BEHERRSCHBARKEIT INTEGRIERTER FERNMELDENETZE

Herbert Kubicek
Professor für Betriebswirtschaftslehre an der Universität Trier
D-5500 Trier, Postfach 3825

1. Einführung und Zielsetzung

Ich schreibe diesen Beitrag in einer Woche, in der wir erfahren müssen, daß die angeblich sichere und beherrschte Kernkrafttechnik weder technisch noch sozial beherrscht wird. Diese Erfahrung bezieht sich nicht nur auf das russische Kernkraftwerk, wie zuvor schon auf ein US-amerikanisches und ein britisches. Sie bezieht sich auch auf die politischen Instanzen und maßgeblichen Experten in der Bundesrepublik. Obwohl der Weg der Radioaktivität von der Luft über den Boden in die Nahrungskette prinzipiell berechenbar erscheint, reagieren sie bei ihrem Versuch der Schadensbegrenzung von Tag zu Tag auf jeweils neue Meßergebnisse mit unterschiedlichen und nicht nachvollziehbaren Bewertungen und Konsequenzen. Es wird erkennbar, daß alle zuständigen Stellen personell und technisch nicht hinreichend auf ihre jetzt gestellten Aufgaben vorbereitet sind. Wir erleben einen beispiellosen staatlichen Eingriff in das Eigentum von Bauern, Molkereien und Gemüsehändlern, der doch wohl kaum wegen harmloser Belastungen vorgenommen wird.

Es wird deutlich, daß den in politische Gremien eingebundenen Experten nicht vertraut wird. Und es wird deutlich, daß der vielzitierte mündige Bürger nicht rational entscheiden kann, was er tun und unterlassen soll, weil er die Folgen seines Handelns nicht abschätzen kann.

Die sogenannten Neuen Informations- und Kommunikationstechniken im allgemeinen und die geplanten integrierten Fernmeldenetze im besonderen, um deren soziale Beherrschbarkeit es hier gehen soll, sind hinsichtlich der Art der Risiken mit der Kernenergie nicht vergleichbar. Sie haben andere, für die Art dieser Techniken und ihre Anwendungen spezifische Risiken. Vergleichbar ist jedoch der politische Umgang mit den jeweils spezifischen Risiken:

(1) Die Verharmlosung der Risiken durch die Betreiber und alle, die davon profitieren.

(2) Die Sachzwangideologie, daß es zu dieser Technik keine funktionalen Äquivalente gebe und daß es ohne diese Technik kein Überleben im internationalen Wettbewerb und keine Sicherung des materiellen Wohlstands gebe.

(3) Die Unfähigkeit der maßgeblichen technischen Experten, sich auf Risikoabschätzungen einzulassen und wirksame Vorkehrungen zur Schadensbegrenzung nach Eintritt der Risiken inhaltlich und organisatorisch zu treffen.

(4) Die auf Beruhigung und Akzeptanz zielenden Hinweise, daß die geltenden Regelungsmechanismen ausreichen, um denkbare Risiken zu begrenzen und eingetretene Schäden auszugleichen.

(5) Der naive Hinweis, daß der "mündige Bürger" in der Lage sei, Risiken und Chancen abzuschätzen, und daß die Summe der freien individuellen Entscheidungen auch zur bestmöglichen Situation für alle führe.

Für den Ausbau der Fernmeldeinfrastruktur werden Bundesregierung, Deutsche Bundespost, fernmelde- und elektrotechnische Industrie sowie Wirtschaftsverbände nicht müde, die wirtschaftlichen Notwendigkeiten und sozialen Vorteile zu betonen. Wie zuvor bei der Kernenergie werden Bedarfsprognosen und Kostenschätzungen der interessierten Industrie zur Grundlage für staatliche Planungen genommen (vgl. DEUTSCHE BUNDESPOST 1986). So wie mit der Kernenergietechnik der Weg in ein Atomzeitalter ohne Energieprobleme erschlossen werden sollte, soll nun mit den sogenannten Informations- und Kommunikationstechniken der Weg in eine "Informations- und Kommunikationsgesellschaft" (vgl. z.B. DEUTSCHER BUNDESTAG I 1986, S. 2; SCHWARZ-SCHILLING 1984, 1986, GENSCHER 1985) erschlossen werden, der Beschäftigung sichert, Ökonomie und Ökologie versöhnt, den Alltag bequemer macht, Chancengerechtigkeit und demokratische Willensbildung verbessert, kurz: alle Probleme der Industriegesellschaft durch den umfassenden Einsatz neuer Techniken in allen Lebensbereichen löst (vgl. zur Parallele ULLRICH 1986).

Wie im Bereich der Kernenergie werden die Bemühungen um Risikoabschätzung und um Vorschläge für auf Risikovermeidung abzielende Gestaltung von vielen Politikern als Technikfeindlichkeit diffamiert. Eine der wenigen Ausnahmen ist der Bundespräsident. Er hat in seiner Rede zur Eröffnung der Hannover-Messe festgestellt:

"Unser wirtschaftliches Wohlergehen kann nur gesichert werden, wenn wir den technologischen Fortschritt bejahen und an ihm teilhaben. Dazu müssen wir ihn verstehen. Dies wiederum bedeutet, daß wir auch die Gefahren und Risiken kennen und beherrschen lernen, die immer und zu allen Zeiten mit ihm verbunden waren und bleiben.

Unsere Gesellschaft ist durchaus nicht bereit - ich meine zum Glück -, sich über solche Gefahren und Risiken auf Dauer täuschen zu lassen oder sich ihnen klaglos auszusetzen. Gefahren lassen sich entschärfen, Risiken sind abzuwägen, einzugrenzen und zu beseitigen. Dies muß aber auch erkennbarerweise geschehen und offen erläutert werden, wenn der technische Fortschritt annehmbar sein soll. ...

Oft überschätzen Wissenschaft und Technik, Politik und Wirtschaft ihre Möglichkeiten. Und oft resultiert daraus ein Widerstand der Bürger, der zunächst unterschätzt wird.

Es ist nicht selten ein Widerstand, der auf der Verharmlosung von Risiken und Gefahren beruht. ...

Die Gefahren und Risiken der Datentechnik für die Privatsphäre und die menschliche Freiheit sind im Ernst nicht zu leugnen. Aber sie können beherrscht werden. In dem Maße, in dem Politik, Wissenschaft und Wirtschaft den Willen zeigen, sie zu beherrschen, wird auch das Mißtrauen der Bevölkerung schwinden." (PRESSE- und INFORMATIONSAMT 1986, S. 271 f.)

Der Bundespräsident läßt offen, welche konkreten Risiken wie beherrscht, eingegrenzt oder beseitigt werden können und sollen. Relativ unbestimmt ist auch die von den Gewerkschaften in die Diskussion geworfene Formel von der "sozialen Beherrschung des technischen Wandels". Vor fast genau zwei Jahren habe ich versucht, diesen Begriff für die geplanten Fernmeldenetze zu präzisieren und darauf anzuwenden (KUBICEK 1984, KUBICEK und ROLF 1986). Seitdem habe ich dieses Konzept in vielen Diskussionen vertreten, dabei viel Kritik erfahren und daraus einiges gelernt.[1] Im Lichte dieser Erfahrungen soll das Konzept der sozialen Beherrschbarkeit im folgenden begründet und erläutert werden.

2. Schwierigkeiten und Möglichkeiten der Technikfolgenabschätzung

In den Begründungen für den auf 30 Jahre angelegten Netzausbau wird eine Reihe von angestrebten wirtschaftlichen und sozialen Verbesserungen angeführt, die, wie erwähnt, zur Überwindung der Krisen der Industriegesellschaft in einer "Informations- und Kommunikationsgesellschaft" führen sollen. In Abb. 1 sind die meisten genannten Aspekte zusammengefaßt. Methodisch gesehen handelt es sich um Aussagen über angestrebte oder erwartete Folgen eines bestimmten Einsatzes bestimmter Techniken unter wirtschaftlichen und sozialen Rahmenbedingungen, also um Technikfolgenabschätzung. Bemerkenswerterweise werden solche Folgenabschätzungen mit sozial positiv bewerteten Ergebnissen als ausreichende Basis für Milliarden-Investitionen angesehen, trotz erheblicher methodischer und inhaltlicher Schwächen (vgl. KUBICEK 1985a, 1986a), während Abschätzungen von Gefahren und Risiken mit dem Hinweis auf deren hohe Ungewißheit methodisch angezweifelt und für praktisches politisches Handeln als unbrauchbar ausgegeben werden (erkenntnistheoretische Schizophrenie).

Technikfolgenabschätzung kann prinzipiell keine sicheren Aussagen über die Zukunft machen. Dies gilt für die Abschätzung von Investitionseffekten, Marktpotentialen und Anschlußzahlen ebenso wie für die Abschätzung von sozialen Verbesserungen und Benachteiligungen. Sie kann bestenfalls plausible Argumentationsketten auf der Basis akzeptierter ausgewählter Prämissen erzeugen.

Bei Abschätzungen sozialer Verbesserungen und Risiken der sog. IuK-Techniken müssen diese letztlich in ihrem Anwendungskontext betrachtet und als ein Mittel sozialer Veränderungsprozesse begriffen werden, das in Abhängigkeit von Machtstrukturen interessenbezogen eingesetzt wird und seine Wirkungen in Verbindung mit anderen Maßnahmen entfaltet (Trendverstärkerthese, vgl. REESE u.a. 1979). Verschiedene Bevölkerungsschichten dürften dabei zumeist unterschiedlich betroffen sein (Verteilung von Be- und Entlastungen), und negative Folgen können Gegenreaktionen auslösen, kompensierende oder korrigierende Maßnahmen hervorrufen (dialektische Dynamik). Mit den aus dieser Komplexität resultierenden Schwierigkeiten wird die Abschätzung sozialer Veränderungen (Verbesserungen und Risiken) relativ gut fertig, wenn

- die betrachtete Technik sehr konkret und anwendungsnahe definiert wird, so daß der Bezug zur Machtverteilung, zu Interessen und zu bestehenden Strukturen im Anwendungsbereich relativ gut hergestellt werden kann,

---

1) Dies gilt auch für die bisherige Diskussion im Arbeitskreis 8.3.1. "Neue Informationstechnologische Infrastrukturen" der Gesellschaft für Informatik und in einem seit September 1986 laufenden Projekt "Optionen der Telekommunikationsinfrastruktur", das vom Land Nordrhein-Westfalen im Rahmen des Programms "Sozialverträgliche Technikgestaltung" gefördert wird und das von einer interdisziplinären Gruppe (Peter Berger, Michael Kühn, Barbara Mettler-Meibom, Thomas Barthel, Gerd Voogd) bearbeitet wird.

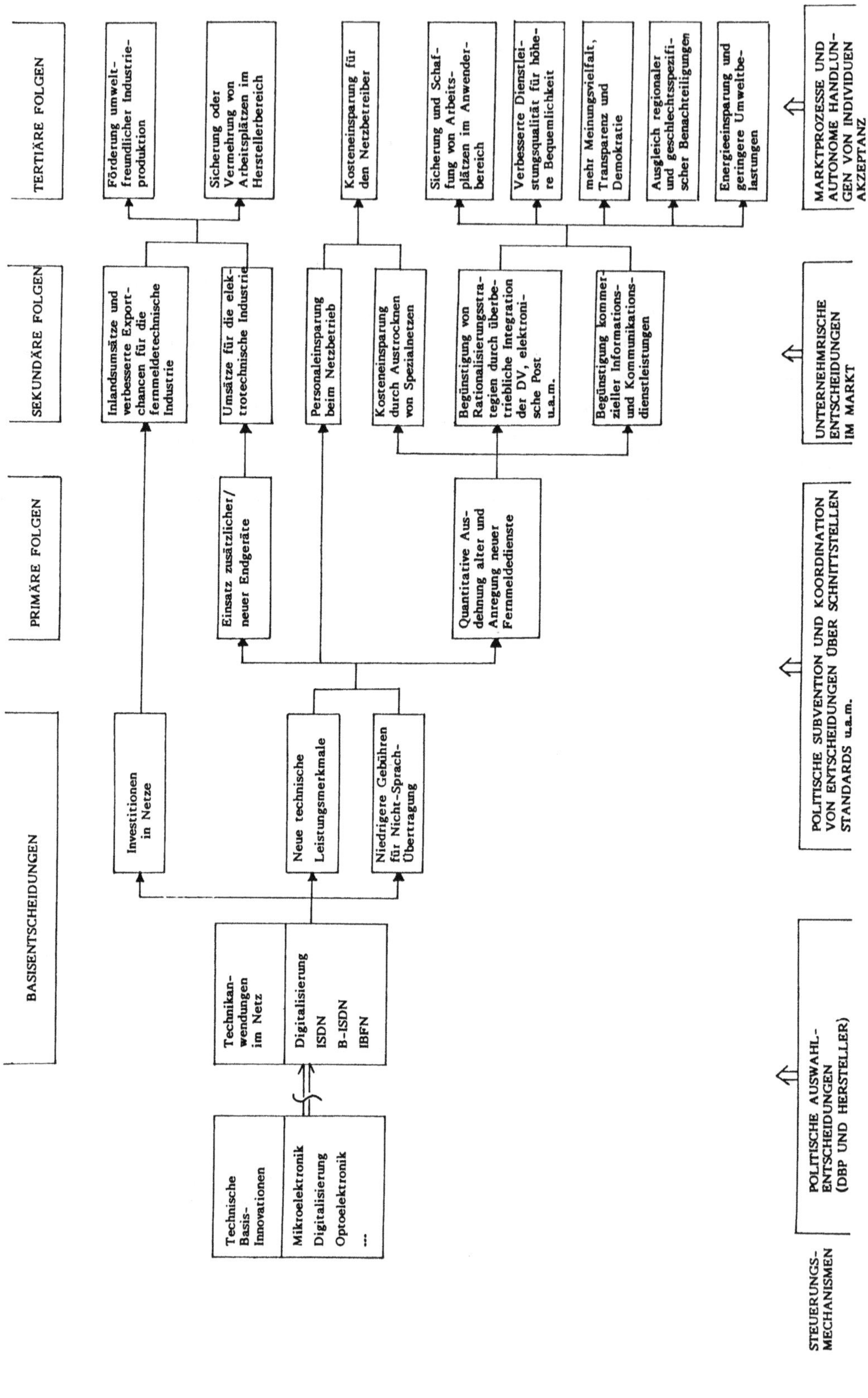

Abb. 1: Rekonstruktion der offiziellen Begründungen/Folgen des Ausbaus der Fernmeldeinfrastruktur

- die betrachtete Technik nur in wenigen homogenen Bereichen angewendet werden kann,
- der Betrachtungszeitraum relativ kurz oder die Anwendungsbedingungen stabil sind,
- es um inhaltliche Folgendimensionen geht, die generell als Veränderungsprozesse im jeweiligen Anwendungsbereich schon intensiv und gut erforscht sind,
- es relativ einheitliche und stabile Normen zur Bewertung von Veränderungen als Verbesserungen oder Verschlechterungen bzw. Be- oder Entlastungen gibt.

Diese Voraussetzungen sind für die Abschätzung der sozialen Folgen von integrierten, multifunktionalen Fernmeldenetzen nicht gegeben. Zwar handelt es sich auch um die Anwendung neuer Techniken im Netz (speicherprogrammierte Vermittlungstechnik), in erster Linie aber liegt die angestrebte wirtschaftliche Bedeutung in Infrastruktureffekten für Endgeräte und "Dienste", die in den nächsten beiden Jahrzehnten neue Teilnehmerkreise und neue Anwendungen für alte Teilnehmer erschließen sollen. Art und Ausmaß neuer Anwendungen können nach Aussagen maßgeblicher Experten jedoch heute nicht näher bestimmt werden (ELIAS 1983; ARNOLD 1984). Folgenabschätzungen für Infrastrukturen sind immer schwierig, weil diese ihre Nutzung nicht determinieren. Durch die technikzentrierte abstrakte Beschreibung von Netzen und Diensten werden jedoch zusätzliche Schwierigkeiten geschaffen, die das Netzausbaukonzept einer genaueren Folgenabschätzung entziehen.

Nach mehrjährigen Bemühungen glaube ich, einen Bezugsrahmen vorlegen zu können, der die wichtigsten Elemente erfaßt, die für eine einigermaßen fundierte Folgenabschätzung neuer Fernmeldenetze oder Telekommunikationsinfrastrukturen berücksichtigt werden müssen (vgl. Abb. 2).[1] Er beinhaltet zunächst nur Kategorien und noch nicht deren unterschiedliche inhaltliche Ausprägungen. Er macht jedoch bereits auf dieser Ebene die zu bewältigende Komplexität deutlich. Einige zentrale Annahmen und die Schwierigkeiten ihrer Präzisierung sollen kurz skizziert werden:

- Die geplante technische Telekommunikationsinfrastruktur ist eine interessenbedingte Auswahl aus vorhandenen Technikpotentialen.
- Diese weiteren Auswahl- und Gestaltungsentscheidungen werden von den derzeit kontrovers diskutierten Regelungen der Telekommunikationsordnungspolitik abhängen.
- Technische Telekommunikationspolitik und Telekommunikationsordnungspolitik sind in Verbindung mit den Anwenderinteressen und dem zukünftigen Anwendungsrecht die maßgeblichen Faktoren für Art und Ausmaß der realisierten Anwendungen.
- Bei den Planungen der Anwender spielt die soziale Akzeptanz eine zentrale Rolle, die ihrerseits von Werten und Normen, von der sozialen Kommunikationsstruktur und von den Erfahrungen mit problematischen Anwendungsfolgen abhängt.
- Anwendungsfolgen können unterschieden werden in Netzfolgen (z.B. Datenschutz, Datensicherung, Verletzlichkeit), unmittelbare Anwendungsfolgen (Informations- und Kommunikationsveränderungen), mittelbare Anwendungsfolgen (Beschäftigung, Gesundheit). Die Folgen aller Anwendungen müssen für typische Bevölkerungsgruppen zu kumulativen Effekten zusammengefaßt werden.

---

1) In dieser Form wurde der Bezugsrahmen in dem Projekt "Optionen der Telekommunikationsinfrastruktur" gemeinsam erarbeitet. In einer etwas weniger ausdifferenzierten Form wurde er dem GI-Arbeitskreis 8.3.1. "Neue informationstechnologische Infrastrukturen" vorgelegt.

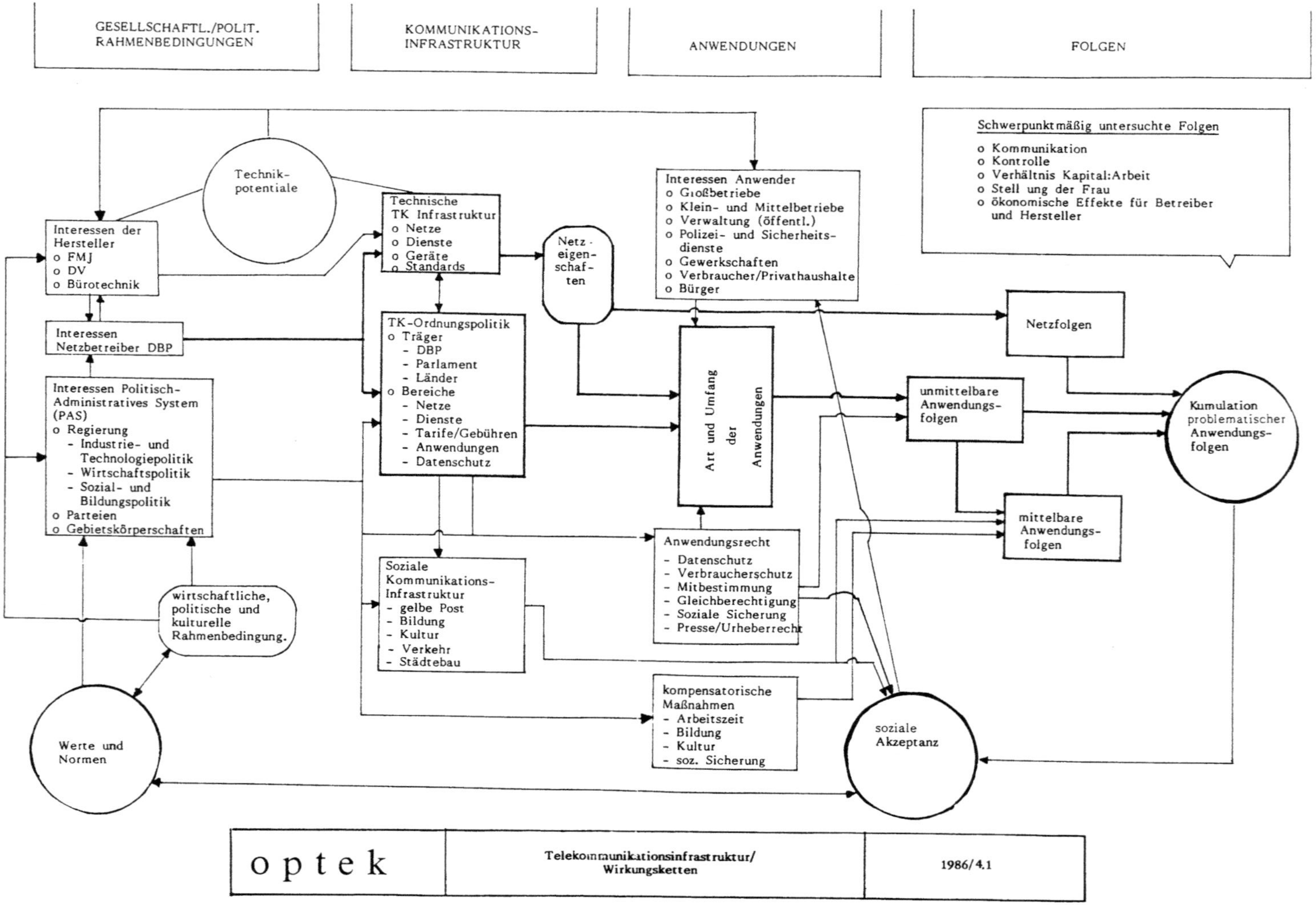

GESELLSCHAFTL./POLIT. RAHMENBEDINGUNGEN
KOMMUNIKATIONS-INFRASTRUKTUR
ANWENDUNGEN
FOLGEN
Schwerpunktmäßig untersuchte Folgen
o Kommunikation
o Kontrolle
o Verhältnis Kapital:Arbeit
o Stell ung der Frau
o ökonomische Effekte für Betreiber und Hersteller
Technik-potentiale
Interessen der Hersteller
o FMJ
o DV
o Bürotechnik
Interessen Netzbetreiber DBP
Interessen Politisch-Administratives System (PAS)
o Regierung
- Industrie- und Technologiepolitik
- Wirtschaftspolitik
- Sozial- und Bildungspolitik
o Parteien
o Gebietskörperschaften
wirtschaftliche, politische und kulturelle Rahmenbedingung.
Werte und Normen
Technische TK Infrastruktur
o Netze
o Dienste
o Geräte
o Standards
TK-Ordnungspolitik
o Träger
- DBP
- Parlament
- Länder
o Bereiche
- Netze
- Dienste
- Tarife/Gebühren
- Anwendungen
- Datenschutz
Soziale Kommunikations-Infrastruktur
- gelbe Post
- Bildung
- Kultur
- Verkehr
- Städtebau
Netz-eigen-schaf-ten
Interessen Anwender
o Großbetriebe
o Klein- und Mittelbetriebe
o Verwaltung (öffentl.)
o Polizei- und Sicherheits-dienste
o Gewerkschaften
o Verbraucher/Privathaushalte
o Bürger
Art und Umfang der Anwendungen
Anwendungsrecht
- Datenschutz
- Verbraucherschutz
- Mitbestimmung
- Gleichberechtigung
- Soziale Sicherung
- Presse/Urheberrecht
kompensatorische Maßnahmen
- Arbeitszeit
- Bildung
- Kultur
- soz. Sicherung
Netzfolgen
unmittelbare Anwendungs-folgen
mittelbare Anwendungs-folgen
Kumulation problematischer Anwendungs-folgen
soziale Akzeptanz
optek
Telekommunikationsinfrastruktur/Wirkungsketten
1986/4.1

Dabei ist nur ein Teil der relevanten Beziehungen berücksichtigt. Insbesondere fehlen Rückkoppelungen. Eine auf universelle Anwendung zielende Netzpolitik erfordert eine Folgenabschätzung, die auf der Analyse von Kreisläufen und Kumulationseffekten basiert, wie sie in bezug auf die Wirkungen von Chemikalien und Energietechniken nach Jahrzehnten nun langsam entstehen und anerkannt werden. Zu diesen inhaltlichen und methodischen Prognoseproblemen kommen noch drei zentrale Probleme hinzu:

- Während Sozialwissenschaftler für die Folgen des Technikeinsatzes in der industriellen Produktion in Jahrzehnten bisher brauchbare Konzepte und Meßmethoden für die Analyse und Begrenzung von Belastungen entwickelt haben, fehlen solche Instrumente für die Erfassung der spezifischen Folgen des Einsatzes der Datenverarbeitung und technisch vermittelter Individualkommunikation noch weitgehend (Informations- und Kommunikationsveränderungen, Kontrolle).
- Ebenso mangelt es etwa im Gegensatz zur Beurteilung körperlicher Belastungen an spezifischen Normen, Standards, Grenzwerten u.a. für die Bewertung von solchen Veränderungen. Im Gegensatz zum Atomrecht, Arzneimittelrecht oder dem Recht für gefährliche Arbeitsstoffe haben wir kein ausgearbeitetes Informationstechnikrecht.
- Bei einem auf 30 Jahre angelegten Netzausbaukonzept stellt sich darüber hinaus die Frage, ob die heute geltenden sozialen Normen einfach fortgeschrieben werden können oder ob z.B. nicht davon auszugehen ist, daß mit zunehmender Penetration der sogenannten IuK-Techniken in alle Lebensbereiche die Sensibilität gegenüber technisch vermittelter Information und Kommunikation und technischer Kontrolle steigt und sich die Wertvorstellungen im Lauf der Zeit ähnlich ändern, wie das in den letzten Jahren in bezug auf Nahrungsmittel und Umweltemissionen geschehen ist (vgl. ULRICH 1985).

Insgesamt sind Wissenschaft und Politik somit nicht in der Lage, die Folgen der derzeitigen Netzausbaupläne fundiert abzuschätzen. Weder die Deutsche Bundespost noch die Herstellerunternehmer, noch die einzelnen Technikexperten können rational handeln und ihrer Verantwortung gerecht werden, weil sie Folgen ihrer Handlungen nicht übersehen und verstehen. Darauf reagieren sie entweder mit aggressiver Verdrängung (Technikfeindlichkeitsvorwurf) oder mit dem Zugeständnis, daß <u>nach</u> der Lösung der technischen Probleme und der Realisierung der Netze auch die sozialen Folgen abgeschätzt werden könnten (DEUTSCHER BUNDESTAG 1986, II, S. 4, SCHWARZ-SCHILLING 1986). Dies bedeutet, daß auf Technik<u>gestaltung</u> unter Risikogesichtspunkten verzichtet wird und daß wie bei der Kernenergie ein neuer Zyklus von "Versorgung" und "Entsorgung" (JAENICKE 1979, METTLER-MEIBOM 1986, S. 4 ff.) anvisiert wird, ohne daß bereits ein Entsorgungskonzept besteht.

3. Das Konzept der sozialen Beherrschbarkeit als handlungsbezogene Ergänzung

Die vorangegangene Situationseinschätzung kann in der Feststellung zusammengefaßt werden, daß nach dem heutigen Wissensstand die Spätfolgen der derzeitigen Netzausbauplanungen sozial nicht beherrschbar sind. Daraus kann man die Forderung nach einem befristeten Moratorium ableiten. Ein solches Moratorium ist nicht zu verwechseln mit einer Ablehnung der sogenannten Informations- und Kommunikationstechniken insgesamt und auch nicht mit einer Ablehnung jedweder Form der Veränderung von Fernmeldeinfrastrukturen. Sein Ziel besteht darin, Zeit zu gewinnen für eine Folgenabschätzung der bestehenden Netzausbaupläne und für den Vergleich dieser Pläne mit anderen Möglichkeiten der technischen und rechtlichen Gestaltung, was Voraussetzung für eine rationale Gestaltung wäre.

Obwohl alle Gewerkschaften vor der Einführung neuer Techniken eine umfassende Folgenabschätzung fordern (z.B. DGB 1984, DEUTSCHE POSTGEWERKSCHAFT 1986), sind sie nicht bereit, daraus die logisch abzuleitende Forderung nach einem Moratorium des Netzausbaus zu erheben. Die Moratoriumsforderung ist derzeit nur für eine extrem kleine Minderheit akzeptabel und politisch nicht durchsetzbar. Akzeptabel müßte es jedoch sein, das Schlagwort von der sozialen Beherrschbarkeit bzw. die vom Bundespräsidenten geforderte Beherrschung und Begrenzung von Risiken inhaltlich und verfahrensmäßig zu präzisieren. Dazu habe ich folgende Unterscheidung vorgeschlagen:

- Von sozialer Beherrschung kann gesprochen werden, wenn für eine bestimmte Technikentwicklungslinie oder -anwendung im Hinblick auf bestimmte Ziele negative Wirkungen ausgeschlossen werden. Ob eine Technikanwendung sozial beherrscht wird, kann nach der hier vertretenen Auffassung nur im nachhinein festgestellt werden.
- Von sozialer Beherrschbarkeit kann demgegenüber gesprochen werden, wenn für eine bestimmte Technikentwicklungslinie oder -anwendung und vor dem Hintergrund bestimmter Ziele Risiken oder negative Folgen für Gruppen von Betroffenen der Art und Größenordnung nach bestimmt werden können und wenn Regelungsmechanismen (Verfahren und Instanzen) genannt oder konzipiert werden können, von denen mit einer großen Wahrscheinlichkeit eine Beeinflussung der Folgen erwartet werden kann.

Als Organisationswissenschaftler erscheint mir die Frage nach der sozialen Beherrschbarkeit als eine Frage nach der gesellschaftlichen Organisation zur Steuerung von Technikentwicklung, -anwendung und -folgen besonders sinnvoll und im Prinzip auch lösbar. Sie entspricht auch der allgemeinen Auffassung von politischer Steuerung gesellschaftlicher Veränderungen, und sie entspricht dem juristischen Denken bzw. dem Rechtsstaatsprinzip.

Um es an dem immer wieder vorgetragenen Beispiel des Messers oder des Autos zu verdeutlichen: Das Messer wird sozial beherrschbar durch religiöse/sittliche Gebote und Erziehung, durch Strafrechtsbestimmungen, durch Polizei und Gerichte. Das Auto wird sozial beherrschbar durch sicherheitstechnische Auflagen, Straßenbau, Führerschein, TÜV, Verkehrsregeln und Geschwindigkeitsbegrenzungen, Polizei, Verkehrsgerichte u.a.m. Dabei kann man sehr wohl darüber streiten, ob im Falle des Autos alle genannten Regelungsmechanismen von den Inhalten und/oder vom Verfahren her insgesamt den Zielen verschiedener Gruppen oder auch den verschiedenen Zielen einer Gruppe entsprechen. Dies kann jedoch nur innerhalb einer Diskussion über soziale Beherrschbarkeit geklärt werden. In einer solchen Diskussion kann es dann auch sehr unterschiedliche Auffassungen darüber geben, ob anerkannte Ziele wirksamer über die Gestaltung der Technik des Autos und der Straßen (z.B. bewußt gestaltete Unebenheiten als Mittel zur Geschwindigkeitsbegrenzung), über Preise und Transferzahlungen und/oder über rechtliche Gebote und Verbote erreicht werden können. Dazu muß jedoch erst die Diskussion eröffnet werden.

Die Technikfolgenabschätzung muß dazu vorläufige Ergebnisse über die Art der zu diskutierenden Risiken im Sinne begründeter Risikovermutungen liefern, die es durch Gestaltungsmaßnahmen zu verhindern oder zu begrenzen gilt. Das Ungewißheitsproblem von detaillierten Prognosen über die konkrete Verteilung einzelner Be- und Entlastungen wird dadurch umgangen, daß man von der Ebene der inhaltlichen Folgenabschätzung relativ schnell zur Ebene der Steuerungsmechanismen für die Verteilung von Be- und Entlastungen übergeht. Es geht dann in erster Linie um die Abschätzung von Regelungsdefiziten und mögliche Rechtsverletzungen. Damit rücken die Gestaltungsziele, die Aktionsparameter und die gesetzten (rechtlichen) Nebenbedingungen in den Vordergrund (vgl. Abb. 3).

Fernmeldenetze bzw. Telekommunikationsinfrastrukturen werden als Auswahlentscheidung und damit als gestaltbar angesehen. Aktionsparameter sind u.a. die Art der Dienstedefinition, der Umfang der Diensteintegration in einem Netz, die Gebühren und nutzungsrechtlichen Bestimmungen für einzelne Dienste, die technische Ausdehnung eines Netzes (flächendeckend im Ortsnetz oder Overlay-Netz), die Auswahl der Hard- und Software in der Vermittlungstechnik (z.B. zentrale/dezentrale Steuerung) und die Standardisierung von Schnittstellen (EURICH u.a. 1985, S. 30). Über diese Gestaltungsparameter wurde bisher im engen Kreis ausschließlich unter wirtschaftlichen Gesichtspunkten diskutiert und entschieden. Zur Prüfung auf soziale Beherrschbarkeit müssen zusätzlich zu den ökonomischen nun auch die sozialen Anforderungen und Ziele und die geltenden rechtlichen Normen als Maßstab genommen werden. Dazu gehören insbesondere allgemeine Normen, insbesondere der Verfassung, das Fernmelderecht als Ausdruck der Telekommunikationsordnungspolitik, das allgemeine Anwendungsrecht für die sog. IuK-Techniken (insbes. Datenschutzrecht) und das spezielle Anwendungsrecht für einzelne Anwendungsbereiche (z.B. Arbeitsrecht, Bankrecht, Verbraucherschutzrecht, Rundfunkrecht u.v.a.m.).

Innerhalb dieses normativen Rahmens ist dann für eine bestimmte Netzkonfiguration oder Gestaltung der Telekommunikationsinfrastruktur zu prüfen:

- Welche Anwendungen werden durch diese Netzkonfiguration unter geltendem Recht ermöglicht oder begünstigt?
- Welche allgemeinen und bereichsspezifischen Anwendungsfolgen im Sinne der Veränderungen von Informations- und Kommunikationsbeziehungen (Transaktionen) zwischen Organisationen, zwischen Organisationen und Individuen sowie zwischen Individuen wären damit verbunden?
- Welche vom geltenden Recht geschützten Rechte und geforderten Pflichten werden durch neue Transaktionsformen beeinträchtigt? Entstehen Sachverhalte, die von den Tatbeständen des geltenden Rechts nicht erfaßt werden, so daß dieses unterlaufen werden kann (Regelungsdefizite)?
- Wie könnte das geltende Recht weiterentwickelt werden, um den normativ geltenden Zustand auch bei veränderten Verkehrsbeziehungen aufrechtzuerhalten (Weiterentwicklung des geltenden Rechts)?
- Wie können sozial negativ bewertete Folgen durch ökonomische Steuerungsmechanismen und kompensatorische Maßnahmen ausgeglichen werden?
- Wie könnten soweit verbleibende Regelungsdefizite und negative Folgen durch Veränderungen der technischen Konfiguration so reduziert werden, daß die normativ geltenden Zustände erhalten werden? (Anforderungen an die technische Infrastrukturgestaltung)
- Und schließlich: Wie kann insgesamt eine Koordination der Entscheidungen über die einzelnen Gestaltungsparameter hergestellt werden?

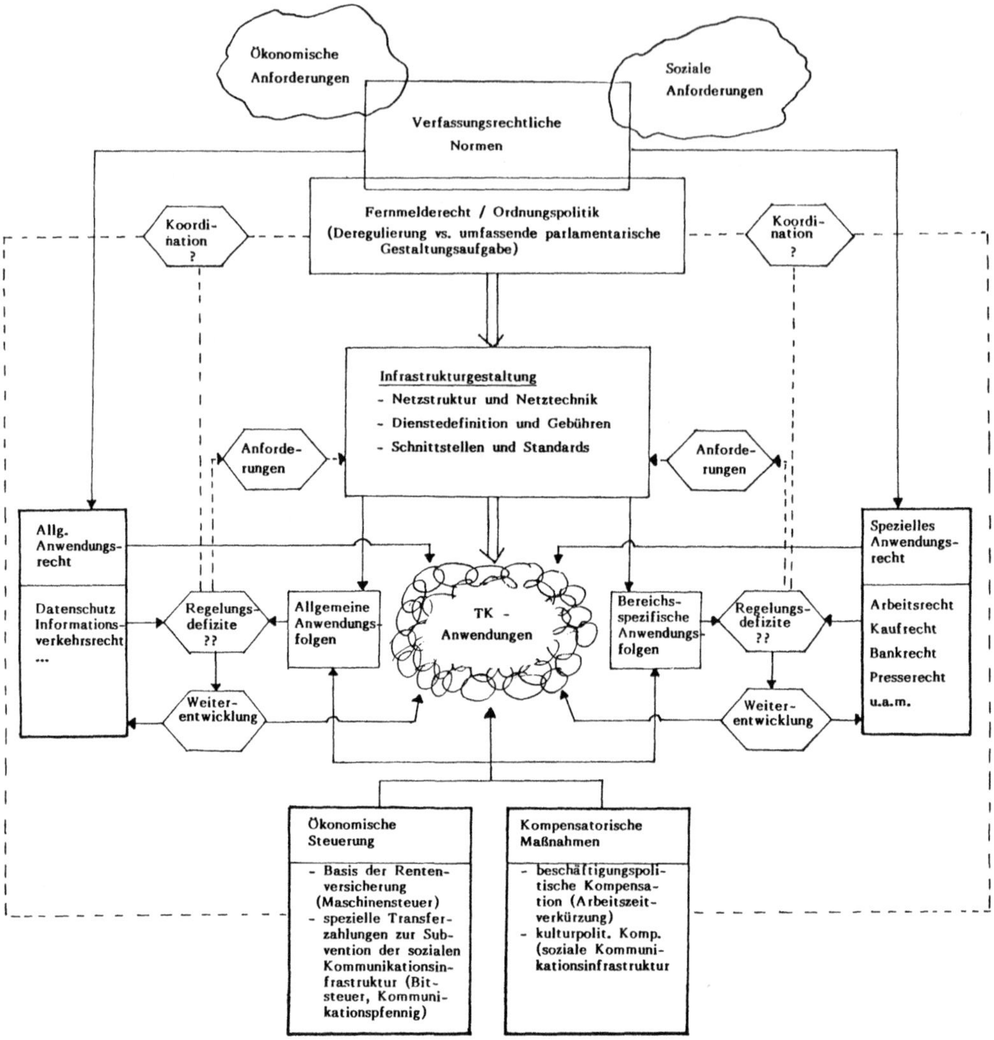

Abb. 3: Prüfung und Herstellung der sozialen Beherrschbarkeit

Von einer sozialen Beherrschbarkeit eines Fernmeldenetzes kann dann gesprochen werden, wenn für ein abgestimmtes Konzept aus Netzkonfiguration und rechtlichen Regelungen gezeigt wird, wie begründet erwartete Risiken verringert oder vermieden werden können. In einem gemeinsam mit E. Eurich u.a. angefertigten Gutachten für die Deutsche Postgewerkschaft (EURICH u.a. 1985, S. 30 f.) wird auf der Basis ähnlicher Überlegungen konkret gefordert, für jede geplante Ausbaustufe darzulegen, wie

"- die Ratio nalisierungseffekte beschäftigungspolitisch kompensiert werden sollen,
- elektronische Überwachung ausgeschaltet werden soll,
- kulturelle Vielfalt und soziale Kompetenz im Alltag gesichert werden soll,
- eine gesellschaftliche Kontrolle der Informationsanbieter erfolgen soll zur Sicherung publizistischer Vielfalt und demokratischer Öffentlichkeit,
- die persönliche Inanspruchnahme von privaten und öffentlichen Dienstleistungen auch langfristig für diejenigen gesichert werden kann, die den elektronischen Weg nicht gehen können oder wollen,
- die Funktionen kollektiver sozialer Sicherungssysteme erhalten bzw. durch welche funktionalen Äquivalente ersetzt werden können,
- soziale Integration und Konfliktaustragung gesichert werden können."

Hinter diesen Fragen steht die Überzeugung, daß sich die Deutsche Bundespost bei Telekommunikationssystemen nicht auf die Netztechnik und die Gebühren zurückziehen darf, sondern entgegen aktuellen Deregulierungsforderungen in ein umfassendes Verfahren zur risikobegrenzenden Gestaltung einbezogen werden muß. Von der Bundesregierung wird damit erwartet, daß im Prinzip ähnlich wie beim Bildschirmtextstaatsvertrag mit der technischen Systemspezifikation ein Regelungswerk mit den entsprechenden Weiterentwicklungen und Präzisierungen der einschlägigen Gesetze sowie ergänzenden Bestimmungen vorgelegt wird, das einer öffentlichen Wirksamkeitsüberprüfung unterzogen und dann parlamentarisch verabschiedet wird (vgl. unten Abschnitt 5). Über die bisherige Abstimmung mit dem Wirtschaftsminister hinaus ist dabei eine Koordination mit fast allen Ressorts erforderlich, weil die "telematische Integration" alle Lebens- und Politikbereiche tangiert.

In dem Gutachten heißt es dazu:

"Sollte eine Koordination von Regelungen zur Steuerung eines sozialen Fortschritts und zur Risikobegrenzung wegen der Kompetenzverteilungen für unmöglich gehalten werden, so müssen die geplanten integrierten Fernmeldeinfrastrukturen als sozial nicht beherrschbar abgelehnt und bekämpft werden" (S. 31).

Die folgenden Ausführungen zur mangelnden sozialen Beherrschbarkeit sind als Hypothesen zu begreifen, die widerlegt werden können. Viele Politiker rufen dazu auf, daß wir die Herausforderungen des technischen Wandels annehmen müssen. Bei einer staatlich gestalteten technischen Infrastruktur in einem sozialen Rechtsstaat sind diese Herausforderungen vom Staat aufzugreifen, indem die These von der mangelnden sozialen Beherrschbarkeit durch gezielte Technikauswahl und -gestaltung sowie rechtliche Regelungen und kompensatorische Maßnahmen widerlegt wird. Bis dies gelingt, gilt die These von der fehlenden sozialen Beherrschbarkeit.

4. Ausgewählte Probleme der sozialen Beherrschbarkeit der geplanten integrierten Fernmeldenetze

Aus Platzgründen kann nur kurz auf einige ausgewählte Probleme der sozialen Beherrschbarkeit eingegangen werden (vgl. ausführlicher KUBICEK und ROLF 1986).

4.1. Beeinträchtigung von Schutzregelungen durch Datenfernübertragung im ISDN

Das geplante ISDN soll durch seine technische Gestaltung und seine Tarifierung insbesondere die Daten- und Textübertragung steigern. Datenübertragung bedeutet aus Anwendersicht Datenfernverarbeitung oder zwischenbetriebliche Integration der Datenverarbeitung (MERTENS 1985). Die angestrebten Rationalisierungseffekte beziehen sich auf die Vermeidung der Mehrfacherfassung von Daten und die möglichst lückenlose automatische Weiterverarbeitung. Zum einen werden so neue betriebsübergreifende technisch-organisatorische Einheiten geschaffen (z.B. Rechnerverbund zwischen Zulieferern, Herstellern und Abnehmern).

Zum anderen sollen Tätigkeiten aus dem betrieblichen Bereich ausgelagert und auf die privaten Haushalte abgewälzt werden (Kundenfernselbstbedienung) oder als Arbeit in der Wohnung verrichtet werden. Auf jeden Fall wird die Mobilität von Dateien begünstigt. Diese neuen bzw. günstigeren Möglichkeiten werfen in mindestens vier Bereichen Risiken auf, die mit den heute geltenden Schutzgesetzen nicht erfaßt werden können.

4.1.1. Beeinträchtigung des Systems der kollektiven sozialen Sicherung

Begreift man die über die computergerechten Netze abgewickelten Transaktionen als Arbeitsprozesse und die neuen Transaktionsformen als Möglichkeit der Veränderung von Arbeitsbedingungen für abhängig Beschäftigte, so ist zu prüfen, inwieweit diese Veränderungen durch das geltende System der kollektiven sozialen Beziehungen erfaßt werden, das bisher zum Schutz der Arbeitnehmer vor einem zu großen Machtvorsprung der Arbeitgeber entwickelt wurde. Zu diesem rechtlich verankerten System der kollektiven sozialen Beziehungen gehören insbesondere

- die betriebliche Mitbestimmung als Instrument zur Erzielung eines Interessenausgleichs über die qualitativen Folgen des betrieblichen Technikeinsatzes,
- das gesamte kollektive Arbeits- bzw. Arbeitnehmerschutzrecht und die sozialen Sicherungssysteme,
- der Streik als klassisches letztes Arbeitskampfmittel.

Alle entsprechenden rechtlichen Regelungen basieren auf der bisher zutreffenden Annahme, daß abhängige Arbeit in der Regel im Betrieb und im rechtlichen Status des Arbeitnehmers verrichtet wird. Speziell für die betriebliche Mitbestimmung als tragende Säule für einen Interessenausgleich über die Folgen des betrieblichen Technikeinsatzes gilt zusätzlich die Annahme, daß Technik in Form einzelner Maschinen eingesetzt wird, daß der Arbeitgeber durch Technikauswahl, organisatorische und personelle Maßnahmen die Folgen für die betroffenen Beschäftigten steuern kann und daß daher eine Beteiligung der betrieblichen Interessenvertreter an dieser Entscheidung der geeignete Weg ist, negative Folgen abzuwenden oder abzumildern.

Mit zunehmender Vernetzung von Datenverarbeitungssystemen verschiedener Betriebe treffen diese Prämissen immer weniger zu. Es werden Sachverhalte geschaffen, auf die die rechtlichen Tatbestände immer weniger passen, so daß auch die daran geknüpften Ansprüche der abhängig Beschäftigten immer schwieriger geltend gemacht und durchgesetzt werden können. Bei einzelnen Anwendungsformen sind die Hauptprobleme graduell unterschiedlich (KUBICEK 1985b, KUBICEK und ROLF 1986):

- Bei der Integration von Datenverarbeitungssystemen von Hersteller- und Zuliefererbetrieben liegt das Hauptproblem darin, daß die Gestaltungsmaßnahmen des Herstellers direkt in den Zulieferbetrieb hineinwirken und die Beteiligungsrechte des Betriebsrats dieses Zulieferbetriebs die Maßnahmen des Herstellers nicht abdecken.
- Bei der Vernetzung branchenübergreifender Systeme (z.B. Handel und Markenartikelhersteller) liegt das Hauptproblem darin, daß die entscheidenden Maßnahmen von Verbänden und damit außerhalb der Betriebe eingeleitet werden und dann für alle Betriebe neue Ausgangsdaten setzen, die von einem Betriebsrat unter Wettbewerbsbedingungen faktisch nicht mehr beeinflußt werden können.
- Bei der Abwälzung von Tätigkeiten auf private Kunden (elektronische Kundenfernselbstbedienung) ist das Hauptproblem, daß die Rationalisierungseffekte von der Anschlußdichte unter den Kunden abhängen und diese sich über einen sehr langen Zeitraum in nicht berechenbarer Weise erhöht, so daß zum Zeitpunkt des Netzanschlusses des Betriebes die Folgen kaum abschätzbar sind, das geltende Mitbestimmungsrecht aber die Durchsetzung von Anforderungen der Arbeitnehmervertreter weitgehend von negativen Folgen abhängig macht.
- Für die Auslagerung von Tätigkeiten liegt das Hauptproblem im Wechsel des Rechtsverhältnisses hin zu Werkvertragsverhältnissen, die dem Arbeitnehmerschutzrecht nicht unterworfen sind. Hinzu kommt, daß fast alle institutionellen Einrichtungen zur Durchsetzung von Schutzbestimmungen (z.B. Berufsgenossenschaften) auf den Betrieb als Beschäftigungsort ausgerichtet sind.
- Die Streikfähigkeit wird schließlich dadurch beeinträchtigt, daß bei lokalen oder regionalen Schwerpunktstreiks Arbeit sehr viel leichter als bisher in nicht bestreikte Betriebe verlagert werden kann und der Streik seine Funktion nicht erfüllt.

Allen Einzelaspekten ist gemeinsam, daß Arbeitgeber geltende Rechte zum Schutz der Arbeitnehmer unterlaufen und so ihren Handlungsspielraum erweitern können (vgl. BAHL 1985, KUBICEK 1985a). Vorschläge für eine Weiterentwicklung des geltenden Rechts sind bisher nur für Teilaspekte erarbeitet worden. Für eine Ergänzung der betrieblichen Mitbestimmung um Formen der überbetrieblichen Mitbestimmung, mit denen den neu entstehenden Interdependenzen bei zwischenbetrieblicher Vernetzung Rechnung getragen werden könnte, gibt es noch nicht einmal konzeptionelle Vorstellungen. Ohne rechtliche Weiterentwicklung und/oder Änderung des ISDN-Konzeptes entstehen Eingriffe in den sozialen Besitzstand der Arbeitnehmer, die mit dem Sozialstaatsgebot des Grundgesetzes und dem bisherigen Verständnis von der "Sozialen Marktwirtschaft" nicht vereinbar sind. Zwar erleben wir derzeit durchaus solche Eingriffe durch Änderung der Sozialgesetze. So schmerzlich diese für die Betroffenen sind, so sind sie, weil sie innerhalb des Systems der parlamentarischen Demokratie durch Mehrheitsentscheidungen getroffen werden, als demokratisch legitimiert anzusehen. Die hier genannten Probleme unterscheiden sich davon dadurch, daß sozialpolitische Veränderungen durch eine Technikanwendung ermöglicht werden, die nicht durch parlamentarische Entscheidungen eingeführt wird. Auf die damit verbundenen Leigitmationsprobleme wird noch eingegangen.

4.1.2. Beeinträchtigung des Verbraucherschutzes

Anwendungen wie Telebanking oder Teleshopping verändern nicht nur Arbeitsbedingungen, sondern sind auch neue Transaktionsformen für Konsumgeschäfte. Die geltenden Gesetze zum Schutz der Verbraucher sind auf diese neuen Transaktionsformen nicht zugeschnitten. So ergeben sich z.B. beim Telebanking neue Fragen hinsichtlich der Haftung. Soll z.B. ein Bankkunde, der die Sicherheit des Systems nicht beeinflussen kann, für Abbuchungen von seinem Konto durch unbefugte Dritte haftbar gemacht werden? Zur Lösung dieses und vieler ähnlicher Probleme ist ein abgestimmtes Konzept aus Datensicherungsmaßnahmen im Rechnerverbundnetz einschließlich des ISDN und aus haftungsrechtlichen Bestimmungen erforderlich.

Eine ganz andere Frage ist, wie langfristig die persönliche Inanspruchnahme von Dienstleistungen gesichert werden kann. Wenn diese dem Marktmechanismus überlassen bleibt, so ist damit zu rechnen, daß die persönliche Inanspruchnahme teurer wird. Dann sind aber gerade die sozialen Schichten am stärksten betroffen, die relativ geringe Einkommen haben und relativ stark auf die personellen Unterstützungsmöglichkeiten angewiesen sind. Regelungsmechanismen zur Steuerung dieses Problems werden bisher kaum diskutiert. Zu prüfen wären u.a. eine Modifikation des ISDN-Konzeptes einschließlich der Tarife, Transferzahlungen (Bit-Steuer) zur Subvention persönlicher Dienstleistungsangebote u.a.m.

4.1.3. Veränderte Wettbewerbsbedingungen und Beschränkungen der betrieblichen Autonomie

Vernetzung zwischen Betrieben erfordert kompatible Geräte, einheitliche Standards u.a.m. Die Herstellung dieser Voraussetzungen bedeutet auch eine Veränderung der Einflußverteilung, der Autonomie und der Marktzugangschancen. Entwicklungen im Bereich der Automobilindustrie zeigen, daß vor allem kleinere Zulieferbetriebe noch weiter an Autonomie gegenüber den großen Herstellerkonzernen verlieren. Im Handels- und Dienstleistungsbereich können über die Durchsetzung der notwendigen Standards für die Datenfernverarbeitung darüber hinaus Marktzugangsschranken aufgebaut und die Wettbewerbssituation grundlegend verändert werden. In den USA gibt es bereits die ersten wettbewerbsrechtlichen Klagen gegen die Vernetzung einiger Luftverkehrsgesellschaften mit Reisebüros (vgl. CASH und KONSYNSKI 1985). Vieles deutet darauf hin, daß in der Regel die größeren "Partner" mit ihrer höheren Marktmacht und ihren längeren Datenverarbeitungserfahrung Standards durchsetzen und darüber den Marktzugang für andere beschränken. Es werden auch neue Formen der Konzentration begünstigt, die mit dem geltenden Recht kaum erfaßt werden können.

4.1.4. Grenzen des Datenschutzrechts im Anwenderbereich bei intensiverer Vernetzung

Die über computergerechte Netze abgewickelten Transaktionen sind oft auch datenschutzrelevant, weil personenbezogene Daten erfaßt, gespeichert und übertragen werden. Auf die Erfassung von Daten über Verbindungen im Netz wird in Abschnitt 4.2. eingegangen. Hier soll vor allem herausgestellt werden, daß bei intensiverer Vernetzung im Anwenderbereich entscheidende Prämissen der Datenschutzgesetze nicht mehr zutreffen.

Dies gilt vor allem für die Annahme definierbarer und relativ dauerhafter Dateien, die von identifizierbaren speichernden Stellen gehalten werden. Technisch leistungsfähige Übertragungseinrichtungen begünstigen die Mobilität von Dateien. Am deutlichsten ist dies bei der Verlagerung von Personaldateien von Unternehmen in andere Länder mit weniger strengen Datenschutzanforderungen. Aber auch bei sogenannter verteiler Datenverarbeitung im Inland ist eine Prüfung praktisch kaum möglich (vgl. SIMITIS 1984). Auch hier gilt, daß Organisationen rechtliche Bestimmungen, die ihnen als Einschränkung ihrer Handlungsmöglichkeiten erscheinen, unterlaufen können. Die derzeit vorliegenden Entwürfe für eine Weiterentwicklung der Datenschutzgesetze tragen der Vernetzungsproblematik nicht oder nur ansatzweise Rechnung.

4.2. Das Grundrecht auf informationelle Selbstbestimmung und der Umgang mit Verbindungsdaten im Netz

Das geplante ISDN soll auf der Basis speicherprogrammierter Vermittlungstechnik bei allen bisherigen Fernmeldediensten eine Reihe von Zusatzdienstmerkmalen ermöglichen, die als besonderer Kundenservice dargestellt werden. Sie sollen nur auf Antrag eines Teilnehmers aktiviert werden. Sie entsprechen wohl auch durchaus dem Interesse eines Teilnehmers. Soweit sie sich auf Verbindungsdaten beziehen, betreffen sie jedoch auch die Interessen der betroffenen anderen Partner. Diese bleiben bei der geplanten technischen Gestaltung jedoch unberücksichtigt.

So soll eine Fernsprechrechnung mit Einzelgebührennachweis beantragt werden können, bei der die Zielnummern gespeichert werden. Damit werden personenbezogene Daten des Angerufenen berührt (§ 24, Abs. 2, BDSG), ohne daß dessen Einwilligung eingeholt wird. Da er auch nicht wissen kann, ob diejenigen, die ihn anrufen, einen Einzelgebührennachweis beantragt haben, sind die Folgen des Abhebens des Telefonhörers für ihn nicht überschaubar. Der anrufende Teilnehmer greift nach der vorgesehenen einseitigen Zustimmungserklärung in das Grundrecht auf informationelle Selbstbestimmung des angerufenen Teilnehmers ein. Dieser müßte jedoch selbst bestimmen können, was mit seiner Rufnummer geschieht. Wegen dieser Rechtsverletzung wurde kürzlich die unverkürzte Speicherung von Zielnummern in einer betrieblichen Telefonnebenstellenanlage untersagt (LAG HAMBURG 1986, 8 Ta Bv 1/85).

Beim sogenannten Identifizieren soll der angerufene Teilnehmer bzw. Inhaber der empfangenden Datenstation entscheiden, ob die Rufnummer des Anrufers oder der sendenden Datenstation bei ihm angezeigt wird. Diese Entscheidung ist für den Anrufer bzw. die sendende Stelle nicht erkennbar. Im Bereich der Datenfernübertragung gibt es aus der Sicht eines sendenden Teilnehmers Fälle, wo ein Identifizieren sehr erwünscht ist (z.B. Banküberweisungen). Wenn derselbe Teilnehmer jedoch im elektronischen Katalog eines Versandhauses "blättert", so soll wohl kaum das Versandhaus darüber entscheiden, ob es die Nummer des Teilnehmers mitgeteilt bekommt oder nicht. Da das ISDN-Konzept der Philosophie einheitlicher Behandlung aller Übertragungen folgt, ist nicht vorgesehen, daß man innerhalb eines Datenübertragungsdienstes von Fall zu Fall selbst entscheiden kann, ob die eigene Rufnummer weitergeleitet wird oder nicht. Hier liegt nicht nur eine Verletzung des Grundrechts auf informationelle Selbstbestimmung vor. Diese Einheitsphilosophie des ISDN baut sich hier selbst Akzeptanzbarrieren auf. Die Lösung dieser Problematik kann nur durch eine Änderung des derzeitigen ISDN-Konzeptes, d.h. durch technische Alternativen erfolgen (vgl. dazu Abschnitt 5).

4.3. Das Ende der Massenkommunikation durch das IBFN?

Durch die in der letzten Ausbaustufe vorgesehenen Breitbandvermittlungsnetze auf Glasfaserbasis wird es u.a. möglich, Videofilme an einzelne oder mehrere Teilnehmer gezielt zu überspielen. Die Grenze zwischen individuellem Fernsehabruf und Filmen zu Zwecken der Werbung oder Weiterbildung wird technisch fließend und könnte nur durch inhaltliche Kontrolle neu gezogen werden. Für einige Wissenschaftler und Politiker ist dies das "Ende der Massenkommunikation" und der Beginn eines Zeitalters neuer Freiheiten (vgl. z.B. SCHEUCH 1983, GENSCHER 1985). Gleichzeitig wäre es das Ende der vom Bundesverfassungsgericht noch vorausgesetzten Organisierbarkeit von Rundfunk. Alle bisher vorliegenden neuen Landesrundfunk- oder Landesmediengesetze gehen noch von organisierbaren und überprüfbaren Rundfunkveranstaltern aus und nehmen die Breitbandvermittlungstechnik überhaupt nicht zur Kenntnis (vgl. KUBICEK 1985c).
Das Bundesverfassungsgericht hat in seinem Dritten Rundfunkurteil ausdrücklich festgestellt, daß der Rundfunk als Bestandteil der Kultur und demokratischen Willensbildung nicht den Marktgesetzen und den wirtschaftlich Stärkeren ausgeliefert werden darf. Wirksame organisatorische Regelungen zur Herstellung von Pluralismus und entsprechende Kontrolleinrichtungen wie bei technischen Verteilnetzen sind für ein Breitbandvermittlungsnetz bisher nicht vorgeschlagen und wohl auch nicht denkbar. Daher muß das IBFN schon alleine aus diesem Grund, aber auch aus anderen, als sozial nicht beherrschbar abgelehnt werden (vgl. auch EURICH u.a. 1985).

4.4. Rechtlich ungeregelte Veränderungen von Information und Kommunikation

Die vorangegangenen Ausführungen sind stark geprägt von Problemen, die bereits bisher im Zusammenhang mit dem Einsatz der sog. IuK-Techniken aufgetreten sind und für die es auch rechtliche Regelungen gibt. Für die angestrebte umfassende Informatisierung der Gesellschaft sind jedoch Veränderungen von Information und Kommunikation zu befürchten, die heute noch nicht exakt meßbar sind und für die es auch noch keine gesetzlichen Regelungen gibt.

4.4.1. Die Verstärkung von Informationsungleichgewichten und das Grundrecht auf informationelle Selbstbestimmung

Viele Anwendungen der Telekommunikation, die angeblich das Leben für den Menschen bequemer machen, seine Handlungsmöglichkeiten erweitern und mehr Transparenz schaffen sollen, sind Anwendungen, die von Organisationen zur Abwicklung von Transaktionen mit Individuen gestaltet werden. Ob Telebanking, Teleshopping, Informationsabruf o.a.m., diese Organisationen entscheiden bei der Gestaltung ihrer Rechnersysteme darüber, welche Daten der Individuen erfaßt, gespeichert und wie weiterverarbeitet werden. Auch heute entscheiden Organisationen darüber, ohne dies den betroffenen Individuen transparent zu machen. In den Beziehungen Arbeitgeber-Arbeitnehmer, Produzent-Konsument oder Verwaltung-Bürger wissen erstere stets mehr über letztere als umgekehrt. Es bestehen Informationsungleichgewichte (vgl. LANGE u.a. 1982). Bei technisch leistungsfähigeren und billigeren Datenfernverarbeitungsmöglichkeiten ist mit einer erheblichen Verschärfung dieser Informationsungleichgewichte zu rechnen (EURICH u.a. 1985). Die Datenschutzgesetze bieten einer Steigerung des Informationsvorsprungs von Organisationen keinen Einhalt, weil sie die Zweckbestimmung des jeweiligen Vertragsverhältnisses hinnehmen und sich mit einer Generalklausel (schutzwürdige Belange) begnügen. Ebenso gibt es keine hinreichenden Gebote, die eine Transparenz der Weiterverarbeitung für die betroffenen Individuen sicherstellen. Das Bundesverfassungsgericht hat bei der Präzisierung des Grundrechts des Bürgers auf informationelle Selbstbestimmung jedoch unter anderem ausgeführt (BVerfGE, 65, S. 42 f.):

"Individuelle Selbstbestimmung setzt aber - auch unter den Bedingungen moderner Informationsverarbeitungstechnologien - voraus, daß dem einzelnen Entscheidungsfreiheit über vorzunehmende oder zu unterlassende Handlungen einschließlich der Möglichkeit gegeben ist, sich auch entsprechend dieser Entscheidung zu verhalten. Wer nicht mit hinreichender Sicherheit überschauen kann, welche ihn betreffenden Informationen in bestimmten Bereichen seiner sozialen Umwelt bekannt sind, und wer das Wissen möglicher Kommunikationspartner nicht einigermaßen abzuschätzen vermag, kann in seiner Freiheit wesentlich gehemmt werden, aus eigener Selbstbestimmung zu planen und zu entscheiden.

Mit dem Recht auf informationelle Selbstbestimmung wäre eine Gesellschaftsordnung und eine diese ermöglichende Rechtsordnung nicht vereinbar, in der Bürger nicht mehr wissen können, wer was wann und bei welcher Gelegenheit über sie weiß."

Die Doppelseitigkeit der Datenfernverarbeitung als zeitsparende Rationalisierungstechnik für Transaktionen und als Steuerungs- und Kontrolltechnik schafft heute schon ein erhebliches Gefährdungspotential. Die angestrebte Vervielfachung der Anwendungen über das ISDN wird die in vielen Bereichen heute vielleicht noch akzeptablen Belastungsgrenzen übersteigen. Noch fehlt es jedoch an Konzepten und Methoden sowie an rechtlichen Normen für eine entsprechende Schadensbegrenzung. DÄUBLER (1986) hat überzeugend nachgewiesen, daß das bürgerliche Vertragsrecht zur Regelung nicht ausreicht und daß wie in vielen anderen Bereichen auch bei der Informationstechnik ein Spezialrecht für spezifische Risikobegrenzungen erforderlich ist, das durch "Sicherheitsregeln" in Form konkreter Ge- und Verbote für einzelne Anwendungsbereiche konkretisiert werden muß.

4.4.2. Mediatisierung von Kommunikation und kommunikative Kompetenz

Unsere gesamte Gesellschafts- und Rechtsordnung basiert auf dem Bild eines Menschen, der in seiner sozialen Umwelt weitgehend seine eigenen Interessen verfolgen können soll. Dazu nimmt er Informationen auf, kommuniziert, bildet sich so Annahmen über die Umwelt und handelt kommunizierend. Information und Kommunikation sind grundlegend für die Persönlichkeitsentwicklung und die Entwicklung sozialer Beziehungen.

Im Zusammenhang mit der sogenannten Informations- und Kommunikationsgesellschaft werden Informationen jedoch in erster Linie als Ware und Rohstoff diskutiert. Die geplante Fernmeldeinfrastruktur soll die bisher der Kapitalverwertung entzogene direkte zwischenmenschliche Kommunikation mediatisieren und damit der Rationalisierung und Kommerzialisierung besser zugänglich machen. Technische Verbesserungen im Sinne von schneller, flexibler und mehr werden gleichgesetzt mit qualitativ verbesserter Information und Kommunikation.

Ohne Zweifel kann man durch die Möglichkeiten der Raum- und Zeitüberbrückung der Telekommunikation Zeit und Wege sparen und damit die Alltagskommunikation rationalisieren. Wie schon beim Telefon geht dabei jedoch auch stets etwas verloren. Wir sind jedoch nicht in der Lage und verbauen uns zudem oft noch die Möglichkeiten, diese Verluste zu erkennen und zu bewerten.

Dies tun Informatiker z.B. mit der These, Mensch und Computer seien strukturgleich in der Informationsverarbeitung wobei sie die Auseinandersetzung mit Wert- und Sinnfragen, die Verarbeitung von Gefühlen und Träumen als typisch menschliche Formen der Informationsverarbeitung gar nicht berücksichtigen (vgl. zu den Unterschieden zwischen Menschen und Computern u.a. VOLPERT 1985). Ebenso undifferenziert werden häufig Informationen mit Daten gleichgesetzt und die sprachwissenschaftlichen Unterscheidungen zwischen Zeichen, Nachrichten und Informationen nicht zur Kenntnis genommen (vgl. HEIBEY u.a. 1977). Der Zugriff auf eine bestimmte Menge von Daten bedeutet noch lange nicht für jeden Zugreifenden eine Information. Und wegen unveränderbarer Grundeigenschaften der heutigen Computer muß die Informationsverarbeitung durch Formalisierung und Standardisierung auf Datenverarbeitung reduziert werden. Das Arbeiten mit solchen Systemen und die Gewöhnung an deren Produkte wirken auf die Wahrnehmungs- und Ausdrucksformen des Menschen zurück und können bei intensivem Umgang zum Verlust gearde der Fähigkeiten führen, die den Menschen vom Computer unterscheiden. WEIZENBAUM (1980, S. 337 ff.) spricht vom "Imperialismus instrumenteller Vernunft", VOLPERT (1985) befürchtet eine Verarmung unserer Lebenswelt, FROMM (1981 eine "Entsinnlichung" und "Menschen wie Computer".

Ebenso problematisch ist die Gleichsetzung von Nachrichtentechnik mit Kommunikation. Die neuen Fernmeldenetze werden mit Kommunikationsbedürfnissen der Menschen oder der Gesellschaft begründet. Selten wird jedoch versucht, diese Bedürfnisse näher zu bestimmen. In der sozialwissenschaftlichen Literatur wird häufig die kommunikative Kompetenz als Schlüsselgröße für die Möglichkeiten eines Individuums angesehen, sich in seine Umwelt zu integrieren, seine Interessen zu artikulieren und in sozialen Beziehungen durchzusetzen. METTLER-MEIBOM (1986) hat untersucht, welche Voraussetzungen für die Entwicklung und Entfaltung kommunikativer Kompetenz erforderlich sind, wie technisch mediatisierte Individualkommunikation diese Voraussetzungen verändert und welche Risiken daraus für die kommunikative Kompetenz resultieren können (vgl. Abb. 4).

Das Ausmaß der Beeinträchtigung kommunikativer Kompetenz durch technisch vermittelte Individualkommunikation dürfte vor allem von der Intensität der Nutzung technischer Medien und von der Entwicklung der Bedingungen und Gelegenheiten für direkte zwischenmenschliche Kommunikation abhängen. Die Nutzungsintensität müßte für typische

Voraussetzungen für Erfahrungen (aktive Auseinandersetzung mit Umwelt) und kommunikative Kompetenz	Ansatz von Breitbandkommunikation, Informatisierung und Mediatisierung	Schwerpunkte erwartbarer Gefahren
Überschaubarkeit menschliches Maß	Herstellung medialer "künstlicher Nachbarschaften"	Vereinsamung Isolierung
Sinnlichkeit Körperlichkeit Kreatürlichkeit	Entmaterialisierung Entsinnlichung von Erfahrungen	Stress Krankheit
Der Mensch als Medium der Verständigung (Sprache, Gestus, Mimik, Körper)	Technik als Medium der Verständigung (Mensch-Maschine-Kommunikation, Formalisierung und Reduzierung von Inhalten der Verständigung) Fernsehen: Wirklichkeit aus zweiter Hand	Programmiertes, reduktionistisches zweckrationales Denken; Desorientierung über Wirklichkeit
Zeit	Entzug von Zeit	Langeweile Kreativitätsverlust
Chance zum Irrtum (soziale Schon - räume)	Kontrolle Vermeidung von Irrtum	Verhinderung kommunikativer Kompetenz Verhinderung solidarischen und autonomen Handelns
Sinnstiftendes Tun	Entzug von Sinn	Zunahme von Entfremdung Entzug von Sinn

Abb. 4: Beeinträchtigung kommunikativer Kompetenz durch technisch mediatisierte Individualkommunikation
(Quelle: Mettler-Meibom 1986, S. 140)

Bevölkerungsschichten über alle Anwendungen in allen Lebensbereichen erfaßt werden. Zu den Bedingungen für die direkte zwischenmenschliche Kommunikation gehören u.a. die im Bildungswesen vermittelten Kompetenzen sowie eine Reihe von Faktoren, die unter dem Sammelbegriff "Soziale Kommunikationsinfrastruktur" zusammengefaßt werden (öffentliche Einrichtungen für Begegnungen, öffentliche Verkehrsverbindungen, Städtebau, gelbe Post, Einrichtungen für die persönliche Inanspruchnahme von Dienstleistungen u.a.m.). Diese Bedingungen sind zwar zum größten Teil einzeln Gegenstand staatlicher Entscheidungen. Diese Entscheidungen werden jedoch kaum unter dem Gesichtspunkt der Begünstigung kommunikativer Kompetenz getroffen.

In seinem rechtspolitischen Aufsatz geht DÄUBLER (1986) auch auf die Frage nach der "rechtlichen Bewältigung der Gefahren elektronisch vermittelter Lebensformen" ein. Er sieht zwar eine Reihe von Gefahren, jedoch keine rechtlichen Ansatzpunkte. Aus dem

Grundrecht auf informationelle Selbstbestimmung leitet er nur global ab, die "Informationsgesellschaft" mit elektronisch vermittelten Lebensformen

"muß ein 'Angebot' bleiben, das man in Anspruch nehmen, auf das man aber auch verzichten kann, ohne deshalb zu einer benachteiligten Randgruppe zu gehören. Dies ist eine wichtige Vorgabe für jede Form des Ausbaus neuer Kommunikationssysteme, deren juristische Konkretisierung noch zu leisten ist." (S. 47)

Die Garantie, daß die Deutsche Bundespost keinen Anschlußzwang für das ISDN ausübt, reicht alleine angesichts der asymmetrischen Machtbeziehungen zwischen den Teilnehmern nicht aus. Vielmehr ist wie im Bereich der Massenkommunikation angesichts neuer technischer Mittel aus dem Kulturstaats- und Demokratiegebot des Grundgesetzes eine Verpflichtung des Staates abzuleiten, auch die Individualkommunikation vor einer Beherrschung durch die Gesetze des Marktes und die wirtschaftlich Stärkeren zu schützen und Bedingungen für die Entfaltung kommunikativer Kompetenz sicherzustellen. Dabei müßte u.a. die Kulturhoheit der Länder in den Entscheidungsverfahren über neue technische Systeme berücksichtigt werden (vgl. SCHERER 1985a, b).

5. Zur Notwendigkeit der Erprobung technischer Alternativen und eines demokratischen Entscheidungsverfahrens

Die vorangegangenen Ausführungen haben eine Reihe von Problemen und Regelungsdefiziten deutlich gemacht. Aus diesen kurzen Analysen folgt jedoch nicht ohne weiteres, ob in erster Linie technische, ökonomische oder rechtliche Maßnahmen besser geeignet sind, Ausmaß und Verteilung der Risiken beherrschbar zu machen. Die meisten geschilderten Probleme haben viele Bestimmungsfaktoren, unter denen die geplanten neuen Fernmeldenetze ein wichtiger sind. Wenn man den Nachdruck zum Indikator nimmt, mit dem Politiker und Herstellerindustrie den Netzausbau fordern, so muß es sich sogar um einen "Schlüsselfaktor" handeln. In der Situation eines keineswegs sozial beherrschten Einsatzes der IuK-Techniken wird eine technische Aufrüstung angestrebt, die bestehende Probleme verschärft und neue hinzufügt. Welche Maßnahme zur Risikobegrenzung am besten geeignet ist, ist keineswegs einfach zu entscheiden, da dafür komplexe Wirkungsvermutungen erforderlich sind, die weder im Labor noch im Feldversuch empirisch getestet werden können. Letztlich müssen verschiedene Kombinationen aus Fernmeldeinfrastruktur, rechtlichen Regelungen und kompensatorischen Maßnahmen gedanklich durchgespielt und nach den geltenden Normen verglichen werden. Dies wird zur Zeit in dem erwähnten Projekt "Optionen der Telekommunikationsinfrastruktur" versucht. Eine Weiterentwicklung des Anwendungsrechts und kompensatorische Maßnahmen werden inzwischen auch von Gewerkschaften und Kirchen gefordert. Das technische Konzept und das Einführungsverfahren werden jedoch kaum hinterfragt. Daher soll auf diese beiden Punkte kurz eingegangen werden.

6.1. Zur Notwendigkeit der Erprobung technischer Alternativen

Unmittelbar technikbezogene Konsequenzen wurden in Abschnitt 5.2. für das ISDN und in Abschnitt 5.3. für das IBFN gezogen. Für das IBFN war die Konsequenz klar: Wegen fehlender medienrechtlicher Beherrschbarkeit bei individuellem Fernsehabruf, aber auch wegen einer enormen Verletzbarkeit durch die Konzentration aller Nachrichtenformen in einem Netz ist diese letzte Ausbaustufe abzulehnen. Stattdessen muß es bei der Verteilung unterschiedlicher Nachrichtenformen auf verschiedene Netze bleiben. Insbesondere müssen Telefon und Rundfunkempfang über völlig unabhängige Systeme mit jeweils unterschiedlicher Stromversorgung möglich bleiben, damit in Notsituationen bei der Störung eines Systems eine Erreichbarkeit durch das jeweils andere sichergestellt ist.

Hinsichtlich des Problems der Verbindungsdaten im ISDN ist eine eindeutige Antwort schwieriger. Vertreter eines Herstellers der Vermittlungstechnik behaupten, zu entsprechend höheren Preisen eine flexiblere Software erstellen zu können, die die Wählbarkeit der Zusatzdienstemerkmale (insbes. Identifizieren) zwischen den Diensten und innerhalb eines Dienstes erlaubt. Vertreter anderer Unternehmen bezweifeln, ob eine derart komplexe Software betriebssicher entwickelt werden kann.

Ich selbst habe als Alternative den Einsatz von zwei parallelen Vermittlungssystemen vorgeschlagen, von denen das eine mit festgeschalteter Mikroelektronik anonym vermittelt (wie heute im Fernsprechnetz), während das andere speicherprogrammiert vermittelt und alle Zusatzmerkmale mit den entsprechenden Protokollationen vorsieht (KUBICEK und ROLF 1986, S. 322 ff.). Dieser Vorschlag wird zwar teilweise als technisch nicht machbar kritisiert. Ich stütze mich jedoch auf die Aussage in der Broschüre eines Herstellers:

"Beim Beginn der Entwicklung eines Systems ist es keinesfalls festgelegt, welche Funktionen später in Hardware und welche in Software realisiert werden. Diese Entscheidung ist im Entwicklungsprozeß weiter nach hinten verlegt worden" (SEL 1985, S. 15).

Einen anderen Vorschlag haben PFITZMANN u.a. (1986) gemacht. Danach sollen im Netz nur transparente Kanäle zur Verfügung gestellt werden und alle Steuerungen von Endgerät zu Endgerät erfolgen. Dann würde von dem Endgerät des angerufenen Teilnehmers signalisiert, daß eine Identifizierung gewünscht wird, und der Anrufer könnte entscheiden, ob er seine Nummer bekannt gibt oder auf die Verbindung verzichtet.

Beide Vorschläge haben unterschiedliche Konsequenzen für die Funktionsverteilung auf die Vermittlungsstellen und die Endgeräte und damit auch auf die Kosten. Eine abschließende Bewertung kann hier nicht erfolgen. Bevor langfristige Systementscheidungen getroffen werden, müßten diese und vielleicht noch andere Möglichkeiten erprobt und einer umfassenden vergleichenden Bewertung unterzogen werden. Die für 1987 geplanten ISDN-Versuche in Stuttgart und Mannheim bieten dazu eine Gelegenheit.

5.2. Zur Notwendigkeit eines parlamentarischen Entscheidungsverfahrens

Die derzeitigen Maßnahmen und Planungen zur Änderung von Netzen und zur Einführung neuer Fernmeldedienste basieren auf Verordnungen des Bundespostministers (BMP), zu denen dieser durch § 14 Postverwaltungsgesetz ermächtigt wird. Während die Bundesregierung in der Antwort auf eine große Anfrage der Fraktion Die Grünen alle Zweifel an der Rechtmäßigkeit dieser Grundlage zurückweist (DEUTSCHER BUNDESTAG 1986, I, S. 2), hat der Bundesbeauftragte für den Datenschutz in seinem letzten Tätigkeitsbericht solche Zweifel genährt. Bezugnehmend auf den Entwurf für eine Telekommunikationsordnung (TKO), die eine Reihe bisheriger Einzelverordnungen zusammenfassen und darüber hinaus das Benutzungsrecht für ISDN-Dienste regeln soll, schreibt er:

"Beim Erlaß einer Benutzungsordnung wie der TKO stützt sich der BMP auf das Postverwaltungsgesetz (PostVwG), das ihn ermächtigt, "die Rechtsverordnungen über die Bedingungen ... für die Benutzung der Einrichtungen des Post- und Fernmeldewesens" zu erlassen (§ 14 PostVwG). Nach der Wesentlichkeitstheorie des Bundesverfassungsgerichtes hat jedoch der "Gesetzgeber ... in grundlegenden normativen Bereichen, zumal im Bereich der Grundrechtsausübung, ... alle wesentlichen Entscheidungen selbst zu treffen" (BVerfGE, 49, S. 126). Neue Kommunikationsdienste wie Btx und TEMEX schaffen eine Infrastruktur, die zumindest geeignet ist, Persönlichkeitsrechte zu beeinträchtigen.
Ich halte daher eine Prüfung für erforderlich, ob § 14 PostVwG als ausreichende Rechtsgrundlage für die Einführung und Regelung solcher neuer technischer Kommunikationsdienste anzusehen ist." (DER BUNDESBEAUFTRAGTE FÜR DEN DATENSCHUTZ 1985, S. 20)

Inzwischen wurden diese Bedenken auch von den Landesdatenschutzbeauftragten geäußert (KONFERENZ DER DATENSCHUTZBEAUFTRAGTEN 1986). Zunächst sind sie jedoch nur formaler Art. Der formale Rechtsmangel könnte geheilt werden, wenn das Parlament die Inhalte bisheriger und zukünftiger Verordnungen als Gesetz verabschiedet. Da mit Telekommunikationsdiensten jedoch, wie oben gezeigt, neue Transaktionsformen ermöglicht werden, die für den Anwendungsbereich geltendes Recht in seiner Wirksamkeit berühren, ist unter rechtsstaatlichen Zielsetzungen eine weitergehende Regelung erforderlich (vgl. EURICH u.a. 1985, SCHERER 1985a, b, STEINMÜLLER 1985, KUBICEK und ROLF 1986). Der Gesetzgeber könnte sich selbst bei einer Novellierung des Postverwaltungsgesetzes verpflichten, geplante Dienste einer Prüfung im Hinblick auf das für den Anwendungsbereich geltende Recht (Arbeitsrecht, Verbraucherrecht usw.) zu unterziehen und den gewünschten Zustand durch Modifikationen dieses Rechtes und/oder der Dienste herzustellen. Dazu müßten allerdings die Dienste anwendungsnäher als bisher definiert werden. Anstelle eines Datenfernübertragungsdienstes müßte ein Tele-Banking-, ein Tele-Arbeits-, ein Informationsabruf-Dienst definiert werden. Damit könnte auch das derzeitige Planungsdefizit behoben werden und ein differenziertes Eingehen auf die Teilnehmerbedürfnisse erreicht werden.

In diesem Sinne wurde in Abb. 3 eine Koordination von Infrastrukturgestaltung und rechtlichen Vorgaben für Anwendungen sowie die Möglichkeit angedeutet, daß aus der Feststellung von rechtlichen Regelungsdefiziten Anforderungen an die technische Infrastrukturgestaltung abgeleitet werden. Die Telekommunikationsordnungspolitik müßte solche Verbindungen rechtlich vorsehen. Die im Grundgesetz verankerte Fernmeldehoheit bietet dazu eine gute Ausgangsbasis.

Die öffentliche Diskussion über die Ordnungspolitik im Fernmeldewesen zielt jedoch in eine andere Richtung. Angesichts neuer Gewinnchancen kritisieren Wirtschaftsverbände und Datenverarbeitungsunternehmen die innovationsbehindernde Einmischung "der Politik", die sich anmaße, über die Kommunikationsbedürfnisse von Wirtschaft und Gesellschaft zu entscheiden und die Deutsche Bundespost mißbrauche (vgl. z.B. BUNDESVERBAND DER DEUTSCHEN ARBEITGEBERVERBÄNDE 1986). In diesen Deregulierungsforderungen kommt ein erschreckendes Demokratieverständnis zum Ausdruck. Wer denn sonst als das

Parlament soll angesichts der tiefen Eingriffe, die mit jeder Entscheidung über die Fernmeldeinfrastruktur in die Verteilung der Lebenschancen aller Bürger verbunden sind, solche Entscheidungen treffen?

Allerdings dürfte es vielen Bürgern zur Zeit schwerfallen, angesichts der Risikoverharmlosung und des Verzichts auf Risikobegrenzung durch die Deutsche Bundespost die Chancen der öffentlich-rechtlichen Verankerung zu erkennen und sich für deren Erhalt und Ausbau einzusetzen. Dazu müßte die Deutsche Bundespost eine Folgenabschätzung aktiv unterstützen und ihre Entscheidungen parlamentarischer Kontrolle unterziehen. Wenn auf eine Koordination technischer und sozialer Innovationen unter Beachtung des Sozialstaats-, Rechtsstaats- und Kulturstaatsgebotes verzichtet wird, so wird die "Informationsgesellschaft" nicht die versprochenen Verbesserungen für die Mehrheit der Arbeitnehmer und übrigen Bürger bringen. Vielmehr wird so den Privatisierungsbestrebungen Vorschub geleistet und die Chance zu einer demokratischen Steuerung des wirtschaftlichen und gesellschaftlichen Strukturwandels leichtfertig verspielt.

Einer der bekanntesten Propheten der Informationsgesellschaft, Alvin Toffler, verweist darauf, daß der Übergang von der Agrar- zur Industriegesellschaft nicht gerade friedlich verlaufen ist. Für den Fall, daß die derzeitigen "Eliten" nicht sorgfältiger und umsichtiger mit dem Einsatz neuer Techniken umgehen und freiwillig etwas von ihrer Macht abgeben, mag er schwierige Zeiten nicht ausschließen (TOFFLER 1980, S. 438).

Durch die derzeitige maß- und sorglose Strategie der Einführung von Telekommunikationssystemen, die sich alleine an privaten Kapitalverwertungsmöglichkeiten orientiert, wird Technikfeindlichkeit erst erzeugt. Sie gefährdet nicht nur den sozialen Frieden, sondern provoziert auch Gegenreaktionen, die heute schon bis zur Sabotage reichen. Mit jeder weiteren Konzentration von Diensten in einem Netz und immer dichterer zwischenbetrieblicher Integration von Rechnernetzen wird das technische Rückgrat der Informationsgesellschaft immer verletzlicher. Anwendungen der Informationstechnik ermöglichen zwar auch eine "vorbeugende Gefahrenabwehr" (HEROLD). Maschinenlesbarer Personalausweis und sogenannte Sicherheitsgesetze zeigen, daß der Staat dieser "Bedrohung" auch entgegentreten will. Dies kann und darf jedoch nicht der Kurs sein, mit dem ein demokratischer Rechtsstaat versucht, seine gegenwärtige wirtschaftliche Strukturkrise zu überwinden.

Nach den Erfahrungen mit der Kernenergie ist es schwierig zu hoffen, daß die großen politischen Parteien bei dem seit Jahren gemeinsam betriebenen Einstieg in die Informatisierung der Gesellschaft und die telematische Integration dieses Mal vorausschauend Risiken begrenzen. Als eine der ganz wenigen Möglichkeiten zu einer Kurskorrektur sehe ich eine Verfassungsklage gegen die Rechtsgrundlage der derzeitigen Ausbaumaßnahmen der Deutschen Bundespost. Vielleicht findet sich bald auch ein Kläger.

Literatur

ARNOLD, F.: Die künftige Entwicklung der öffentlichen Fernmeldenetze in der Bundesrepublik Deutschland und ihre Auswirkungen auf den Benutzer. SCS-Unternehmensberatung. Hamburg 1984

BAHL, V.: Telematische Gesellschaft - wozu? In: Hörfunk, Fernsehen, Film (HFF), 12/1985, S. 13 ff.

BRINCKMANN, H.: Rechtliche und politische Kontrolle einer neuen Infrastruktur. Vortrag auf der 5. Jahrestagung der Gesellschaft für Rechts- und Verwaltungsinformatik am 7./8. November 1985 (Veröffentlichung in Vorbereitung)

BUNDESBEAUFTRAGTER FÜR DEN DATENSCHUTZ: Achter Tätigkeitsbericht des Bundesbeauftragten für den Datenschutz, Deutscher Bundestag, Drucksache 10/4690 vom 17.1.1986

BUNDESMINISTER FÜR DAS POST- UND FERNMELDEWESEN, STAB 202: Konzept der Deutschen Bundespost zur Weiterentwicklung der Fernmeldeinfrastruktur. Bonn 1984

BUNDESMINISTER FÜR DAS POST- UND FERNMELDEWESEN: Mittelfristiges Programm für den Ausbau der technischen Kommunikationssysteme. Bonn 1985

BUNDESVERBAND DEUTSCHER ARBEITGEBERVERBÄNDE sowie sieben Wirtschaftsverbände: Fragen der staatlichen Aufgabenstellung und der Organisation im Fernmeldewesen. Stellungnahme für die Regierungskommission "Fernmeldewesen". Januar 1986

CASH, J.J. und B.R. KONSYNSKI: Die Datenkommunikation verändert den Wettbewerb. In: Harvard Manager, 4/1985, S. 54 ff.

DÄUBLER, W.: Gestaltung neuer Technologien durch Recht? In: Zeitschrift für Rechtspolitik, 19. Jg. 1986, S. 42 ff.

DEUTSCHER BUNDESTAG: Antwort der Bundesregierung auf die Große Anfrage der Fraktion DIE GRÜNEN. Ausbau der fernmeldetechnischen Infrastruktur I-III. Drucksache 10/5144-5146 vom 5.3.1986

DEUTSCHER GEWERKSCHAFTSBUND. Arbeit und Technik. Neue Informations- und Kommunikationstechniken. Eine Stellungnahme des DGB Düsseldorf 1984

DEUTSCHE POSTGEWERKSCHAFT: Positionspapier der DPG zum technologischen Wandel. Frankfurt 1986 (veröffentlicht unter dem Titel "Die neue Technik darf nicht nur den Kapitalinteressen dienen", Frankfurter Rundschau vom 5. Mai 1986)

ELIAS, D., zitiert in: Zeitschrift für das Post- und Fernmeldewesen, 3/1983, S. 6 f.

EURICH, C. u.a.: Informationstechnik und Kommunikationspolitik. Entwicklungstendenzen, Risiken und Alternativen. 103 Thesen von Claus Eurich, Herbert Kubicek, Bernd-Peter Lange, Jürgen Prott, Axel Zerdick. Gutachten erstellt im Auftrag der Deutschen Postgewerkschaft, Hauptvorstand. Frankfurt a.M. 1985

FROMM, E.: Die Revolution der Hoffnung. Für eine Humanisierung der Technik. Frankfurt a.M. 1981

GENSCHER, H.D.: "Der politische Liberalismus rückt wieder ins Zentrum". Eine Rede des Bundesministers des Auswärtigen, Hans-Dietrich Genscher: "Zukunftschancen für eine freiheitliche Gesellschaft." Frankfurter Rundschau vom 4.5.1985 (Dokumentation)

HEIBEY, H.W., B. LUTTERBECK und M. TÖPEL: Organisatiorische Konsequenzen des EDV-Einsatzes. In: Hansen, H.R., K.T. Schröder und H.J. Weihe (Hrsg.): Mensch und Computer. München und Wien 1979, S. 268 ff.

JAENICKE, M.: Wie das Industriesystem von seinen Mißständen profitiert. Opladen 1979

KONFERENZ DER DATENSCHUTZBEAUFTRAGTEN DES BUNDES UND DER LÄNDER: Beschluß zum Entwurf einer Telekommunikationsordnung. April 1986

KUBICEK, H.: Milliarden-Investitionen und Übergang zur Informationsgesellschaft. Probleme der sozialen Beherrschbarkeit integrierter Fernmeldenetze. Frankfurter Rundschau vom 22. und 23. August 1984 (Dokumentation)

KUBICEK, H.: Die sogenannte Informationsgesellschaft. In: Altvater, E. u.a.: Arbeit 2000. Hamburg 1985(a), S. 76 ff.

KUBICEK, H.: Neue Technologien - neue Aufgaben der Mitbestimmung. In: Die Mitbestimmung, 1/1985(b), S. 44 ff.

KUBICEK, H.: Kabel im Haus - Satellit überm Dach. 2. Aufl., Reinbek 1985(c)

KUBICEK, H.: Wirkungen der neuen Telekommunikationsdienste bei den Anwendern unter besonderer Berücksichtigung des ISDN. In. SCHNÖRING, T. (Hrsg.): Gesamtwirtschaftliche Effekte der Informations- und Kommunikationstechnologien. Heidelberg-New York-Tokio 1986, S. 97 ff.

KUBICEK, H. und A. ROLF: Mikropolis. Mit Computernetzen in die Informationsgesellschaft. 2. Aufl., Hamburg 1986

LANGE, B.P., H. KUBICEK, J. REESE und U. REESE: Sozialpolitische Chancen der Informationstechnik. Zur staatlichen Förderung einer Sozialen Informationstechnologie. Frankfurt/New York 1982

MERTENS, P.: Zwischenbetriebliche Integration der EDV. In: Informatik Spektrum, 8/1985, S. 81 ff.

METTLER-MEIBOM, B.: Breitbandtechnologie. Über die Chancen sozialer Vernunft in technologie-politischen Entscheidungsprozessen. Opladen 1986

PFITZMANN, A., B. PFITZMANN und M. WAIDNER: Technischer Datenschutz in diensteintegrierenden Digitalnetzen - Warum und wie? Institut für Informatik, Universität Karlsruhe, Karlsruhe 1986

PRESSE- UND INFORMATIONSAMT DER BUNDESREGIERUNG: Hannover-Messe Industrie '86. Eröffnungsansprache des Bundespräsidenten. Bulletin, Nr. 35 vom 11. April 1986, S. 271 ff.

REESE, J., H. KUBICEK, B.P. LANGE, B. LUTTERBECK und U. REESE: Gefahren der informationstechnologischen Entwicklung. Perspektiven der Wirkungsforschung. Frankfurt/New York 1979

ROSENBROCK, K.H.: ISDN - eine folgerichtige Weiterentwicklung des digitalen Fernsprechnetzes. In: Schwarz-Schilling, Ch. und U. Florian (Hrsg.): Jahrbuch der Deutschen Bundespost, 35. Jg. 1984, S. 509 ff.

SCHERER, J.: Telekommunikationsrecht und Telekommunikationspolitik. Baden-Baden 1985(a)

SCHERER, J.: Einrichtung neuer Telekommunikationsdienste im Zeitalter der Telematik. In: Zeitschrift für Urheber- und Medienrecht/Film und Recht, 10/1985, S. 472 ff.

SCHEUCH, E.K.: Vor dem Ende der Massenkommunikation. In: Wirtschaftswoche, 9/1983, S. 33

SCHWARZ-SCHILLING, C.: Auf dem Weg in eine Kommunikationsgesellschaft - eine Herausforderung unserer Zeit. Vortrag auf dem Fachkongreß "Neue Medien" der Konrad-Adenauer-Stiftung am 31. August 1983, sowie die veröffentlichte Kurzfassung "Die zukünftige Kommunikationsgesellschaft". In: Der Landkreis, 8-9/1983, S. 380

SCHWARZ-SCHILLING, C.: Ziele und Planungen der Deutschen Bundespost für die Weiterentwicklung der Kommunikationsnetze und ihrer Anwendungen. In: Zeitschrift für das Post- und Fernmeldewesen, 4/1986, S. 4 ff.

SIMITIS, S.: Reicht unser Datenschutzrecht angesichts der technischen Revolution? In: Informationsgesellschaft oder Überwachungsstaat. Symposium der Hessischen Landesregierung. Protokollband. Wiesbaden 1984, S. 27 ff.

SEL: Unser Beitrag zur Informationsgesellschaft. Geschäftsbericht 1984 der Standard Elektrik Lorenz AG. Stuttgart 1985, S. 15

STEINMÜLLER, W.: Die Zweite industrielle Revolution hat eben begonnen. In: Die erfaßte Gesellschaft. Kursbuch 66, Berlin 1981, S. 152 ff.

STEINMÜLLER, W.: Soziale Beherrschbarkeit offener Netze. In: ÖVD/Online, 10/1985, S. 146 ff.

TOFFLER, A.: Die Zukunftschance. Von der Industriegesellschaft zu einer humanen Zivilisation. München 1980.

ULRICH, O.: Informationstechnik und gesellschaftliche Zukünfte. Optionen zwischen Telematik und Wertewandel. In: Aus Politik und Zeitgeschichte, B 9/85 vom 2. März 1985, S. 41 ff.

ULLRICH, O.: Sammelbesprechung "Informationsgesellschaft". Soziologische Revue (Veröffentlichung in Vorbereitung)

VOLPERT, W.: Zauberlehrlinge. Weinheim 1985

WEIZENBAUM, J.: Die Macht der Computer und die Ohnmacht der Vernunft. Frankfurt a.M. 1980

Auswirkungen des Einsatzes von Bildschirmtext auf die Beschäftigten im Dienstleistungssektor

Klaus-Dieter Heß
Ulla Schwitalla
Friedrich Wicke

Forschungsgruppe Computer und Arbeit
Fachbereich Informatik
Universität Dortmund

Gliederung:

Vorbemerkung: Der vorliegende Beitrag faßt Ergebnisse von zwei durch die Forschungsgruppe Computer und Arbeit durchgeführten Projekten zusammen. Die zugrundeliegenden Forschungsberichte einschließlich weiterführender Quellen sind den Literaturangaben am Ende des Beitrags zu entnehmen.

1. Einleitung

Mit der Inbetriebnahme des Leitrechners in Ulm und der Installierung der Bildschirmtext-Zentralen durch die Deutsche Bundespost wurde das Bildschirmtext-System Mitte 1984 nach zweijährigen Pilotversuchen und einer halbjährigen eingeschränkten Nutzung bundesweit verfügbar.
Das Bildschirmtext-System zeichnet sich durch folgende grundlegenden Charakteristika aus (vgl. auch Abb. 1):

- Das Btx-System baut auf existierenden Netzen (dem Fernsprechnetz zwischen Teilnehmern und Vermittlungszentralen und dem Datex-P-Netz zwischen Btx-Zentralen und externen Rechnern) auf und kombiniert herkömmliche Technologien (wie Telefon, Fernsehgerät und vorhandene Rechenanlagen) in neuartiger Weise miteinander. Von der technischen Seite her verfügt das Btx-System damit über ein außerordentliches Durchsetzungspotential.
- Da Btx - anders als die herkömmlichen Datenübertragungsnetze - ein vollkommen offenes Netz darstellt, ermöglicht es erstmals zu relativ geringen Kosten die flächendeckende Vernetzung von privaten Haushalten und Unternehmensrechnern. In bestimmten Fällen (siehe 3.2) gestattet es einen ökonomischen Datenaustausch zwischen verschiedenen Unternehmen oder Unternehmensbereichen (Inhouse-/interne Kommunikation). Auf dieser Grundlage eröffnen sich den Unternehmen - wie noch zu zeigen ist - durch Einsatz von Btx große Rationalisierungspotentiale.

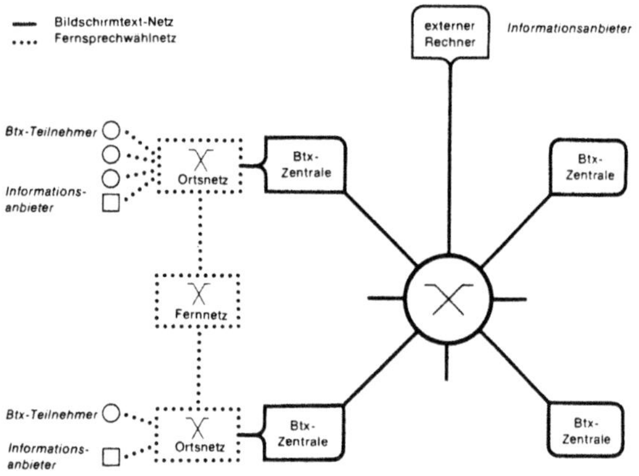

Abb. 1: Das Bildschirmtext-Netz
Quelle: BUNDESPOST (1977, 25), verändert

2. Prinzipielle Einsatzmöglichkeiten von Btx für Informationsanbieter aus dem Dienstleistungssektor

Bildschirmtext kann für die Informationsanbieter aus dem Dienstleistungssektor folgende prinzipielle Funktionen erfüllen:

- Btx als Instrument zur Information und Werbung

  Informationsanbieter können auf Produkte und Dienstleistungen aufmerksam machen und kundenunabhängige Service- und Beratungsinformationen liefern. Beispiele sind Fahrplanauskünfte, Veranstaltungshinweise, Öffnungszeiten, Reiseangebote, Verkaufsangebote des Versandhandels, Kurse und Zinsinformationen, Modellrechnungen für Bankkredite, Leistungsspektrum von Versicherungen.

- Btx als Instrument zur Kundeninteraktion

  Individuelle kundenspezifische Informationen aus dem Datenbestand des Informationsanbieters können abgerufen, verändert oder neu eingegeben werden. So können z.B. kundenbezogene Service- und Beratungsdienste, Bestellungen, Verkäufe, Schadensmeldungen, Buchungen, Reservierungen, Kontostandsabfragen, Geldanweisungen und Ummeldungen abgewickelt werden.

- Btx als Mittel zur internen Kommunikation

  Öffentlich zugängliche Btx-Dienste, aber auch Dienste innerhalb geschlossener Benutzergruppen, durch die der Informationsanbieter die Kommunikationspartner auf bestimmte Teilnehmer beschränkt, können intern zur Kommunikation zwischen Unternehmen (gewerbeintern) bzw. Unternehmensbereichen (unternehmensintern) genutzt werden. Beispiele für die interne Kommunikation sind Bestellungen des Einzelhandels beim Großhandel, Buchungen der Reisebüros bei Reiseveranstaltern, die Kommunikation zwischen zentralen und dezentralen Verwaltungs- oder Vertriebsstellen bei Versicherungen, Bausparkassen usw.

Die Abb. 2 zeigt die derzeitigen und zukünftigen Nutzungsschwerpunkte für Btx in den hier betrachteten Branchen. Darin wird deutlich, daß die realisierte Btx-Nutzung in allen Branchen im Bereich Information und Werbung liegt, sich aber mittel- und langfristig auf andere Nutzungsbereiche verlagern wird.
Im Btx-System werden zur Zeit 40000 Teilnehmer, 4500 Anbieter und 170 externe Rechner gezählt. Die aktuelle Verbreitung von Btx, die bezüglich der Beteiligung der privaten Haushalte weit unter allen Prognosen liegt, zeigt noch einmal deutlich, daß die Einführung von Btx keinesfalls einem Bedarf der privaten Haushalte entspringt, sondern daß hier fast ausschließlich die Interessen der Unternehmen maßgeblich waren. Allerdings wird die Nutzungsbereitschaft der Haushalte sich u.a. mit sinkenden Kosten (Decoderpreise, Modemgebühren) langfristig zugunsten von Btx verändern.

Wegen der zur Zeit noch geringen Verbreitung in den privaten Haushalten wird sich der mittelfristige Schwerpunkt der Btx-Nutzung in einigen Branchen von der Kommunikation mit privaten Haushalten auf die unternehmensinterne und innergewerbliche Kommunikation verlagern, wie beispielhaft an Kreditinstituten und Versicherungen noch gezeigt wird.

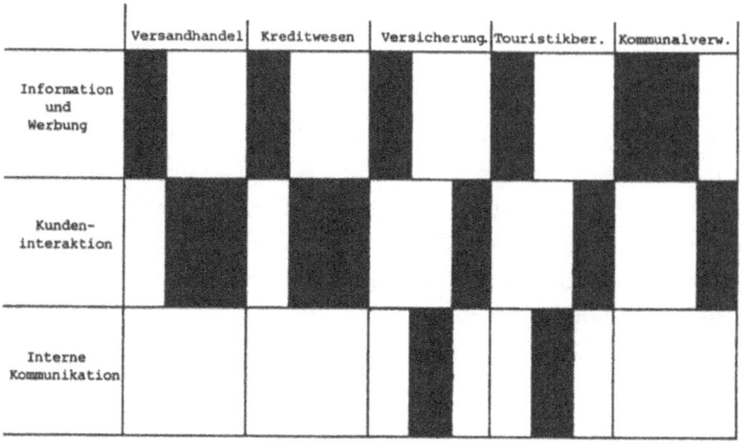

Abb. 2: Schwerpunkte der Btx-Nutzung in verschiedenen Branchen

In Anlehnung an BIERHALS u.a. (1982) wird als Mittelfristperspektive der Zeitraum bis zum Erreichen einer Btx-Verbreitung von etwa 10% der bundesdeutschen Haushalte (ca. 2 Mio) festgelegt. Dies wird nach neueren Prognosen nicht vor 1990 der Fall sein.

3. Auswirkungen des Btx-Einsatzes auf die Beschäftigten im Dienstleistungsbereich

3.1 Bildschirmtext als Trendverstärker

Aufgrund seiner geringen Kosten erschließt Bildschirmtext als gewerbeinternes Informations- und Interaktionsinstrument der EDV neue Einsatzpotentiale in Bereichen, in denen herkömmliche EDV-Technologien mit vergleichbarem Leistungsspektrum nicht wirtschaftlich betrieben werden konnten. Dies gilt vor allem für kleinere und kleinste Unternehmen und Unternehmensbereiche wie z.B. kleinere Einzelhandelsunternehmen, Reisebüros, Katalogagenturen, Versicherungsagenturen, Kleinfilialen usw.

Um die durch Btx erschließbaren Rationalisierungspotentiale voll ausschöpfen zu können, sind betrieblich z.T. umfangreiche Veränderungen in der Organisation der Datenverarbeitung (z.B. Umstellung von Stapel- auf Dialogverarbeitung) erforderlich. In Betrieben mit geringem EDV-

Durchdringungsgrad müssen darüberhinaus dem Btx-Einsatz vor- bzw. nachgelagerte Arbeitsbereiche zunächst erst einmal mit Hilfe von EDV organisiert oder automatisiert werden (in Versandhandelsunternehmen beispielsweise die Lagerverwaltung).

Der Einsatz von Btx in den Betrieben erhöht so insgesamt die Anzahl der Beschäftigten, die mit dem Einsatz von EDV-gestützten Systemen konfrontiert sind, und verstärkt damit die bekannten, negativen Auswirkungen auf die Arbeit zumindest hinsichtlich der Anzahl der betroffenen Beschäftigten: Btx wirkt als "Trendverstärker". Die mit - im Sinne der Unternehmen - optimalem Einsatz von Btx einhergehende Standardisierung von Tätigkeiten und Dienstleistungen begünstigt zusätzlich weitere betriebliche EDV-Anwendungen sowie arbeitsorganisatorische Rationalisierungsmaßnahmen und verstärkt somit nochmals den oben ausgeführten Trend sowie die negativen Auswirkungen auf die Beschäftigten.

Über diese trendverstärkende Wirkung hinaus sind Btx-spezifische Auswirkungen auf die Beschäftigten in Bezug auf Arbeitsplatzsicherheit und Arbeitsmarktsituation, Arbeitsinhalte und Qualifikationen sowie Belastungen und Beanspruchungen zu verzeichnen. Sie sollen im folgenden ausgeführt werden.

3.2 Auswirkungen von Btx auf die Arbeitsplatzsicherheit

Btx-Anbieter betonen häufig, daß der Btx-Einsatz keine Arbeitsplatzeinsparungen bewirke und verweisen auf im Zusammenhang mit Btx neu entstehende Arbeitsplätze. Tatsächlich mit der Erstellung der Btx-Dienste neu erforderlich werdende Arbeiten haben aber nur geringfügige positive Beschäftigungseffekte:
Für die Entwicklung eines Btx-Konzepts und der dazu gehörenden Dienste sowie die Pflege und Aktualisierung der Btx-Seiten war während der Feldversuche und ist derzeit bei der Mehrzahl der Anbieter nur ein Mitarbeiter erforderlich; Neueinstellungen für Btx-spezifische Arbeiten werden kaum vorgenommen. Darüberhinaus werden diese Tätigkeiten häufig an Spezialunternehmen, sogenannte Btx- Agenturen vergeben. Demgegenüber ist mittel- bis langfristig im Gefolge des Btx-Einsatzes insbesondere im Dienstleistungssektor mit erheblichen Arbeitsplatzeinbußen zu rechnen. Sie sind im wesentlichen auf folgende Ursachen zurückzuführen:

1. Btx ermöglicht die Verlagerung von Dienstleistungen auf die Kunden (elektronische Kundenselbstbedienung):
Btx treibt die bereits lange bestehenden, in den letzten Jahren durch Computer-Technologien (z.B. Geldausgabeautomaten) forcierten Tendenzen zur Kundenselbstbedienung voran: Datenerfassungstätigkeiten, die Bearbeitung von Auskünften und Anfragen und Beratungen können über Btx abgewickelt werden - und zwar sowohl von privaten Konsumenten als auch von gewerblichen Kunden (z.B. Einzelhändler, Firmenkundschaft).
Der Umfang der Arbeitsplatzeinsparungen durch Kundenselbstbedienung ist in der Dienstleistungsbranche insgesamt naturgemäß von der Btx-Nutzung durch die Massenkundschaft, d.h. die privaten Haushalte, abhängig.
2. Btx dient zur Rationalisierung der internen Kommunikation:
Als internes Kommunikationsmittel kann Btx insbesondere zwischen Zentralen der Unternehmen und Filialen/Außendienst eingesetzt werden und ersetzt herkömmliche Informationssysteme, u.a. Telefon und Briefpost. Btx ist Alternative zu herkömmlichen Datenfernverarbeitungssystemen, wenn umfangreiche Datenbestände zentral gespeichert sind, der Direktzugriff im Dialog für viele dezentrale Stellen erforderlich ist, aber jeweils nur geringe Datenmengen übertragen werden müssen.
Betroffen sind hier zunächst Beschäftigte in den Zentralen, Angestellte im Schreib-, Boten- und Postdienst sowie Sachbearbeiter in der Hauptverwaltung, deren Tätigkeiten mithilfe von Btx teilweise oder vollkommen automatisiert werden, mittel- bis langfristig aber auch Beschäftigte im Vertrieb.

Versandhandel

Das starke und frühzeitige Btx-Engagement von Versandhandelsunternehmen läßt sich vor allem darauf zurückführen, daß privaten Haushalten mit Btx der Online-Zugriff auf die Vertriebsrechner der Versandhäuser ermöglicht werden kann. Dem Versandhandel steht damit ein Medium zur Verfügung,

- das grundsätzlich alle Vorteile bietet, die den Fernkauf ohnehin auszeichnen (z.B. keine Ladenschlußzeiten, keine Anfahrtswege usw.),
- das einen wesentlichen Teil der versand-spezifischen Nachteile kompensiert (z.B. durch unmittelbare Rückmeldung bei vergifteten Artikeln, Offerierung von Alternativangeboten, Anzeigen kurzfristiger Preisänderungen usw.),
- und das darüber hinaus die Rationalisierung des Bestellwesens ermög-

licht, weil Teile davon auf die Kunden ausgelagert werden.

Für die Beschäftigten im Versandhandel wird die breite Nutzung von Btx als Mittel zur Information und Werbung, insbesondere aber als Mittel zur Kundeninteraktion gravierende negative Beschäftigungseffekte zur Folge haben: Sämtliche im Bereich des Bestellwesens - hier waren 1983 10% der Beschäftigten des Versandhandels tätig - anfallenden Tätigkeiten werden auf die Kunden abgewälzt:

Tätigkeiten in Kurierdienst, Postauftragsannahme, Postsortierung, Auftragsvorbereitung, Datenerfassung und Auftragsnachbereitung, die beim schriftlichen Bestellvorgang noch erforderlich waren, entfallen bei der Bestellung über Btx; gegenüber der telefonischen Bestellung werden bei Bestellung mit Btx Beratungs- und Datenerfassungstätigkeiten in den Telefonbestellannahmen durch elektronische Kundenselbstbedienung substituiert. Bereits mittelfristig werden im Bestellwesen negative Beschäftigungseffekte durch die interne Nutzung von Btx als Kommunikations- und Interaktionsinstrument zwischen Sammelbestellern, Katalogagenturen, Bestellshops und den Versandhauszentralen zu verzeichnen sein.

Kreditinstitute

Die Kreditbranche eignet sich besonders gut für den Einsatz von Btx, da die meisten ihrer Dienstleistungen sich in Form von Zahlen oder Kurz-Textpassagen darstellen lassen. So stammt inzwischen fast jeder vierte Anbieter aus der Kreditbranche, etwa 600 Banken und Sparkassen sind im Btx-System und wickeln mehr als 30000 Btx-Konten ab.

Das große Interesse der Banken und Sparkassen am Btx-Einsatz entspringt besonders den damit verbundenen Möglichkeiten zur Rationalisierung des standardisierbaren Mengengeschäfts, zur Geschäftsausweitung ohne maßgeblichen Personalausbau sowie zur kostengünstigen Anbindung der Firmenkundschaft (und des Außendienstes bei Bausparkassen) an die zentrale EDV.

Bildschirmtext wirkt hier als zusätzliche Komponente (zu Geldausgabeautomaten, Point-of-Sale-Systemen, Mehrfunktionsterminals, Kontoauszugsdruckern) innerhalb des Selbstbedienungskonzeptes der Kreditinstitute.

In der Verlagerung von Arbeiten aus dem kundennahen Bereich der Institute - zu 80% Routinetätigkeiten - unmittelbar auf die Kunden (Kundenselbstbedienung) liegen die wesentlichen Auswirkungen von Btx auf die

Beschäftigten begründet: Durch Btx-Einsatz zur Information und Werbung (z.B. Informationen über Institut, Leistungsprogramm, Filialnetz sowie Service- und Beratungsinformationen beispielsweise zu Zinskonditionen, Wertpapier- und Devisenkursen) werden Teile der herkömmlichen Korrespondenz und Telefoninformation, Boten- und Postdienste sowie Akquisitions-, Service- und Beratungstätigkeiten in den Filialen ersetzt. Btx-Dienste zur Kundeninteraktion (z.B. Kontoführung über Btx, Standardberatung, Kreditanträge und -abschlüsse) - derzeit und mittelfristig noch auf die Gewerbetreibenden orientiert - ermöglichen mittelfristig Arbeitsplatzeinsparungen im Zahlungsverkehr und Kreditgeschäft, indem Tätigkeiten im Servicebereich wie z.B. Ausgabe und Sortieren von Belegen, das Eröffnen von Konten, Beratungsgespräche mit den Kunden usw., vor allem aber auch Datenerfassungstätigkeiten bei der Belegerfassung wegfallen. Langfristig sind auch Arbeitsplätze im Einlagen- und Wertpapiergeschäft betroffen.

Diese Personaleinsparungen werden zuerst in großen, langfristig auch in kleineren Filialen möglich. Darüberhinaus ist insbesondere bei Sparkassen und Volksbanken damit zu rechnen, daß Zweigstellen ihres vor allem in den Großstädten sehr dichten Netzes vollständig geschlossen werden, um sie durch SB-Zonen zu ersetzen, in denen u.a. auch Btx-Terminals aufgestellt sind.

Einsatzmöglichkeiten von Btx zur internen Kommunikation sind lediglich bei Bausparkassen relevant: Die Datenerfassung kann beim Außendienst bzw. Kunden direkt erfolgen und die entsprechenden Arbeitsplätze in den Zentralen werden überflüssig.

Versicherungsunternehmen

Weitgehend standardisierte und zahlreiche bereits über die zentrale EDV abgewickelte Geschäftsabläufe bilden gute technisch-organisatorische Voraussetzungen auch für den Btx-Einsatz in Versicherungen. Der gegenwärtige Einsatzschwerpunkt bei den 64 Anbietern der Branche (Stand: April 1986) - dies ist knapp 16 % der marktrelevanten Unternehmen - liegt auf der Nutzung von Btx zur Information und Werbung. Angeboten werden hier z.B. Informationen über die Produktpalette des Versicherers, einzelne Leistungen, Preise usw. Der Btx-Einsatz in diesem Nutzungsschwerpunkt ersetzt Teile der herkömmlichen Korrespondenz, Postdienste im Innen- und Außendienst sowie Akquisitions-, Service- und Beratungstätigkeiten.

Auch die Versicherungsunternehmen hoffen langfristig auf Rationalisierungsmöglichkeiten durch Kundenselbstbedienung über Btx. Derzeit als Kundeninteraktionsdienste angeboten werden v.a. Informationseingaben und -abrufe über Mitteilungsseiten (indirekter Dialog), aber auch bereits Schadensmeldungen und individuelle Berechnungen. Langfristig sollen v.a. diese und andere Dienste zum direkten Kundendialog (mit dem Unternehmensrechner) - bis hin zum Direktvertrieb von Versicherungen unter Umgehung des Außendienstes - genutzt werden. Im Gefolge dieser Btx-Nutzung werden Bürohilfs- und Sachbearbeitertätigkeiten (Inkasso, Schadenbearbeitung, Statistik, ggf. Registratur und Botendienste) sowie Außendiensttätigkeiten - bei Direktvertrieb vollständig - ersetzt.

Ein Interessenschwerpunkt der Versicherer ist dennoch schon seit Beginn der Btx-Feldversuche die Nutzung von Btx zur internen Kommunikation. Hier wird mittelfristig auch der Einsatzschwerpunkt in der Branche liegen: Angesichts der ausgeprägten Außendienststruktur der meisten Versicherer wird ein wesentlicher Vorteil von Btx in der relativ kostengünstigen Anbindung der Vertriebsorganisationen, v.a. Agenturen, an die zentrale EDV gesehen.

Arbeitsabläufe der Außendienstbeschäftigten können rationalisiert und wirksamer kontrolliert, gleichzeitig Verwaltungsaufgaben des Innendienstes auf die Außendienstbeschäftigten verlagert werden. Durch die Substitution von Korrespondenz-, Datenerfassungs-, Auskunfts- und Beratungstätigkeiten im Innen- und Außendienst sind mittelfristig bereits eine Vielzahl von Arbeitsplätzen in den Unternehmen einsparbar bzw. gefährdet.

3.3 Auswirkungen auf Arbeitsinhalte und Qualifikationen

Durch Kundenselbstbedienung über Btx werden in einer ersten Phase des Btx-Einsatzes vorwiegend Routinetätigkeiten mit relativ geringen Qualifikationsanforderungen substituiert, die im Zusammenhang mit der Dienstleistung für den Kunden stehen. Hierunter fallen vor allem die Erfassung von kundenbezogenen Daten (z.B. Bestelldaten im Versandhandel, Transaktionsdaten im Kreditgewerbe, Buchungsdaten in der Touristikbranche, Daten zur Schadensregulierung im Versicherungsbereich usw.) sowie die Bearbeitung von Auskünften und Anfragen (z.B. Auskünfte über Lieferbedingungen, Ratenfälligkeiten, Abfahrts- und Ankunftszeiten im Bahn- und Flugbereich usw.).

Erst in einem zweiten Schritt werden dann auch Arbeitsinhalte und Tätigkeiten im kundennahen Bereich, die mit hohen Qualifikationsanforderungen verbunden sind, durch Kundenselbstbedienung ersetzt. Hierunter fallen Beratungstätigkeiten in den verschiedenen Branchen (z.B. Kredit- und Finanzierungsberatungen, Reiseberatungen, einfache Rechtsberatungen usw). Ob und wie weitgehend dabei Tätigkeiten automatisiert und auf Kunden ausgelagert werden können, ist in technischer Hinsicht weniger ein Btx-spezifisches Problem als eines der Hintergrundsoftware in den Rechenanlagen der Unternehmen.

Im Bereich der Btx-spezifischen Arbeiten entstehen neue Arbeitsinhalte mit unterschiedlichen Qualifikationsanforderungen. Häufige betriebliche Praxis ist es, daß die Arbeiten in Tätigkeiten mit hohen Qualifikationsanforderungen (inhaltliche Konzeption, Layout der Seiten, Software-Entwicklung) und solche mit geringeren (Dateneingabe und -pflege) zergliedert werden, wobei nur letztere in den Unternehmen verbleiben, weil Tätigkeiten mit hohen Qualifikationsanforderungen an Btx-Agenturen vergeben werden.

Wird Btx als betriebliches Arbeitsmittel eingesetzt, so sind alleine für die Handhabung und Bedienung des Systems aufgrund seiner Ausrichtung am privaten "Ad-hoc-Nutzer"keine neuen Qualifikationen erforderlich.

3.4 Auswirkungen von Btx hinsichtlich Belastungen und Beanspruchungen

Durch Auslagerung von Tätigkeiten auf die Kunden können beim Einsatz von Bildschirmtext hochbelastende Tätigkeiten, insbesondere Datenerfassungstätigkeiten , reduziert werden, mit der Gefahr allerdings, daß die betroffenen Arbeitsplätze wegfallen.

Negativ, nämlich belastungs- und beanspruchungsverstärkend wirkt Btx in zweierlei Hinsicht:
Zum einen treten am Btx-System die mit jeglicher Bildschirmarbeit verknüpften und hinlänglich analysierten kumulativ wirkenden psychischen und pysischen Belastungen und Beanspruchungen auf - trendverstärkend, wie oben erläutert.
Zusätzlich wirken Btx-spezifische Belastungen gesundheitsgefährdend auf die Beschäftigten, weil hardware- und software-ergonomische Standards, die beim Einsatz herkömmlicher EDV-Systeme in den Unternehmen bereits weitgehend realisiert sind, unberücksichtigt geblieben sind:

Btx wurde als " Volks-EDV ", als Billig-System konzipiert, das auch für ungeübte Ad-hoc-Nutzer ohne Schwierigkeiten handhabbar sein sollte.

Stark belastend auf die Beschäftigten als professionelle Nutzer wirkt die schlechte Bildqualität der Btx-Billig- Endgeräte, insbesondere der üblichen Fernsehgeräte:

- Die Bildauflösung des Fernsehgerätes ist kaum halb so hoch wie die eines neueren Datensichtgerätes.
- Fernsehbildschärfe sowie Farbe und Helligkeit weichen zwischen Bildrand und Bildmitte stark voneinander ab.
- Insbesondere die niedrige Bildwiederholfrequenz bewirkt das Flimmern der Darstellungen auf dem Fernsehbildschirm. Es wird umso stärker, je heller das Bild ausgesteuert und je höher die Anzahl der dargestellten Zeichen ist und nimmt bei Verwendung bestimmter Farbkombinationen für Schrift und Hintergrund der Btx-Seiten zu (vgl. CAKIR 1983).

Das hat zur Folge, daß die Anforderungen an die Konzentration sowie das Sehvermögen der Beschäftigten steigen. Psychische und physische Belastungen nehmen zu.
Aber auch andere Billig-Systeme sind mit ergonomischen Defiziten behaftet, wie z.B. BITELs, die nur über einen extrem kleinen Bildschirm und eine nicht davon getrennte Tastatur verfügen.

Unabhängig von diesen ergonomischen Defiziten führt die Ausrichtung des Btx-Systems am privaten Nutzer zu erhöhten Belastungen und Beanspruchungen:

- Lange Antwortzeiten im Dialog sowie langsamer Bildaufbau aufgrund der geringen Übertragungsgeschwindigkeit führen zu angespannten Wartehaltungen und damit zu erhöhten psychischen Beanspruchungen.
- Beanspruchungen entstehen außerdem durch die geringe Informationsdichte der Btx-Seiten und damit verbunden die erschwerte bzw. mangelnde Übersicht über die auf viele Seiten verteilten Informationen.
- Die Übersichtlichkeit der Darstellungen und Handhabbarkeit des Systems wird den Teilnehmern zusätzlich durch die benutzerunfreundliche Dialoggestaltung erschwert: Der Suchvorgang ist zeitaufwendig und undurchsichtig, weil keine komfortablen Suchhilfen zur Verfügung stehen.
- Belastend wirkende Unterforderungen bei zugleich hohen Konzentrationsanspannungen der Beschäftigten werden durch die nicht einheitlich strukturierten Btx-Programme verstärkt. Im Sinne der Software-Ergo-

nomie-Kriterien (vgl. den Entwurf DIN 66234 Teil 8 "Bildschirmarbeitsplätze - Grundsätze der Dialoggestaltung") kann der Btx-Dialog kaum als aufgabenangemessen, steuerbar, oder verläßlich bezeichnet werden.

4. Ausblick: ISDN und Btx

Bereits mit der ersten Stufe des von der Bundespost geplanten Ausbaus des Fernmeldenetzes, dem ISDN (Integrated Services Digital Network), das ab 1988 das analoge Fernsprechnetz ablösen wird, kann Btx mit seinen heutigen beschränkten Funktionen und Möglichkeiten qualitativ erheblich verbessert und damit insbesondere auch die Akzeptanz bei privaten Haushalten wesentlich erhöht werden.
Im ISDN stehen jedem Teilnehmer zwei Informationskanäle mit einer Übertragungsgeschwindigkeit von je 64.000 Bit/s sowie ein weiterer getrennter "Signalisierungskanal" zur Verfügung. Infolge der erheblichen Steigerung der Datenübertragungskapazität können die Antwortzeiten und Bildaufbauzeiten drastisch reduziert sowie die Qualität der Darstellung deutlich verbessert werden. Der Signalisierungskanal eignet sich ideal zur Übertragung von Steuerinfiomationen, um so bspw. Preise und Artikelbezeichnungen im Btx-System durch Bewegtbilder, die vom Videorecorder oder von der Bildplatte abgespielt werden, zu ergänzen. Die beiden unabhängigen Kanäle im ISDN stellen darüber hinaus sicher, daß zwei Postdienste (z.B. Btx und Telefon) gleichzeitig genutzt werden können.
Die durch verbesserte Leistungen bedingten erweiterten Einsatzmöglichkeiten von Btx in der Kommunikation zwischen Unternehmen und Haushalten lassen gravierende Auswirkungen auf die Beschäftigten im Dienstleistungssektor erwarten.

Inwieweit Btx in der internen Kommunikation durch ISDN abgelöst werden wird, ist vor allem abhängig von den Gebühren für die ISDN-Nutzung. Technisch gesehen steht mit ISDN ein leistungsfähiges, digitales, flächendeckendes Netz zur Verfügung, das sich zur internen Kommunikation anbieten würde. Aus Sicht der Beschäftigten allerdings drohen hier neue negative Auswirkungen, die mit den Stichwörtern "Elektronische Heimarbeit" und "umfassende Kontrolle" nur angedeutet werden können.

LITERATURANGABEN

BIERHALS,R. u.a.:

Auswirkungen des Einsatzes von Bildschirmtext auf Leistung, Wirtschaftlichkeit, Organisation und Arbeitsplätze in Unternehmen und Behörden, Karlsruhe 1982 (Fraunhofer Gesellschaft e. V., Institut für Systemtechnik und Innovationsforschung)

CAKIR,A.:

Bildschirmtext am Arbeitsplatz, in: Office Management 9/1983, S.7o2 - 7o4

DEUTSCHE BUNDESPOST (Hrsg.):

Bildschirmtext, Beschreibung und Anwendungsmöglichkeiten, Bonn 1977

FORSCHUNGSGRUPPE COMPUTER UND ARBEIT:

Rationalisierung durch Bildschirmtext. Ein Handbuch für Arbeitnehmer, Düsseldorf 1986

FRIEDRICH,J./WICKE,F./WICKE,W. :

Forschungsbericht: Bildschirmtext im Versandhandel und Reisebürosektor: Einsatz, Auswirkungen auf die Beschäftigten, Gestaltungsmöglichkeiten, Dortmund 1984 (Universität Dortmund, Fachbereich Informatik)

HESS,K./SCHWITALLA, U./WICKE,F.:

Forschungsbericht: Auswirkungen des Bildschirmtexteinsatzes auf die Beschäftigten in Kreditinstituten, Versicherungen und Kommunalverwaltungen (erscheint vorraussichtlich Oktober 1986)

WICKE, F.:

Rationalisierung durch Bildschirmtext (Btx), Auswirkungen auf Arbeitnehmer - Handlungsmöglichkeiten für Betriebs- und Personalräte, Oberhausen 1985

Informationsmaschinen

Neue Nutzungsmöglichkeiten, neue Arbeitsplätze

H. Volkmann
Siemens AG, München

1. Die Herausforderung

Information ist zweckorientiertes Wissen. In der Informationsgesellschaft werden diejenigen Organisationen starke Positionen - auch im internationalen Wettbewerb - erringen, die Wissen zweckorientiert und marktgerecht anbieten und nachfragen. Es entwickelt sich ein neuartiger Markt für Informationsleistungen; die sich daraus ergebende Arbeitsteilung der Informationsberufe in diesem Informationsmarkt ist durch die Unternehmen zu beachten und zu nutzen.

Wie dieser Markt der Zukunft im Vergleich zu heute aussehen wird, darüber müssen gesicherte Vorstellungen erst noch entwickelt werden, Es gibt eine Reihe von Problemen zu erkennen und zu lösen: Nicht nur Arbeitsplatz-Substitution, auch die Entstehung neuer Berufe und die daraus resultierenden Strukturveränderungen, sondern auch Probleme wie die "Notwendigkeit des lebenslangen Lernens", "Explosion des Wissens", "Informationsüberflutung durch uninformative Werbung".

Es gilt, das informatorische Dilemma zu beherrschen! Sonst heißt es:

> Knappheit an Information
> durch Überfluß an Wissen
> bei Einbuße an Zweckorientierung
> und Verlust an Sinn.

Deshalb muß versucht werden, die Forschungsarbeit und die unternehmerische Initiative anzuregen. Denn

> Informationsgesellschaft ist mehr als
> Industriegesellschaft plus Informationstechnik.

Wenn es nicht gelingt, die Differenz in obiger Aussage zu entdecken, zu erforschen, zu erschließen und nutzbar zu machen, dann muß die Begegnung zwischen Technik und Benutzer zwangsläufig zu Technikvorbehalten einerseits und brachliegenden und/oder zu spät erkannten Nutzungschancen andererseits führen.

Bei allen Erwartungen und Befürchtungen, bei aller Unterschiedlichkeit möglicher Vorgehensweisen, entscheidend bleibt, ob die technischen Möglichkeiten von der Praxis angenommen werden, sinnvoll und wirtschaftlich genutzt werden können und von den Mitarbeitern akzeptiert werden.

2. Der Bedarf an technik-gestützten Arbeitsplätzen

Es lassen sich drei Klassen von Tätigkeiten bilden:

Typ A Einfache, sich wiederholende Tätigkeiten, wie Datenerfassung, Textbe- und -verarbeitung von Massenvorgängen, einfache Schaltervorgänge

Typ B Tätigkeiten anspruchsvollerer Art, die sich nur teilweise wiederholen, wie z.B. Textbe- und -verarbeitung von Notizen, Dokumenten, Tabellen, dispositive Aufgaben, Schalterdienst mit Rückfragen umfangreicherer Art, Recherchen

Typ C Tätigkeiten, die gekennzeichnet sind durch Lernvorgänge, Vermittlung von Wissen, umfangreiche Dispositionen, kreative Tätigkeiten des Entwurfs und der Realisierung von Systemen durch Ingenieure und Organisatoren, Forschungsarbeiten, leitende Tätigkeiten.

Eine Statistik der Erwerbstätigen nach dieser Klassifizierung liegt nicht vor. Man kann versuchen, Tätigkeitsgruppen schwerpunktartig den Typen A - C zuzuordnen.

4,7 Mio. Erwerbstätige arbeiten im Bürobereich, die Tätigkeiten vom Typ A und Typ B ausführen. 2,8 Mio. Erwerbstätige sind im Handel und 3,1 Mio. Erwerbstätige mit allgemeinen Dienstleistungen beschäftigt.

Rund 50 % dieser Erwerbstätigen könnten mit Schalterarbeiten und Textarbeiten zu tun haben (Typ A und B). Bei 1,2 Mio. Forschern, 1,3 Mio. Erwerbstätigen mit leitenden Tätigkeiten und 2,6 Mio. Erwerbstätigen mit aus- und weiterbildenden Tätigkeiten ergibt sich auch eine starke Besetzung in Richtung des Typ C. Natürlich ließe sich die Recherche mit einer feineren Aufteilung der Berufsgruppen verbessern.

Innerhalb der möglichen Genauigkeit der Überlegungen wird aufgrund der Indikatoren einmal angenommen, daß die drei Typen etwa gleich besetzt sind. Umgekehrt gesagt, auszuschließen ist eine Verteilung mit nur einem ausgeprägten Schwerpunkt.

Die Durchdringung dieser Arbeitsplätze mit der Informationstechnik wird von einer Reihe von Faktoren abhängen:

o Die Computer müssen zur weiteren Verbreitung eine einfache Benutzeroberfläche erhalten.

o Die einzelnen Arbeitsplätze, die im Arbeitsablauf in einer vernetzten Arbeitsstruktur zusammenarbeiten, müssen auch mit Computerausstattung diese Arbeitsweise beibehalten können, d.h. die Systeme müssen "inhouse" und darüberhinaus teilweise weltweit vernetzt sein.

o Die Computer müssen auch die nicht repetitiven, d.h. die anspruchsvollen dispositiven und kreativen Leistungen und das Lernen unterstützen. Das erfordert geeignete Software und eine internationale Vernetzung, damit der "Rohstoff Information" von überall bezogen werden kann.

Die weitere Ausbreitung der Computer-Anwendungen hängt also davon ab, ob es gelingt, Computer-Nutzung als vernetzte Systeme mit geeigneten Mensch-Maschine-Schnittstellen zu realisieren. Nicht die technischen Möglichkeiten, sondern die Anwendungsmöglichkeiten sind für den breiten Einsatz ausschlaggebend. Es handelt sich um den Ausbau des Problemlösungsgeschäfts.

Der Problemlösungscharakter nimmt von Typ A in Richtung Typ C zu. Der schöpferische und dispositive Arbeitsplatz muß alles Wissen integrieren. Er ist als ein "Arbeitsplatz des Geistes" zu gestalten.

Die Anforderungen an die Hardware und Software sind zu formulieren; es liegen erste Ansätze in Form von Expertensystemen vor.

3. Informationsmaschinen - Leitgedanken für die Nutzung

Die technischen Möglichkeiten, die für die zukünftige Gestaltung von Arbeitsplätzen zur Verfügung stehen, sind faszinierend. Orientiert an den Herausforderungen für die Informationsgesellschaft ist aber immer wieder zu betonen, daß neue Anwendungen, neue Nutzungsmöglichkeiten und damit neue Arbeitsplätze auch, aber nicht allein von der Technik, sondern vor allem von der Gestaltung der Soziokomponenten abhängen. Einige wenige Leitgedanken mögen dies verdeutlichen:

- Information ist zweckorientiertes Wissen. Eine informationstechnische Maschine ist für den Benutzer dann eine Informationsmaschine, wenn er die Ausgaben der Informationsmaschine unmittelbar weiter verarbeiten kann.

- Der Mensch ist eine lernfähige, universelle, nahezu vollendete und vollendende "Informationseinheit", die Informationsarbeiten, d.h. Wissens-, Zweck- und Orientierungsarbeiten vielerlei Art verrichten kann.

- Die Informationsmaschine kann nur die Informationsarbeit erbringen, für die sie programmiert ist. Die Möglichkeiten in der Wissens-, Zweck- und Orientierungsprogrammierung nehmen nach Umfang und Relationierbarkeit ständig zu.

- Die Informationstechnik ermöglicht die Be- und Verarbeitung immer komplexerer Objekte an Daten und Relationen (zunehmende Flexibilität der Form und der Be- und Verarbeitungsheuristik!), so daß auch immer komplexere Objekt-Operationen als Informationsarbeit verrichtet werden können. Ferner verbessert sich die Informationsleistung der Informationsmaschinen durch den technischen Fortschritt.

- Für die zukünftigen Anwendungen der Informationsmaschinen ist der technische Fortschritt zwar eine notwendige aber keine hinreichende Bedingung.

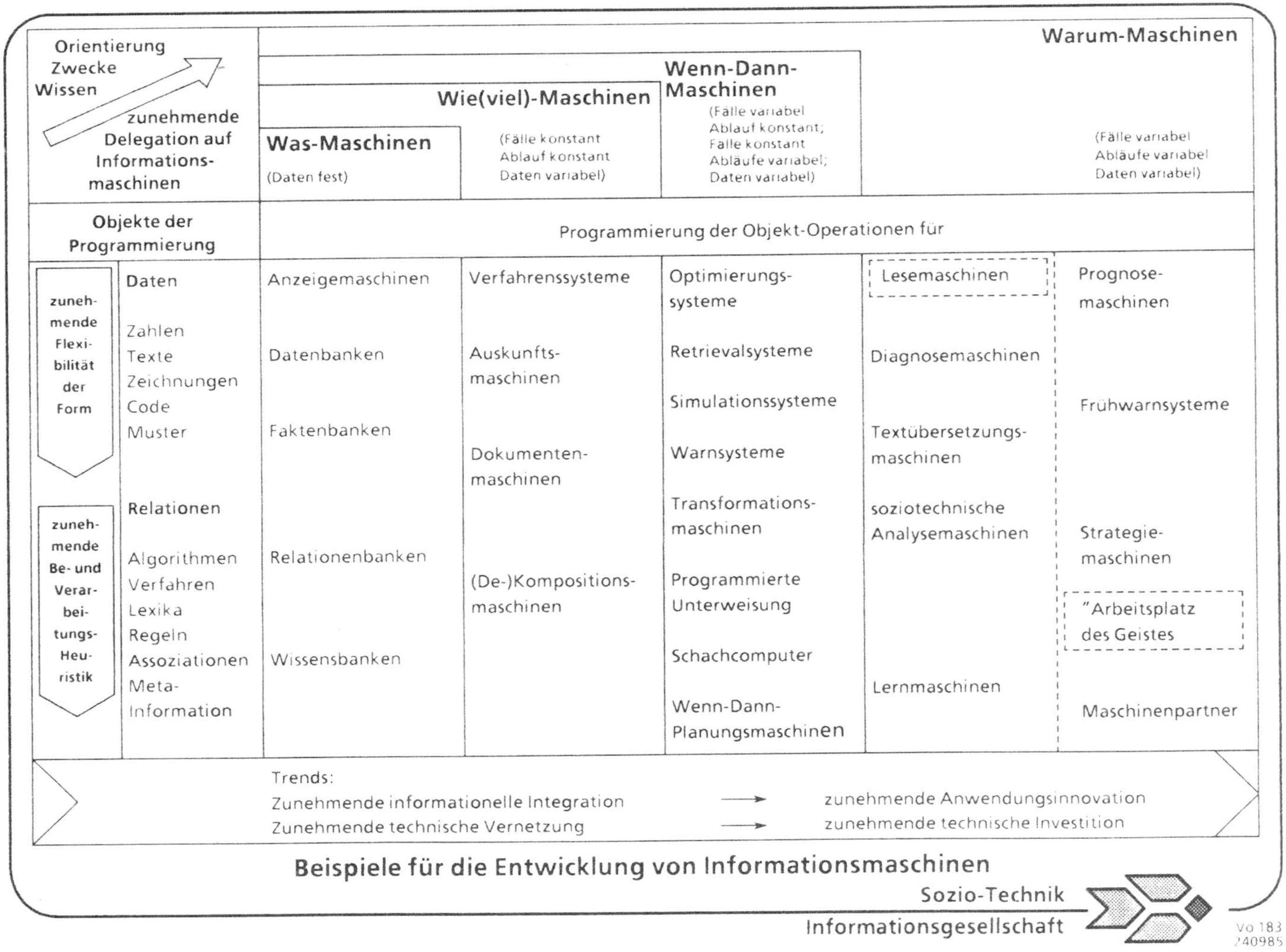
Orientierung
Zwecke
Wissen
zunehmende Delegation auf Informationsmaschinen
Warum-Maschinen
(Fälle variabel Abläufe variabel Daten variabel)
Wenn-Dann-Maschinen
(Fälle variabel Ablauf konstant; Fälle konstant Abläufe variabel; Daten variabel)
Wie(viel)-Maschinen
(Fälle konstant Ablauf konstant Daten variabel)
Was-Maschinen
(Daten fest)
Objekte der Programmierung
Programmierung der Objekt-Operationen für
zunehmende Flexibilität der Form
Daten
Zahlen
Texte
Zeichnungen
Code
Muster
zunehmende Be- und Verarbeitungs-Heuristik
Relationen
Algorithmen
Verfahren
Lexika
Regeln
Assoziationen
Meta-Information
Anzeigemaschinen
Datenbanken
Faktenbanken
Relationenbanken
Wissensbanken
Verfahrenssysteme
Auskunftsmaschinen
Dokumentenmaschinen
(De-)Kompositionsmaschinen
Optimierungssysteme
Retrievalsysteme
Simulationssysteme
Warnsysteme
Transformationsmaschinen
Programmierte Unterweisung
Schachcomputer
Wenn-Dann-Planungsmaschinen
Lesemaschinen
Diagnosemaschinen
Textübersetzungsmaschinen
soziotechnische Analysemaschinen
Lernmaschinen
Prognosemaschinen
Frühwarnsysteme
Strategiemaschinen
"Arbeitsplatz des Geistes
Maschinenpartner
Trends:
Zunehmende informationelle Integration → zunehmende Anwendungsinnovation
Zunehmende technische Vernetzung → zunehmende technische Investition
Beispiele für die Entwicklung von Informationsmaschinen
Sozio-Technik
Informationsgesellschaft
Vo 183
240985

- Die sinnvolle Nutzung der Informationsmaschinen hängt davon ab, daß die Informationsmaschinen in Relation zur Aufgabenstellung über eine angemessene Fähigkeit der Orientierung für sich und den Benutzer verfügen. Orientierung heißt Kontextfähigkeit, Überprüfungs- und Bewertungsfähigkeit.

4. Anwendungen von Informationssystemen und ihre neuen Berufe

Eine Gesellschaft, die über derartige Hilfsmittel verfügt, wird sich selbst weiterentwickeln, ja sogar weiterentwickeln müssen. Wozu will sie denn sonst die Informationstechnik nutzen?

Das beginnt zunächst im Umfeld der Informationstechnik selbst. Zwischen dem Ersteller technischer Informationssysteme und dem Nutzer der Information werden sich und müssen sich mit wachsenden Anforderungen vielfältige Berufe herausbilden:

> Information als neuer Rohstoff wird viele Veredelungsstufen durchlaufen. Ein Verantwortlicher, der Entscheidungen zu treffen hat, wird nicht das Basiswissen als Grundlage seiner Entscheidungen selbst recherchieren, sondern wird diese recherchieren lassen.
>
> Das geschieht in sogenannten "Informationsstudios", die entweder innerhalb einer Organisation selbst betrieben werden oder die als externe Einrichtungen in Anspruch genommen werden.

Informationsgebraucher und Informationsstudios arbeiten mit Arbeitsplatzsystemen des Geistes. Es ist zu klären:

o Wie werden Arbeitsplatzsysteme des Geistes betrieben, insbesondere wie kommen sie in den Besitz des Rohstoffes Information und welche Veredelungsleistungen werden erbracht?

o Wie werden Arbeitsplatzsysteme des Geistes erstellt, eingerichtet und die Nutzer für ihren Betrieb ertüchtigt?

Sowohl auf der Betriebs- als auch auf der Erstellungsseite werden sich berufliche Spezialisierungen ergeben, um bei Garantie einfacher Hantierbarkeit für den Betreiber einen hohen Gebrauchswert des Arbeitsplatzsystems zu sichern.

Der Hersteller von Informationssystemen wird diese Systeme nicht nur technisch erstellen, sondern auch die Anwendungen projektieren müssen. Neben dem projektierenden Ingenieur von Informationssystemen, vorrangig aus technischer Sicht, tritt der projektierende Ingenieur von Informations-System-Anwendungen (ISA-Ingenieur). Die Einrichtung des Informationssystems wird durch spezielle Informationssystem-Einrichter erfolgen.

Damit der Informationsgebrauch in rechter Weise erfolgt, bilden sich zahlreiche spezialisierte Beratungsberufe heraus:

- Der Informationsgebrauchs-Berater, der vorwiegend den Informationsgebraucher berät,

- den Informations-Angebots-Berater, der sowohl die Informationsstudios als auch die Einrichtungsunternehmen informiert,

- den Informationsdidaktiker, der mehrere der beteiligten Parteien über die richtige Aufbereitung von Informationen berät,

- sogenannte Brainware-Häuser, die für die Informationssystemanwendungen hoch komplexe, aber einfach zu bedienende Denkzeuge bereitstellen.

Die Entwicklung des Marktes der Informationsdidaktik bestimmt sowohl die Entstehung neuer Berufe und Unternehmen als auch das Bild des ISA-Ingenieurs und damit die Wahrnehmung der Chancen der Informationstechnik durch die Informationsgesellschaft.

Alle beteiligten Berufe werden ISA-Lösungen bei sich selbst anwenden und werden dadurch befähigt, immer komplexere Problemstellungen zu bearbeiten (Einlösung des Prinzips der Entsprechung).

Das Innovationstempo, damit auch die internationale Wettbewerbsposition, wird durch die ISA-Forschung in Industrie und an der Hochschule bestimmt, die heute in dieser Form praktisch brachliegt.

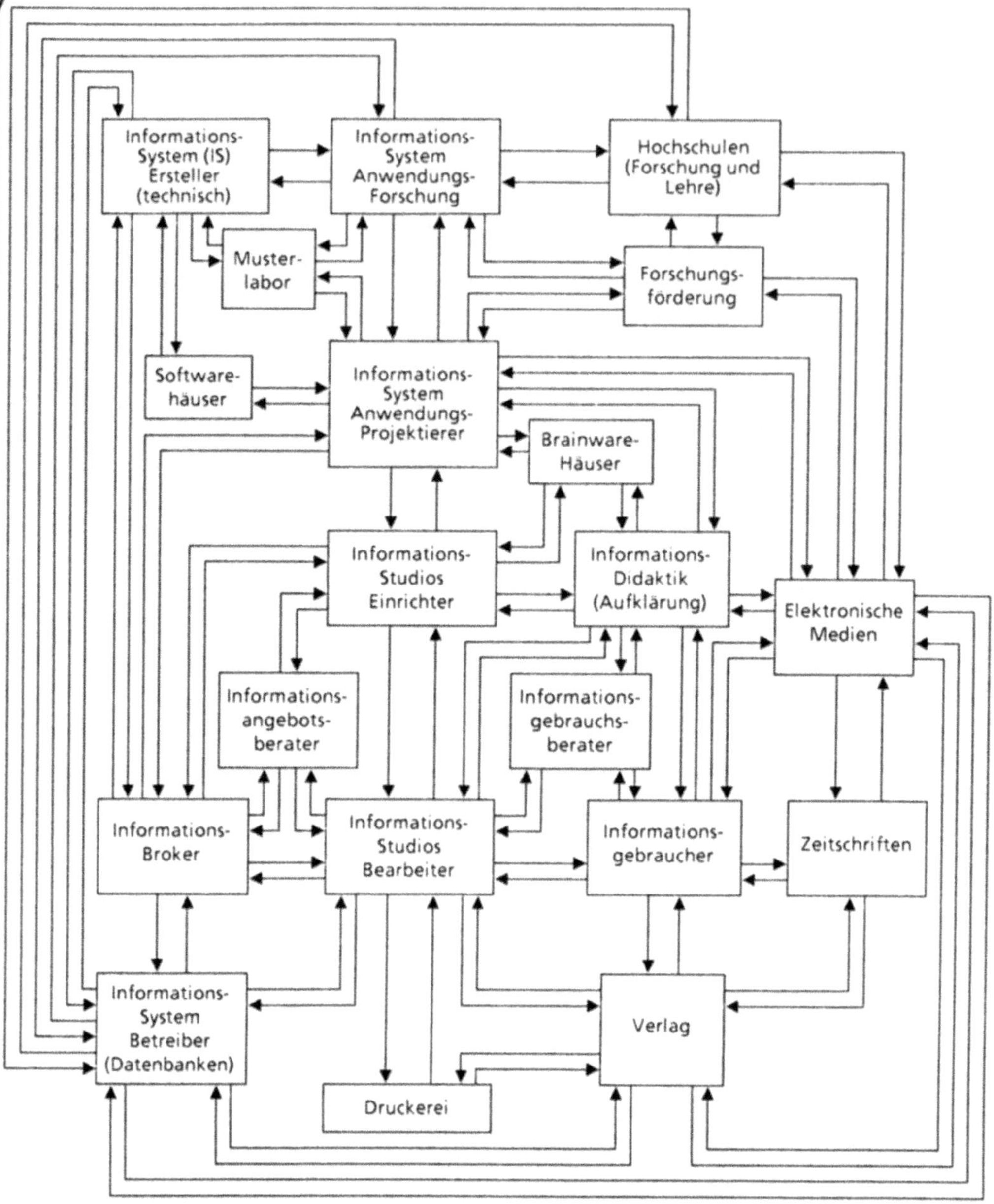

Das Netz der Informations-System-Anwendungen und ihre neuen Berufe (Typ C - Arbeitsplätze)

Sozio-Technik
Informationsgesellschaft

Vo 133
140585

Im Vorfeld wird sich eine Informationssystem-Anwendungsforschung etablieren, die das notwendige Grundlagenwissen über Informationssystemanwendungen (Theorie der Anwendungen) bereitstellen und gleichzeitig die Lehre an den Hochschulen und die dort betriebene Forschung befruchtet. In sogenannten Musterlabors können Informationssystemersteller und Informationssystemforscher ihre Überlegungen im Vorfeld testen.

Auf der Seite des Informationsbetriebs werden sich weitere Spezialisierungen ergeben. Die Betreiber von Informationsstudios werden nicht jede Information im Auftrage eines Informationsgebrauchers selbst recherchieren, sondern auch recherchieren lassen. Dieses erfolgt durch Informationsbroker, die auf die Informationsbetreiber von Datenbanken zurückgreifen können. Die Betreiber von Datenbanken sammeln weltweit Informationen aus allen Bereichen ein, also auch aus den bisher beschriebenen Berufen.

Das Netz der Informationsbeziehungen wird aber noch enger. Die bisherige Medienindustrie wird sich an derartigen Informationsnetzen der Betreibung von Informationsstudios beteiligen. Zeitschriften und Bücher werden Lieferant von Informationen. Dazu kommen die elektronischen Medien. Auch im Zeitalter der elektronischen Information wird die papiermäßige Form der Lieferung von Informationen nicht ausbleiben (production on demand), so daß eine Druckerei in das Netz eingebunden ist.

Die Medien werden zusätzlich noch die Aufgabe der Aufklärung übernehmen, und zwar sowohl über herkömmliche als auch elektronische Kanäle, um insbesondere die Informationsgebraucher für die Nutzung von Anwendungssystemen der Zukunft zu erschließen.

Hier wird staatliche Förderung eingreifen und einsetzen müssen, um den Kreis zu schließen zwischen der Anwendungsforschung, der Anwendungsprojektierung, der Lehre an den Hochschulen und der Aufklärung über die Medien. Auch diese Informationen zur Förderung gehen in das Informationssystem der Datenbanken mit ein und stehen allen Beteiligten zur Verfügung.

Insgesamt ergibt sich ein stark vernetztes Anwendungsinformationssystem mit neuen Berufen und Spezialisten. Letztlich zum Nutzen der Informationsgebraucher.

5. Organisatorische und gesellschaftliche Konsequenzen

Bei den skizzierten Möglichkeiten neuer Arbeitsplätze und neuer Berufe handelt es sich in vielen Fällen um Arbeitsplätze mit hoch komplexen Informationsarbeiten (Typ C). Die Bedeutung gerade dieser Plätze für die Stärkung der Wettbewerbsfähigkeit sollte nicht unterschätzt werden. Im Gegenteil: Eine Vernachlässigung der Typ C - Plätze bringt wettbewerbsmäßige Nachteile und auch gesellschaftspolitische Belastungen.

Wettbewerbsmäßige Stärkung ergibt sich

- bei Typ C, wenn mit Hilfe des Computers Innovationen, ein besseres Bildungsniveau und bessere Strategien hervorgebracht werden,

- bei Typ B, wenn die laufenden Dispositionen eine bessere Beherrschung des Geschäfts erbringen (Verfügbarkeit, Bestände etc.),

- bei Typ A, wenn Arbeitsabläufe rationalisiert werden können.

Je besser die drei Typen von Tätigkeiten zusammenwirken, desto größer ist daher die Wettbewerbsfähigkeit der Nation. Anzustreben ist daher eine möglichst hohe Durchdringung, gemessen an der möglichen Durchdringung bei allen drei Typen von Arbeitsplätzen mit dem Computer.

Da die Durchdringung heute schon unterschiedlich ist, ergibt sich die Frage, welches sind die optimalen Durchdringungsraten für die drei Sektoren in gegenseitiger Abstimmung. Oder umgekehrt, was ergeben sich für Probleme, wenn die Computerdurchdringung in den drei Arbeitsplatztypen nicht in einem abgestimmten Verhältnis erfolgt. Es gibt mehrere Möglichkeiten:

o Wenn die Computerdurchdringung im Bereich C vernachlässigt wird, dann verringert sich der Bedarf an Leistungen vom Typ A und Typ B.

o Wenn vorrangig bei Typ A und Typ B investiert wird, wir die Automatisierungsrate so hoch, daß Arbeitsplätze freigesetzt werden.

o Wenn Typ A und Typ B automatisiert werden, ohne jedoch Arbeitsplätze freizusetzen, besteht die Gefahr, daß Ineffizienz automatisiert wird und daß die Arbeitsplätze vom Typ C mit Informationen überschwemmt werden (Informationsflut).

Es steht daher zu vermuten, wenn Typ A, Typ B und Typ C nicht in einem angemessenen, gegenseitigen Verhältnis vom Computereinsatz durchdrungen werden, kommt es zu sachlichen Ineffizienzen, aber auch Akzeptanzbarrieren.

Der Schlüssel zur weiteren Entwicklung des Informationsmarktes liegt nach der Schaffung der Basistechnik in der Erschließung der Anwendungen. Ein günstiger Ansatzpunkt dazu liegt in der Technikunterstützung der Arbeitsplätze vom Typ C.

Dazu bedarf es der Aufklärung,

- um neue Anwendungen zu erschließen,

- um die Ängste durch sinnvolle und transparente Anwendungen abzubauen, auch um damit der Angst vor Arbeitslosigkeit zu begegnen,

- um steigende Komplexität zu beherrschen,

- um die Systeme und ihre Entwicklung zu jedem Zeitpunkt zu beherrschen.

6. Unternehmerische Initiativen

Sich den Markt der Informationen in den nächsten Jahrzehnten zu erschließen ist deshalb nicht allein ein gesellschaftlich begründbares Gebot, sondern eine unternehmerische Notwendigkeit, um im internationalen Wettbewerb bestehen zu können.

Dazu müssen Verantwortliche in den Bereichen der Anwendung und Herstellung von Informationsmaschinen unternehmerische Initiativen ergreifen. Einige Ansatzpunkte mögen die Notwendigkeit verdeutlichen:

1. Durchführung sozio-technischer Forschungsarbeiten für Informations-System-Anwendungen in der Industrie der Informationstechnik.

2. Einrichtung eines Informationsstudios auf Basis heute verfügbarer Informationstechnik, aber mit allen bereits denkbaren Anwendungsbezügen der Zukunft in technischer und anwendungsbezogener Vernetzung:

   - Nutzung eines Studios für die sozio-technische Forschungsarbeit

   - Nutzung des Studios für die Erprobung neuer Techniken.

3. Aufnahme des Betriebs einer Akademie für Informationsdidaktik bei Berufung von anwendungsorientierten Lehrern aus dem Universitätsbereich und der Praxis; die Nachfrage dürfte vorhanden sein, insbesondere im Bereich der sich neu entwickelnden Berufe; aber auch im bestehenden Bereich der Organisation und Datenverarbeitung von Industrie und Verwaltung.

4. Verstärkung der Zusammenarbeit zwischen Praxis und Wissenschaft nach einem zweckorientierten Kooperationsprogramm im Sinne der angestellten Überlegungen; Kooperationsbedingungen zur Erzeugung von zweckorientiertem Wissen sind zu entwerfen.

5. Aufbau eines Rings von beratenden Unternehmen, die sich der vorgestellten Thematik verschreiben (z.B. Institute für Umweltschutz).

6. Entwicklung einer eigenen Informationsbank mit internationalen Anschlüssen zum Themenkreis Informationsgesellschaft: Anwendung, Technik, Basiswissen - mit dem Ziel, Information, aufbereitet als zweckorientiertes Wissen, verfügbar zu machen.

7. Flankierende Maßnahmen im Bereich der Forschungsförderung und Akzeptanzvorsorge (Gewerkschaften, Arbeitsgeberverbände, Staat, Europäische Gemeinschaft, Schulen und Hochschulen, Medien!).

<table>
<tr><td rowspan="2">Unternehmerische Initiativen (Beispiele mit sozio-technischen Schwerpunkten)</td><td colspan="2">Verantwortliche im Bereich der
Anwendung   Bereitstellung
von Informationsmaschinen</td></tr>
<tr><td>Anwendung</td><td>Bereitstellung</td></tr>
<tr><td>in der Unternehmung</td><td>• Strategische Analyse der Lage der Organisation und Datenverarbeitung im Unternehmen
• Keimzellen für Anwendungen von Informationsmaschinen (Expertensysteme, Übersetzung, Dokumentation)
• Diversifizierung mit "Information"</td><td>• Bereitstellung einer durchgängigen Modell-Projektierungs- und Entwurfstechnik für immaterielle Systeme (Organisations- und System-Engineering)
• Sozio-technische Forschung
• Einrichtung von Demonstrationsstudios für Anwendungen auf Basis bestehender Technik</td></tr>
<tr><td rowspan="2">in der Verbindung der Anwender und Lieferanten</td><td>• Verstärkte Nutzung von Engineering-Leistungen der Lieferanten</td><td>• Verstärkte Nutzung der Anwender-Erfahrungen in der Schulung und Erweiterung der Schulung für Sozio-Technik</td></tr>
<tr><td colspan="2">• Gemeinsame Initiativen zur sozio-technischen Standardisierung und Normung</td></tr>
<tr><td>in der Kooperation mit Hochschulen und Instituten</td><td colspan="2">• Förderung der Forschung über sozio-technische Anwendungen (Patenschaften, Vergabe von Diplom- und Doktorarbeiten aus der Praxis; Forschungsaufträge, z.B. Expertensysteme)
• Pilotprojekte für Informationsmaschinen, insbesondere zur Erforschung von Benutzeroberflächen</td></tr>
<tr><td>im gesellschaftlichen Umfeld</td><td colspan="2">• Aufklärung der Betroffenen durch die jeweiligen Wirtschaftsverbände und andere Institutionen
• Förderung von Publikationen zum Themenkreis "Mit der Informationstechnik zur Informationsgesellschaft"
• Thema in Kongress-Betrieb einbringen!
• Einrichtung und Betrieb einer Datenbank "Information und Gesellschaft"</td></tr>
</table>

Sozio-Technik
Informationsgesellschaft

Vo 182
240985

8. Förderung von Publikationen zum Thema Informationsgesellschaft durch Anbindung von Autoren und Verleger an das geschaffene Informationsnetz.

Die Einlösung der hier skizzierten Perspektiven ist nur eine Frage der Zeit. Bewußtes Handeln der großen Organisationen sichert wahrscheinlich nicht nur die Wettbewerbsposition der Beteiligten und auch nicht nur einen einigermaßen reibungslosen, gesellschaftlichen Prozeß der Umstrukturierung, sondern vor allem auch einen chancenreichen gesellschaftlichen Fortschritt.

Es läßt sich ein evolutionärer Übergang ins nächste Jahrtausend dann gestalten, wenn es anstelle von "Wissen ist Macht" heißt

Information ist Freiheit für alle!

Dieser Satz mag kühn erscheinen, aber die Belege sind zu erbringen:

Sozio-technische Forschung tut not!

Literaturverzeichnis

Bühl, Walter — Die Angst des Menschen vor der Technik
Düsseldorf, Wien 1983

Feigenbaum, Eduard, McCorduck, Pamela — Die fünfte Computer-Generation
Künstliche Intelligenz und die Herausforderung Japans an die Welt
Stuttgart 1984

Friedrichs, Günther, Schaff, Adam (Hrsg.) — Auf Gedeih und Verderb
Mikroelektronik und Gesellschaft

Haefner, Klaus — Mensch und Computer im Jahr 2000
Basel, Boston, Stuttgart 1984

Kubicek, Herbert, Rolf, Arno — Mikropolis
Mit Computernetzen in die Informationsgesellschaft
Hamburg 1985

Kursbuch 75 — Computerkultur
Berlin 1984

Ratzke, Dietrich — Handbuch der Neuen Medien
Stuttgart 1984

Ritchie, David — Gehirn und Computer
Die Evolution einer neuen Intelligenz
Stuttgart 1984

Sonntag, Philipp (Hrsg.) — Die Zukunft der Informationsgesellschaft
Frankfurt/Main 1983

Symposium — Informationsgesellschaft oder Überwachungsstaat
Hessische Landesregierung
Wiesbaden 1984

Volkmann, Helmut — Der Strategische Abakus
München 1984

VERHALTENSKONTROLLE DURCH GENOMANALYSE?

Einige Bemerkungen zum Zusammenhang von Gentechnik und Informationstechnik im Arbeits leben.

Said Hadjerrouit
Friedrich-L. Holl
Bernd Lutterbeck
Rudolf Wilhelm
Technische Universität Berlin

1. GENTECHNIK UND INFORMATIONSTECHNIK

Es mehren sich die Stimmen, die behaupten, daß sich die Informationstechnik und die Gentechnik, die sich zunächst unabhängig voneinander entwickelt haben, in ihren Entwicklungslinien stärker einander annähern: FRIEDLAND und KEDES erhoffen sich durch die Entwicklung von "sophisticated software tools" weitere Fortschritte bei der Entschlüsselung der DNA (FRIEDLAND/KEDES 1985); die Ostberliner Informatiker FUCHS-KITTOWSKI und WENZLAFF versuchen zu beweisen, daß die Informatik als Wissenschaft Einsichten der Molekularbiologie übernehmen sollte, wenn sie ihren Gegenstand finden will (WENZLAFF 1983; FUCHS-KITTOWSKI 1983); der deutsch-amerikanische Philosoph Hans Jonas meint, daß sich die grundlegenden ethischen, moralischen und juristischen Probleme des breiten Spektrums neuzeitlicher technologischer Entwicklungen am ehesten am Beispiel der Humanbiologie und Medizin klären lassen (JONAS 1985, S. 9). Auch einige Datenschützer haben schon frühzeitig auf die Probleme von Genregistern hingewiesen (HESSISCHER DATENSCHUTZBEAUFTRAGTER 1982, S. 82 ff.). Der Marburger Politologe und Dritte-Welt-Forscher JÖRG BEKKER sieht sogar in der engen Verknüpfung beider Technologien "einen qualitativ neuartigen historischen Wandel" (BECKER 1984, S. 20).

Wir behandeln im Folgenden ein Beispiel des Zuammenwirkens von Gentechnik und Informationstechnik: die Ermittlung von Arbeitnehmereigenschaften durch gentechnische Untersuchungsverfahren. Das Problem ist für die Bundesrepublik noch neu und weitgehend ungeklärt. Wir werden deshalb lediglich versuchen, plausible Gründe für folgende Behauptungen zu liefern:

- Wir vermuten, daß gentechnische Untersuchungsverfahren schon in naher Zukunft erheblich zunehmen und in bestimmten Branchen (z. B. Chemie) eher die Regel werden.

- Wir halten es für denkbar, daß mit zunehmendem wissenschaftlichem Fortschritt betriebliche und überbetriebliche Genregister zumindest einige Funktionen übernehmen werden, die heute sog. Personalinformationssysteme haben sollen.
- Gentechnische Untersuchungen in größerem Umfang sind ohne Einsatz der Informationstechnik nicht denkbar. Denkbar ist, daß in naher Zukunft neue informationstechnikgestützte Strukturen entstehen, die den gegenwärtig diskutierten Kontrollstrukturen in der Sicherheitsverwaltung ebenbürtig sind.

2. GENOMANALYSE UND GENETISCHE TESTS

Die Genomanalyse zielt auf die Untersuchung, Feststellung und Kartierung des Genoms, d.h. einzelner Erbmerkmale, ab. Dabei ist ein Genom die Gesamtheit der Erbinformationen eines Organismus, die im Zellkern lokalisiert ist. Diese Erbinformation ist in mindestens 50.000 Genen enthalten, die auf 23 Chromosomenpaaren angeordnet sind. Einige Hundert dieser Gene sind kartiert, d. h. ihre Lage auf einem der Chromosomen ist bekannt. 50 Gene sind inzwischen mittels gentechnischer Methoden isoliert und in ihrer molekularen Struktur aufgeklärt.

Die Gentechnik erlaubt im Prinzip eine vollständige Aufklärung der Strukturen und Funktionen des menschlichen Erbmaterials. Allerdings ist menschliches Verhalten wohl nur aus dem Zusammenwirken von erblichen Faktoren und Erziehungs- und Umwelteinflüssen erklärbar. Ein Schluß von den Genen auf das Verhalten von Menschen ist deswegen nicht zulässig. Die Wissenschaft ist deswegen gegenwärtig der Ansicht, daß 'eine genetische Analyse zur Feststellung normaler geistig-seelischer Merkmale nicht möglich (ist)' (BMFT 1985, S. 65).

Nach dem gegenwärtigen Stand zeichnen sich folgende Anwendungsbereiche für genetische Tests ab (v. d. DAELE 1985, S. 72):

- Familienplanung und Abtreibung
- Diagnose erblicher Krankheiten

  Gegenwärtig sind etwa 3000 Erbleiden bekannt, die durch Schädigung einzelner Gene entstehen.

  Ein häufig genanntes Beispiel für solche Erbleiden ist der sog. Veitstanz. Schon heute läßt sich mit Hilfe der Genomanalyse feststellen, ob ein noch nicht geborenes Kind mit etwa 45 Jahren Veitstanz bekommen wird.
- Prävention von Krankheiten, für die eine erbliche Disposition besteht.

  Es gibt offensichtlich eine Reihe von Krankheiten, die nicht schon durch die erbliche Anlage allein, sondern erst durch das Hinzutreten von Umweltfaktoren ausgelöst werden. Man nimmt an, daß es unterschiedliche, erblich bedingte Anfälligkeiten gegenüber Schadstoffen, Schwermetallen, Nahrungsmitteln etc. gibt. Die folgende Tabelle (aus van der DAELE 1985, S. 95) gibt einen Überblick über genetische Reihenuntersuchungen in einigen Staaten der Welt:

Tabelle 3: Neugeborenen-Screening (Beispiele für staatliche Programme)

Krankheit/ Defekt	*Folgen/Symptome*	*Häufigkeit 1 Fall auf:*	*Behandlung/Vorbeugung*	*Durchgeführt in (u. a.): Bemerkungen*
Phenylketonurie (PKU)	geistige Entwicklungsstörung im Säuglingsalter	10000–15000	vorbeugende Diät	fast alle Staaten, BRD
Ahornsirupkrankheit	Atemlähmung, Tod in den ersten Wochen	ca. 200000	vorbeugende Diät	viele Staaten, in BRD inzwischen eingestellt
Galaktäsomie	geistige Entwicklungsstörungen, Leberschäden	75000	vorbeugende Diät	viele Staaten, BRD
Hypothyreose (Schilddrüsenunterfunktion)	geistige Entwicklungsstörung (Kretinismus)	4000	Hormonbehandlung	viele Staaten, BRD
Mukoviszidose (zystische Fibrose)	Magen-, Darm- und Lungenerkrankungen	2000	keine Vorbeugung, symptomatische Behandlung	BRD
Homozystinurie	geistige Entwicklungsstörung, Gefäßerkrankung	ca. 200000	vorbeugende Diät	13 US-Staaten, Nordrhein-Westfalen
Tyrosinämie	Leberschäden	nicht bestimmt	vorbeugende Diät	6 US-Staaten
Sichelzellanämie	Blutkrankheit, Thrombosen, oft Tod mit 10–30 Jahren	800 (schwarze US-Bevölkerung)	keine Vorbeugung, symptomatische Behandlung	New York, in weiteren 16 US-Staaten gesetzlich vorgesehen (bei 10 auf Antrag), Durchführung ist fraglich
Alpha-1-Antitrypsinmangel	Anfälligkeit für Leberzirrhose (Kinder) und Lungenkrankheiten (Erwachs.)	1700–5000	Vermeidung von Schadstoffbelastung	Schweden

Es kann hier dahinstehen, ob diese Tests wirklich das leisten, was sie versprechen und ob staatliche Programme in diesem Bereich sinnvoll sind oder nicht. Wichtig ist uns hier die Bedeutung, die derartige Defekte für die Überwachung von menschlichen Eigenschaften erhalten können: Der in der Tabelle unten genannte Defekt "Alpha-1-Antitrypsinmangel" steht im Verdacht, bei Erwachsenen häufig zu Lungenerkrankungen zu führen. Die in Schweden getesteten Menschen sollten in die Lage versetzt werden, das Risiko einer Erkrankung niedrig zu halten, z. B. indem sie nicht rauchen oder Arbeitsplätze mit hoher Staubbelastung vermeiden.

Es liegt auf der Hand, daß genetische Tests dieses Umfangs nur mit Hilfe des Einsatzes der Informationstechnik bewältigt werden können. Sie verlangen insbesondere eine völlig neuartige Qualität der Dokumentation von Untersuchungsergebnissen. Bei dem schon erwähnten Neugeborenen-Screening für "Alpha-1-Antitrypsinmangel" etwa tritt der vermutete Schaden ja erst im Erwachsenenalter auf. Entsprechend der Logik dieses Tests müssen die Betroffenen in die Lage versetzt werden, sich etwa mit 20 Jahren ihrem Mangel entsprechend zu verhalten. Dies setzt wohl staatliche, betriebliche oder überbetriebliche Genregister oder einen individuellen Genpaß voraus (vgl. die Festschrift des werkärztlichen Dienstes der BASF (THIESS 1980, S. 188 ff.).

Zumindes oberflächlich betrachtet gibt es also einen Zuammenhang zwischen Gentechnik und Informationstechnik: Es stellen sich völlig neuartige Anforderungen an die Zuverlässigkeit und die Dauer der Dokumentation von Untersuchungen - Untersuchungen, die ihrerseits den Einsatz der Informationstechnik voraussetzen.

3. GENETISCHE AUSFORSCHUNG VON ARBEITNEHMERN - ZUM STAND DER DISKUSSION

Die bis jetzt einzig verläßlichen empirischen Daten über den Umfang genetischer Ausforschung von Arbeitnehmern hat das Office for Technology Assessment (OTA) 1982 für die USA erhoben. 366 der 500 größten US-Unternehmen haben damals folgende Antwort gegeben:

- 6 Unternehmen führen gegenwärtig genetische Tests durch
- 17 Unternehmen hatten in der Vergangenheit Tests durchgeführt
- 55 Unternehmen hielten den Einsatz von Tests innerhalb der nächsten Jahre für wahrscheinlich.

Für die Bundesrepublik sind keine Zahlen verfügbar. Bei einer Anhörung vor dem deutschen Bundestag im Herbst 1985 waren sich die Sachverständigen darüberhinaus einig, daß gegenwärtig keine Genomanalysen in der Bundesrepublik stattfinden (ENQUETE KOMMISSION GENTECHNOLOGIE 1985). Entsprechend diesem tatsächlichen Befund hat die überwiegende Mehrheit der Sachverständigen die Notwendigkeit zu vorbeugendem Handeln des Deutschen Bundestags bestritten.

Zu dem gleichen Ergebnis kommt die sog. Benda-Kommission (BMFT 1985, S. 63 ff.). Sie hat keine Bedenken gegen die Genomanalyse im Arbeitsleben, wenn ihr die Einwilligung des Untersuchten vorausgeht.

Der Deutsche Gewerkschaftsbund hat dieser Position widersprochen (in: ENQUETE KOMMISSION GENTECHNOLOGIE 1985, WILLE 1985). Nach seiner Auffassung sind Genomanalysen sowohl unzulässig bei Einstellungsuntersuchungen als auch während laufender Arbeitsverhältnisse.

Es muß überraschen, daß die Problematik der Genomanalyse bei der aktuellen Diskussion um Arbeitnehmerdatenschutz und den Einsatz von Personalinformationssystemen keine Rolle gespielt hat. Es liegt ja nahe, objektive Gefährdungen der Arbeitsplätze und subjektive Dispositionen kontinuierlich gegeneinander abzugleichen und hierfür die Möglichkeiten des betrieblichen Informationssystems zu nutzen. Denkbar ist immerhin, daß das im Entwurf vorliegende Hessische Datenschutzgesetz (Drucksache 11/4749 v. 26.11.85) Maßstäbe für die Zukunft setzt. Dort heißt es in § 34 Abs. 6:

> "Dienst- und arbeitsrechtliche Beurteilungen sowie medizinische und psychologische Befunde des Beschäftigten dürfen nicht automatisch verarbeitet werden."

4. ALTE PROBLEME UND NEUE STRUKTUREN

Selbst wenn man einmal davon ausgeht, daß sich der Fortschritt der Gentechnik langsam vollziehen wird, düstere Visionen also nicht angebracht sind, daß die bekannten Probleme auf der Basis des geltenden Arbeitsrechts lösbar sind (so WIESE 1985) oder lediglich marginale Änderungen des Arbeits- und Datenschutzrechts erfordern, so verwundert doch die Leichtigkeit, mit der deutsche Sachverständige die Probleme ad acta legen:

Es gibt ausreichende Beispiele, daß unerprobte oder gar unsinnige Techniken - unsinnig, weil sie von unsinnigen Annahmen über Menschen ausgehen - trotzdem eingesetzt werden. Man denke z. B. an den Einsatz von Lügendetektoren in den USA, die in Deutschland verboten sind. Wer garantiert uns, daß gentechnische Untersuchungsverfahren nicht auch zur Bestimmung von Verhaltensmerkmalen genutzt werden, so unsinnig das wissenschaftlich auch sein mag?

Schließlich läßt sich mit vielen Beispielen aus der Vergangenheit belegen, daß großangelegte Technologiefolgeabschätzungen in der Bundesrepublik wesentliche Probleme systematisch verfehlt haben. So hat etwa die Enquête-Kommission 'Neue Medien' die Volkszählung und den neuen Personalausweis trotz jahrelanger Arbeit nicht als Problem identifizieren können. Es besteht also die Gefahr, daß völlig neuartige Probleme in alte Entscheidungsstrukturen gebettet werden.

Im Gegensatz dazu hat das OTA dem amerikanischen Kongreß in einer umfangreichen, empirisch belegten Untersuchung immerhin eine Reihe von politischen Optionen angeboten, die vom Nichtstun bis zum totalen Verbot der Genomanalyse reichen.

Das Bild der Ruhe wird schon etwas getrübt, wenn man sich die Stellungsnahmen großer deutscher Chemie-Konzerne näher ansieht: Die BASF berichtet in ihrer Werkärztlichen Testschrift über "Chromosomenanalysen", die seit 1974 - für eine begrenzte Mitarbeiterzahl - durchgeführt werden (THIESS 1980, S. 221 ff.). Terminologisch ist unklar, ob solche Tests unter gentechnische Untersuchungen fallen. Andere Mediziner verwenden den milderen Ausdruck "Chromosomenaberrationen". Der Leiter des werkärztlichen Dienstes der Bayer AG sieht vor dem Deutschen Bundestag keine Probleme, während sein Personalvorstand so zitiert wird: "Wir sind zwar wissenschaftlich noch nicht s o weit, aber ich habe die Arbeitsmediziner gebeten, sich damit (mit Genomanalyse) zu beschäftigen (HAWRA und NEK 1985). Der leitende Arzt der HOECHST AG äußerte sich vor dem Deutschen Bundestag so:

> "Vordringliche Aufgabe der Arbeitsmedizin als prophylaktische Medizin ist die Früherkennung und Vermeidung berufsbedingter Erkrankungen.
>
> All ihre Bemühungen sind darin zu sehen, das evtl. erhöhte individuelle Gesundheitsrisiko des Arbeitnehmers bedingt durch seine besondere Empfindlichkeit arbeitsplatzbedingten Risiken gegenüber früheszeitig zu erkennen und Rechnung zu tragen.
>
> Daher gilt es im Rahmen von Einstellungsuntersuchungen die Tauglichkeit für spezifische Arbeitsplätze und das evtl. erhöhte Risiko bedingt durch Vorerkrankung oder erbliche Disposition zu erkennen."

Wir werten diese Äußerungen so: Große Unternehmen verschiedener Branchen werden in einiger Zeit gentechnische Untersuchungen in nennenswertem Umfang anwenden, sobald sie nach eingener Auffassung weit genug sind - und zwar auch für Einstellungsuntersuchungen.

Vor diesem Hintergrund werden Konturen einer Strukturveränderung des Arbeitslebens sichtbar, die auf einen säkulären Trend in unserer Gesellschaft aufsetzen: Den Trend zu primären und sekundären Präventionsstrategien: In verschiedenen gesellschaftlichen Bereichen werden Methoden entwickelt, die zukünftige zentrale gesellschaftliche Probleme "lösen" sollen, Methoden, die einen hohen Standart informatischer und informationstechnischer Instrumente mit informationstechnischer Vernetzung voraussetzen.

Ein aktuelles Beispiel für diesen Trend ist der Streit um die sog. Sicherheitsgesetze. Im Kern verbirgt sich dahinter der Versuch der Polizeien, Präventionsstrategien über die neuartige polizeiliche Aufgabe "Vorbeugende Vorsorge zur Gefahrenabwehr" rechtlich abzusichern. Es gilt, Delinquenz prophylaktisch an der Wurzel anzugehen (primäre Prävention) (vgl. BUSCH/FUNK/KAUSS/NARR/WERKENTIN 1985, S. 239 ff.). Der Einsatz auch höchstentwickelter informatischer Instrumente durch die Polizei, z. B. aus der Künstlichen Intellegenz, fügt sich in diese Strategien.

Auch genetische "Mängel" können nur dann sinnvoll für Präventionsstrategien "genutzt" werden, wenn je nach genetischem Mangel betriebliche oder überbetriebliche Register und individuelle Genpässe zur Verfügung stehen. Ohne zu spekulieren, kann man deshalb in naher Zukunft folgende Strukturveränderungen erwarten:

- Auf der Ebene des einzelnen Unternehmens wird der Einfluß der arbeitsmedizinischen Dienste auf das Schicksal der Arbeitnehmer erheblich zunehmen. Gleiches gilt für den strukturierenden Einfluß der Berufsgenossenschaften.

- Man muß vermuten, daß die noch nicht oder nicht mehr Arbeitenden vorab gentechnisch untersucht werden. Dies eröffnet die Option einer genetischen Berufsberatung.

Sich dies im Einzelnen vorzustellen, kommt einem Alptraum gleich. Politisch mag es deshalb sinnvoll sein, die mögliche Entwicklung mit einem "Nein zur Genomanalyse" zu beantworten.

Wir halten es aber für unwahrscheinlich, daß ein so mächtiger Trend, hinter dem mächtige Interessen und gesellschaftliche Institutionen stehen, durch diese Position alleine gebrochen werden kann. Man müßte wohl darüberhinaus einige Fragen grundsätzlich klären:

1. Wie erklärt sich die Anziehungskraft der Arbeitsmedizin mit deren präventiven Konzepten auf fast alle Bereiche der Gesellschaft?

2. Welche Unstände bewirken, daß individuelle Verhaltenskontrollen in gesellschaftliche Kontrollstrukturen umschlagen?

3. Sind die Möglichkeiten zur Überwachung so bedrohlich, daß es gesellschaftlich sinnvoll ist, auf Prävention und die dafür notwendige informationstechnische Vernetzung ganz oder teilweise zu verzichten?

4. Wie müßte eine Arbeitswelt aussehen, in der Prävention überflüssig ist?

Bei diesem Stand der Dinge ist es nicht offensichtlich, wo denn die im Untertitel behaupteten Verbindungen zwischen Informationstechnik und Gentechnik im Arbeitsleben liegen könnten. Unsere These lautet: Eine Gesellschaft, die sich anschickt, Menschen nach Maß zu züchten, hat ein so radikal verändertes, instrumentelles Bild vom Menschen, daß die Bemühungen, der Informationstechnik im Arbeitsleben ein "menschliches Gesicht" zu verleihen, eher rührend erscheinen. Wo also muß man ansetzen, um die Arbeitswelt mit ihren Techniken besser zu gestalten? Hans Jonas, der Philosoph, gibt eine Antwort aus der Sicht der Philosophie: Das durch die modernen Techniken erzeugte Wirrwarr läßt sich am ehesten strukturieren, wenn man das Menschenbild der modernen Humanbiologie und Medizin hinterfragt. Anders ausgedrückt: Die Informatik muß Umwege gehen, wenn sie ihren Gegenstand finden will.

LITERATURVERZEICHNIS:

BECKER 1984	Becker, Jörg, Informationstechnologie in der Dritten Welt. Eine kritische Analyse theoretischer und empirischer Studien, hg. Gesellschaft für Informatik und Dokumentation (GID), Frankfurt 1984
BMFT 1985	Bericht der Arbeitsgruppe In-vitro-Fertilisation, Genomanalyse und Gentherapie vom November 1985 an den Bundesminister für Forschung und Technologie, Bonn 1985
BUSCH/FUNK/KAUSS/WERKENTIN 1985	Busch, H.; Funk, A.; Kauß, U.; Narr, W.D.; Werkentin, F.; Die Polizei in der Bundesrepublik, Frankfurt, New-York 1985
V.D. DAELE 1985	v.d. Daele, Wolfgang, Mensch nach Maß? Ethische Probleme der Genmanipulation und Gentherapie, München 1985
DEUTSCH 1986	Deutsch, Erwin, Die Genomanalyse: Neue Rechtsprobleme, in: ZRP 1986, S. 1 ff.
DEUTSCHER BUNDESTAG 1982	Bundestagsdrucksache 9/1904, S. 10 ff.
ENQUÊTE-KOMMISSION GENTECHNOLOGIE 1985	Gutachten zum Thema "Genetische Analyse bei Arbeitnehmern", vorgelegt für die öffentliche Anhörung der Enquête-Kommission 'Chancen und Risiken der Gentechnologie' am 19.9.1985, nicht veröffentlicht, (Bonn 1985)
FRIEDLAND/KEDES 1985	Friedland, Peter; Kedes, Laurende H., Discovering the secrets of DNA, Comm ACM November 1985, Vol. 28, No 11, p. 1164 ff.
FUCHS-KITTOWSKI 1983	Fuchs-Kittowski, Klaus, Information, Organisation und Evolution, in: Humboldt-Universität-Berlin (Hg.), IV. wissenschaftliches Kolloquium zur Organisation der Informationsverarbeitung v. 13.-15.12.1983, Berlin (DDR) 1983, S. 67 ff.
GENTECHNIK: GLÄSERNER KOLLEGE 1985	ohne Verfasser, in: Der Kassenarzt 32/1985, S. 30

HAWRANEK 1985	Hawranek, Dietmar, Bald reichen Zeugnis und Lebenslauf nicht mehr aus, in: Frankfurter Rundschau v. 10. 4.1985
HESSISCHER DATENSCHUTZ-BEAUFTRAGTER 1982	Elfter Tätigkeitsbericht des Hessischen Datenschutzbeauftragten v. 31.12.1982
HESSISCHER DATENSCHUTZ-BEAUFTRAGTER 1984	13. Tätigkeitsbericht des Hessischen Datenschutzbeauftragten vom 31.12.1984
JONAS 1985	Jonas, Hans, Technik, Medizin und Ethik. Zur Praxis des Prinzips Verantwortung, Frankfurt 1985
OTA 1983	The Role of Genetic Testing in the Prevention of Occupational Desease, Congress of the Unites States. Office of Technology Assessment, GPO 1983 (OTA - BA - 194), Washington 1983
PFAEFFLE 1982	Pfaeffle, Walter, US-Firmen sichten vor Einstellung die Blaupause des Lebens, in: Frankfurter Rundschau v. 14.7.1982
QUOIRIN 1984	Quoirin, Marianne, Wer ist für gefährliche Jobs genetisch fit?, in: Kölner Stadt-Anzeiger v. 22.3.1984
THIES 1980	Thies, Alfred M. (Hg.), Arbeitsmedizin und Gesundheitsschutz. Werkärztliche Erfahrungen der BASF 1866 - 1980, Köln 1980
WATSON/TOOZE/KURTZ 1985	Watson, James D.; Tooze, John; Kurtz, David T.; Rekombinierte DNA. Eine Einführung.
WENZLAFF 1983	Wenzlaff, Bodo, Information und Gedächtnis, in: Humboldt Universität Berlin (Hg.), IV. wissenschaftliches Kolloquium zur Organisation der Informationsverarbeitung vom 13.-15.12.1983, Berlin (DDR) 1983, S. 1 ff.
WIESE 1985	Wiese, Günther, in: ENQUÊTE-KOMMISSION GENTECHNOLOGIE 1985
WILLE 1985	Wille, Joachim, In Medizin-Einrichtungen produzierte Kinder werden zur Ware, in: Frankfurter Rundschau v. 30.11.1985

Brauchen wir eine Neue Aufklärung?

Prof. Dr. Hartmut Wedekind
Universität Erlangen-Nürnberg

1. Arbeitslosigkeit, Ausbildung und Aufklärung

Die hohe Arbeitslosigkeit ist eines der bedrückendsten Probleme unserer Zeit und es herrscht Einigkeit unter Sachkundigen darüber, daß ihre Beseitigung oder wenigstens ihre Verminderung materieller, aber vor allem großer mentaler Anstrengungen bedarf. Arbeitslosigkeit ist eine schwere menschliche Krise. Auch wenn heute ein Arbeitsloser weit mehr Geld bekommt als früher, so wirkt doch die Nutzlosigkeit auf den Betroffenen häufig wie eine unheilbare Krankheit. Krise als Niedergang einer Persönlichkeit ist hier zweideutig zu verstehen. Einmal kann sie eine Irrelevanzkrise sein, wenn der Betroffene in neue, veränderte Verhältnisse nicht mehr paßt und nur anzubieten vermag, was niemand mehr braucht. Zum anderen kann eine Überforderungskrise vorliegen, die eingetreten ist, weil das Notwendige, dem nachzukommen war, schneller wuchs als die eigenen Möglichkeiten. Bei der Unterscheidung der beiden Krisentypen, die auf Hermann Lübbe zurückgeht, wird ausdrücklich nicht eine echte oder vermeintliche Schuld als Erklärung oder Ursache herangezogen. Es soll unerheblich sein, ob die Krise durch eigenes Handeln zustande kam oder ein Widerfahrnis ist. Die Termini "Relevanz" bzw. "Irrelevanz" werden als Prädikate für einen Sachverhalt benutzt, während "überfordern" als ein "Unerreichbares-Erreichen-Wollen" eine praktische Modalität andeutet und etwas mit "Können" zu tun hat. Auf das Lebensalter des Menschen bezogen kann man herausstellen, daß der Tendenz nach "Irrelevanzarbeitslosigkeit" im Alter, "Überforderungsarbeitslosigkeit" in jüngeren Jahren häufiger angetroffen wird.

Ausbildung als Erwerb von Fachwissen und Fähigkeiten zum Zwecke einer nicht-trivialen Berufsausübung ist nun eine wichtige Remedur zur präventiven Bekämpfung der Überforderungs- und - wenn eben möglich - auch der Irrelevanzarbeitslosigkeit. Sogar in einer völlig darniederliegenden Wirtschaft wie nach dem 2. Weltkrieg in Deutschland kann ein relativ hoher Ausbildungsstand der Bevölkerung bei geeigneten Rahmenbedingungen rasch zu einer guten Beschäftigungslage führen. Unser heutiger hoher Arbeitslosenstand zeigt an, daß es mit dem Ausbildungsstand nicht allzu gut bestellt ist. Wenn dann auch noch die Zahl der offenen Stellen in Berufen der Neuen Technologie ständig steigen, und das nicht bloß als Folge der Konjunktur, sondern erkennbar auch als Folge eines Strukturbruchs, dann sind Bedenken anzumelden. In der Bundesrepublik Deutschland sind bis zum Herbst 1983 etwa eine Million Arbeitsplätze als direkte Folge der Automation überflüssig geworden, vermeldet Wolters. Betroffen sind Facharbeiter sowie Anleitende und Leitende einerseits und Hilfskräfte andererseits. Wer jedoch heute Bildung und Ausbildung reformieren will, der gerät in den Verdacht, es denen gleichtun zu wollen, die 1968 auf sozialwissenschaftlicher Grundlage vieles umkrempelten und Chaos und Ratlosigkeit hinterließen. Bloße "emancipatio" (Selbständigkeit) und nicht die "maiorennitas" (Mündigkeit) stand am Ende der Bewegung. Wenn wir schlicht eine aufgeklärte und aufklärende Ausbildung verlangen, dann wird man uns entgegenhalten, daß alle Bildungsreformer, auch die jüngsten, das gefordert haben. Alle wollen Aufklärer und aufgeklärt sein, sobald man mit Wissenschaft, die öffentlich ist, in Berührung gekommen ist; das Romantische, bloß Ich-Bezogene, Unbegrenzte, überläßt man der Kunst und der Religion, die längst zur Privatsache geworden sind.

Bevor wir herausstellen werden, daß eine Neue Aufklärung (zumindest eine anders verstandene) her muß, um das Arbeitslosendilemma zu verkleinern, sollten wir uns zunächst dem schwer durchschaubaren Geflecht der "alten" Aufklärung wenigstens kurz zuwenden. Die alte Aufklärung entstand als neue geistige Bewegung im Gefolge der aufkommenden Naturwissenschaften und ist mit Namen wie Locke, Voltaire, Hobbes und Rousseau verbunden. Enlightment sagen die Engländer für Aufklärung und schreiben das Wort zwecks Anzeigen einer Besonderheit sogar groß. Mit "Erleuchtung" könnte man "Aufklärung" rückübersetzen und ist dann unserer Redewendung "einem ist ein Licht aufgegangen" sehr nahe. Die Aufklärung bekam aber sehr schnell die Prädikate wissenschaftsgläubig, religionsfeindlich und politisch reformfreudig zugesprochen. Daß es im vergangenen Jahrhundert eine auf die Naturwissenschaften gegründete technische Revolution gab, daß heute ein Schulwesen sicherzustellen hat, daß alle im Lesen, Schreiben und Rechnen unterwiesen werden, verdanken wir auch der alten Aufklärung. Humanismus und Moral, aber auch blanker Positivismus mit einer deskriptiven Vorliebe fürs Weltbeschreiben - alles Normative als bloße Konvention abtuend - sind das heutige Ergebnis der steckengebliebenen, alten Aufklärung. Wenn wir, etwas kühn, auch Kant noch zu den Aufklärern zählen und seiner Erkenntnis folgen, daß Vernunft sogar primär praktisch ist und Normen zu setzen vermag, die das Handeln bestimmen, ja dann bleibt noch viel zu tun, um die Aufklärung wieder auf den Weg zu bringen. "Aufklärung", so sagt Kant, "ist der Ausgang des Menschen aus seiner selbstverschuldeten Unmündigkeit. Unmündigkeit ist das Unvermögen, sich seines Verstandes ohne Leitung eines anderen zu bedienen. Selbstverschuldet ist diese Unmündigkeit, wenn die Ursachen derselben nicht am Mangel des Verstandes, sondern der Entschließung und des Mutes liegt, sich seiner ohne Leitung eines anderen zu bedienen. Sapere aude! Habe Mut, dich deines eigenen Verstandes zu bedienen! ist also der Wahlspruch der Aufklärung". Und dann weiter, am Ende seiner berühmten Schrift "Was ist Aufklärung" von 1784, fragt Kant "Leben wir jetzt in einem aufgeklärten Zeitalter?" Er beantwortet die Frage mit "Nein, aber wohl in einem Zeitalter der Aufklärung ... Es ist das Jahrhundert Friedrichs." In Anbetracht der Neuen Technologie und Computerwissenschaften (Informatik) legt sich Bernd Mahr von der FU Berlin in seinem Aufsatz "LEGO, LOGO und die Aufklärung" (Kursbuch 80, Rotbuch Verlag 1985) die zweihundert Jahre alte Frage Kants noch einmal vor und kommt zu dem Resultat "Ja, wir leben in einem aufgeklärten Zeitalter, aber wohl nicht in einem Zeitalter der Aufklärung." Mahr will damit dartun, daß das aufklärerische Geschäft des 18. Jahrhunderts erfolgreich beendet wurde. Der autonome, demokratische Mensch ist da. Und ohne Zweifel, die Hauptforderung der alten Aufklärung, die Selbständigkeit des Menschen ist erfüllt. Um die aktive Selbstveränderung, die Kant fordert, ist es dagegen schlechter bestellt. Warum, so ist zu fragen, geht es mit der Aufklärung nicht weiter voran, wenn das Eindringen der Computerwissenschaft zur Debatte steht? Mahr sieht zwei Propagandarichtungen, eine romantische und eine radikal-aufklärerische. Die Angehörigen der einen, geisteswissenschaftlich orientierten Richtung sprechen von "digitalem Hirnfraß" und halten diskursives Denken, Querdenken und In-der-Schwebe-halten mit Neuen Technologien für unmöglich. Wenn jedoch eine Formel an die Tafel geschrieben wird, sucht diese Gruppe sofort das Weite. Das Heraustrennen der Mathematik aus der alten philosophischen Fakultät und die ausschließliche Vereinnahmung der Mathematik durch die Naturwissenschaften als Anwendungen war halt aus heutiger Sicht ein schwerer Fehler. Die andere Richtung, die nach Mahrs Auffassung zur Zeit einen starken Auftrieb erfährt,

will das ganze Bildungssystem umkrempeln und die Informationsgtechnologien zum Maß aller Dinge machen. Klaus Haefner mit seinem Buch "Die neue Bildungskrise" wird von Mahr als ein Beispiel für die zweite Denkrichtung genannt. Von Aufklärung als einer einheitlichen, zumindest mit durchgängigen Merkmalen belegbaren geistigen Strömung kann bei diesem Durcheinander der Lehrmeinungen in Deutschland, aber auch im Ausland keine Rede sein.
Ein dritter Weg, der kritische, ist einzuschlagen, obwohl sich seit Kant alle Aufklärer mit dem berühmten Terminus "kritisch" schmücken. Kritisch in einem ursprünglichen, veritablen Sinn ist man aber nur, wenn man zumindest zwischen theoretischem Verstand und praktischem Verstand (Vernunft) zu unterscheiden vermag, wobei der praktische Verstand Normen hervorbringen kann, die vernünftig und somit begründbar und gegen jedermann verteidigbar sind und nach denen wir handeln sollen. Nicht der ist aufgeklärt, der theoretisch alles weiß, sondern der das Gewußte in Beziehung setzen kann zu praktischen Zwecken. Aufklärung ist nicht primär Wissensfortschritt, sondern ein theoretisch wie praktisch eingeleiteter Naivitätsverlust (Horkheimer). Und um diesen Naivitätsverlust geht es bei der Neuen Aufklärung. Der unbedarfte, "intellektuelle" small talk über "Computermystik" im breiten Publikum, das arglose Reden über den Computer als bloßes Instrument, das fanatische, unreflektierte Vorgehen der "Hacker" und schließlich, die bereits in Schulen eingeführte, technisch-instrumentell überfrachtete Informatik "leiden" sicherlich nicht unter Naivitätsverlust und sind häufig mehr subjektive Beliebigkeiten oder bloße Informationsaufnahmen und -anhäufungen.

2. Das Eindringen der Informatik in die allgemeine Grund- und Berufsausbildung

Die Informatik (Computerwissenschaft), ein Zentralfach der Neuen Technologie, ist in Deutschland seit anderthalb Jahrzehnten ein etabliertes akademisches Fach. Der Zustrom an Studenten ist wegen der exzellenten Berufsaussichten gewaltig und übersteigt um das Doppelte die bescheidenen Kapazitäten. Weltweit gesehen befindet sich die Grundlagen- und Entwicklungsforschung in einem rasanten Tempo, so daß auch die Fachwissenschaftler nur noch Teilbereiche überblicken und produktiv weitertreiben können. Es geht mir hier aber gar nicht um das Fach "Informatik", seine Leistungen und seine Schwierigkeiten. Zur

Diskussion steht das Vorverständnis für Informatik, das in Sätzen formuliert wird, die gar nicht Bestandteil der Informatik sind. Die Sätze, die dann aber später für das Fach nutzbar gemacht werden können, sind eine Sammlung von Meinungen, die, seit Heidegger übrigens, Vor-Meinungen heißen. Meinungen sind Annahmen über Sachverhalte, wie sie sind oder sein sollten. Ob sie sich bewähren oder bloße Beliebigkeiten sind, wird dem Urteil der Fachwissenschaft unterworfen, falls diese keine "Meinungswissenschaft," ist, die eben alles so stehen läßt, wie es ist. Es geht uns darum, die vorwissenschaftlichen Meinungen der Informatik ans Licht zu ziehen und sie in einen größeren Zusammenhang zu stellen. Die Wörter, die dabei zu untersuchen sind, entstammen alle der lebensweltlichen Praxis. Die Einübung des richtigen Gebrauchs dieser Wörter erfolgt teils schon in frühester Jugend, teils im Alter des Heranwachsenden. Was eine Regel ist, lernt man z.B. beim Mensch-Ärgere-Dich-Nicht, und was eine Anweisung (Aufforderung, Befehl) ist, die man von einer Aussage zu unterscheiden hat, wird einem auch schon im Vorschulalter klar. Schwieriger wird das Lernen, wenn es um Wörter wie Typ, Norm, Objekt oder gar um die Unterscheidung von abstrakten und konkreten Objekten geht. Wir wollen hier nicht den ganzen Kanon wichtiger Wörter aufzählen. Tatsache ist aber, daß für diese Wörter ein normatives Fundament gefunden werden muß. Dabei geht es darum, unzulänglich verstandene Zusammenhänge aus der Lebenspraxis zu präzisieren. Für diese erste Stufe wird das Wort "Protoinformatik" vorgeschlagen. Eine solche Protoinformatik wird zu einer Prototheorie, die der Informatik als einer Theorie des Computers vorausgeht. Es soll hier dem Konzept Lorenzens gefolgt werden, der schon eine Protogeometrie und eine Protologik en detail vorlegen konnte, indem er auf Grundbegriffe des menschlichens Handelns zurückgriff. Ein geschlossenes Werk über "Protoinformatik", deren Bestandteile "überall wild herumliegen", ist noch nicht geschrieben. Es ist ein "normatives" Buch, das zeigt, daß hinter den Begriffsnormierungen der Protoinformatik Vernunft und keine bloße Willkür oder schlichte Konvention steckt. Bestandteil dieser Darstellung ist sicherlich auch die Ausarbeitung der Sinnzusammenhänge der vielfältigen Normierungsvorschläge als da sind: (in den für den Laien unverständlichen Abkürzungen): Die ISO/OSI-Normen der Kommunikation mit den Begriffen "Protokoll" (gr. das vorne Angeleimte) und "Schnittstelle" (die Stelle, die beim "Schneiden" entsteht) im Mittelpunkt die ODA/ODIF-Normen der Büroautomation, wobei der Begriff "Dokument" im Zentrum der Erörterungen zu stehen hat, die GKS-, Phigs-, CG/VDI-Normen der Grafik, d.h. der mehrdimensionalen Gebilde usw.. Die konkret erarbeiteten Normen der

Ausschüsse sind dabei uninteressant. Von Bedeutung ist der Begriffsapparat, der hinter all dem steckt und der in der Lebenswelt schon angelegt ist. Die aktuellen Normen können später in der Informatik studiert werden, wenn Probleme (gr.: das einem Vorgelegte) zu lösen sind. In der Protoinformatik, die sich über sich selbst Klarheit verschaffen muß, gibt es in diesem Sinne noch keine Probleme. Man bereitet sich erst auf Probleme vor. Probleme unvorbereitet zu lösen, aus der Hüfte schießen, wie das heute in der industriellen Praxis allenthalben geschieht, ist voraufklärerisch. Damit will ich die Praktiker in Wirtschaft und öffentlicher Verwaltung nicht zu voraufklärerischen Dunkelmännern abstempeln. Aber: Zur Aufklärung gehört eben auch Muße.

Wichtig ist in der Ausbildung auf jeden Fall, daß man über ein Vorverständnis zum besseren Verständnis gelangt. Nur über die Proto- oder Vorinformatik erlangt man in der Informatik Gewißheit im selbst erworbenen Wissen - ein Prinzip aller Aufklärungsschritte. Der bloßen Nachinformatik, die nicht systematisch aufgebaut wird, verbleibt nichts anderes übrig, als sich mit den vielen Kuriositäten der Informatik herumzuschlagen und sich geschmeidig immer auf dem neuesten Stand der Produktion zu halten. Das Kuriositätenkabinett der Informatik ist vielfältig mit naturwüchsigen Produkten bestückt. Einige dieser Produkte sind unreflektiert "mal eben so" entstanden. Man spricht vom "How-I-Did-It"-Ansatz. Andere wiederum basieren auf Voraussetzungen, die noch keinerlei "Naivitätsverlust" aufweisen. Man denke nur an die Programmiersprache COBOL, die in dem naiven Glauben entstand, Programmiersprachen einer natürlichen Sprache angleichen zu können. Nicht zum Kuriositätenkabinett der Nachinformatik zähle ich die auf jegliche Informatik verzichtenden "Furcht und Schrecken" verbreitenden Ausführungen einiger Implikationsforscher. Das müssen die Sozialwissenschaftler alleine vertreten. Wenn Informatiker hier Stellung beziehen, vermittelt das immer den Eindruck einer erschlichenen Kompetenz. Nicht "Furcht und Schrecken", sondern der "Mut, sich seines Verstandes zu bedienen", kennzeichnet die Aufklärung.

Der Unterabschnitt lautet "Das Eindringen der Informatik in die "Grund- und Berufsausbildung". Mit den Darlegungen über Protoinformatik ist die Stoßrichtung im Sinne einer Forderung der Informatik als Grundlagenfach vorgezeichnet. Völlig verfehlt wäre es, über eine Vielzahl von Geräten sofort die instrumentelle Informatik und damit auch notwendigerweise ihre Kuriositäten in die Lehre der allgemeinen Grund- und Berufsausbildung einzubringen. In den von der Informatik abhängigen Fächern ist die bloße Nutzung des Computers als Vehikel zwar erwünscht; für das eigene Fach wird damit aber bloß etwas gewonnen, was in den Computerprogrammen längst schon angelegt ist. Der Computer "erläutert" dann, er erweitert nicht. Eine Erweiterung eines Faches mittels der Informatik gelingt erst dann, wenn die Gegenstände und Methoden des Faches eben mit den Mitteln der Protoinfomatik und der Informatik rekonstruiert werden können. Es soll dabei nicht stören, daß diese Mittel in anderen Disziplinen schon lange vorhanden sind. Der Automatisierungszweck mittels disziplinierter Sprache ist die Pointe, auf die noch näher einzugehen ist. An dieser Stelle kommt es mir nur darauf an, darauf hinzuweisen, daß Informatik und ihre Protostufe so allgemeingültig und somit so fundamental sind, daß die Vehikelvorstellung, geäußert etwa mit dem Satz "Der Computer ist wie mein Auto, bloß Mittel zum Zweck", in hohem Maße unzulässig ist. Denn: Wir befinden uns im Bereich der Sprache und des Sprachvermögens des Menschen, und damit wird alles berührt, was der Mensch mit Sprache bewerkstelligen kann. Man denke an die von Chomsky aufgestellte Frage, wie es kommt, daß der Mensch mit einer endlichen Anzahl von Erzeugungsregeln unendlich viele Sätze produzieren kann.

Der "Königsweg", der in der Ausbildung einzuschlagen ist, geht über die Protoinformatik, die, um das Interesse zu wecken, gerätetechnisch zu unterstützen ist. Der Weg führt hin zur Informatik, die nur dann berufs- und beschäftigungssichernd ist, wenn sie in die Anwendungsfächer (wie man sagt) eindringt und hier dann überhaupt nicht mehr als separates Fach zu erkennen ist. Bis es soweit ist, sind die Anforderungen an die Informatikfakultäten enorm. Neben der Versorgung riesiger Studentenmassen kommt die wichtige Exportleistung für andere Fächer noch hinzu. Der Prozess des Penetrierens und des Hinwendens zu einer immer mehr praxisorientierten, immer weniger bloß instrumentellen Informatik kann dazu führen, daß die Informatik sich als eigenständige Disziplin erübrigt, weil eben alle Informatik treiben. Das ist natürlich visionär und sollte für uns nur als kaum erreichbares Ziel am Horizont stehen.

Wodurch, so lautet eine berechtigte Frage, unterscheidet sich eine Protoinformatik von einer Protomathematik? Antwort: Die Informatik muß auf Objekt- <u>und</u> Prozessabstraktionen vorbereiten und geht von lebens-

und fachweltlichen Situationen aus. Für die Mathematik steht die Objektabstraktion im Mittelpunkt. Zum Beispiel kann ein Konstrukt wie der Abstrakte Datentyp in der Mathematik gar nicht gefunden werden, weil ein Interesse (Vorverständis) hierfür nicht vorhanden ist.

3. Aufgeklärte Informatik und Informatik als Aufklärung

Die Forderung, Informatik in alle Fächer zu tragen, von der Medizin, über die Jurisprudenz und Wirtschaftswissenschaften bis in die Natur- und Ingenieurwissenschaften und in einer Propädeutik systematisch vorzubereiten, ist zwar einschneidend, begründet aber noch längst keine Neue Aufklärung. Die Zahl der "Dunkelmänner", die gegen die obige Forderung opponieren, nimmt ständig ab. Die Frage der Umsetzung dieser Forderung erscheint viel dringlicher. Goethe, würde er heute leben, wäre sicher einer dieser Dunkelmänner. Von seiner Jugend bis ins Greisenalter wurde der sonst so kluge Mann nicht müde, das Eindringen der Mathematik in die Naturbeobachtungen zu bekämpfen.
Die Frage "Brauchen wir eine Neue Aufklärung?" kann als Provokation aufgefaßt werden. Mahrs Feststellung, daß wir nicht in einem Zeitalter der Aufklärung leben, und unsere triste Beschäftigungssituation könnte der Anlaß sein zu fragen, ob nicht eine Neue Aufklärung auf den Weg zu bringen ist. Eigentlich müßte der Abschnitt heißen "Aufgeklärte Philosophie und Philosophie als Aufklärung". Wenn Aufklärung zumindest im Hinblick auf Ausbildung, Beruf und Beschäftigung gesehen wird, dann schweigt die Philosophie, obwohl hier Fundamentalfragen des Menschen aufgeworfen werden. Augenscheinlich befindet sich die Philosophie selbst in einer Krise, ob Irrelevanz - oder Überforderungskrise mag dahingestellt bleiben. Immerhin wird von Lübbe in seinem Buch "Philosophie nach der Aufklärung" das Ende der Aufklärung schon als These diskutiert. Tun wir mal so, als könne die Informatik den Part der Philosophie spielen, dann aber muß sie gewaltig Anleihen bei der Philosophie aufnehmen. Informatik ist eine Sprachwissenschaft mit einer enormen technologischen Basis. Im Gegensatz zu den klassischen Ingenieurwissenschaften, die als angewandte Physik oder Chemie gelten können und sich mit Bewegungs- und Stofftransformationsschemata und toter Materie befassen, unter Umständen noch, eine Schale höher im Zwiebelmodell, die Biosphäre meistern müssen, handelt es sich bei einem Kern der Neuen Technologien, der Software, um Sprachschemata. Im methodischen Vorgehen, man denke nur ans Software-Engineering, hat die

Informatik viel mit Ingenieurwissenschaften gemein. Der Name "Informatik" ist mehr zufällig dem modischen, etwas leeren Wort "Information" nachgebildet worden. Da Linguistik als Wort für empirische Sprachwissenschaften natürlicher Sprachen schon besetzt ist, könnte man "Linguologie" statt Informatik vorschlagen. Es handelt sich natürlich hier um einen Scherz, der verdeutlichen soll, wie willkürlich man häufig bei der Vergabe von Eigennamen vorgeht. Es war ja auch ein deutscher Buchhändler und Kartograph namens Waldseemüller, der 1507 auf den hübschen Einfall kam, das neu entdeckte Amerika nach dem mehr fleißigen Schreiber denn großen Seefahrer Amerigo Vespucci zu nennen, anstatt nach dem wahren Entdecker den Namen Columbia auszuwählen. "Computer Science" wie die Amerikaner sagen, ist vielleicht doch besser, weil keine falschen Vorstellungen erweckt werden. Bei uns in den Firmen entstehen Stabsabteilungen mit dem Namen "Informatik", was natürlich der grobe Unfug irgendwelcher "geschmeidiger Nachinformatiker" ist. Zu den Kuriositäten der Informatik gehören halt auch Karikaturen.

Zum Thema "Aufgeklärte Informatik" möchte ich an dieser Stelle wenig sagen, weil es zu fachspezifisch wird. Herauszustellen ist nur der Aspekt, der für das Thema "Informatik als Aufklärung" von Bedeutung ist. Der Hamburger Philosoph Schnädelbach (Martens/Schnädelbach (Hrsg.): Philosophie. Ein Grundkurs, Rororo 1985) hat Aufklärung in dem Spannungsverhältnis von Exoterik und Esoterik gesehen. Exoterik bezeichnet die herangetragenen Ansprüche oder Erwartungen an ein Fach oder eine Person und gleichzeitig die nach außen erbrachten Leistungen. Esoterik ist die eigentliche Aufgabe, der Gang nach Innen (reditus in se ipsum), die Weiterentwicklung der Person oder des Faches. In diesem Sinne ist "Aufgeklärte Informatik" ein esoterisches und "Informatik als Aufklärung" ein exoterisches Thema. Beide Themen haben ihre selbständige Bedeutung, keines von beiden läßt sich auf das andere reduzieren. Nur der esoterisch Geschulte kann exoterisch als Ausbilder (früher sagte man Erzieher) fungieren und umgekehrt. Esoterisch, im Sinne einer "Aufgeklärten Informatik", brodelt es im Fach gewaltig. Aus der Sicht des Philosophierens ist an erster Stelle die Künstliche Intelligenz zu nennen. Künstliche Intelligenz (KI), wieder ein vermaledeiter Eigenname, steht für den radikalen Versuch, auf der Grundlage der Protoinformatik ganz neue Ansätze in der Informatik zu entwickeln (man denke z.B. an die Programmiersprachen und damit an die vielen Programmierstile der KI), um so letzten Endes die

Anwendungssystementwicklung als exoterische Folge grundlegend zu verändern. In unserer exoterischen Zeit, in der Verkauf und Reklame alles zu bedeuten scheinen, sind die Expertensysteme als neuartig entwickelte Anwendungssysteme auf KI-Grundlage in aller Munde. Wenn viele Systeme sich Expertensysteme nennen, obwohl sie bloß ganz ordinäre Anwendungen alter Art sind, dann ist das wiederum ein Beitrag zum Kuriositätenkabinett der Nachinformatik.

Das zweite Thema "Informatik als Aufklärung", besser als "Neue Aufklärung", ist gefahrvoller, denn es ruft die Philosophen auf den Plan, die für die Aufklärung allgemein zuständig sind. Im Gefolge der Philosphen kommen, so muß ich befürchten, alle anderen Fachvertreter angeströmt, um die als Anmaßung anzuprangern. Ich will versuchen zu zeigen, daß Aufregung nicht am Platze ist und wähle dabei die Strategie der Vorwärtsverteidigung, indem die Philosophie und ihre Entwicklungsgeschichte selbst herangezogen werden. Nach Schnädelbach können wir drei Epochen unterscheiden: Die alte Philosophie der Griechen und des Mittelalters, in der das Seins- oder ontologische Paradigma galt. Man bemühte sich um die Gegenstände des Seins und ihren hierarchischen Aufbau, wobei das höchste Sein natürlich Gott war. Der große Aufklärungsschritt wurde dann durch Descartes und vor allen Dingen durch Kant vollzogen, indem gefragt wurde, was vom Menschen überhaupt erkannt werden kann. Und da gibt es dann nur die Gegenstände der Erfahrung und die konstruierten Gegenstände. Gott wird in der Philosophie stark zurückgedrängt. Kant ist international dadurch berühmt geworden, daß er die Gottesbeweise ad absurdum geführt hat. Schnädelbach spricht in Kuhnscher Terminologie vom Paradigmenwechsel vom Sein zum Bewußtsein und nennt das neue Paradigma mentalistisch. Ein weiterer Paradigmenwechsel hat in diesem Jahrhundert stattgefunden, nämlich als Wittgenstein, übrigens ein studierter Maschinenbauingenieur, auftrat und nicht nur fragte, was erkannt, sondern was auch über Sprache verstanden und ausgedrückt werden kann. Das Neue war, daß Wittgenstein in der Gedankenklärung vom bloßen Bewußtsein als Bereich in den Bereich der Sprache überwechselte. Wittgenstein hat das linguistische Paradigma oder den "linguistic turn" eingeleitet. Es ist nun allgemein bekannt, daß dieser Wechsel in Wittgensteins Leben in zwei Schüben vor sich ging. Es gibt den jungen Wittgenstein des Tractatus, den Analytiker der formalen Sprachen, der alles am logischen Ideal der Eindeutigkeit und Korrektheit maß. Wittgenstein I wird dieser Wittgenstein in der Literatur genannt. Der ältere Wittgenstein, Wittgenstein II, wollte von seinem Jugendwerk nichts mehr wissen und wandte sich in seinen Philosophischen Untersuchungen bekanntlich der Normalsprache (ordinary language) zu. "Die Bedeutung eines Wortes ist sein Gebrauch in der Sprache" (Philosophische Untersuchungen § 43) ist hier einer seiner mittlerweile berühmt gewordenen Kernsätze. Es kann heute keine Rede davon sein, daß Wittgenstein zwei vollständig verschiedene Philosophien entworfen habe, wie früher häufig behauptet wurde. Wittgensteins Entwicklung ist jedoch typisch. In der Jugend die Zuneigung und große Aufnahmefähigkeit für das erfahrungslose Formale. Im Alter dann der Versuch, seine gewonnenen Erfahrungen in eine Ordnung zu bringen. (Aus diesem Grunde ist es übrigens naiv, älteren, d.h. z.B. über 30 Jahre alten Arbeitslosen, die formal ungeschult sind, das Programmieren als Zusatz ihrer Berufsausbildung draufzusatteln. Das lernen die in der Regel nicht mehr!)

Der Philosoph Schnädelbach konstatiert "Gleichwohl verbirgt sich in der Alternative 'Formalsprache oder Normalsprache' ein fundamentales Problem der sprachanalytischen Philosophie insgesamt: das ihrer eigenen Grundlagen." Damit ist nun die Pointe, die ich machen will, ausreichend vorbereitet. Fragen wir "Was ist das Problem der Informatik?" so lautet die Antwort: Die Informatik hat die Lebens- und Fachwelten, die sich zum großen Teil in Normalsprachen darstellen, zu rekonstruieren. Zu den Fachwelten gehört selbstverständlich auch die "Welt" des Computers selbst. Ein wichtiger Aspekt der Rekonstruktion ist das Überführen in eine Formalsprache. Informatiker wie Ingenieure nennen diesen Vorgang spezifizieren. Eine Spezifikation muß hier notwendigerweise formal sein. Denn wer automatisieren will, muß vorher formalisieren. Automatisierung findet durch das Spezifizieren im Medium der Sprache statt. Die Spezifikation ist zu implementieren, d.h. auf dem Computer lauffähig zu machen.

Das von Schnädelbach herausgestellte Grundproblem ist keine Alternative 'Formalsprache oder Normalsprache', sondern ein konstruktiver Entwicklungsschritt vom Normal- zum Formalsprachlichen und seine gerätetechnische Umsetzung. Der auch sicherlich durch das Lebensalter bedingte Übergang Wittgensteins vom Formal- zum Normalsprachlichen, der linguistic turn I, wird durch einen weiteren Aufklärungsschritt, so möchte ich die Neue Aufklärung etwas bescheidener nennen, fortgesetzt. Dieser linguistic turn II, also das Spezifikationsparadigma, ist keine philosophische Lehre, sondern eine Tätigkeit. Das Resultat sind nicht Sätze, sondern das Klarwerden von Sätzen (siehe Tractatus 4.112). Was die zeitliche Abfolge von der Normal- zur Formalsprache anbetrifft, so wird Wittgenstein umgedreht, man könnte mit Marx auch sagen, vom Kopf auf die Füße gestellt.

Habermas stellt fest, daß der Programmatik der alten Aufklärungsphilosophie vor 200 Jahren ohne ein allgemeines Bildungssystem jede Grundlage fehlte. Dem ist zuzustimmen. Heute ist die Situation wesentlich besser, trotz der Fehlgriffe der Bildungsreformer. Wir müssen alles daran setzen und der Neuen Aufklärung eine Chance geben, damit das, was man "computer illiteracy" nennt, verschwindet. Protoinformatik ist hierzu ein wichtiger didaktischer Schritt, und Formaldenken, das aus dem Normaldenken erwächst, ist eine existenztragende Erkenntnisquelle. Der Informatik kann der eindrucksvolle Ausspruch Wittgensteins "Die Grenzen meiner Sprache bedeuten die Grenzen meiner Welt" (Tractatus 5.6) vorangestellt werden. Spürt nicht jeder Arbeitslose heute die Bedeutung dieses Satzes am eigenen Leib? Die Muskelkraft seines Leibes ist es sicherlich nicht mehr, die ihn begrenzt.

ÖFFENTLICHE VORTRAGSVERANSTALTUNG

Internationale Arbeitsteilung und Informationstechnik

ZIELSETZUNG UND AUFGABENSTELLUNG DES ARBEITSKREISES "INFORMATIK UND DRITTE WELT"

Günther Cyranek & Heidrun Kaiser

Der Arbeitskreis "Informatik und Dritte Welt" wurde im Januar 1983 in Hamburg auf der Arbeitstagung ´Computer in der Dritten Welt von ´Dritte Welt´- Erfahrenen und Interessierten an der Nord-Süd-Problematik in Bezug auf Entwiclungszusammenarbeit und Technologietransfer gegründet. Danach war es zunächst notwendig, den Rahmen für Aktivitäten abzustecken und inhaltliche Positionen zu erarbeiten.
Informationstechnologien dringen immer mehr in den Alltag ein - auch in den Ländern, die als "Dritte Welt" bezeichnet werden.
Die Industrienationen der sog. "Ersten Welt", die in starkem Maß Informationstechnologie entwickeln und exportieren, sind ursächlichan dieser Entwicklung beteiligt und damit gerade für negative Folgen in diesen Ländern mitverantwortlich. Die eigenen negativen Erfahrungen sollten der Dritten Welt frühzeitig vermittelt werden.

Vor dem Hintergrund der Nicht-Befriedigung der Grundbedürfnisse der Menschen in der Dritten Welt halten wir einen unkritischen Einsatz der Informationstechnologie für verantwortungslos, da eine Verstärkung negativer Tendenzen zu befürchten ist, wie

- Abhängigkeit der Dritten Welt
- Arbeitsplatzverluste und
- Einschränkung demokratischer Rechte durch verschärfte staatliche Kontrolle.

Ebenso sollen positive Erfahrungen aufgearbeitet und vermittelt werden.
Der Arbeitskreis betrachtet die Auseinandersetzung mit den Problemen der Informatik und der Dritten Welt als Teilgebiet des Fachbereichs 8 "Informatik und Gesellschaft". Der Arbeitskreis wird einen Vorschlag erarbeiten, mit welchen Fragestellungen

dieses Thema in der GI behandelt werden soll.
Der Arbeitskreis soll ein Forum sein für den Austausch von Informationen, Literatur und Kontakten. Es besteht Einigkeit darüber, daß die Thematik "Informatik und Dritte Welt" nur in interdisziplinärer Zusammenarbeit z.B. mit Ökonomen und Sozialwissenschaftlern zu behandeln ist. Für die Formulierung von Fragestellungen sollte jedoch das Interesse der Informatik im Vordergrund stehen.
Das bisherige Ergebnis der Arbeit im AK soll im folgenden kurz dargestellt werden. Der AK hat derzeit über 30 Mitglieder.
Vordringlichste und sehr zeitraubende Aufgabe des AK war bislang die Erstellung eines Readers zum Thema "Informatik und Dritte Welt", um einem breiteren Interessentenkreis den Zugang zu dieser Thematik zu erleichtern. Wir erwarten, daß dieser Reader ab Herbst in der GI-Reihe verfügbar sein wird.
Neben entwicklungstheoretischen Grundlagen und Projektberichten, u.a. zur Basisgesundheitsversorgung mitHilfe von Expertensystemen im Tschad, werden in diesem Reader die Länderberichte zur Informatikpolitik und zu Anwendungen der Informatik in Algerien, Brasilien, Chile, INdien, Kolumbien, Nikaragua, Philippinen und Thailand breiten Raum einnehmen. Darüberhinaus werden als Themen, die für die Durchdringung der Thematik "Informatik und Dritte Welt" unserer Meinung nach unabdingbar sind, bearbeitet:

- Informatik und Frauenarbeit
- Militär und Informationstechnologie-Politik
- Grenzüberschreitender Datenverkehr sowie die Fragestellung
- Welche Informatik für welche Entwicklung?

Eine weitere Aufgabenstellung des AK ist dieErstellung einer aktuellen Informationssammlung über Aktivitäten der internationalen Organisationen, der DV-Industrie und der nationalen Regierungen mit ihren Entwicklungshilfe-Organisationen sowie die Erarbeitung einer Einschätzung , wie diese Aktivitäten die Beziehungen zwischen Industrie- und Entwicklungsländern beeinflussen. Besonders kritisch sehen wir die Problematik des grenzüberschreitenden Datenflusses im Hinblick auf Informationsungleichgewicht und wachsende Abhängigkeit der Dritten Welt von den Industrieländern.

Eine zentrale Aufgabe des AK ist die Aufarbeitung der Entwicklungslinien zukünftiger technologischer Entwicklungen mit dem Ziel einer fachlichen Unterstützung von Entscheidungsträgern in Ländern der

Dritten Welt und in den Entwicklungshilfeorganisationen hier.Dabei sollten u.a. die Erfahrungen mit Auswirkungen des Einsatzes der Informationstechnik auf Individuum und Gesellschaft in den Industrieländern und die Ansätze einer Technologiefolgenabschätzung vermittelt werden.
Nicht zuletzt müssen für diesen Arbeitsbereich die theoretischen und begrifflichen Grundlagen aufgearbeitet und vertieft werden in den Bereichen

- Geschichte der Datenverarbeitung
- nicht-elektronische Alternativen zur EDV
- Informationsverarbeitung in anderen Kulturen
- Kriterien zur Einordnung und Bewertung der Informations- und Kommunikationstechnologien im Entwicklungsprozeß.

Besondere Bedeutung wird der Förderung und Entwicklung spezieller Lehrangebote für Informatikstudenten zum Thema "Informatik und Dritte Welt" beigemessen, was in unserer Ergänzung (Januar 1985)der "Empfehlungen zur Einbeziehung der gesellschaftlichen Aspekte der Informatik in die Informatik-Ausbildung" (ausgearbeitet vom AK 8.5: Gesellschaftliche Aspekte der Informatik als Teil der Informatik-Ausbildung) zum Ausdruck kommt.
Danach darf die gesellschaftliche Verantwortung der Informatiker bei der Analyse der Wirkungszusammenhänge und bei der Gestaltung menschengerechter und sozialverträglicher Systeme nicht national beschränkt bleiben, sondern hat angesichts des Technologietransfers und der Ausbildung ausländischer Informatiker, besonders gegenüber Ländern der Dritten Welt, internationale Bedeutung. Deshalb sind unserer Meinung nach im Fachgebiet "Informatik und Gesellschaft" auch Lernziele zu berücksichtigen, die sich auf die Kenntnisse unterschiedlicher Interessenspositionen (Bewertungen) zu den Auswirkungen der Informationstechnologie in der Bundesrepublik Deutschland sowie weltweit beziehen.
Beispiele für so verstandene Lernziele sind:

- Kennenlernen des gesellschaftlichen Umfeldes des Informationstechnikeinsatzes, z.B. in der betrieblichen Praxis einschließlich der rechtlichen Rahmenbedingungen, in den besonderen Einsatzbedingungen von Ländern der Dritten Welt,etc.
- Kenntnis von Chancen und Risiken des Informationstechnikeinsatzes, z.B. in Bezug auf die Arbeits-

plätze und die Arbeitsprozesse, auf die Bürger, auf die Funktion und Qualität der Produkte, auf Funktion und Struktur von Unternehmen und öffentlichen Verwaltungen, auf Entwicklungsstrategien in Ländern der Dritten Welt, auf militärische Strategien usw.

Am Fachbereich Informatik der TU Berlin werden in Zusammenarbeit mit Mitgliedern des AK seit Wintersemester 84/85 regelmäßig Seminare zum Thema Informatik und Dritte Welt angeboten. Eine Dokumentation der Themenschwerpunkte und der Beiträge ist verfügbar und kann kostenlos angefordert werden. Darüber hinaus wird ein interdisziplinäres Forschungsprojekt zum Thema "Informatik und Entwicklung" vorbereitet.
An der Universität Hamburg hat sich ein interdisziplinär zusammengesetzter Arbeitskreis "Informatik und Dritte Welt" etabliert.
Eine Übersicht über die Ausbildungssituation in Frankreich, Großbritannien, Italien und Irland im Fachgebiet "Informatik und Dritte Welt" wurde im Rahmen einer Studienreise dokumentiert (CYRANEK).
Neben der Ausarbeitung von Lehrveranstaltungen versuchen die Mitglieder des AK, die Betreuung von Studien-, Diplom- und Doktorarbeiten nach Kräften zu unterstützen sowie Forschungsaktivitäten im Fachbereich anzuregen. Die Betreuung und Beratung von Informatikstudenten aus der Dritten Welt ist dabei besonders zu fördern.

In folgenden Arbeitsgruppen sind Mitglieder des AK aktiv beteiligt:

- Konferenz der Informatikfachschaften (KIF)
- Arbeitskreis "Neue Technologien und Armutsbekämpfung" des Berlin Chapters der Society for International Development (SID)
- Fachausschuß "Informatik und Ausbildung" der GI
- Deutsche UNESCO-Kommission für Naturwissenschaften (vorgeschlagen)

Der Informationsaustausch mit deutschen und internationalen Organisationen soll in Zukunft noch verstärkt werden.

Insbesondere wird eine intensivere Zusammenarbeit angestrebt mit

- Specialist Group for Developing Countries der British Computer Society (London)
- Centre Mondial Informatique et Ressources Humaines (Paris)

sowie mit den internationalen Organisationen

- Data for Development (DfD, Genf)
- IFIP-Committee: Informatics for Development (ICID, Genf)
- Intergovernmental Bureau for Informatics (IBI,Rom)
- International Labour Office (ILO, Genf)
- UNESCO: Intergovernmental Informatics Program (IIP, Paris)
- UNIDO (Wien)

Mitglieder des AK nahmen unter anderem an folgenden Fachtagungen teil:

- Beiträge zur Tagung "Neue Informationstechnologien und Entwicklungszusammenarbeit" der Deutschen Stiftung für Internationale Entwicklung (DSE), Feldafing 1984 (s.Arnold)
- "Grenzüberschreitender Informationsfluß: Folgen für Europa und die Dritte Welt". Friedrich-Ebert-Stiftung Bonn 1985
- International Workshop on "Advance Technology Alert Systems- towards Exchange of Experiences and Promotion of International Cooperation in Technology Assessment". Veranstaltet von DSE/UNCSTD/DGVN, Berlin 1985
- Beteiligung an der Veranstaltung "Woman, Work and Computing". IFIP-Conference, Dublin 1986

Für den Herbst 1987 wird derzeit vom AK eine Arbeitstagung vorbereitet.

EINFÜHRENDE LITERATURHINWEISE

ARNOLD,R. (Hrsg)
Neue Informationstechnologien und Entwicklungszusammenarbeit
Baden-Baden 1985

ATASHGAHI,B., CYRANEK, G., GONZALES-ROJAS,R., HADJERROUIT,S., LUTTERBECK, B., REISIN, M., WERNER,K.J.
Dokumentation der Seminare "Informatik und Dritte Welt I und II"
Institut für Angewandte Informatik, TU Berlin 1986
(Franklinstr. 28/29, Sekretariat FR 5-10)

BECKER, J.
Informationstechnologie in der Dritten Welt
Frankfurt 1984

BHALLA, A., JAMES, D. und STEVENS, Y.
Blending of New and Traditional Technologies. Case Studies.
Dublin 1984 (TYCOOLY)

CYRANEK, G.
Fortbildungsinstitutionen im Fachgebiet "Informatik und Dritte Welt"
European Institute of Education and Social Policy. Brüssel 1985, Report-Nr. SSV-84-349-D,(Office for Cooperation in Education, 51 Rue de la Concorde, B-1050 Brouxelles)

KAISER, H. & KÜHN, M. (Hrsg)
Computer in der Dritten Welt. Reader und Protokolle des GI-Arbeitsgespräches, 19.-30.Januar 1983, Universität Hamburg

KAPLINSKY, R.
Microelectronics and Employment Revisited : A Review. Report for ILO World Employment Programme. Brighton 1986
(Institute of Development Studies, University of Sussex, GB)

RADA, J.F.
Aussichten für die Dritte Welt. In: FRIEDRICHS, G. & SCHAFF, A. (Hrsg): Auf Gedeih und Verderb, S. 225-256, Wien 1982

PERIODIKA

AGORA: Informatics in an Changing World.
Intergovernmental Bureau for Informatics (P.O.Box 10253.I-144 Rom)

ATAS Bulletin: Advance Technology Alert System
New Information Technologies and Development, Issue 3, Dec.1985
UNCSTD,(New York, NY 10017, USA)

MICROELECTRONICS MONITOR
UNIDO (P.O. Box 300, A-1400 Wien, Austria)

NEWSLETTER of the Specialist Group for Developing Countries
British Computer Society (13 Mansfield Street, London W1M 0BP,GB)

Anhang

Übersicht über AK-Treffen

Die AK-Treffen dienten neben der Arbeit am Reader der Bearbeitung organisatorischer und inhaltlicher Fragestellungen. Ein Nachmittag wird in der Regel dafür benutzt, am jeweiligen Tagungsort entwicklungspolitische Institutionen kennenzulernen und mit Fachleuten aus der Praxis ins Gespräch zu kommen.

1	29.-30.1.83	Uni Hamburg	Arbeitsgespräch "Computer in der Dritten Welt"
2	3.-4.12.83	GMD Bonn	Erarbeitung eines Vorstellungspapers
3	19.-2o.2.84	Uni Bielefeld	Internationale Organisationen und Informatik-Förderung
4	29.-30.6.84	TU Berlin	Diskussionsveranstaltung zu "Ausbildungskonzepte für den Bereich Informationstechnologie und Dritte Welt" mit Vertretern des Zentrums für technologische Zusammenarbeit (TU Berlin), VDI-Technologiezentrums Berlin, der Carl-Duisberg Gesellschaft Köln, Gesellschaft für technische Zusammenarbeit (GTZ, Eschborn)
5	20.-21.10.84	München	Vorstellung der Arbeiten des Max-Planck Institut, Forschungsstelle Gottstein
6	26.-27.1.85	Eschborn	Vorstellung der Aktivitäten von GTZ und GATE im Bereich der Informations- und Kommunikationstechnologien sowie deren Stellenwert im Rahmen der Entwicklungshilfepolitik der Bundesrepublik Deutschland
7	27.-28.4.84	Bonn	Vorstellung der Arbeit der Deutschen UNESCO-Kommission und des Intergovernmental Informatics Program
8	14.-17.6.85	TU Berlin	Sozio-kulturelle Auswirkungen der Informationstechnik
9	6.-8 12.85	Uni Stuttgart	Vorstellung des Instituts für Auslandsbeziehungen, Stuttgart
10	15.-16.2.86	Kaiserslautern	Arbeit am Reader
11	26.-27.4.86	GMD Bonn	Arbeit am Reader

Informatik in Indien - Ein Fallbeispiel

Frau Asha P. Kachru, M.A.
Institut für Technologie Transfer
Gesellschaft für Mathematik und Datenverarbeitung mbH.
Postfach 1240, 5205 St. Augustin 1.

INHALTSVERZEICHNIS:

Die auf folgenden Seiten zusammengefasste Situation des Fallbeispiels Indien möge dazu dienen, eine differenziertere Darstellung der Welt vor Augen zu halten, als die die durch den Begriff der "Ersten/Dritten Welt" allgemein geprägt worden ist.

1. Allgemeines über das Land:

In Indien leben heute etwa 700 mio. Menschen. Vier große Weltreligionen finden dort ihre Heimat: Hinduismus(etwa 70%), Islam(etwa 20%), Jainismus, Buddhismus und Christentum bilden die restlichen 10%. Die meisten Menschen leben friedlich miteinander. Kein Wunder, daß die Inder stolz darüber sind, die größte Demokratie der Welt zu sein.

Zur geographischen Vielfalt ist festzuhalten, daß in Indien Klimaverhältnisse angefagen von Schnee über Wüstenhitze bis tropische Feuchtigkeiten gibt.

Umgeben von Himalaya-Bergen und dem indischen Ozean konnten die Inder lange Zeit geschützt von der restlichen Welt leben. Die Heilkräfte der Kräuter in den Himalayagebirgen sind heute noch ein Geheimniss für die westliche Medizin.

Indien ist ein reiches Land, was der Natur anbetrifft. Es gibt heute noch in Indien der Adel, die Nawabs (Fürsten), Rajas und Ranis (Könige/Königinnen). Und die multimilliardären Inustrielle wie Birla's und Tata's, die zwar erheblich zu der wirtschaftlichen Entwicklung Indiens beigetragen haben, aber nicht zum Allgemeinwohl Aller. Indien bleibt ein Land der größten Kontraste.

Indien war bis 1947 eine englische Kolonie. In der Unabhängigkeitsbewegung spielten Menschen wie Mahatama Gandhi, der den Weg des Ahimsa(Gewaltlosigkeit) und der Betonung der Traditionen und Selbsthilfe für die Entwicklung Indiens folgte und Jawaharlal Nehru (Großvater Rajiv Gandhis, des heutigen Ministerpräsidenten Indiens), der den sozialistischen Weg nach russischem Muster einführte und großen Wert auf die technisch-wirtschaftliche Entwicklung Indiens legte, eine große Rolle.

2. Geschichte der Eigenentwicklung von Computern in Indien:

Die ersten Computer in Indien wurden Anfang 1960 in Zusammenhang mit der Erstellung des nationalen Wirtschaftplans in Zusammenarbeit mit dem Indian Statistical Institute (ISI) und Jadavpur University entwickelt.
Prof. Mahalanobis, Direktor von ISI hatte damals, um große Gleichungssysteme nicht mehr per Hand lösen zu müssen, diesen Auftrag gegeben. Damals war auch die Atomforschungsgruppe am Tata Institute of Fundamental Research in Bombay sehr an automatisierter Datenverarbeitung interessiert und unterstützte die Aktivitäten am ISI.

Die ersten Arbeiten entstanden an Hochschulen und den 4 Indian Institutes of Technology (IIT) in Madras, Bombay, Kanpur und Delhi. Damit waren die ersten Anwendungen der Computer in Indien eher im wissenschaftlich-technischem Bereich zu finden. Erst später kam die Industrie und die öffentliche Verwaltung dazu.

Die Electronics Corporation of India Limited (ECIL), eins von den ersten Computer-Herstellern Indiens stellte Anfang 1960 Computer der Dritten Generation TDC-312 und TDC-316 fast eigenständig her. Bharat Electronics Limited (BEL) stellt seit längerer Zeit MINI- und Mikrocomputer her. Tata Consultancy Services (TCS) und Computer Maintenance Corporation (CMC) sind Beispiele für große Software-Herstellungs- und Wartungsfirmen, die sogar für den internationalen Bedarf Software-Produkte liefern.

3. Einige DV-Einsatzgebiete:

-- Personal-Informationsystem

-- Landwirtschaftliches Informationssystem

-- Eisenbahn-Transport-Informationssystem

-- Computerunterstützte Straßenplanung

-- Computerunterstützte Diagnose in der Homöopathie

-- Meteorologische Anwendungen wie z.B. für Wetter-Vorhersagen.

-- Polizeiliches Informationssystem.

-- Computer-unterstützte Tomographie.

-- Computer in der Schule, sowohl als Werkzeug als auch als Gegenstand.

-- Computer-unterstützte Farbmischung für die Textilindustrie. usw.

Einige andere Groß-Anwendungsgebiete sind:

A. Computer in der Atomforschung: TIFRAC und TDC12, Computer die vom Tata Institute of Fundamental Research in Bombay und vom Bhabha Atomic Research Institute, Trombay gemeinsam hergestellt wurden, haben wesentlich dazu beigetragen, daß die Produktion der indischen Atombombe erst möglich wurde.

B. Computer in der Massenkommunikation. TDC-16, der vom Electronics Corporation of India (ECIL) hergestellte Computer wird zunehmend zur Steuerung von Telefonvermittelungszentralen und zur Simulation der Vermittelungsfunktionen mit Hilfe von Ferschreibern, die an den TDC-16 angeschlossen sind, genutzt.

C. Computer in der Raumfahrtforschung. Die Inder haben inzwischen zwei eigens hergestellte Satelliten ARYABHATTA (genannt nach dem gleichnamigen indischen Mathematiker und Astronom Anfang dieses Jahrtausends) und INSAT.
An dieser Stelle ist interessant zu erwähnen, daß die indische Raumfahrtforschungsinstitution ISRO eng mit den deutschen Kollegen vom DFVLR in Köln zusammenarbeitet. Im indischen Labor ist neben einer IBM360 und einer PDP11 auch eine MINSK zu sehen. (siehe auch 5./6.)

4. Informatik-Gremien in Indien:

In Indien gibt es ein eigenes Ministerium für den Bereich der Elektronik. Vielfältige Gremien sind für das koordinieren der wissenschaftlichen, produktionsbezogenen und Import-Export-Fragen in Zusammenhang mit Computern und neuen Technologien.

Die Electronics Trade and Technology Development Corporation ist für die Import - Export Fragen und deren Ausgleichsverhältnis verantwortlich.

Die Electronics Commission, die oberste Behörde für Koordinierung der Elektronik Entwicklung in Indien hat eigens für die Informationstechnologien eine Information, planning and Analysis Group in 1971 eingerichtet. Parallel dazu gibt es eine Arbeitsgruppe der Technology Development Council. Diese hat 28 Projekte für Informationstechnologien gefördert, 14 davon auf dem wissenschaftlich-technischem Forschungsgebiet, 12 im Bereich der öffentlichen Verwaltung und 2 für die private Industrie.

Zuletzt sei auf die Entwicklung der indischen Computergesellschaft Computer Society of India (CSI) hingewiesen. CSI existiert seit 17 jahren. Sie hat etwa 5150 Mitglieder, hauptsächlich Wissenschaftler und Studenten. Verschiedene nationale Informatik-Kommissionen und hohe Beamte sind ebenfalls aktiv an der Entwicklung CSI's beteiligt. Es gibt 21 regionale Gruppen. Jedes Jahr finden Jahresversammlung der gesamten Gesellschaft statt, neben vielen dezentralen Treffs in Ortsgruppen. Der Nachwuchs wird durch viele Informatik-Wettbewerbe gefördert.

In Zusammenarbeit der CSI mit den Universitäten sind verschiedene DV-Ausbildungsmöglichkeiten in der Informatik-Branche gegeben. Diploma in Computer Science, Fort- und Weiterbildungsangebote, über audio-visuelle-Medien und in Abendstunden, Fernstudiumsmöglichkeit sind Beispiele dafür.

Es gibt zwei Veröffentlichungsorgane der CSI- der CSI-Journal und die CSI-Communications, die zur Förderung des wissenschaftlich-technischem Wissens und als Erfahrungsaustausch zwischen den über ganz Indien verteilten Benutzern und Anwendern der Computer dienen sollen.
(siehe auch 7.)

5. Software- und Hardware-Markt und Informatik-Politik Indiens:

Mit dem "Industrial Policy Resolution" 1948 legte die indische Regierung den Wirkungsbereich der privaten Industrie für die industrielle Entwicklung Indiens fest. Damals ordnete man den Bereich der Telecommunications ausschließlich dem öffentlichen Sektor zu. Die Elektronik-Industrie wurde mit dem Aufbau des "Departement of Electronics" ab 1963 offensiv gefördert, ab 1970 sogar von der Premierministerin Indira Gandhi selber verwaltet.
Der Eigenproduktion wurde so große Bedeutung beigemessen, daß man versuchte, mit allen Mitteln dies zu forcieren. Mit dem "Foreign Regulations Act" 1973 wurden erstmalig Einschränkungen auf ausländische Firmen, die mehr als 40% Beteiligung hatten, auferlegt. Zollraten von 35 bis 100% sollten die Einfuhr von ausländischen Produkten erschweren.

IBM mußte in den siebziger Jahren, wegen dieser "autozentrierter" Politik Indiens seine Konsequenzen ziehen und das Land verlassen.

Zur Zeit wird mit 75% Zollraten auf ausländischen,elektronischen Produkten, und mit 200% auf Computer und Computersystemen, die bis acht tausend amerikanische Dollar kosten, die Einfuhr dieser Produkte kontrolliert. Größere Computersysteme können jedoch nun wiiederum eingeführt werden.

Man hat damit erreicht, daß die größte Produktivitätssteigerung im Bereich der "Consumer Electronics" mit 78% liegt, gefolgt von 30% im Bereich der "Components and computer control".
Anfang der siebziger Jahre hatte Indien etwa 450 Groß- und Kleincomputer, die meisten davon aus Eigenproduktion. Heute beläuft sich die Anzahl der Computer auf etwa 2000. Bei Einfuhr

von Computern aus dem Ausland hat das Arbeitsministerium das Vetorecht und zwar in den Fällen, wo damit Arbeitsplatzverlust für die schon vorhandenen Arbeitsplätze bedeuten würde.
Es gibt 27 indische computer Firmen.

Die Einfuhr von Computern und -Komponenten 1981/82 und 1982/83 (1.4.-31.3) sieht folgendermaßen aus:
(1 US Dollar entspricht etwa 12 Rupien)

Produkt	1981/82	1982/83
	(in Rs. 1 000)	
kompl. digitale DV-Anlagen	21 628	33 872
davon aus:		
Bundesrepublik Deutschland	1 708	353
Frankreich	-	476
Großbritannien	1 333	682
USA	18 490	32 089
kompl. 'digital central processing units'	5 494	4 682
davon aus:		
Bundesrepublik Deutschland	-	1 831
Großbritannien	-	339
USA	1 009	2 119
Japan	-	349
Peripheriegeräte	6 588	11 977
darunter: Kartenlesegeräte	694	1 640
Drucker	4 961	2 343
davon aus:		
Bundesrepublik Deutschland	-	11
Großbritannien	3 299	499
USA	681	1 441
Sonstige	933	7 993
davon aus:		
Bundesrepublik Deutschland	51	1 060
Großbritannien	9	682
USA	635	5 747
'Offline equipment'	5 314	12 487
Teile f. EDV-Anlagen	130 908	183 379
davon aus:		
Bundesrepublik Deutschland	2 528	2 585
Frankreich	21 353	5 538
Großbritannien	24 857	28 107
USA	63 612	127 131
Japan	8 127	7 577

(Quelle: Monthly Statistics of the Foreign Trade of India)

Für 1983/84 wird der Import auf Rs. 327 mio. beziffert. Die USA bleiben weiterhin Hauptlieferant.

Die indische Produktion von EDV-Systemen wird für 1984/85 auf ca. Rs. 1,2 mrd geschätzt, darin sind 40 Mainframes, 400 Minis und 2500 Mikrocomputer enthalten.

Bei den Einfuhren dürfte die größte Steigerung im Bereich der Groß und Superrechner liegen.
Obwohl man ursprünglich vermutete, daß in diesem Bereich der Supertechnologie, die militärisch bedeutsam sein kann, ein Austausch nur mit Ländern des Warschauer Pakts möglich sein kann, sieht es mittlerweile ganz anders aus. US und europäische Firmen ringen darum, Indien mit ihren Produkten zu beliefern.
Control Data Corporation und CII-Honeywell-Bull sind Beispiele.
IBM hat erneut einen Versuch unternommen Indien mit einem Supercomputer zu beliefern und es scheint soweit zu sein, daß ein

Vertrag über den Kauf eines Supercomputers von USA für Indien zur Stande kommt.

Auf dem Sektor des Softwareexports sieht es folgendarmaßen aus:

1980/81	1981/82	1982/83 (in Rs. Mio.)	1983/84	1984/85
73	105	150	200	ca. 270

(Quelle: wie oben)

Der Export von Software aus Indien, reguliert durch die "Software Export Promotion Policy" 1982, wächst um 40% jährlich. Das liegt daran, daß die Löhne und Gehälter der Inder/innen sehr niedrig sind (bis 10% dessen der Menschen aus USA). Für die westlichen Länder lohnt es sich auch, Produktionsstätten in Indien aufzubauen, z.B. richtet IBM in der Santa-Cruz-Freihandelszone eine 100% exportorientierte Softwarefirma ein. Texas Instruments plant eine 100% Tochterfirma in Bangalore, die nur Export betreiben soll. Investitionssummen US $ 100 mio.

Indiens größte Industriefirma TATA mit ihren Softwarehaüsern TATA Cosultancy Services und TATA BURROUGHS (Zusammenschluß mit BURROUGHS), ist auch ihre größte Softwarelieferantin für den Weltmarkt. Tata Burroughs hat z.B. mit einem 100-Personen-Jahre Projekt für die Society for World Wide Bank Financial Telecommunications (SWIFT), für die schweizer Fluggesellschaft SWISSAIR an einem Communications Development System gearbeitet Grindlays Bank, die ein großes Bank-Netz in Indien hat, ist auch an der Aufstellung eines Computer Centers in Indien interessiert. Beispiele für die internationale Arbeitsteilung! (siehe auch 1./3./10./17./18./19.)

6. PERSÖNLICHE BEWERTUNGEN:

Es ist allgemein bekannnt, daß die Inder/innen im Mathematisch-Technisch-Wissenschaftlichen Bereich internationalen Rang haben. Sie sind große Theoretiker, was ihnen schwer fällt, ist die praktische Umsetzung. Da sie aber im Ausland auch gute, praktische Arbeit leisten, versucht nun die indische Regierung sie aus dem Ausland zurückzuholen. Neuerdings versucht man sogar mit Hilfe der westlichen Firmen, wie z.B. Texas Instruments in Indien lukrative Computer Center aufzubauen, um diese Elite heimzuholen.

Um nun von Indien ausgehend einige allgemeine Aussagen machen zu können, möchte ich folgende Erfahrungswerte, die ich als Inderin UND Deutsche in Indien und in der Bundesrepublik gemacht habe, weitergeben.

Die Länder der sog. "Dritten Welt" sind sehr unterschiedlich in ihrem technischen Entwicklungszustand. Brasilien und Indien sind Beispiele für sog. Drittweltländer, in denen eine autonome

Informatik-Entwicklung stattfindet. Saudi Arabien und einige afrikanische Länder andererseits sind im wesentlichen auf Technik aus dem westlichen Ausland angewiesen. Auf der anderen Seite gibt es viele Gemeinsamkeiten zwischen diesen Ländern der sog. "Dritten Welt".

Auffällig ist, daß in diesen Ländern, im Gegensatz zu westlichen, industrialisierten Ländern, ein traditions- und kulturbetontes Wertesystem als Maßstab für alle Aktivitäten, auch im Umgang mit der Technik herrscht. Wirtschaftliche und politische Dimensionen sind ohne diesen Kontext nicht vollständig erfasst.

Familie und das soziale Gefüge sowohl im privaten als auch am Arbeitsplatz sind lebenswichtige Parameter, im Gegensatz zum Individuum-zentrierte Leben in oben skizzierten westlichen Ländern. Menschliche Arbeitskraft ist in solchen Größen vorhanden, daß Automation und Technik eine andere Rolle spielen muß als in der Rationalisierung der Arbeitskräfte. Produktionssteigerung ist existentiell notwendig. Für die meisten Menschen gibt es keine Grundbedürfnisbefriedigung. Chaos, verursacht u.a. durch zyklische Zeitvorstellungen, Mythos und religiöse Ethik verhindern einerseits eine rationale, planbare Systementwicklung, andererseits wird dadurch auch eine, in der westlichen Welt sehr vermisste spontane, Einzelsituationbezogene Abweichung erst möglich.
Arbeit in der Erwerbswelt bzw. in der Familie ist zwar traditionell, d.h. geschlechtsbezogen vordefiniert, aber insgesamt doch ganzheitlicher organisiert als in den westlichen Ländern. Z.B. werden am Arbeitsplatz in der Erwerbswelt auch persönliche Parameter zugelassen und darauf Rücksicht genommen. Und man hört nicht pedantisch an einem bestimmten Zeitpunkt auf, sich über diese Arbeit Gedanken zu machen. Freizeit in dem Sinne, wie sie hier im Westen gibt, gibt es dort nicht. Es gibt kein so riesiges Angebot, daß man in die Versuchung kommen muß, auch die Freizeit effektiv zu planen.

Man unterhält Kontakt miteinander über mehrere tausenden Kilometer hinweg, trotz schlechter Infrastruktur. Es gibt sehr viel verbaler und Gütermäßiger Austausch, da vieles durch die vielen traditionellen, religiösen und kulturellen ritualen fest vorbestimmt ist.

Mit dem Fallbeispiel Indien wurde ein Beispiel für ein "Dritte Welt"-Land gegeben, welches ein autozentriertes Informatik-Konzept entwickelt und mit immer mehr Selbstbewußtsein vorantreibt. Wegen der alten Kultur, den Mythologien und philosophischen Weltanschauungen, die in Indien schon seit Jahrtausenden gibt - trotz vieler Fremdherrschaften- ist es besonders interessant zu beobachten, wie in Indien Kultur und Technik doch vereinbart werden. Am besten kann man dies daran festhalten, daß die hinduistische Lebensweise für einen hinduistischen Technokraten nicht in Frage gestellt zu sein scheint. Mit Stolz werden die Probleme im Zusammenhang mit der Technik in Form von alten Tanzdramen auf Messen und sonstigen DV-Veranstaltungen dargeboten. Grundsätzliches Mißtrauen gibt es an sich kaum, Toleranz gegenüber Vielfalt schon.

Mir geht es darum, zu betonen, daß andere Länder, andere Kulturen und andere Wertsysteme haben können und dir Rolle und Bedeutung ein und desselben Werkzeugs in verschiedenen Ländern sehr verschieden sein kann. Mir ist auch bewußt, daß gewisse Gemeinsamkeiten in machtstrukturellen Verhältnissen weltweit gibt. Wichtig dabei ist, aus meiner Sicht, daß die Betroffenen sich selber stark machen und von Abhängigkeiten befreien. Da wäre die Hilfe unter Gleichberechtigten natürlich angebracht. (siehe auch 8./9./14./16.)

Die Rolle, die die "Dritte Welt"-Arbeit für die internationale Arbeitsteilung spielt, ist vergleichbar mit der weltweiten Rolle der Frauenarbeit (das Verhältnis "Erste Welt"/"Dritte Welt" patriarchalisch). Sie ist billig zu bekommen, sie ist nicht sozialversichert und sie hat den Charakter der Rohstofflieferung, der Endprodukt wird von dem westlichen Arbeitgeber selber hergestellt und der Preis für den weltmarkt bestimmt. Die Arbeit ist gesamtgesellschaftlich nicht anerkannt. (siehe auch 2./4./13./14./15.)

Dir Rolle der Technik liegt leider bisher nicht im Abbau von Machtstrukturen und Abhängigkeiten. Es ist sogar eine umgekehrte Tendenz festzustellen. Daher ist die Solidarität der internationalen Gewerkschaftsbewegungen und der internationalen Frauenbewegungen unbedingt erforderlich.

7. LITERATUR:

1. Aggarwal, S.M. "Electronics in India: past Strategies and future possibilities" World Development, Vol. 13, No.3, page 273-292, 1985.

2. Ahmed Iftikhar "Technology and rural women in the Third world", International Labour Office, Geneve, 1983.

3. Behara, Meenakshi "Getting ready to face the future", Far Eastern Economic Review, HWWA-Insitut-Hamburg, Nr. 43, 1985.

4. Bird, Emma "Information Technology in the Office: the impact on women's jobs", Equal Opportunities Commission, Manchester, Sept 1980.

5. Chakrabarti Dr., Craemer Dr., Töpfer Prof. Dr. "Report on a visit to India", Stabstelle für Internationale Beziehungen, GMD, Nov. 1977.

6. "Computing in India" DATAMATION 1'78.

7. Craemer-Kachru, Asha "Entwicklung und Anwendung neuer Informationstechnologien in Indien" in Arnold, Rolf (Hrsg.) "Neue Informationstechnologien und Entwicklungszusammenarbeit", NOMOS Verlagsgesellschaft, Baden-Baden, 1985.

8. -dto- "About the role of computers in Developing countries", CSI-Communications, August 1981.

9. -dto- "Informatics for the rural and educational problems of a developing country", Proceedings CSI- National Conference 1981.

10. Deutsch-Indische Handelskammer "Der Indische Computer-Markt heute", HWWA-Institut-Hamburg, Nr.4, 1985.

11. ElliotT,J. "Showing the way for developing countries", The Financial Times, HWWA- Institut für Wirtschaftsförderung-Hamburg, Nr. 29744, 1985.

12. Greenberger, R.S. "Control Data to sell India $500 mio. of

Computers", The Wall Street Jourlal, HWWA-Institut-Hamburg, Nr. /, 1986.

13. Grossmann, R. "Women's place in the integerated circuit", Southeast Asia Chronicle, No. 66, Feb. 1979.

14. Kachru, Asha "About the Role of International Firms" in Chairman's Report of TIDE 2000, Tokyo, Nov.1985.

-dto- "Frauen (hier und in der sog. Dritten Welt) und Technik-Ein Widerspruch?" in "Frau und Technik", Baumgärtel, Leßmann und März (Hrsg.), FLV Frauenverlagsgesellschaft, Frankfurt, 1985.

-dto- "Challanges provided by the work and life situation of the so-called third world women", erscheint in Proceedings, IFIP'86, Dublin.

15. Kaiser, Heidrun "Facilitating the participation of women workers in the introduction of computers", Training Department, International Labour Office, Geneve , 1985.

16. Meyer-Stamer, J. "Die brasilianische Informatik-politik: Modell für die Dritte Welt", erscheint im READER des GI-AK "Informatik und Dritte Welt".

17. Miller, M. "U.S., European Computers Makers battle for Toehold in Blossoming India Market", The Asian Wall Street Journal Weekly, Nov.4 1985.

18. Tenorio, V. "India strives to join High-Tech World", ELECTRONICS, Sept.2 1985.

19. "The New Computer Policy", HWWA-Institut-Hamburg, Nr. 4796, 1984.

Informationstechnik und Internationale Arbeitsteilung: Der Einsatz von Computern in Dritte-Welt-Ländern

Raúl Rojas
Otto-Suhr Institut
Freie Universität Berlin
Ihnestr. 22, 1000 Berlin 33

1) Einleitung

Die Entwicklungen der letzten Jahre haben gezeigt, daß sich die Weltwirtschaft in einer Phase befindet, die als eine neue industrielle Revolution bezeichnet werden kann. Stichworte für die heutige Umwälzung der Produktivkräfte sind *Computer* und *Automation*. In den Industrieländern sind Datenverarbeitungsanlagen zum festen Bestandteil fast jedes Produktionsprozesses geworden, und dies hat wiederum zu einem deutlichen Anstieg der Produktivität geführt. In den Fabriken werden überall CAD/CAM-Systeme eingeführt und Arbeiter durch Roboter ersetzt. So ist in der kurzen Zeitspanne von vierzig Jahren der Produktionsprozess grundlegend verändert worden. Während die erste industrielle Revolution mehr als 150 Jahren brauchte, um einen etwa vergleichbaren Effekt hervorzurufen, scheint sich das heutige Tempo der neuen Produktionsumwälzung um ein vielfaches beschleugnigt zu haben. Noch erstaunlicher ist: für diese Entwicklung sind noch keine natürliche Grenzen in Sicht, und die Dynamik des Innovationsprozesses scheint sich eher noch zu steigern als zu verlangsamen. Der Höhepunkt der neuen industriellen Revolution liegt noch *vor* uns und nicht *hinter* uns.
Je schneller aber die Technik fortschreitet, desto langsamer scheint die Gesellschaft sich anpassen zu können. Die Zeit der "Information-Gesellschaft" schafft neue Probleme und Herausforderungen, die erst in den letzten Jahren diskutiert worden sind. Die negativen "Nebenwirkungen" des Computereinsatzes in den Industrieländern kennen wir schon (strukturelle Arbeitslosigkeit, neue Formen der Entfremdung, die Gefahr von autoritären Kontrollformen mit Hilfe der Datenverarbeitung, etc); wir wollen sie hier nicht weiter behandeln. Unser Thema ist ein anderes, nämlich die Untersuchung der Auswirkungen der mikroelektronischen Revolution auf die relative Stellung der Entwicklungsländer in der Weltwirtschaft. Zu dieser Weltwirtschaft gehören die meisten Entwicklungsländer nicht als gleichberechtigte Partner sondern als konkurrierende Ländern, als Nationen, die nur auf dem Weltmarkt existieren. "Konkurrenzfähigkeit" heißt für diese Länder die Devise und die Frage ist nun, ob diese Konkurrenzfähigkeit unter den heutigen Umständen gestiegen oder gesunken ist, und welche neue Konstellation die laufende industrielle Revolution für die internationale Arbeitsteilung mit sich bringt.
Dritte-Welt-Länder beteiligen sich am Weltmarkt als Konsumenten und als Produzenten. Als Produzenten sind es nur einige unterentwickelte Länder, vor allem diejenigen, die in den letzten Jahren einen gewissen Anteil am Markt für elektronische Produkte gewonnen haben. Länder wie Südkorea, Taiwan und Singapur konnten in der Vergangenheit ihren Anteil an der Produktion von Fernseher, Stereogeräte und sogar Mikrocomputer ständig steigern. Die meisten der unterentwickelten Nationen sind aber vor allem Konsumenten der elektronischen Produkte, die in immer größeren Zahlen importiert werden. Wir wollen deswegen zunächst einmal diese Problematik behandeln und die Strategie von zwei lateinamerikanischen Länder (Brasilien und Mexiko) in dieser Hinsicht zu untersuchen. Die Analyse der Eingliederung der Dritte-Welt-Länder in das globale

Netz der Elektronikproduktion müssen wir für die Fortsetzung dieser Arbeit reservieren.

2) Die Asymmetrische Verteilung des Computerpotentials.

Der Einsatz von Computern in den unterentwickelten Ländern ist ein Thema, über das viel in den letzten Jahren geschrieben worden ist, das aber immer noch als ungelöste Frage bezeichnet werden darf. Nicht nur, daß die statistischen Angaben über den Einsatz von Computern und Mikroelektronik in der Dritten Welt meistens sehr grob und unzuverlässig sind, sondern daß es auch keine Übereinstimmung über die "richtige" Strategie für diese Länder gibt. Die Meinungen über das Problem decken ein breites Spektrum ab. Es reicht von denjenigen die den Computer als schädlich und unangemessen für die Dritte Welt betrachten, bis zu denjenigen die nur im Einsatz von Spitzentechnologien einen möglichen Weg aus der Unterentwicklung sehen (wie z.B. Emmanuel [1983]). Bevor wir diesen Themenkomplex diskutieren, müssen wir eine Bestandsaufnahme des Einsatzes von Computern in der Dritten Welt machen.
Die Tabelle zeigt uns den Anteil am internationalen Computerbestand in verschiedenen Regionen der Welt .

Verteilung des internationalen Computerbestands (1982)

Region	Prozent der Weltbevöl-kerung	Prozent des Ge-samt BSP der Welt	Computerbestand		
			Zahl der Computer	in % (Dritte Welt)	in % (Welt)
Afrika	11,07	3,32	505	5,4	0,33
Lateinamerika	8,37	6,45	5453	58,0	3,3
Asien und Ozeanien	53,46	8,48	2675	28,5	1,6
Nahost	0,91	2,08	765	8,1	0,46

Quelle : [Beer-Gabriel 1984]. Angaben von IDC (1982) und der Weltbank (1983)

Die Angaben zeigen deutlich, daß die Dritte Welt über eine unterdurchschnittliche Zahl von Computern verfügt, sowohl im Vergleich zu ihrer Bevölkerung, wie auch zu ihren Bruttosozialprodukt. Die afrikanischen Länder haben einen Anteil von nur 0,33% am gesamten internationalen Computerbestand, während ihre Beteiligung am internationalen BSP zehn mal so hoch ist (3,32%). Das dramatischste Beispiel bieten die asiatischen Länder: mit 53% der Weltbevölkerung verfügen sie nur über 1,6% der Computer auf der Welt. Die Verteilung des Computerbestands ist also stark asymmetrisch und dies auf doppelte Weise: die Industrieländer verfügen über 94% der Computer und die Dritte Welt über weniger als 6%; und auch innerhalb der Gruppe der unterentwickelten Länder gehen zwei Drittel der installierten Computer auf das Konto Lateinamerikas und nur der Rest an alle anderen Entwicklungsländer. Auch innerhalb dieser verschiedenen Gruppen gibt es nocheinmal starke Unterschiede. So befindet sich fast die Hälfte der in Afrika installierten Computer in Südafrika. In einigen afrikanischen Länder sind Computer so gut wie unbekannt [Taylor, Obudho 1977].
In einer Untersuchung der Vereinten Nationen zur Problematik des Computereinsatzes [UNO 1973], wurde eine einfache Beziehung zwischen dem Bruttosozialprodukt und der Zahl der in einem Land vorhandenen Computer gefunden. Nach den Angaben der UNO (unten graphisch dargestellt) gibt es zwischen der Zahl der Computer (**c**) und dem

Bruttosozialprodukt (**b**) eine Beziehung der Form:

$$\mathbf{c} = 10\ \mathbf{b}^{1,22}$$

d.h. für jede prozentuale Steigerung des Bruttosozialprodukts steigt die Zahl der benutzten Computer um 1,22%. Wenn, wie in einigen Lateinamerikanischen Länder in den siebziger Jahren, das BSP um 6% oder 7% jährlich steigt, heiß das, daß der Kauf von neuen Computer um 7,3 oder 8,5% steigen dürfte.

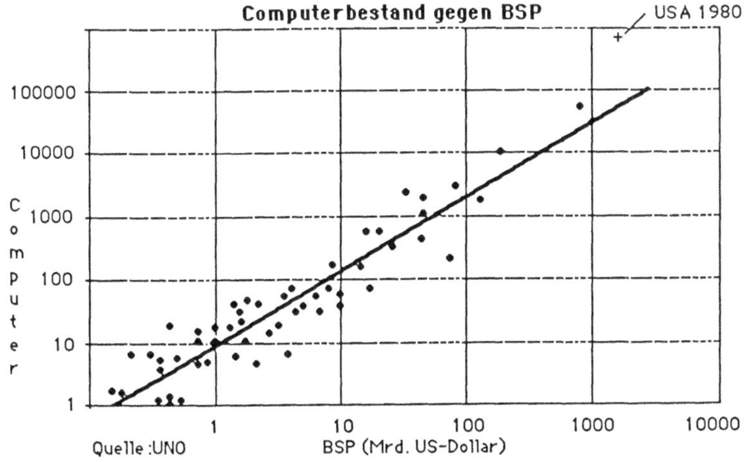

Die Tabelle der UNO ist in der Tat aufschlußreich und zeigt sehr plastisch die Beziehung zwischen Computerzahl und Entwicklungsniveau. Die Angaben der Tabelle sind aber schon veraltet (sie stammen aus einer Umfrage von 1971), in der Zwischenzeit hat sich vieles verändert, vor allem mit der Entstehung des Mikrocomputermarktes. In den USA (der Punkt oben rechts in der Abbildung) gab es Anfang der siebziger Jahren weniger als 100,000 Computer. Schon 1980 gab es 1,4 Millionen, davon waren 800,000 Mikrocomputer, d.h. 600,000 waren Mainframes und Minicomputer. 1984 gab es aber schon 17,6 Millionen Computer in den USA, davon waren 16,4 Millionen Mikrocomputer und 1,3 Millionen großere Anlagen. In nur vier Jahren stieg die Zahl der großen und mittleren Computer um 60%- die Zahl der Mikrocomputer stieg aber um den Faktor 22. Deshalb kann man diese neuen Zahlen nicht mit den alten Angaben der UNO ohne weiteres vergleichen. Wenn jedoch die Mikrocomputer nicht mitgerechnet werden, dann finden wir, daß 1980 die Zahl der Computer in den USA weit oberhalb der älteren "Tendenz"-Linie lag (das Kreuz in der Abbildung). Dies bedeutet, daß es in den siebziger Jahren zu einer Veränderung des von der UNO ermittelten Trends kam: einerseits stieg die Benutzung der Computer um mehr als das 1,22-fache der Wachstumsrate des BSP, andererseits wurden neue Märkte auf den Informationssektor eröffnet (Mikrocomputer). Viele traditionelle Produkte wurden auch mit Mikroprozessoren bestückt (z.B. Maschinen, Stereoanlagen oder sogar Telephone). Dies änderte von nun an die Spielregeln für den Konkurrenzkampf auf den Weltmarkt. Der Computer wird immer mehr zum alltäglichen und sogar unbewußten Objekt, wie etwa im Fall der Elektromotoren Anfang dieses Jahrhunderts. Heute besitzt jeder zu Hause mehrere kleine oder große Elektromotoren (für die Waschmaschine, den Kühlschrank, der Kassettenrekorder, etc.), d.h. ein Produkt das vor hundert Jahren

Spitzentechnologie war und das heute keine Aufmerksamkeit mehr erregt.
Die Statistik hat aber kaum Schritt mit diesen raschen Veränderungen gehalten. Außer den Zahlen der UNO, die zu ihrer Zeit relativ zuverlässig waren, gibt es heute keine zusammenfassende Untersuchung über die Computer in der Dritten Welt. Etwas aber ist sicher: die Computerisierung der Industrieländer hat sich in den letzten zehn Jahren gewaltig beschleugnigt und die Asymmetrie in der Verteilung der Computeranlagen auf der Welt ist nicht verschwunden; ganz im Gegenteil, sie hat sich *vertieft*.

3) Die sichtbare Planung gegen die unsichtbare Hand des Marktes.

Wie aber soll die Dritte Welt mit den Industrieländern Schritt halten? Gibt es nicht einen sanfteren Entwicklungspfad? Müßten die Entwicklungsländer nicht versuchen, andere Wege zu verfolgen? Dies ist jedoch einfacher gesagt als zu verwirklichen. Keynes hat z.B. in den dreißiger Jahren dieses Jahrhunderts vorgeschlagen, die Zinsrate so stark zu drücken, daß sogar die veralteten Produktionsanlagen profitabel bleiben könnten. Dies müßte zu einer tendenziellen Stagnation der Produktion und der technischen Inovationen führen, aber die Vollbeschäftigung würde erhalten bleiben. Stagnation mit Vollbeschäftigung ist auf jeden Fall besser als Wachstum mit Arbeitslosigkeit, hat Keynes damals gedacht. Die Welt hat sich aber in eine andere Richtung entwickelt. Es kam nicht zu einer Verflachung der Wachstumskurven, im Gegenteil: Nach dem Zweiten Weltkrieg stieg die Produktion in den Industrieländern in einem bis dahin unvorstellbaren Tempo und das gleiche ist bei einigen Entwicklungsländern geschehen. Die Produzenten, die nicht auf der Höhe der Produktivität des Weltmarkts sind, werden einfach aus ihm verdrängt. Die Steigerung der Produktivität wird auf diese Weise zum externen Zwang, zur unerläßlichen Bedingung für die Teilnahme am Weltmarkt.
Ein gutes Beispiel dafür ist die Diskussion in Lateinamerika über die Tendenz zur Verschlechterung der "terms of trade" (Austauschverhältnisse). In den sechziger und siebziger Jahren wurde viel über dieses Problem diskutiert, d.h. über die Tatsache, daß jedes Jahr mehr Rohstoffe und landwirtschaftliche Produkte in die Industrieländer exportiert werden mußten, um die gleiche Anzahl von Maschinen oder Manufakturen kaufen zu können. Vor allem die Rohstoffe haben sich über Jahre hinweg entwertet. Dieser Prozess war aber nur der Ausdruck der gestiegenen Produktivität des Bergbaus und der Landwirtschaft in den Industrieländern, vor allem in den USA. Ab 1945 stieg in den amerikanischen Minen die Produktivität um das Zwei- oder Dreifache. Auf dem Weltmarkt wurden dann verschiedene Mineralien einfach entwertet, ohne daß dies Preisdumping seitens der Industrieländer gewesen wäre- es war nur der Ausdruck von veränderten Produktionsbedingungen. Welche Alternative hatten dann die bis dahin rohstoffexportierenden Länder? Einmal hätte versucht werden können auch die eigene Produktivität zu steigern um konkurrenzfähig zu bleiben; zum zweitens könnten diese Länder auf die Exporte von diesen Produkten *freiwillig* verzichten und etwas anderes produzieren. Letztendlich sind diese zwei Alternativen zwei Pole des gleichen Problems: entweder Beibehaltung der Weltmarktverflechtung oder Abkopplung von den Industrieländer. Historisch wurde der erste Weg eingeschlagen. Der zweite Weg hat sich so wenig in den Entwicklungsländer bewährt, wie sich das Plädoyer von Keynes für eine stagnierende aber arbeitslosigkeitsfreie Gesellschaft in den Industrieländer durchsetzen konnte.
Die technische Innovation und die Veränderung der Produktionsbedingungen werden auf diese Weise über die Weltmarktbeziehungen zum Zwang für die Entwicklungsländer. Die unterentwickelten Gesellschaften müssen nicht nur ihre Rückständigkeit überwinden, sondern dies muß auch unter höchsten Anstrengungen

geschehen. Der Weg, den Europa in Jahrhunderten durchmachte, muß in Jahrzehnten durchschritten werden. Deswegen sind technologische Innovationen für die unterentwickelten Länder selten eine Frage der freien Wahl, es ist ein externer Zwang, um auf dem Weltmarkt konkurrenzfähig zu bleiben. Aber die unterentwickelten Länder können sich nicht auf die automatischen Kräfte des Marktes verlassen und darauf hoffen, daß auf diese Weise die technologischen Innovationen das Land entwickeln werden. In unterentwickelten Ländern müssen Innovationen kontrolliert werden. Bewußte Planung muß die Spontaneität des Marktes ersetzen.

Noch etwas müssen wir aber erwähnen. Die Bezeichnung "Dritte Welt" ist problematisch. Alles was sie andeutet ist die relative Rückständigkeit einiger Länder im Vergleich zu den USA oder zu den westeuropäischen Ländern. Die unterentwickelten Länder sind aber sonst sehr unterschiedlich und weisen sehr verschiedene Entwicklungsniveaus auf. Es ist fast unmöglich, eine einzige, universell gültige Strategie für alle diese Länder entwerfen zu wollen, vor allem im Bereich der Computeranwendungen. Es ist manchmal richtiger, dieses Problem pragmatisch anzugehen und deswegen ist es auch ganz nützlich, verschiedene nationale Erfahrungen zu kennen.

Die UNO hat sich früher mit diesem Problem befaßt und hat eine Einteilung der Entwicklungsländer vorgeschlagen, je nachdem wie hoch der Grad der Computerbenutzung ist:

"Basic	There is some understanding of computers in government (and private) decision centres. A few computer installations are to be found. There are some nationals involved in computer operations. There is some education and training in computer technology in the country. Computers are used in basic government operations.
Operational	There is extensive understanding of computers in government (and private) decision centres... some very large machines...There is design and production of software and some manufacture of hardware. Computers are affecting many disciplines particularly science, engineering and medicine.
Advanced	Most government and administrative work is carried out by computers...The number of computers of all sizes is increasing rapidly. There is design and production of both hardware and software...New applications of computers are to found regularly"[UNO 1971].

Bei den Entwicklungsländer finden wir immer noch diese Einteilung in der Computeranwendung. Länder wie Brasilien, Mexiko und Indien gehören zur Gruppe der "advanced"-Computeranwender. Andere lateinamerikanische Länder wie Chile oder Perú zur Gruppe der "operational" Anwender und einige afrikanische Länder haben noch nicht die "basic"-Phase verlassen. Die Analyse der Erfahrungen der ersten zwei erwähnten Länder kann uns noch wichtige Hinweise für die weitere Diskussion unseres Themas liefern.

4) Brasilien: der Staat als Oberunternehmer.

Von allen Dritte-Welt-Ländern ist Brasilien das Land, das die größten Erfolge beim Aufbau einer nationalen Computerindustrie gehabt hat. 1985 wurde entschieden, den Markt für Mikrocomputer zu schützen und nur nationale Firmen auf ihm zuzulassen. Einige Jahre vorher hatten brasilianische Firmen schon angefangen, Minicomputer für den Binnenmarkt zu produzieren und sie nehmen heute einen bedeutenden Teil des Marktes ein. Die Entwicklung dieser Computerindustrie geschah parallel zur Entstehung einer bedeutenden Industrie für verarbeitete Produkte. Aber anders als in Mexiko oder Argentinien, wo erst sehr spät die strategische Bedeutung der elektronischen Industrie erkannt wurde, hat man in Brasilien sehr früh angefangen, die Entstehung der Computerindustrie zu fördern:

> "Until 1975 Brazil depended almost entirely on imports to satisfy its growing needs for computing equipment, since domestic production was still at an early stage of development. In that year severe import restrictions were introduced by Capre, the government body in charge of computer policy at this time, and a fixed annual quota was established for imports of computers and related products, including components for local assembly...
> Widespread introduction of information-processing systems in many sectors of the brazilian economy fuelled the rapid increase in sales of computers. In 1980 the total computer population reached 8844 units from 1219 in 1974" [Bastos Tigre 1983;42].

Das Wachstum des Computermarktes war so explosiv, daß schon 1981 der brasilianische Markt der siebent- oder elftgrößte Computermarkt auf der Welt war. Er war fast so groß wie der spanische oder schwedische und fast doppelt so groß wie der schweizerische. Politik der brasilianischen Regierung war aber seit den siebziger Jahren, die Importe von Computern nicht ungehindert zuzulassen, sondern eine nationale Firma als *national champion* zu unterstützen. Der erste Versuch wurde 1971 gemacht, als die brasilianische Marine zwei brasilianische Universitäten finanzierte, um einen Minicomputer zu bauen. Schon 1972 wurde Capre (Coordenaçao das Atividades de Processamento Eletronico) gegründet und hatte die Funktion, die Benutzung von Computern im öffentlichen Sektor zu optimieren. Später wurden einige holding-Firmen gegründet und letzendlich entstand 1974 die Firma Cobra (Computadores e Sistemas Brasileiros), die relativ schnell zur größten brasilianischen Computerfirma aufstieg.1980 konnte Cobra 40% der in Brasilien gekauften Minicomputer liefern.

Computer in Brasilien

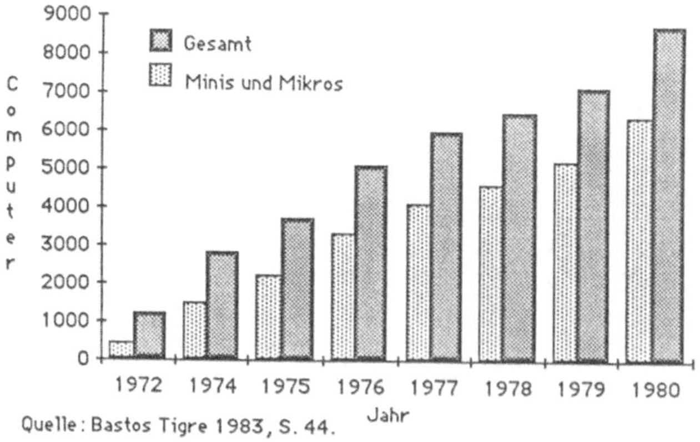

Quelle: Bastos Tigre 1983, S. 44.

Die Entscheidung, die staatlichen Ressourcen auf den Minicomputer-Sektor zu konzentrieren, war ein strategisch wichtiger Schritt. Wie aus der obigen Abbildung ersichtlich ist, stieg die Zahl der installierten Mini- und Mikrocomputer in Brasilien sprunghaft von 1972 bis 1980 um den Faktor 13 oder 14, während die Zahl der Mainframes sich nur verdoppelte. Das technische Know-How für die neue Firmen konnte zum großen Teil in Brasilien selber entwickelt werden, der Rest wurde gekauft, d.h. es wurden Lizenzen von ausländischen Firmen genommen. 1977 lud Capre die Firmen ein, die Minicomputer in Brasilien bauen wollten, ihre Produktionspläne vorzustellen. Es wurden Prioritäten für die Vergabe der Konzessionen aufgestellt:

> "1- Priority would be given to firms wich intended to utilize local technological resources to design and develop computer products. Technology transfer agreements with foreign firms would be allowed. But recipient firms should display a capacity to learn foreign know-how and not become dependent on foreign partners in the long term for technology, management and other skills.
> 2- Degree of incorporation of locally manufactured components. This was justified not only on economic terms (foreign currency savings), but also by the fact that intensive utilization of local components represented a technical capacity to adapt designs to local conditions.
> 3- Firm's market shares. Capre wanted to avoid axcessive amrket concentration such as that prevailing in the large an very large computer market where a single firm held about 70 per cent of the total installed base.
> 4- Local partnership -firms incorporating a majority of local capital would be given priority.
> 5- Foreign trade balance. Subsidiaries of MNCs usually showed better export performance than locally owned firms. But MNCs tended to import most components needed in a computer system and to incur higher deficits on service bills (royalties and technical assistance), anc capital remittance (profits, interest rates)." [Bastos Tigre; 67-68].

Diese fünf Prioritäten waren die Basis für die Entscheidung, vier brasilianischen Minicomputerproduzenten den Markt für Minicomputer zu reservieren. Später wurde auch die Politik gegenüber den Filialen der multinationalen Firmen revidiert und neue Produkte wurden grundsätzlich nur zugelassen, wenn ein Teil der Produktion direkt für den Export genutzt wurde. So sollte IBM von je drei Computern eines bestimmten Typs nur einen im nationalen Markt verkaufen und die anderen zwei exportieren.

Die brasilianischen Militärs blieben weiter an der Computerindustrie interessiert und 1979 wurde Capre in die Secretaria Especial de Informatica (SEI) verwandelt, die direkt vom Nationalen Sicherheitsrat abhängig war. Warum die brasilianischen Militärs diesen produktivistischen und modernisierenden Ansatz wählten, bleibt bis heute ungeklärt, aber der Unterschied zu den Militärdiktaturen anderer lateinamerikanischer Länder, deren Politik zur Entindustrialisierung führte, ist deutlich.

In Brasilien wurde also keine Politik des "freien Marktes" angewendet. Es handelte sich vielmehr um die Fortsetzung der Importsubstituierungsstrategie, die viele lateinamerikanische Länder seit den vierziger und fünfziger Jahren entwarfen. Den Multis wurde nicht freie Hand gewährt. Sie sollten sich an die vorgeschriebene Pläne und Prioritäten halten oder den Markt verlassen. Die Prioritäten waren außerdem -und das ist vielleicht das wichtigste- realistisch. Die Bedingung, einen gewissen Anteil an nationalen Komponenten zu verwenden, führte zu einer ausgeglicheneren Entwicklung der Elektronikindustrie, die 1980 schon mehrere tausend Arbeiter beschäftigte. Diese

Erfolge sprechen noch mehr gegen die *lassez faire* -Strategie, wenn man sie mit der in Mexiko verfolgten Politik vergleicht. Über Jahre hinweg wurden in Mexiko Computer als Kapitalgüter behandelt- das hieß, man hatte lediglich geringe Zölle für ihren Import zu zahlen. Aber anstatt massive Importe von Kapitalgütern die Produktion modernisiert hätten, führten sie zu einem immer größer werdenden Handelsbilanzdefizit und zu einem wirklichen Chaos im Computermarkt. In Brasilien wurde viel früher als in Mexiko versucht, das Wachstum des Minicomputermarktes zu kontrollieren und in den Händen von lokalen Produzenten zu lassen. In Mexiko war es vor allem die Krise von 1982, die die Entwicklung von Plänen auf dem Elektroniksektor veranlaßte, während Brasilien 1980 eine fast ausgeglichene Handelsbilanz im Computersektor aufweisen könnte.

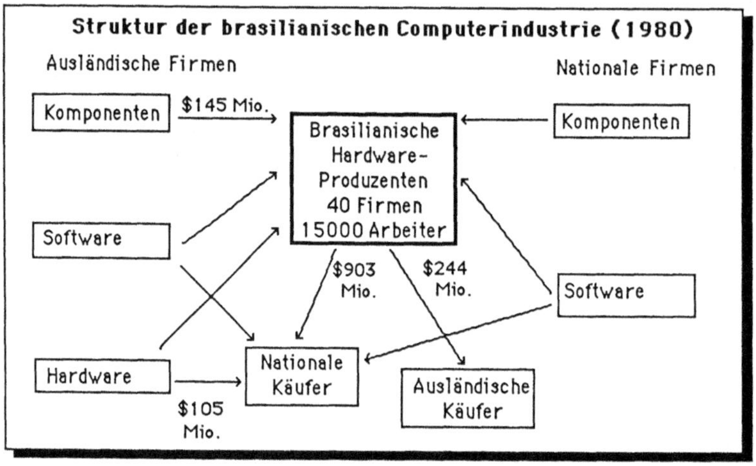

Quelle: Bastos Tigre 1983, S. 47.

Man könnte zusammenfassend sagen, daß die brasilianische Erfahrung zeigt, wie wichtig für Dritte-Welt-Länder die Kontrolle über die Entstehung von strategischen Industrien ist. Nur Kuba, hat so früh wie Brasilien versucht, seinen eigenen Weg im Computersektor zu gehen. Die Gründe dafür sind bekannt: die amerikanische Blockade gegenüber Kuba zwang das Land auf vielen Gebieten zur Selbstversorgung, auch auf solchen, wo bereits größere Länder scheiterten. In Brasilien wurde die Importsubstituierungsstrategie auf dem Computersektor erfolgreich eingesetzt. Das gegenteilige Beispiel finden wir in Mexiko.

5) Mexiko: das Scheitern der Selbstregelungsmechanismen.

1979 stellte das mexikanische Planungsministerium fest, daß für 230 staatliche Institutionen 142 verschiedene Computermodelle gekauft worden waren und daß die meisten davon völlig inkompatibel waren. Dies war sicher Resultat davon, daß die frühere Politik im Computersektor völlig gescheitert war und daß neue Maßnahmen ergriffen werden mußten, um den unkontrollierten Zufluß von Computern zu stoppen oder zu regulieren. Dieses Vertrauens in die selbstheilende Wirkung der Marktkräfte war aber die Grundlage der bis dahin verfolgte Politik.
Auch in Mexiko wurde über Jahre versucht, eine Politik der Importsubstitution zu verfolgen. So geschah es, daß bis Ende der fünfziger und Anfang der sechziger Jahre die meisten technologisch einfachen Importe durch Produkte nationaler Manufakturen

ersetzt werden konnten. Auf den Kapitalgütersektor wurden aber in den folgenden Jahren keine großen Erfolge erzielt. Es kam zu einer Art Pattsituation bei der Importsubstitution, oder wie mexikanische Ökonomen sagten, zur Stagnation dieser Politik. Ein nicht unwesentlicher Grund dafür war die ständige Überbewertung der mexikanischen Währung in den siebziger Jahren und die Importliberaliserungspolitik der verschiedenen Regierungen. Der Akzent wurde auf die Importe von hochtechnologischen Produkte verlagert in dem Glauben, daß diese Importe die nötige Infrastruktur im Land automatisch erzeugen würden. Es wurde ein Weg eingeschlagen, der kurzfristig die höchsten Wachstumsraten versprach, die aber langfristig nicht zu halten waren. Die massiven Importe von Kapitalgütern nach Mexiko, von fast fertigen Fabriken, Kraftwerken und Tausende von Computern, erlaubten eine rasche Steigerung der Produktion und Rekordwachstumsraten, aber die Handelsbilanz wurde von Jahr zu Jahr negativer. Nur mit Außenverschuldung und durch den Segen des plötzlichen Erdölreichtums konnte diese Politik noch einige Jahre verfolgt werden, bis es Anfang der achtziger Jahre zum wirklichen Zusammenbruch des mexikanischen "Wunders" kam. Die Importe von hochtechnologischen Produkten hatten, das wurde erst damals bemerkt, das Land vor fast unlösbare Probleme gestellt; eine Kurskorrektur war unerläßlich.

Beim Verkauf von Mainframes oder großen Anlagen gab es bis weit in die siebziger Jahren keine Kontrolle. Anders als in der Autoindustrie, wo die ausländischen Firmen einen gewissen Grad an nationaler Integration aufweisen sollten, gab es im Computersektor keine solche Regelungen. Die ausländischen Firmen konnten ungehindert jedes Modell verkaufen. Die Geräte wurden in den USA fertig gebaut und in Mexiko installiert. Nicht selten gab es von einem großen Mainframe ein einziges Exemplar in ganz Mexiko (z.B. die PDP-10 im mexikanischen Kernforschungszentrum oder ein großer Cyber-Computer im Polytechnikum Mexikos), mit der Folge, daß jedesmal, wenn der Computer ausfiel, die Programmierer in die USA fliegen mussten, um die wichtigsten Programme weiter laufen zu lassen!. Bei den Minicomputern war die Lage nicht so dramatisch, da von einem Modell sicher mehrere Computer verkauft wurden, aber der Service der vorhandenen Minis war schlecht und ziemlich teuer. Die Verkäufer von Computeranlagen nutzten auch immer die Unwissenheit und sogar Naivität der Computerkäufer aus und verkauften ihnen ein größeres Gerät als notwendig. Im mexikanischen Kernforschungszentrum waren von achtzehn Computern nur zwei vom gleichen Modell und die Hälfte aller Computer wurde nicht regelmäßig benutzt.

Mit der Entstehung des Mikrocomputermarktes stieg das Problem ins Unermeßliche. Jeder konnte in Mexiko Mikrocomputer aus den USA importieren und wieder in Mexiko verkaufen, da die Zollsätze für diese Produkte ziemlich niedrig waren. Viele Firmen entstanden von einem Tag auf den anderen und so schnell verschwanden sie auch. Viele Kunden kauften Computer, für die danach kein Service zu finden war, und andere Firmen weigerten sich, Computer zu reparieren, die nicht bei Ihnen gekauft worden waren. Das Schmuggeln von elektronischen Produkten ins Land erschwerte noch das Problem. Nach Berechnungen des Staatssekretärs für die Elektronikindustrie in Mexiko, wird zwischen 30% oder 50% des Elektronikmarktes in Mexiko mit geschmuggelten Gütern gedeckt [Warman 1984]. Ein größer werdender Teil davon sind auch Mikrocomputer. Angesichts dieser Situation überrascht es nicht, daß Mexiko 1980 ein Handelsbilanzdefizit im Elektroniksektor von mehr als 1 Mrd. US-Dollar hatte, wie die Tabelle unten zeigt:

Handelsbilanz des Elektronik-Sektors in Mexiko
(Mio. Pesos)

	1979	1980
Importe	19638	31306
Exporte	1148	3757
Saldo	-18490	-27549

Die damalige Parität war ungefähr 23 Pesos=1 Dollar
Quelle: Warman 1984, S.72.

Dies sind aber die ofiziellen Angaben. Wenn man den Schmuggel mitrechnet, dann war das Defizit in der Handelsbilanz noch größer und erreichte vielleicht 1,5 Mrd. Dollar. Zur selben Zeit hatte Brasilien seine elektronische Handelsbilanz fast ausgeglichen.
Wie ersichtlich ist, überstiegen die Importe die Exporte um das zehnfache und das führte dazu, daß die mexikanische Elektronikindustrie ein Zwerg blieb. Während das mexikanische BSP zehn mal kleiner als das von den USA ist, ist der Umsatz der mexikanischen Elektronikindustrie hundert mal kleiner als in den USA. Die liberale Importpolitik für Computer führte auch dazu, daß sich dieser Zweig fast nicht entwickelte, wie die sektoriale Aufschlüsselung der Elektronikindustrie in Mexiko zeigt:

Sektoriale Aufteilung der mexikanischen Elektroindustrie (1980)

Sektor	Prozent der Firmen
Komponenten	45,0
Konsumenten-Elektronik	33,0
Telekommunication	11,0
Industrielle Kontrolle	3,5
Computer	4,0
Messung	3,5

Insgesamt: 119 Firmen
Quelle: Warman 1984, S.72.

Von 119 untersuchten Firmen produzierten nur 5 irgend eine Art von Computer und das nur als Montagefirmen mit aus den USA gelieferten elektronischen Bauteilen. Obwohl Mexiko auch Chips für den amerikanischen Markt in den Maquiladora-Fabriken an der US-Grenze verpackt, gelangten diese Chips auf den mexikanischen Markt nur durch einen Neuimport derselben. Der größte Teil der Elektronik-Industrie konzentrierte sich auf die Produktion von Geräten wie Fernseher, Stereoanlagen, Radios, Telephone und einfache diskrete Komponenten. Die mexikanische Elektronikindustrie hat sich auf diese Weise nicht erneuert. Ihre Struktur spiegelt diese Tatsache wider.
Auch ist sie gespalten. Die Maquiladoras an der Grenze (auch in-bond-plants genannt) produzieren vorwiegend für den amerikanischen Markt, während die Fabriken im Inneren des Landes den Binnenmarkt versorgen. Die Maquiladora-Industrie ist in den letzten Jahren viel dynamischer als der Rest der Elektronikindustrie gewesen und arbeitet heute sogar mit vergleichsweise mehr Arbeitern. Die Kapitalintensität in diesen Weltfabriken ist auch großer als in der heimischen Elektronikindustrie. 1980 war das investierte Kapital in der mexikanischen Elektronikindustrie nur 30% des in Maquiladoras investierten, aber die Zahl der Arbeiter in der ersten betrug 60% der Zahl der Arbeiter in den Maquiladoras. Die Weltfabriken produzieren mit einer niedrigeren

Kapitalintensität als in den USA, aber mit einer größeren als die mexikanische Elektronikindustrie. Das gibt einen Einblick in die Rückständigkeit des Elektroniksektors in Mexiko.
Ab 1982 änderte sich, krisenbedingt, die Strategie der mexikanischen Regierungen. Vor allem drei Elemente bildeten die neue Politik:
a) Es wurde verfügt, daß multinationale Firmen in Mexiko Mikrocomputer nur dann produzieren könnten, wenn sie die Mehrheit der Aktien der Filialen in den Händen von mexikanischen Unternehmer lassen.
b) Es wurde von den Computer-Produzenten verlangt, daß sie ein gewisses Programm der "nationalen Integration" verfolgen sollten. Ähnlich wie in der Autoindustrie soll der prozentuale Anteil der nationalen Bauteile stufenweise steigen, bis in Zukunft die Mehrheit der Komponenten aus Mexiko selbst stammen.
c) Die Maquiladora-Industrie wurde weiter geschützt und es wurde erlaubt, daß diese Fabriken auch Komponenten in den nationalen Markt verkaufen, um die eigene Produktion von Computer und elektronische Geräte anzukurbeln.

Diese drei Punkte bilden das A und O der neuen mexikanischen Politik auf dem Elektronik-Sektor. Zehn Jahre nach Brasilien wird der Elektroniksektor endlich kontrolliert und werden nationale Entwicklungspläne entworfen. Daß einige multinationale Firmen mit diesen Bedingungen nicht sehr zufrieden waren, zeigte sich, als IBM sich weigerte, Aktien den Händen von Mexikanern zu überlassen. IBM verlangte die totale Kontrolle über seine Produktionsstätte und es kam zu einer Kontroverse mit der mexikanischen Regierung. Nach einigen Monaten gab aber die Regierung von Präsident de la Madrid nach und erlaubte IBM 100% der Aktien seiner Filiale zu behalten, mit der Bedingung, daß ein großer Prozentsatz der Produktion von Mini- und Mikrocomputer für den Export bestimmt wird. Anfang 1985 wurde dies entschieden und IBM musste Mexiko nicht verlassen, wie es Jahre zuvor in Indien geschehen war.
Dieser Punkt, die Produktion von Computern für den Export, erscheint immer in nationalen Entwicklungspläne auf dem Elektroniksektor (so in Brasilien, in Indien und sogar in China). Daß der Weltmarkt aber begrenzt ist und daß jedes Land exportieren will, wird dabei gerne vergessen.

6) Den Zusammenhang denken.

Sollten Entwicklungsländer Computer benutzen oder nicht? Das ist die Frage, die irgendwie immer bei der Diskussion dieser Probleme am Ende auftaucht. Die Frage ist so aber falsch gestellt. Es gibt große Unterschiede in der verschiedenen nationalen Realitäten und deswegen muß auf diese Frage für jedes Land einzeln geantwortet werden. Bei einigen Ländern, die schon ein gewisses Entwicklungsniveau erlangt haben, kann man davon ausgehen, daß sie nicht auf den Computer verzichten können. Länder wie Brasilien, Mexiko und Argentinien sind schon fest im Weltmarkt integriert und verfügen über eine breite industrielle Basis. In diesen Ländern würde der Verzicht auf den Einsatz von Computer schlecht zu begründen sein. Die Produktionsanlagen würden sonst kaum mehr modernisiert und die Konkurrenzfähigkeit der wenigen Sektoren, die schon heute industrielle Güter exportieren, würde stark beeinträchtig.
Bei anderen Ländern, die sehr unterentwickelt sind, sieht die Sache sicher anders aus. In einigen afrikanischen Ländern wurden Computer eingesetzt, die später gar nicht oder nur sehr wenig benutzt wurden. In diesem Fall und wenn die industrielle Basis so rückständig ist, findet man keine Argumente für die Benutzung von Computern: es gibt

sicher dringendere und wichtigere Probleme zu lösen. Aber auch in diesem Fall sollte man eine Politik des Ankaufs entwerfen, die sogar die Schließung der Grenze für viele dieser Produkte beinhalten könnte. Das einzige, was diese Länder nicht machen sollten, ist, den Einsatz der neuen Technologien unkontrolliert zu lassen.
Diese beide Fälle, Schwellenländer und sehr arme Nationen, sind aber die Grenzfälle. In der Mitte gibt es eine ganze Palette von verschiedenen Kombinationen, die die Wahl der "angepaßten . Technologie" erschweren. Auf alle Fälle sollten aber die Entwicklungsländer bewußt an dieses Problem herangehen und eine Politik dafür entwickeln. Der Technologie-Transfer kann nicht den Händen der Multinationalen Konzerne und ihrem guten Willen überlassen werden. Die Gesellschaft muß diesen Prozess direkt kontrollieren.
Ist aber eine bewußte Kontrolle des Einsatzes von neuen Technologien in den unterentwickelten Länder möglich? Viele Kritiker sehen im Einsatz von Computern in der Dritten Welt nur einen Beweis mehr für die Naivität dieser Länder: "Die holen sich das schlechteste aus den Industrieländern". Diese Kritiker glauben auch, daß es nur eine Frage des nationalen Stolzes ist, daß die Dritte-Welt-Länder über Computer verfügen wollen. Und die radikalsten unter Ihnen wissen schon, was man der Dritten Welt vorschreiben muß: die totale Abkopplung aus dem Weltmarkt, die Produktion für den eigenen Bedarf mit den eigenen technologischen Mittel. Diese Kritiker vergessen dabei nur, daß dies eine einzige Welt ist, und daß die totale Abkopplung aus dem Weltmarkt für die meisten Entwicklungsländer gar nicht realistisch oder durchsetzbar ist. Die Weltmarktverflechtung ist in den vorausgegangenen Jahrzehnten so weit getrieben worden , daß sie heute nicht ohne ein großes Trauma abgebaut werden könnte. Das radikalste Beispiel von Abkopplung, das von China in den sechziger Jahren, wird heute revidiert. China will nicht nur ökonomisch überlebensfähig werden, sondern auch das Lebensniveau der Bevölkerung schneller steigen lassen. Und warum? Schlicht und einfach, weil sonst das Gesellschaftssystem nicht konkurrenzfähig mit dem Westen ist. Die Menschen leben nicht nur aus Überzeugungen, das haben China und andere sozialistische Länder gelernt. Die keynesianische Utopie (Stagnation mit Vollbeschäftigung) ist wie jede andere Utopie nur in einem politischen Vakuum durchsetzbar. Den Zwängen des Weltmarktes kann ein Land nicht so leicht entgehen.
Es wäre sicher schön, die keynesianische Utopie durchsetzen zu können. Die Entwicklungsländer könnten theoretisch in zwei Jahrhunderten mit den Industrieländern gleichziehen und die gesellschaftlichen Kosten könnten minimiert werden. Diese Utopie läßt aber die politischen Bedingungen außer acht, unter denen über Entwicklung und Unterentwicklung entschieden wird. Auch die sozialistischen Länder könnten vielleicht auf schnelles Wachstum verzichten, um die Produktion besser zu organiseren und die Verteilung des Volkseinkommens noch gerechter zu gestalten. Können sie es aber wirklich? Können sie auf die Konkurrenz mit den Westen verzichten? Dies ist, wie schon gesagt, leider nur eine Welt und wirtschaftliche Programme werden nicht in Labors gemacht sondern politisch durchgesetzt. So lange dieser Zustand anhält, werden sozialistische Länder und Entwicklungsländer die Herausforderung des Westens annehmen müssen und auf das Aneignen technischer Innovationen nicht verzichten können.
Der Technologie-Transfer ist dann für die Dritte Welt unerläßlich. Er müßte aber auch zusammen mit einem Ressourcen-Transfer gestaltet werden. Wie kann über Entwicklung der Dritten Welt gesprochen werden, wenn die verschuldeten Nationen von Lateinamerika Nettoexporteure von Kapital in den USA geworden sind? Nur unter veränderten Rahmenbedingungen könnte dann auch der Technologie-Transfer wirksam werden. Daß es allerdings schwer ist, diese Rahmenbedingungen zu verändern, wissen

wir alle. Nur wenn in den Industrieländern politische Veränderungen durchgesetzt werden, wird auch die Dritte Welt nicht unter dem Zwang des Wettlaufs gegen die Zeit stehen. Nur dann werden wir über die Möglichkeit einer solidarischen Gesellschaft sprechen können.

Literatur:

-Barquín, Ramón C.; **Cuba: the Cybernetic Era**, in Cuban Studies, Vol. 5, N. 2, 1975.

-Bastos Tigre, Paulo; **Technology and Competition in the Brazilian Computer Industry**, Frances Pinter, London 1983.

-Bennett, J.M., R.E. Kalman; **Computers in Developing Nations**, North-Holland, Amsterdam 1981.

-Cassidy, John; **The Location of Foreign Direct Investment: The U.S. Offshore Electronics Industry in Mexico**, University of Pennsylvania, Diss. 1979.

-Beer-Gabriel, J. Conquy; **Informatisation du Tiers Monde et Coopération Internationale**, La Documentation Française, Paris 1984.

-Emmanuel, Arghiri; **Angepaßte Technologie oder unterentwickelte Technologie?**, Campus Verlag 1983.

-Ernst, Dieter (Hg); **The New International Division of Labour, Technology and Underdevelopment**, Campus Verlag, Frankfurt a/M 1980.

-Fröbel/Heinrichs/Kreye; **Umbruch in der Weltwirtschaft**, Rowohlt, Hamburg 1986.

-**Informatica e Terceiro Mundo**, Spezielle Ausgabe von Terceiro Mundo, N. 68, August 1984.

-Kaplinsky, Raphael; **Electronics-based Automation Technologies and the Onset of Systemofacture: Implications for Third World Industrialisation**, in Ibid.

-Lahera, Eugenio, Hugo Nochteff; **Microelectronics and Latin American Development**, Cepal Review, April 1983.

-Mattelard, Armand , Hector Schmucler; **L'ordinateur et le Tiers Monde**, Masperó, Paris 1983.

- O'Connor, David C.; **The Computer Industry in the Third World: Policy Options and Constraints** in World Development, Vol. 13, N. 3, 1985.

-Rada, Juan; **The Impact of micro-electronics**, International Labour Organisation, Genf 1980.

-Rada, Juan; **Aussichten für die Dritte Welt**, in Günter Friederichs (Hg.), **Auf Gedeih und Verderb**, Rowohlt,Hamburg 1984.

-Russell Pipe, G.; **New Directions for the Third World**, und Paul Tate, **The Dangers of Dependence**, in Datamation, September 1, 1984 .

-Taylor, D.R.F, R.A. Obudho; **The Computer and Africa. Applications, Problems and Potential**, Praeger Publishers, New York 1977.

-United Nations: **The Application of Computer Technology for Development**, New York 1971; und **The Application of Computer Technology for Development. Second Report of the Secretary-General**, New York 1973.

-Warman, José; **Marcos de Referencia y Opciones de Política para el Desarrollo de la Industria Electrónica en México**, in Comercio Exterior, Vol. 34, N. 1.